普通高等教育“十三五”规划教材
普通高等院校物理精品教材

大学物理学习指导

主　编　唐世洪
副主编　叶伏秋　邬云雯　王小云
　　　　杨　红　王立吾
编　委　赵鹤平　邓　科　廖文虎　黄永刚
　　　　韩海强　邓　燕　曹广涛

华中科技大学出版社
中国·武汉

内 容 提 要

本书是以唐世洪教授主编的《大学物理(上、下册)》为基础编写的配套学习指导书。全书各章节按本章要求、基本内容、例题、习题解答四个部分编写,其目的是使学生了解教学大纲对本课程的要求,帮助学生巩固知识、提高分析和解决问题的能力。

本书可作为物理专业及相关专业课程学习的辅导资料,书中有些打“*”的例题有一定的难度,可供参加硕士研究生入学考试的同学参考。

图书在版编目(CIP)数据

大学物理学习指导/唐世洪主编. —武汉: 华中科技大学出版社,2015.12
普通高等教育“十三五”规划教材　普通高等院校物理精品教材
ISBN 978-7-5680-1483-0

Ⅰ.①大…　Ⅱ.①唐…　Ⅲ.①物理学-高等学校-教学参考资料　Ⅳ.①O4

中国版本图书馆 CIP 数据核字(2015)第 305438 号

大学物理学习指导
Daxue Wuli Xuexi Zhidao

唐世洪　主编

策划编辑: 周芬娜　王汉江
责任编辑: 王汉江
封面设计: 原色设计
责任校对: 张会军
责任监印: 周治超
出版发行: 华中科技大学出版社(中国·武汉)
　　　　　武昌喻家山　　邮编: 430074　　电话: (027)81321913
录　　排: 武汉正风天下文化发展有限公司
印　　刷: 武汉科源印刷设计有限公司
开　　本: 710 mm×1000 mm　1/16
印　　张: 18.5
字　　数: 370 千字
版　　次: 2016 年 1 月第 1 版第 1 次印刷
定　　价: 40.00 元

前　言

物理学是研究、阐述物质的组成、性质、运动规律和相互作用的学科。它所描述的基本概念、基本规律和研究方法，已被广泛应用到其他各类学科领域中，是自然科学中最基本、最重要的基础学科之一。

新时期大学生的培养对大学物理课程教学提出了新的要求，教师在传授物理理论知识的同时，应特别注重向学生传授有关物理学的研究方法、思维方式及物理学的应用，为培养社会需要的创新型人才打下坚实的基础。

物理学内容广泛，知识点难度有不同层次。因此，选择一套好的教材，使学生在较短的时间内掌握必要的物理知识并尽可能多地了解物理学在当今社会的一些应用，这是尤为重要的。

为适应"高等教育面向21世纪教学内容和课程体系改革计划"的需要，本套教材总结了作者30多年的大学物理教学和实践经验，并吸取了国内外众多优秀教材的优点。教材深入浅出地讲述了物理学基本概念、基本理论，也适时地介绍了物理学在其他学科和技术领域的应用。

全套教材分为《大学物理(上、下册)》和《大学物理学习指导》。

全套教材集吉首大学"基础物理学"优秀教学团队全体成员的共同智慧，由唐世洪教授执笔编写而成。参与本套教材编写工作的教师多年来一直从事大学物理教学，他们在物理教学方面积累的丰富经验和许多独到的见解已经融入教材。

由于编者水平有限，加之时间仓促，疏漏和不妥之处在所难免，恳请广大读者批评指正。

编　者

2015年12月

目　　录

第三篇　机械振动与机械波

第四篇　电　磁　学

第五篇　光　　学

第六篇　量子物理学

第一篇　力学

第一章　质点的运动

一、本章要求

(1) 掌握描述质点运动状态的方法，建立运动学的基本概念：质点、质点系、参照系、位置矢量、位移、路程、速度、加速度等。

(2) 熟练掌握质点运动学的两类问题，即用求导法由已知的运动学方程求速度和加速度；用积分法由已知质点的运动速度和加速度求质点的运动学方程。

(3) 熟悉和掌握速度和加速度在几种常用坐标系（直角坐标系、自然坐标系、极坐标系等）中的表达形式，加深对速度和加速度的瞬时性、矢量性和独立性等基本特性的理解。

(4) 掌握圆周运动的角量表示及角量与线量之间的关系。

(5) 加深对运动相对性的理解，掌握相对运动概念，以及相应的速度合成和加速度合成公式。

二、基本内容

1. 质点

当描述一个物体的运动时，如果可以忽略这个物体的大小、内部结构等，则这个物体便可视为质点。一个物体能否看作质点，主要取决于所研究问题的性质。

2. 参照系

描述一个物体运动时作为参照的其他物体或物体系称为参照系。

3. 运动方程

运动表示质点位置随时间变化而变化，其运动方程为

$$\boldsymbol{r}=\boldsymbol{r}(t)$$

用直角坐标系表示为

$$\boldsymbol{r}(t)=x\boldsymbol{i}+y\boldsymbol{j}+z\boldsymbol{k}$$

$$x=x(t),\quad y=y(t),\quad z=z(t)$$

用自然坐标系表示为

$$\boldsymbol{s}=\boldsymbol{s}(t)$$

4. 位移矢量

如图 1-1 所示，质点在 $t \sim t+\Delta t$ 内的位移为

$$\Delta \boldsymbol{r}=\boldsymbol{r}(t+\Delta t)-\boldsymbol{r}(t)$$

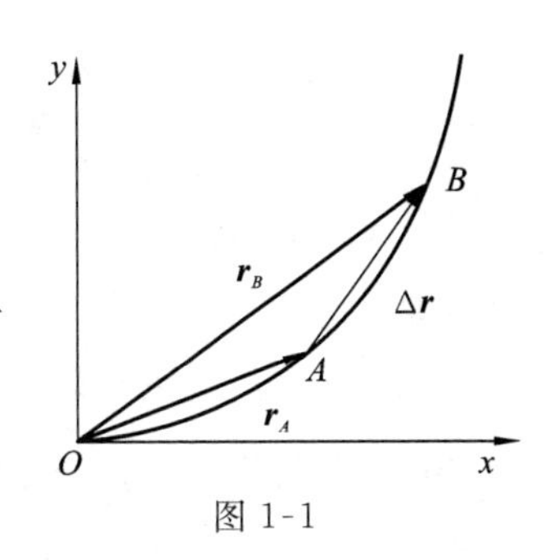

图 1-1

5. 瞬时速度

速度是描述物体运动状态的物理量，表示位置随时间的变化率，即

$$\boldsymbol{v}=\frac{\mathrm{d}\boldsymbol{r}}{\mathrm{d}t}$$

v 在直角坐标系中的分量为

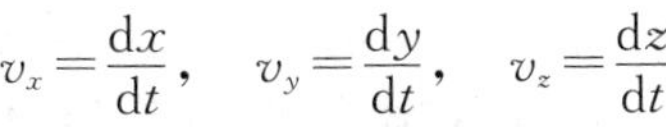

$$v_x=\frac{\mathrm{d}x}{\mathrm{d}t},\quad v_y=\frac{\mathrm{d}y}{\mathrm{d}t},\quad v_z=\frac{\mathrm{d}z}{\mathrm{d}t}$$

6. 瞬时加速度

加速度是描述物体运动状态变化的物理量，表示速度随时间的变化率，即

$$\boldsymbol{a}=\frac{\mathrm{d}\boldsymbol{v}}{\mathrm{d}t}$$

a 在直角坐标系中的分量为

$$a_x=\frac{\mathrm{d}^2x}{\mathrm{d}t^2},\quad a_y=\frac{\mathrm{d}^2y}{\mathrm{d}t^2},\quad a_z=\frac{\mathrm{d}^2z}{\mathrm{d}t^2}$$

7. 速度和加速度在自然坐标系中的表示

速度在自然坐标系中的表达式为

$$\boldsymbol{v}=v\,\boldsymbol{\tau}=\frac{\mathrm{d}s}{\mathrm{d}t}\,\boldsymbol{\tau}$$

加速度在自然坐标系中的表达式为

$$\boldsymbol{a}=\boldsymbol{a}_{\mathrm{t}}+\boldsymbol{a}_{\mathrm{n}}=\frac{\mathrm{d}v}{\mathrm{d}t}\,\boldsymbol{\tau}+\frac{v^2}{\rho}\boldsymbol{n}$$

8. 圆周运动

（1）实际上，圆周运动是在自然坐标系下 $\rho=R$ 时的加速运动，即

$$a_{\mathrm{n}}=\frac{v^2}{R}$$

质点总的加速度为

$$a=\sqrt{a_{\mathrm{t}}^2+a_{\mathrm{n}}^2}=\sqrt{\left(\frac{\mathrm{d}v}{\mathrm{d}t}\right)^2+\left(\frac{v^2}{R}\right)^2}$$

若 $a_{\mathrm{t}}=\frac{\mathrm{d}v}{\mathrm{d}t}=0$，则 $a=a_{\mathrm{n}}=\frac{v^2}{R}$，质点做匀速圆周运动；若 $a_{\mathrm{t}}=\frac{\mathrm{d}v}{\mathrm{d}t}\neq 0$，$|a|=\sqrt{a_{\mathrm{t}}^2+a_{\mathrm{n}}^2}=\sqrt{\left(\frac{\mathrm{d}v}{\mathrm{d}t}\right)^2+\left(\frac{v^2}{R}\right)^2}$，则质点做变速圆周运动。

（2）若 $\boldsymbol{a}$ 恒定，质点做匀加速运动，运动轨迹取决于初速度与加速度之间的夹角 θ。当夹角 $\theta=0$ 或 $180°$ 时，质点做匀变速直线运动，由 $\rho\to\infty$ 可以推出

$$\begin{cases} v_t - v_0 = at \\ x - x_0 = v_0 t + \frac{1}{2}at^2 \\ v_t^2 - v_0^2 = 2a(x - x_0) \end{cases}$$

这便是大家在中学就非常熟悉的匀变速直线运动的表达式。

当 $\boldsymbol{a}=-\boldsymbol{g}$ 且 $v_0=0$ 时,上式即可化为自由落体运动的表达式。当 $\boldsymbol{a}=-\boldsymbol{g}$ 且 $\boldsymbol{\alpha}$ 与 $\boldsymbol{v}_0$ 的夹角为 $\frac{\pi}{2}$ 时,质点沿 $\boldsymbol{v}_0$ 方向做匀速运动,在竖直方向做自由落体运动,这便是大家熟知的平抛运动。当 $\boldsymbol{a}=-\boldsymbol{g}$,$v_0>0$ 且 $\boldsymbol{a}$ 与 $\boldsymbol{g}$ 共线时,代入上式,即可得竖直向上的抛体运动表达式。当 $\boldsymbol{a}$ 与 $\boldsymbol{v}_0$ 的夹角在 0 到 π 之间时,质点做斜抛运动。此时质点在水平方向(取为 x 轴方向)做匀速运动,竖直方向(取为 y 轴方向)做匀变速直线运动,运动方程为

$$\begin{cases} x = (v_0 \cos\theta)t \\ y = (v_0 \sin\theta)t - \frac{1}{2}gt^2 \end{cases}$$

若消去参变量 t,则运动轨迹为抛物线,其方程为

$$y = x\tan\theta - \frac{1}{2}g\frac{x^2}{(v_0\cos\theta)^2}$$

由上式可以求得抛物体的水平射程和射高分别为

$$x = \frac{v_0^2 \sin 2\theta}{g}, \quad h = \frac{v_0^2 \sin 2\theta}{2g}$$

9. 角量与线量的关系

角位置 $\theta = \theta(t)$

角位移 $\Delta\theta = \theta(t+\Delta t) - \theta(t)$

角速度 $\omega = \frac{\mathrm{d}\theta}{\mathrm{d}t}$

角加速度 $\beta = \frac{\mathrm{d}\omega}{\mathrm{d}t} = \frac{\mathrm{d}^2\theta}{\mathrm{d}t^2}$

角量与线量之间的关系

$$v = R\omega, \quad a_{\mathrm{t}} = R\beta, \quad a_{\mathrm{n}} = R\omega^2$$

10. 相对运动

研究对象相对于静止参照系的运动称为绝对运动,位置矢量用 $\boldsymbol{r}_{绝}$ 表示;运动参照系相对于静止参照系的运动称为牵连运动,位置矢量用 $\boldsymbol{r}_{牵}$ 表示;研究对象相对于运动参照系的运动称为相对运动,位置矢量用 $\boldsymbol{r}_{相}$ 表示。绝对运动、牵连运动、相对运动之间的关系为

$$\boldsymbol{r}_{绝} = \boldsymbol{r}_{相} + \boldsymbol{r}_{牵}, \quad \Delta\boldsymbol{r}_{绝} = \Delta\boldsymbol{r}_{相} + \Delta\boldsymbol{r}_{牵}$$

$$\boldsymbol{v}_{绝} = \boldsymbol{v}_{相} + \boldsymbol{v}_{牵}, \quad \boldsymbol{a}_{绝} = \boldsymbol{a}_{相} + \boldsymbol{a}_{牵}$$

三、例　　题

（一）填空题

1. 一质点沿 x 轴运动，它的速度 v 和时间 t 的关系如图 1-2 所示，则在 $0\sim t_1$ 时间间隔内，质点沿 x 轴________方向做________运动；在 $t_1\sim t_2$ 时间间隔内，质点沿 x 轴________方向做________运动。

解　负；匀加速直线；负；匀减速直线。

由图 1-2 可知，v 为负，所以在 $0\sim t_1$ 时间间隔内，质点沿 x 轴负向做匀加速直线运动；在 $t_1\sim t_2$ 时间间隔内，质点从负的最大速度减小为零，做加速度为正、速度为负的匀减速直线运动。

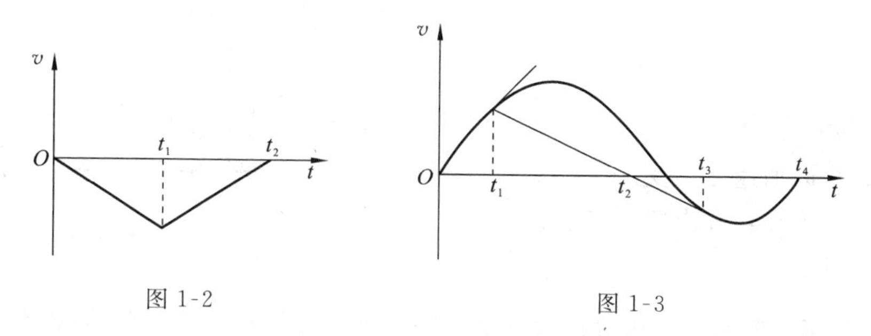

图 1-2　　　　图 1-3

2. 质点沿 x 轴做直线运动，其速度 v 与时间 t 的关系如图 1-3 所示，则在 t_1 时刻曲线的切线斜率表示________，t_1 与 t_3 之间曲线的割线斜率表示________，在 $0\sim t_4$ 时间间隔内，质点的位移可表示为________，质点所走的路程可表示为________。

解　该时刻质点的瞬时加速度；t_1 到 t_3 时间间隔内的平均加速度；$\int_0^{t_4} v\,\mathrm{d}t$；$\int_0^{t_4} |v|\,\mathrm{d}t$ 。

由 $a=\dfrac{\mathrm{d}v}{\mathrm{d}t}$ 知，在 t_1 时刻曲线的切线斜率就是该时刻质点的瞬时加速度；t_1 与 t_3 之间曲线的割线斜率为 $\overline{a}=\dfrac{v_{t_3}-v_{t_1}}{t_3-t_1}$，正好是 $t_1\sim t_3$ 时间间隔内的平均加速度；$\int_0^{t_4} v\mathrm{d}t$ 表示在 $\mathrm{d}t$ 时间内质点的位移（v 与 t 轴围成的所有窄条的面积的代数和（面积在 t 轴下方的为负）为 t 时间内的位移的矢量和），所以 $\int_0^{t_4} v\mathrm{d}t$ 表示在 $0\sim t_4$ 时间间隔内质点的位移，而各面积的绝对值的和即 $\int_0^{t_4} |v|\,\mathrm{d}t$ 则表示了在 $0\sim t_4$ 时间间隔内质点走过的总路程。

3. 一质点做半径为 R 的圆周运动，在 $t=0$ 时经过点 P，此后其速率按 $v=A+Bt$（A、B 为常量）变化，则质点沿圆周运动一周再经过点 P 时的切向加速度为________，法向加速度为________。

解　$a_t=B$；$a_n=\dfrac{A^2}{R}+4\pi B$。

由 $a_t=\dfrac{dv}{dt}$，得 $a_t=B$；由 $v=\dfrac{ds}{dt}=\dfrac{ds}{dt}\dfrac{dv}{dv}=a_t\dfrac{ds}{dv}=B\dfrac{ds}{dv}$，得 $v\,dv=Bds$，即 $\int_A^v v\,dv=B\int_0^{2\pi R}ds=2\pi BR=\dfrac{v^2-A^2}{2}$，$v^2=A^2+4\pi BR$，所以 $a_n=\dfrac{v^2}{R}=\dfrac{A^2}{R}+4\pi B$。

（二）选择题

1. 一质点做抛物运动（忽略空气阻力），如图 1-4 所示，质点在运动过程中，以下哪种说法正确？（　　）

A. $\dfrac{dv}{dt}$不变

B. $\dfrac{d\boldsymbol{v}}{dt}$不变化

C. 法向加速度不变

D. 轨道在最高点曲率半径大

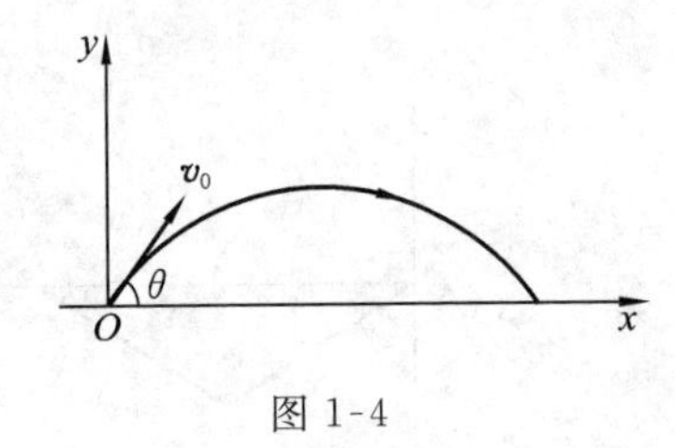

图 1-4

解　B。

$\dfrac{dv}{dt}$是质点加速度 $\boldsymbol{g}$ 在抛物线轨道上各点切线方向的分量大小，即切向加速度 $\boldsymbol{a}_t$ 的大小（$a_t=g\sin\alpha$，α 为 $\boldsymbol{g}$ 与轨迹法线的夹角）。由于在轨道上不同点的 α 不同（例如，在起点 $\alpha=\theta$，θ 为发射角，在最高点 $\alpha=0$，质点下落时 α 逐渐变大），所以切向加速度随 α 变化而变化。这也可理解为质点在做抛物运动时其速度大小是非均匀变化的，所以$\dfrac{dv}{dt}$变化。但如果将$\dfrac{dv}{dt}$理解为质点运动的加速度 a，就会得出错误的结论。故 A 错。

质点做抛物运动时加速度为$\dfrac{d\boldsymbol{v}}{dt}=\boldsymbol{g}$，即重力加速度，为一常矢量。故 B 正确。

法向加速度 $\boldsymbol{a}_n$，是质点加速度在轨道上各点沿法向的分量（$\boldsymbol{a}_n=\boldsymbol{g}\cos\alpha$），由于 α 变化，因此法向加速度大小也是变化的。故 C 错误。

因为法向加速度 $a_n=\dfrac{v^2}{\rho}=g\cos\alpha$，故在轨道起点和终点（$\alpha=\theta$），$a_n$ 的值最小，在最高点（$\alpha=0$），$a_n=g$，其值最大。而在起点和终点，$v=v_0$，值最大，在最高点，$v=v_0\cos\theta$，值最小。由 $\rho=\dfrac{v^2}{a_n}$知，在起点和终点曲率半径 ρ 一定最大，在最高点 ρ 最小。考虑在起点（或终点）的 ρ，有 $a_n=\dfrac{v_0^2}{\rho}=g\cos\theta$，得 $\rho=\dfrac{v_0^2}{g\cos\theta}$。故 D 错。

本题的目的是深入理解质点曲线运动中加速度的物理意义。

2. 质点 P 沿如图 1-5 所示曲线运动，轨迹由 A 至 B，$\boldsymbol{r}$ 为某时刻位矢，以下哪种说法正确？（　　）

A. $\left|\int_A^B \mathrm{d}\boldsymbol{r}\right|$ 代表总位移

B. $\int_A^B |\mathrm{d}\boldsymbol{r}|$ 代表总位移的大小

C. $\int_A^B \mathrm{d}r$ 代表位矢大小的增量

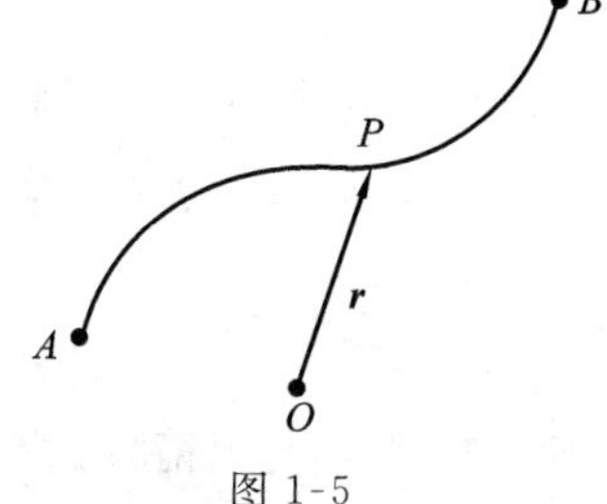

图 1-5

解　C。

$\mathrm{d}\boldsymbol{r}$ 代表元位移，$\int_A^B \mathrm{d}\boldsymbol{r}$ 是质点从 A 到 B 过程中各元位移之和，即该过程中的总位移，所以 $\left|\int_A^B \mathrm{d}\boldsymbol{r}\right|$ 为总位移的模，即总位移的大小。故 A 错。

$|\mathrm{d}\boldsymbol{r}| = |\mathrm{d}\boldsymbol{s}|$ 表示与元位移相应的路程，$\int_A^B |\mathrm{d}\boldsymbol{r}|$ 是质点从 A 到 B 沿曲线 $\widehat{APB}$ 所经历的总路程。故 B 错。

r 为矢径 $\boldsymbol{r}$ 的模，即 $r = |\boldsymbol{r}|$，$\mathrm{d}r$ 是微小位移时矢径大小的变化（或增量），即

$$\mathrm{d}r = r(t+\mathrm{d}t) - r(t)$$

则 $\int_A^B \mathrm{d}r$ 是质点从 A 到 B 时矢径大小的增量，即 $\int_A^B \mathrm{d}r = r_B - r_A$。故 C 正确。

本题的目的是正确区分位移矢量模的积分与位移矢量积分的模及位移矢量模的增量与位移矢量的增量。

（三）计算题

1. 一升降机以加速度 $a = 1.22\ \mathrm{m/s^2}$ 上升，当上升速度 $v_0 = 2.44\ \mathrm{m/s}$ 时，有一螺帽自升降机顶板上脱落，升降机顶板与底板间距离 $h = 2.74\ \mathrm{m}$。试求：

（1）螺帽从顶板落到底板所需时间 t；

（2）螺帽相对于地面下降的距离 d。

解　（1）选螺帽为研究对象，升降机为运动参照系，地面为静止参照系，则由题意知，螺帽相对运动参照系的位移为 h，初始速度为 0，则位移与时间的关系式为

$$h = \frac{1}{2} a_{相} t^2 \qquad ①$$

而相对运动加速度之间的变换关系式为

$$\boldsymbol{a}_{绝} = \boldsymbol{a}_{相} + \boldsymbol{a}_{牵}$$

由于 $\boldsymbol{a}_{绝} = \boldsymbol{g}$，且方向向下，$\boldsymbol{a}_{牵} = \boldsymbol{a}$，方向向上，两者都在一条直线上，故可以用代数量替代矢量运算，所以选向下为正，则有

$$a_{相} = g - (-a) = g + a \qquad ②$$

将式②代入式①可得

$$t=\sqrt{\frac{2h}{a_{相}}}=\sqrt{\frac{2h}{a+g}}=\sqrt{\frac{2\times 2.74}{1.22+9.80}}\ \mathrm{s}=0.705\ \mathrm{s}$$

(2) 同理，由 $\boldsymbol{r}_{绝}=\boldsymbol{r}_{相}+\boldsymbol{r}_{牵}$ 和(1)中的正、负号规定，得

$$r_{绝}=d=h-r_{牵}=h-(v_0t+\frac{1}{2}at^2)$$

$$=[2.74-(2.44\times 0.705+\frac{1}{2}\times 1.22\times 0.705^2)]\ \mathrm{m}=0.717\ \mathrm{m}$$

2. 雷达与火箭发射台的距离为 l，观测沿竖直方向向上发射的火箭，如图 1-6 所示，得到 θ 随时间变化的规律为 $\theta=kt$（k 为常数）。试写出火箭的运动方程，并求出当 $\theta=\frac{\pi}{6}$ 时火箭的速度和加速度。

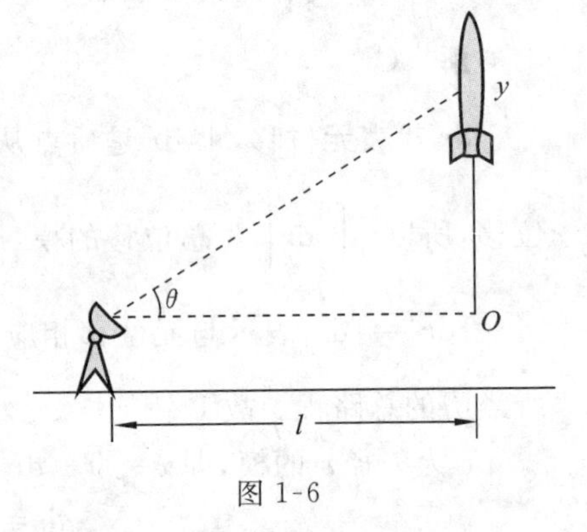

图 1-6

解　建立如图 1-6 所示的坐标系，则

$$y=l\tan\theta=l\tan(kt)$$

$$v=\frac{\mathrm{d}y}{\mathrm{d}t}=\frac{lk}{\cos^2(kt)}$$

$$a=\frac{\mathrm{d}v}{\mathrm{d}t}=2lk^2\tan(kt)\sec^2(kt)$$

当 $\theta=\frac{\pi}{6}$ 时，$v=\frac{4}{3}lk$，$a=\frac{8\sqrt{3}}{9}lk^2$。因此，火箭匀加速上升。

3. 如图 1-7 所示，一张致密光盘（CD）音轨区域的内、外半径分别为 $R_1=2.2\ \mathrm{cm}$，$R_2=5.6\ \mathrm{cm}$，径向音轨密度 $n=650$ 条/mm。在 CD 唱机内，光盘每转一圈，激光头沿径向向外移动一条音轨，激光束相对于光盘是以 $v=1.3\ \mathrm{m/s}$ 的恒定线速度运动的。试求：

(1) 该光盘的全部放音时间是多少？

(2) 激光束到达离盘心 $r=5.0\ \mathrm{cm}$ 处，光盘转动的角速度和角加速度各是多少？

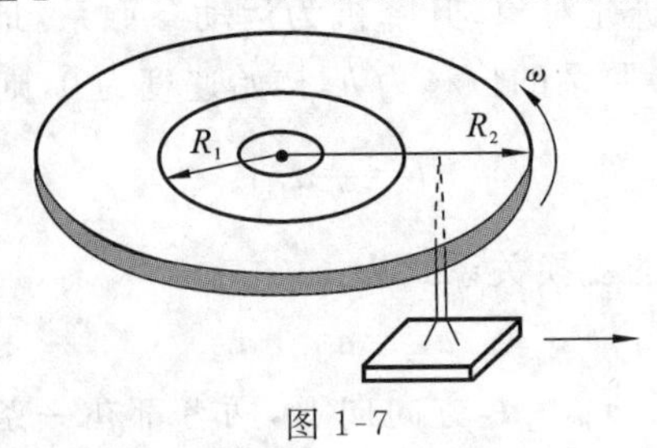

图 1-7

解　(1) 设激光束在光盘音轨上的投射点相对于光盘中心的位矢为 $\boldsymbol{r}$，则在半径为 r、宽度为 $\mathrm{d}r$ 的环带区域内音轨的长度为

$$l=2\pi rn\mathrm{d}r$$

激光束扫过这部分音轨所需的时间为

$$\mathrm{d}t=\frac{2\pi rn\mathrm{d}r}{v}$$

故该光盘的全部放音时间为

$$t=\int_{t_1}^{t_2}\mathrm{d}t=\frac{2\pi n}{v}\int_{R_1}^{R_2}r\mathrm{d}r=\frac{\pi n}{v}(R_2^2-R_1^2)$$

$$=\frac{\pi\times650\times10^3\times(0.056^2-0.022^2)}{1.3}\ \mathrm{s}=4.16\times10^3\ \mathrm{s}$$

（2）激光束到达离盘心 $r=5.0$ cm 处，光盘转动的角速度为

$$\omega=\frac{v}{r}=\frac{1.3}{0.05}\ \mathrm{rad/s}=26\ \mathrm{rad/s}$$

可知

$$\frac{\mathrm{d}r}{\mathrm{d}t}=\frac{v}{2\pi rn}$$

角加速度为

$$\beta=\frac{\mathrm{d}\omega}{\mathrm{d}t}=\frac{\mathrm{d}}{\mathrm{d}t}\left(\frac{v}{r}\right)=-\frac{v}{r^2}\frac{\mathrm{d}r}{\mathrm{d}t}=-\frac{v^2}{2\pi r^3 n}$$

所以激光束到达离盘心 $r=5.0$ cm 处，有

$$\beta=-\frac{1.3^2}{2\pi\times650\times10^3\times0.05^3}\ \mathrm{rad/s}=-3.31\times10^{-3}\ \mathrm{rad/s}$$

四、习题解答

（一）填空题

1. $\sqrt{x^2+y^2+z^2}$；1。

2. $2\boldsymbol{i}+6\boldsymbol{j}$。

3. $3\boldsymbol{i}$；1 m/s；$-2\boldsymbol{i}$。

4. $\sqrt{61}$ m/s。

由 $\int_0^3 a\mathrm{d}x=\int_{v_0}^{v_3}v\mathrm{d}v$，得 $v_3=\sqrt{61}$ m/s。

5. 0.1 $\mathrm{m/s^2}$。

$$a_{\mathrm{t}}=\frac{\mathrm{d}v}{\mathrm{d}t}=r\frac{\mathrm{d}\omega}{\mathrm{d}t}=r\frac{\mathrm{d}^2\theta}{\mathrm{d}t^2}=0.1\ \mathrm{m/s^2}$$

6. 0.15 $\mathrm{m/s^2}$；0.4π $\mathrm{m/s^2}$。

由

$$a_{\mathrm{t}}=r\beta=0.3\times0.5\ \mathrm{m/s^2}=0.15\ \mathrm{m/s^2}$$

和

$$\omega=\frac{\mathrm{d}\theta}{\mathrm{d}t}=\frac{\mathrm{d}\theta}{\mathrm{d}\omega}\frac{\mathrm{d}\omega}{\mathrm{d}t}=\beta\frac{\mathrm{d}\theta}{\mathrm{d}\omega}$$

有
$$\omega \mathrm{d}\omega = \beta \mathrm{d}\theta, \quad \int_0^{\omega} \omega \mathrm{d}\omega = \int_0^{\frac{4}{3}\pi} \beta \mathrm{d}\theta$$

$$a_{\mathrm{n}} = r\omega^2 = 2\times 0.3\times 0.5\times \frac{4}{3}\pi\ \mathrm{m/s^2} = 0.4\pi\ \mathrm{m/s^2}$$

7. $1, \frac{3}{2}$。

当总加速度与半径成45°时，意味着切向加速度与法向加速度垂直且相等，即 $vt = a_{\mathrm{t}} = a_{\mathrm{n}} = \frac{v^2}{r}$，所以 $v = \frac{r}{t}$，$a_{\mathrm{t}} = \frac{r}{t^2}$，$t = \sqrt{\frac{r}{a_{\mathrm{t}}}} = \sqrt{\frac{3}{3}}\ \mathrm{s} = 1\ \mathrm{s}$。

8. $\sqrt{c^2 + \left[\frac{(b+ct)^2}{R}\right]^2}$。

因为
$$a_{\mathrm{t}} = \frac{\mathrm{d}v}{\mathrm{d}t} = \frac{\mathrm{d}^2 s}{\mathrm{d}t^2} = c, \quad a_{\mathrm{n}} = \frac{v^2}{R} = \frac{\left(\frac{\mathrm{d}s}{\mathrm{d}t}\right)^2}{R} = \frac{(b+ct)^2}{R}$$

所以
$$a = \sqrt{a_{\mathrm{n}}^2 + a_{\mathrm{t}}^2} = \sqrt{c^2 + \left[\frac{(b+ct)^2}{R}\right]^2}$$

9. 顶。

10. 静止或圆周运动；静止；静止或匀速率运动；静止或直线运动。

11. $3.768\times 10^3\ \mathrm{rad/s}$；$1.884\times 10^2\ \mathrm{m/s}$。

在 t 时间内齿轮正好转过一个齿，对应的圆弧长为
$$R\omega t = R\omega\ \frac{2\times 500}{c} = \frac{2\pi R}{500}$$

所以
$$\omega = \frac{2\pi c}{500\times 2\times 500} = 3.768\times 10^3\ \mathrm{rad/s}$$

$$v = R\omega = 5\times 10^{-2}\times 3.768\times 10^3\ \mathrm{m/s} = 1.884\times 10^2\ \mathrm{m/s}$$

12. 沿 x 轴方向的位移为 OA；沿 y 轴方向的位移为 0；质点的合位移的大小为 OA；质点的合位移矢量为 $\overrightarrow{OA}$；质点的总路程；$\overline{OA}$ 的长度。

13. $y^2 = 2px$；ut；$\sqrt{2put}$；$u\sqrt{1+\frac{p}{2x}}$；$\sqrt{\frac{p}{8x}}\frac{u^2}{x}$。

14. $\frac{v_0^2\cos^2\theta}{g}$。

15. $\boldsymbol{v}_1 + \boldsymbol{v}_2 + \boldsymbol{v}_3 = \boldsymbol{0}$。

（二）选择题

1. D。因为 $\boldsymbol{A}$ 与 $\boldsymbol{B}$ 同方向且 $\boldsymbol{A} \neq \boldsymbol{B}$，要使这两个矢量运算后一定是零矢量，则两者必然是平行矢量。因为只有两个平行矢量经过矢量积运算才能为零，所以选 D。

2. C。由抛物运动知，A、B 错。没有法向加速度的物体不可能改变其运动方

向，即不可能做曲线运动，所以 C 对。加速度减小，只要是加速度方向沿原来的方向，则质点的运动速度也是增加的，只不过增加得慢一点而已，所以 D 错。

3. A。由匀速圆周运动知，A 是对的。由速度的定义知，速度的大小或方向变化都会产生加速度，所以 B 错。加速度与速度没有必然的联系，由竖直上抛物体运动到顶点时，速度为零，加速度不为零，所以 C 错。当物体向西做减速运动时，其加速度就是向东的，所以 D 错。

4. A。由切向加速度的定义知 A 对。

5. D。由运动加速度大小的定义知 D 对。

6. D。由 $v^2=2gs\sin\theta=2gH$ 知，某时刻物体的速度只与下落的高度有关，如图 1-8 所示，下落高度相同，所以速度大小都相等，即 D 对。

7. C。由于飞机总是在下落物体的上方抛出物体，两者在水平方向的速度是相等的，因此应该选 C。

8. B。设 t 时刻人的影子从灯下移动距离 x 后到点 M，如图 1-9 所示，得 $\dfrac{x}{h_0}=\dfrac{x-vt}{h}$，解之得 $x=\dfrac{h_0}{h_0-h}vt$，所以选 B。

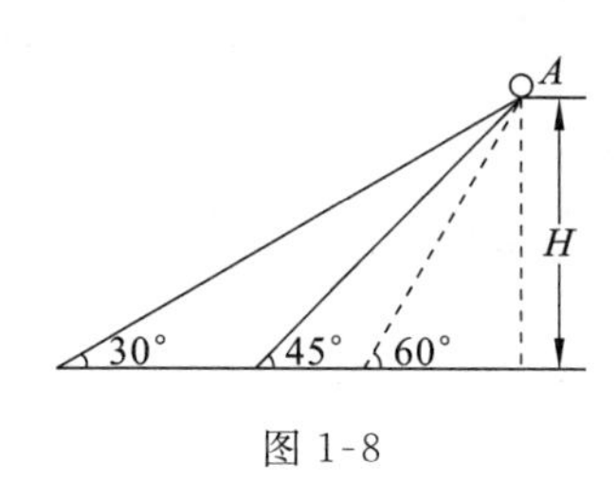

图 1-8

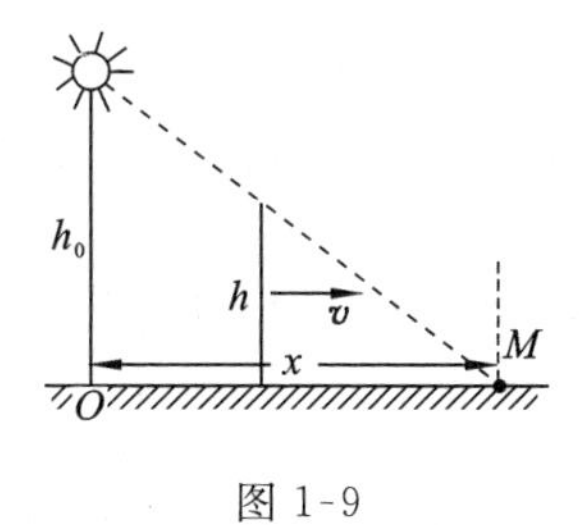

图 1-9

9. D。

10. D。

11. E。因为速度变化方向为重力加速度方向，所以只能选 E。

12. B。以人为研究对象，风为参照系，如图 1-10所示，则由 $\boldsymbol{v}_{绝}=\boldsymbol{v}_{相}+\boldsymbol{v}_{牵}$ 知，人感觉风的方向应该为北偏西 30°，所以选 B。

13. A。因为

$$\Delta t=t_{乙}-t_{甲}=\frac{2s}{v_{乙}}-\left(\frac{s}{v_{水}+v_{甲}}+\frac{s}{v_{甲}-v_{水}}\right)$$

$$=(30-40)\ \text{min}=-10\ \text{min}$$

即乙比甲早到 10 min，所以选 A。

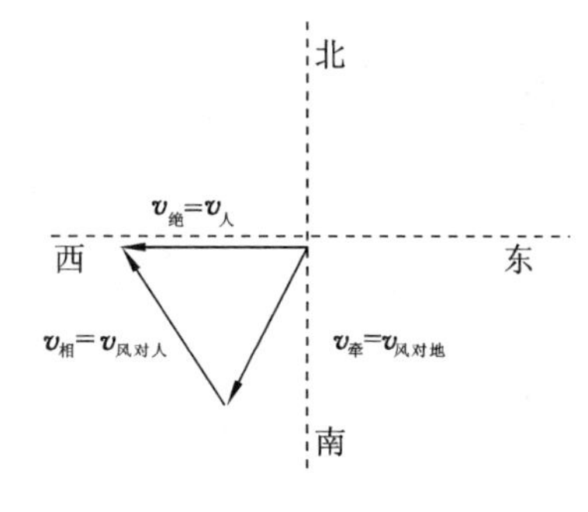

图 1-10

（三）计算题

1. 解　(1) 由$\boldsymbol{v}=\frac{\mathrm{d}\boldsymbol{r}}{\mathrm{d}t}$和$\boldsymbol{a}=\frac{\mathrm{d}\boldsymbol{v}}{\mathrm{d}t}$,有$\boldsymbol{v}=\frac{\mathrm{d}\boldsymbol{r}}{\mathrm{d}t}=2\boldsymbol{i}-4\boldsymbol{j}$，$\boldsymbol{a}=\frac{\mathrm{d}\boldsymbol{v}}{\mathrm{d}t}=-4\boldsymbol{j}$。

(2) 由 $\boldsymbol{F}=m\boldsymbol{a}$,有 $\boldsymbol{F}=3\times(-4\boldsymbol{j})=-12\boldsymbol{j}$。

(3) 由 $\boldsymbol{r}\cdot\boldsymbol{a}=0$,有 $19-2t^2=0$,解得 $t=\sqrt{\frac{19}{2}}$。

2. 证　由 $l^2=x^2+y^2-2xy\cos\alpha$ 和极值条件$\frac{\mathrm{d}l}{\mathrm{d}t}=0$,$\frac{\mathrm{d}x}{\mathrm{d}t}=-u$,$\frac{\mathrm{d}y}{\mathrm{d}t}=v$,得

$$2x\frac{\mathrm{d}x}{\mathrm{d}t}+2y\frac{\mathrm{d}y}{\mathrm{d}t}-2\cos\alpha\left(y\frac{\mathrm{d}x}{\mathrm{d}t}+x\frac{\mathrm{d}y}{\mathrm{d}t}\right)=0$$

整理后得

$$-x(v\cos\alpha+u)+y(v+u\cos\alpha)=0$$

即

$$\frac{x}{y}=\frac{v+u\cos\alpha}{v\cos\alpha+u}$$

证毕。

3. 解

$$a=\frac{\mathrm{d}v}{\mathrm{d}t}=\frac{\mathrm{d}v}{\mathrm{d}x}\frac{\mathrm{d}x}{\mathrm{d}t}=v\frac{\mathrm{d}v}{\mathrm{d}x}$$

由 $\int_0^v v\mathrm{d}v=\int_0^x a\mathrm{d}x=\int_0^x(2x-1)\mathrm{d}x$,得

$$v=\sqrt{36+2(x^2-x)}$$

4. 解　(1) 由 $a=-kv=v\frac{\mathrm{d}v}{\mathrm{d}x}$,得

$$\int_{v_0}^v \mathrm{d}v=-\int_{x_0}^x k\mathrm{d}x=-k(x-x_0)$$

即

$$v=v_0-k(x-x_0)=v_0+kx_0-kx$$

(2) 由 $v=\frac{\mathrm{d}x}{\mathrm{d}t}=v_0+kx_0-kx$,得

$$\int_{x_0}^x\frac{\mathrm{d}x}{v_0+kx_0-kx}=\int_0^t\mathrm{d}t$$

积分得

$$\frac{v_0+kx_0-kx}{v_0}=\mathrm{e}^{-kt}$$

即

$$\boldsymbol{x}=\left(\frac{v_0(1+\mathrm{e}^{-kt})}{k}-x_0\right)\boldsymbol{i}$$

5. 解　设 $a_t=kt+b$,由 $t=0$,$a_{t=0}=a$ 知 $b=a$。当 $t=5$ 时,$a_{t=5}=2a$ 得 $k=a/5$,故

$$a_t=\frac{a}{5}t+a$$

即　$v=\int_0^v\mathrm{d}v=\int_0^{5n}a_t\mathrm{d}t=\int_0^{5n}\left(\frac{a}{5}t+a\right)\mathrm{d}t=\frac{5a}{2}n^2+5na=5na\left(\frac{1}{2}n+1\right)$

因为　$v(t)=\int_0^v\mathrm{d}v=\int_0^t a_t\mathrm{d}t=\int_0^t\left(\frac{a}{5}t+a\right)\mathrm{d}t=a\left(\frac{t^2}{10}+t\right)$

所以 $$s=\int_0^s \mathrm{d}s=\int_0^{5n} v\mathrm{d}t=\int_0^{5n} a\left(\frac{t^2}{10}+t\right)\mathrm{d}t=a\left[\frac{(5n)^3}{30}+\frac{1}{2}(5n)^2\right]$$
$$=\frac{a}{2}(5n)^2\left(\frac{n}{3}+1\right)$$

6. 解　(1) t 时刻质点的位置矢量为
$$\boldsymbol{r}=x\boldsymbol{i}+y\boldsymbol{j}=R\cos\left[-\left(\omega t+\frac{\pi}{2}\right)\right]\boldsymbol{i}+R\sin\left[-\left(\omega t+\frac{\pi}{2}\right)\right]\boldsymbol{j}$$
$$=R[-\sin(\omega t)\boldsymbol{i}-\cos(\omega t)\boldsymbol{j}]$$
所以当 $t=0$ 时，$\omega t=0$；当 $t=t_1$ 时，$\omega t=\pi+\frac{\pi}{3}$。
$$\Delta\boldsymbol{r}=\boldsymbol{r}_{t_1}-\boldsymbol{r}_{t_0}=R-\sin\left(\pi+\frac{\pi}{3}\right)\boldsymbol{i}-R\cos\left(\pi+\frac{\pi}{3}\right)\boldsymbol{j}+R\boldsymbol{j}=R\left(\frac{\sqrt{3}}{2}\boldsymbol{i}+\frac{3}{2}\boldsymbol{j}\right)$$
而 $$\Delta t=\frac{2\times 2\pi R}{3\times v}=\frac{4\pi}{3\times 10^{-2}}\ \mathrm{s}$$
所以 $$\boldsymbol{v}=\frac{\Delta\boldsymbol{r}}{\Delta t}=R\frac{\frac{\sqrt{3}}{2}\boldsymbol{i}+\frac{3}{2}\boldsymbol{j}}{\frac{4\pi}{3\times 10^{-2}}}=\frac{3\times 10^{-2}}{8\pi}R(\sqrt{3}\boldsymbol{i}+3\boldsymbol{j})$$
又因为 $$\omega=\frac{v}{R}=10^{-2}$$
所以 $$\frac{\mathrm{d}\boldsymbol{r}}{\mathrm{d}t}=\omega[-\cos(\omega t)\boldsymbol{i}+\sin(\omega t)\boldsymbol{j}]=\omega\left[-\cos\left(\pi+\frac{\pi}{3}\right)\boldsymbol{i}+\sin\left(\pi+\frac{\pi}{3}\right)\boldsymbol{j}\right]$$
$$=10^{-2}\left(\frac{1}{2}\boldsymbol{i}-\frac{\sqrt{3}}{2}\boldsymbol{j}\right)$$

(2) $x=-\sin(\omega t)$，　$y=-\cos(\omega t)$

7. 解　设 $a=kt+b$，由 $t=0$，$a_0=0$ 知，$b=0$，当 $t=20$ s 时，$a_{20}=10$，得 $k=a/2$，所以
$$a_{t=0\sim 20}=\frac{t}{2}$$
同理，可得 $$a_{t=20\sim 50}=\frac{t}{6}+\frac{20}{3}$$
$$v=\int_0^v a_t\mathrm{d}t=\int_0^{20}\frac{t}{2}\mathrm{d}t+\int_{20}^{50}\left(\frac{t}{6}+\frac{20}{3}\right)\mathrm{d}t$$
$$=\left(\frac{400}{4}+\frac{2500-400}{12}+\frac{20}{3}\times 30\right)\ \mathrm{m/s}=475\ \mathrm{m/s}$$
$$v_{t=0\sim 20}=\int_0^t a\mathrm{d}t=\int_0^t\frac{t}{2}\mathrm{d}t=\frac{t^2}{4}$$
$$\int_{v_{20}}^v \mathrm{d}v=\int_{20}^t\left(\frac{t}{6}+\frac{20}{3}\right)\mathrm{d}t=\frac{t^2-400}{12}+\frac{20}{3}(t-20)$$

解得
$$v=v_{20}+\frac{t^2-400}{12}+\frac{20}{3}(t-20)$$

所以
$$h=\int_0^t v\mathrm{d}t=\int_0^{20}\frac{t^2}{4}\mathrm{d}t+\int_{20}^{50}\left[v_{20}+\frac{t^2-400}{12}+\frac{20}{3}(t-20)\right]\mathrm{d}t$$
$$=\left[\frac{20^3}{12}+100\times 30+\frac{50^3-20^3}{36}-\frac{400}{12}\times 30+\frac{20\times(50^2-20^2)}{6}-\frac{20}{3}\times 20\times 30\right]\mathrm{m}$$
$$=8916.7\ \mathrm{m}$$

8. 证　设圆周运动的半径为 R，角速度为 ω，则由
$$\boldsymbol{r}=x\boldsymbol{i}+y\boldsymbol{j}=R\cos(\omega t)\boldsymbol{i}+R\sin(\omega t)\boldsymbol{j}$$

得
$$\boldsymbol{v}=\frac{\mathrm{d}\boldsymbol{r}}{\mathrm{d}t}=\omega R[-\sin(\omega t)\boldsymbol{i}+\cos(\omega t)\boldsymbol{j}]$$
$$\boldsymbol{a}=\boldsymbol{a}_{\mathrm{n}}=-\omega^2\boldsymbol{r}=-\omega^2R[\cos(\omega t)\boldsymbol{i}+\sin(\omega t)\boldsymbol{j}]$$

由题意知
$$\boldsymbol{v}\boldsymbol{a}=\omega R[-\sin(\omega t)\boldsymbol{i}+\cos(\omega t)\boldsymbol{j}]\{-\omega^2R[\cos(\omega t)\boldsymbol{i}+\sin(\omega t)\boldsymbol{j}]\}=0$$

证毕。

9. 解　因为 $s=2\pi R=\int_0^t v\mathrm{d}t=\int_0^t(A+Bt)\mathrm{d}t=At+B\dfrac{t^2}{2}$

所以
$$t=-\frac{A}{B}\pm\sqrt{\frac{4\pi R}{B}+\frac{A^2}{B^2}}$$

整理得
$$t=-\frac{A}{B}+\sqrt{\frac{4\pi R}{B}+\frac{A^2}{B^2}}$$

又由
$$a_{\mathrm{t}}=\frac{\mathrm{d}v}{\mathrm{d}t}=B,\quad a_{\mathrm{n}}=\frac{v^2}{R}=\frac{(A+Bt)^2}{R}$$

有
$$a_{\mathrm{n}}=\frac{2\pi RB+A^2}{R}$$

10. 解　由 $\boldsymbol{v}_{\text{绝(人对地)}}=\boldsymbol{v}_{\text{牵(风对地)}}+\boldsymbol{v}_{\text{相对(人对风)}}$，得
$$\boldsymbol{v}_{\text{牵(风对地)}}=\boldsymbol{v}_{\text{相对(风对人1)}}+\boldsymbol{v}_{\text{绝(人对地1)}}$$
$$\boldsymbol{v}_{\text{牵(风对人1)}}=\boldsymbol{v}_{\text{相对(风对人2)}}+\boldsymbol{v}_{\text{绝(人对地2)}}$$

由图 1-11 可知
$$v_{\text{风对地}}\cos 45°=v_{\text{人对地1}}$$

即
$$v_{\text{风对地}}=\sqrt{2}v_{\text{人对地1}}=10\sqrt{2}$$

风向：北偏东 45°。

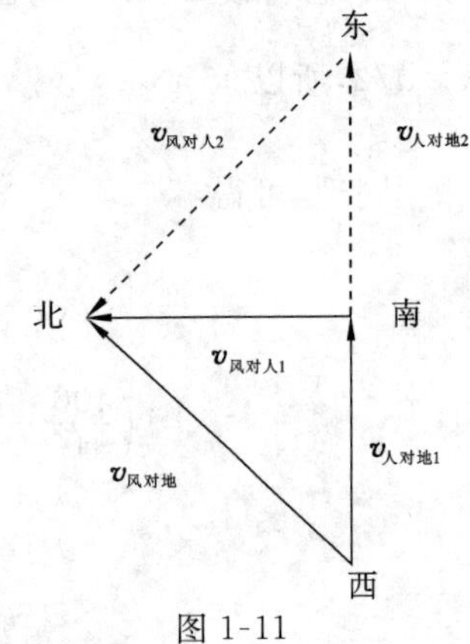

图 1-11

第二章　质点力学的基本规律

一、本章要求

(1) 理解惯性系的概念，掌握牛顿运动定律，认识牛顿运动定律是经典力学中的基本原理。

(2) 熟练掌握常见的几种力(如重力、弹性力、摩擦力及万有引力等)及其计算方法。

(3) 熟练应用牛顿运动定律分析和解决基本力学问题(包括弹性力和静摩擦力等)，理解牛顿运动定律的适用范围。

(4) 正确理解功、动能和动能定理。

(5) 正确理解动量、冲量和动量定理。

(6) 理解惯性力的概念，以及用非惯性系中的牛顿第二定律求解物体运动规律的方法。

二、基本内容

1. 牛顿运动定律

牛顿第一定律：任何物体都保持静止或匀速直线运动状态，直到其他物体所作用的力迫使它改变这种状态为止。牛顿第一定律给出了惯性和力的概念，以及惯性系的定义。

牛顿第二定律：运动的变化与所加的动力成正比，并且发生在该力所沿的直线方向上，即

$$\boldsymbol{F}=m\frac{\mathrm{d}\boldsymbol{v}}{\mathrm{d}t}=m\boldsymbol{a}$$

牛顿第三定律：当物体 A 以力 $\boldsymbol{F}_1$ 作用在物体 B 上时，物体 B 也必定以等大的力 $\boldsymbol{F}_2$ 作用在物体 A 上，$\boldsymbol{F}_1$、$\boldsymbol{F}_2$ 在同一直线上，且大小相等，方向相反，即

$$\boldsymbol{F}_{12}=-\boldsymbol{F}_{21}$$

力的叠加原理：

$$\boldsymbol{F}_1+\boldsymbol{F}_2+\cdots+\boldsymbol{F}_n=\sum_{i=1}^{n}\boldsymbol{F}_i$$

2. 几种常见的力

万有引力为
$$\boldsymbol{F}=G_0\ \frac{m_1 m_2}{r^2}\boldsymbol{r}_{12}$$

式中，$\boldsymbol{r}_{12}$为沿两质点连线指向受力者的单位矢量，$G_0=6.672\times10^{-11}\ \mathrm{N\cdot m^2/kg^2}$为万有引力常量。

重力为
$$\boldsymbol{G}=m\boldsymbol{g}$$

式中，$g=\frac{m_e}{(r_e+h)^2}\approx9.8\ \mathrm{m/s^2}$称为重力加速度，$r_e$、$h$分别表示地球的半径和物体到地面的距离。

弹性力：$f=-kx$。

静摩擦力：$0\leqslant f_{静}\leqslant f_{max}$，$f_{max}=\mu_0 N$，$\mu_0$为最大静摩擦系数。

滑动摩擦力：$f=\mu N$，μ为滑动摩擦系数。

3. 非惯性系中的惯性力(虚拟力)

质量为m的物体，在加速度为$\boldsymbol{a}$的参照系中受的惯性力为
$$\boldsymbol{F}_{惯}=-m\boldsymbol{a}$$

在非惯性系中，物体的受力与物体相对非惯性参照系中的加速度$\boldsymbol{a}_{相对}$的关系为
$$\boldsymbol{F}+\boldsymbol{F}_{惯}=m\boldsymbol{a}_{相对}$$

4. 用牛顿运动定律解题的四步曲

(1) 选择研究物体；

(2) 分析受力情况(画出受力图)；

(3) 选择适当的坐标系；

(4) 列方程(一般用分量式)求解，进行必要的讨论。

5. 功

质点在力$\boldsymbol{F}$的作用下产生位移$\mathrm{d}\boldsymbol{r}$，定义力$\boldsymbol{F}$和位移$\mathrm{d}\boldsymbol{r}$的标积为该力做的功。当物体在力$\boldsymbol{F}$的作用下做有限运动时，力$\boldsymbol{F}$做的功为
$$A=\int_a^b\boldsymbol{F}\cdot\mathrm{d}\boldsymbol{r}$$

6. 功率

力$\boldsymbol{F}$在单位时间内所做的功称为功率，即
$$P=\frac{\mathrm{d}A}{\mathrm{d}t}=\boldsymbol{F}\cdot\boldsymbol{v}$$

7. 几种常见力的功

重力的功
$$A=mg(h_a-h_b)$$

万有引力的功
$$A=G_0 m_1 m_2\left(\frac{1}{r_2}-\frac{1}{r_1}\right)$$

弹簧弹性力的功　　$A=\frac{1}{2}kx_a^2-\frac{1}{2}kx_b^2$

一对相互作用力的功　　$\mathrm{d}A=\boldsymbol{F}\cdot\mathrm{d}\boldsymbol{r}'$

式中，$\boldsymbol{F}$ 为相互作用力，$\mathrm{d}\boldsymbol{r}'$为相互作用的两个物体的相对位移。

8. 保守力与保守力做功

做功与路径无关的一对力，或者说，沿闭合路径移动一周做功为零的一对力为保守力。保守力做功与物体运动路径无关。

9. 势能

保守力做功与物体运动路径无关，此时可引进势能概念，其值取决于两个相互作用物体间的始末相对位置。

重力势能(物体与地球)为 $E_\mathrm{p}=mgh$，一般以 $h=0$ 的水平面上任一点为势能零点。

万有引力势能(两个相互吸引的物体)为 $E_\mathrm{p}=-G_0\frac{mM}{r}$，一般以两质点相距无穷远处为势能零点。

弹簧的弹性势能为 $E_\mathrm{p}=\frac{1}{2}kx^2$，一般以弹簧自然长度处为势能零点。

10. 保守力与势能的微分关系

$$\boldsymbol{F}=-\left(\frac{\partial E_\mathrm{p}}{\partial x}\boldsymbol{i}+\frac{\partial E_\mathrm{p}}{\partial y}\boldsymbol{j}+\frac{\partial E_\mathrm{p}}{\partial z}\boldsymbol{k}\right)$$

11. 质点系的动能定理

外力对质点系做的功与内力对质点系做的功之和等于质点系总动能的增量，即

$$A_{外}+A_{内}=E_\mathrm{k}-E_{\mathrm{k}_0}$$

12. 应用动能定理的解题步骤

(1) 确定研究对象；

(2) 分析受力情况和各力的做功情况；

(3) 选定研究过程；

(4) 列方程；

(5) 解方程并求出结果。

13. 功能原理

$$A_{外}+A_{非保内}=\Delta E_\mathrm{k}+\Delta E_\mathrm{p}=\Delta E$$

14. 机械能守恒定律

质点系在只有保守内力做功的情况下，系统的机械能保持不变，即

$$E_\mathrm{k}+E_\mathrm{p}=常量$$

15. 机械能守恒的意义

机械能守恒是能量守恒的特例，其意义在于不研究过程的细节，而仅考虑系统的始末状态。

16. 动量定理及动量守恒定律

动量定理：合外力的冲量 $\boldsymbol{I}$ 等于质点（或质点系）动量 $\boldsymbol{p}$ 的增量。

$$\sum_i \boldsymbol{F}_i \mathrm{d}t = \mathrm{d}\boldsymbol{p} = \mathrm{d}(\sum_i m_i \boldsymbol{v}_i)$$

$$\boldsymbol{I} = \sum_i \int_0^t \boldsymbol{F}_i \mathrm{d}t = \boldsymbol{p} - \boldsymbol{p}_0 = \sum_i m_i \boldsymbol{v}_i - \sum_i m_i \boldsymbol{v}_{i_0}$$

动量守恒定律：系统所受合外力为零，即当 $\sum_i \boldsymbol{F}_i = \boldsymbol{0}$ 时，$\sum_i m_i \boldsymbol{v}_i =$ 常矢量。

17. 质心和质心运动定理

质心的位置矢量为

$$\boldsymbol{r}_c = \frac{\sum_i m_i \boldsymbol{r}_i}{M} \quad \text{或} \quad \boldsymbol{r}_c = \frac{\int \boldsymbol{r}\mathrm{d}m}{M}$$

式中，$M = \sum_i m_i$。

质心运动定理：质心系的质量与其质心加速度的乘积等于作用在质心系上所有外力的矢量和，即

$$M\boldsymbol{a}_c = \sum_i \boldsymbol{F}_i$$

式中，$M = \sum_i m_i$。

18. 碰撞定律

$$e = \frac{v_2 - v_1}{v_{10} - v_{20}}$$

当 $e=1$ 时，称为弹性碰撞；当 $e=0$ 时，称为完全非弹性碰撞。

19. 对定点的力矩和动量矩(或角动量)

力矩：力对定点 O 的力矩为

$$\boldsymbol{M}_O = \boldsymbol{r} \times \boldsymbol{F}$$

角动量(或动量矩)：动量对定点 O 的动量矩为

$$\boldsymbol{L}_O = \boldsymbol{r} \times m\boldsymbol{v}$$

20. 角动量定理及角动量守恒定律

角动量定理：在惯性系中，对于某一固定点 O，质点（或质点系）所受的合外力矩等于质点（或质点系）的动量矩对时间的变化率，即

$$\frac{\mathrm{d}\boldsymbol{L}_O}{\mathrm{d}t} = \boldsymbol{r} \times \boldsymbol{F} = \boldsymbol{M}_O$$

角动量守恒定律：对于某一固定点 O，质点（或质点系）所受的合外力矩为零，

即当 $\boldsymbol{M}_O=\mathbf{0}$ 时，质点（或质点系）对该点的角动量为常矢量，即

$$\boldsymbol{L}_O=\boldsymbol{L}=\text{常矢量}$$

三、例　　题

（一）填空题

1. 如图 2-1 所示，用水平力 $\boldsymbol{F}$ 把一质量为 m 的物体 A 压在粗糙的竖直墙面并保持静止，当 $\boldsymbol{F}$ 逐渐增大时，物体所受的静摩擦力将________。（填不变、增大、减小）

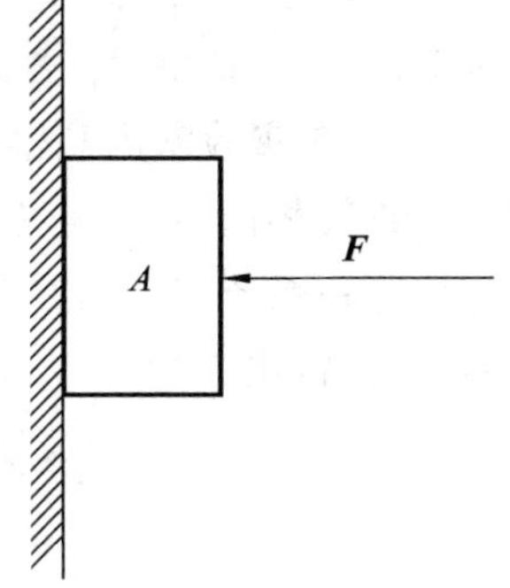

图 2-1

解　不变。

本题的目的是考查学生对静摩擦力性质的正确理解。物体保持静止不动，所受摩擦力等于 mg，与压力 $\boldsymbol{F}$ 无关，所以当 $\boldsymbol{F}$ 增加时静摩擦力不变。故应填“不变”。

2. 试判断下述说法的正误。

(1) 作用力和反作用力大小相等、方向相反，所以两者做功的代数和必为零。________

(2) 不受外力作用的系统，它的动量和机械能必然同时都守恒。________

(3) 内力都是保守力的系统，当它所受的合外力为零时，它的机械能必然守恒。________

(4) 只受保守内力作用又不受外力作用的系统，它的动量和机械能必然都守恒。________

解　(1)错；(2)错；(3)错；(4)对。

由牛顿第三定律知，作用力与反作用力大小相等、方向相反，即 $\boldsymbol{F}=-\boldsymbol{F}'$，但由于相互作用在不同质点上其位移往往不尽相同，因此两者所做功的代数和就不一定为零。

例如，子弹打入可移动的木块，在子弹和木块的相互作用过程中，子弹的位移大小 $s_{子弹}$ 和木块的位移大小 $s_{木}$ 不同（见图 2-2），则子弹和木块间相互作用力所做功的代数和不为零，所以(1)错。

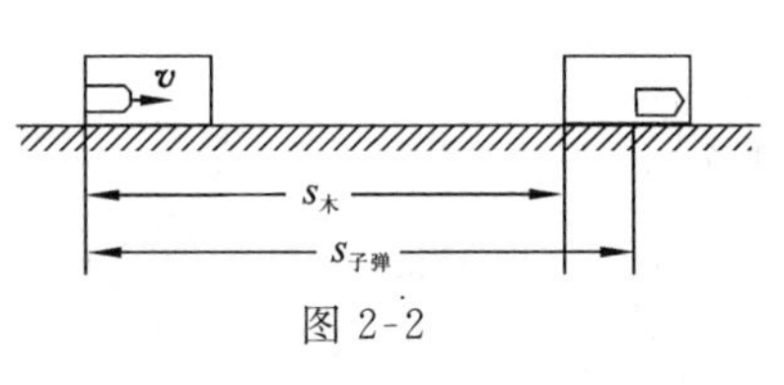

图 2-2

因为不受外力的系统满足动量守恒的条件，故其动量守恒。不受外力的系统，外力做功肯定为零，但非保守内力做功不一定为零，所以此系统的机械能不一定守恒，故(2)的结论是错的。

系统的机械能不一定守恒。对一个质点而言,合外力为零,合外力做的功也一定为零。但这一结论不能推广到一个质点系统,因为外力可以作用在系统内不同的质点上,每个质点的位移可以不同,因此系统的合外力为零($\sum_i \boldsymbol{F}_i = \boldsymbol{0}$)并不意味着外力做功之和也为零(即不一定有 $\sum_i (\boldsymbol{F}_i \cdot \mathrm{d}\boldsymbol{r}_i) = 0$),所以合外力为零的系统机械能不一定守恒,故(3)是错的。

只有保守内力的系统,同时又是无外力作用也无非保守内力作用的系统,它同时满足动量守恒与机械能守恒的条件,故系统的动量和机械能都守恒,故(4)是对的。

3. 在实验室内观察到相距很远的一个质子 m_{p} 和一个氦核 $m_{\mathrm{He}}(m_{\mathrm{He}}=4m_{\mathrm{p}})$,沿一直线相向运动,速率都是 v_0,在求两者能达到的最近距离 R 时,有人以质子、氦核为一系统,仅有保守力(库仑力)做功,根据系统机械能(其中势能为库仑电势能)守恒得出下列方程:

$$\frac{1}{2}m_{\mathrm{He}}v_0^2+\frac{1}{2}m_{\mathrm{p}}v_0^2=\frac{2ke^2}{R},\quad m_{\mathrm{He}}=4m_{\mathrm{p}}$$

解之得 $R=\dfrac{4ke^2}{5m_{\mathrm{p}}v_0^2}$。试判断这种解法是否正确。

解 错误。

这种解法是错误的,犯了解物理题目的一大忌,即在没有把题目所述的物理过程弄清楚的情况下,就写出了能量守恒方程。本题的物理过程是:两粒子在相互斥力的作用下,开始都做减速运动,直到质量较小的质子速度为零后,再反向加速运动,此时氦核仍然做减速运动,当两者速度相等时,两者的距离才最小。所以,机械能守恒方程应该是

$$\frac{1}{2}m_{\mathrm{He}}v_0^2+\frac{1}{2}m_{\mathrm{p}}v_0^2=\frac{2ke^2}{R}+\frac{1}{2}(m_{\mathrm{He}}+m_{\mathrm{p}})v^2$$

再由动量守恒得

$$m_{\mathrm{He}}v_0-m_{\mathrm{p}}v_0=(m_{\mathrm{He}}+m_{\mathrm{p}})v,\quad m_{\mathrm{He}}=4m_{\mathrm{p}}$$

解得

$$R=\frac{5ke^2}{4m_{\mathrm{p}}v_0^2}$$

(二)选择题

1. 如图 2-3 所示,设物体沿着光滑圆形轨道下滑,在下滑过程中,下面哪种说法是正确的?( )

A. 物体的加速度方向永远指向圆心

B. 物体的速率均匀增加

C. 物体所受的合外力大小变化,但方向永远指向圆心

D. 轨道的支持力大小不断增加

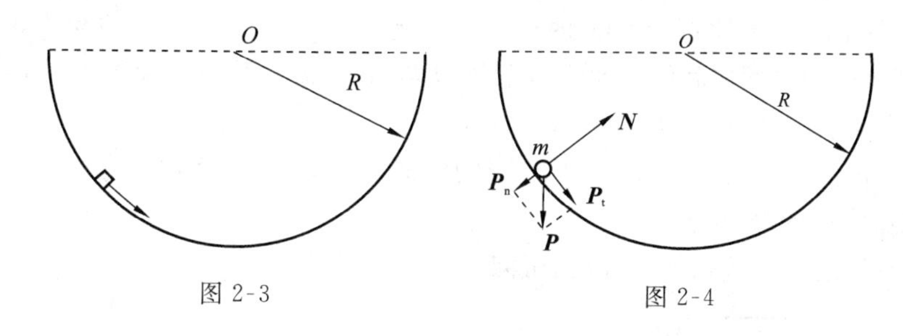

图 2-3　　　　图 2-4

解　D。

这是一道运动学与牛顿定律综合应用的题目，物体受到重力和轨道的支持力的作用。重力的法向分力与支持力的合力提供物体运动的向心力，此时有法向加速度，而重力的切向分力产生切向加速度，物体的总加速度方向不指向圆心，所以A不正确。在物体下落过程中，它所受的切向力是变化的，故切向加速度也在变化，即$\frac{dv}{dt}$变化，速率不是均匀增加的，所以B不正确。在下滑过程中，物体做圆周运动，物体受的力在径向上有重力的分力 $\boldsymbol{P}_n$ 与轨道的支持力 $\boldsymbol{N}$，如图 2-4 所示，牛顿第二定律给出 $N-P_n=m\frac{v^2}{R}$，则 $N=P_n+m\frac{v^2}{R}$。在物体下落时，P_n 与 v 都在增大，所以支持力 N 是增加的。而物体的外力有重力与支持力，前者不变，后者大小、方向均变化，所以合外力的大小与方向也都变化并非恒指向圆心，故C前半句正确，后半句不正确。由以上分析可知，轨道的支持力不断增加，所以D是正确的。

2. 在下列几种情况中，机械能守恒的系统是(　　)。

A. 当物体在空气中下落时，以物体和地球为系统

B. 当地球表面物体匀速上升时，以物体与地球为系统(不计空气阻力)

C. 子弹水平地射入放在光滑水平桌面上的木块内，以子弹与木块为系统

D. 当一球沿光滑的固定斜面向下滑动时，以小球和地球为系统

解　D。

本题的目的是要学生明确机械能守恒定律的守恒条件。

在A中，显然空气阻力对物体要做负功，所以系统的机械能不守恒。当地球表面物体匀速上升时，一定受到竖直向上与物体所受重力相等的力，此力对于物体与地球系统是外力，由于它做正功，所以系统的机械能不守恒，故B是错的。当子弹射入木块时，两者之间的摩擦力为非保守内力做功，所以系统的机械能不守恒，即C是错的。对于小球和地球系统，斜面的支持力为外力，其方向与小球的位移垂直，不做功，所以系统满足机械能守恒条件，D是对的。分析本题的关键是：①明确机械能守恒条件；②能正确区分系统的内力与外力、保守内力与非保守内力。

（三）计算题

1. 桌上有一质量 $m_1=1$ kg 的板 M_1，板上放一质量 $m_2=2$ kg 的物体 M_2，物体和板之间、板和桌面之间的滑动摩擦系数均为 $f_k=0.25$，静摩擦系数均为 $\mu=0.30$，以水平力 $\boldsymbol{F}$ 作用于板上，如图 2-5(a)所示。

(1) 若物体与板一起以 $a=1\ \mathrm{m/s^2}$ 的加速度运动，试计算物体与板及板与桌面之间相互作用的摩擦力。

(2) 若欲使板从物体下抽出，试问力 F 至少要多大？

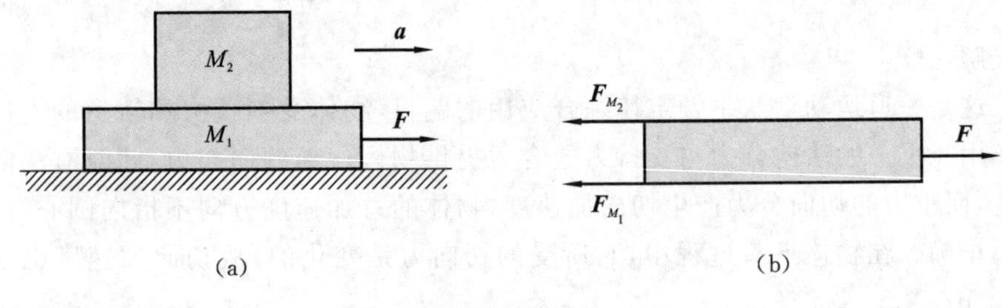

图 2-5

解　(1) 物体与板一起运动时，以整体为研究对象，它们对桌面的压力即为其重力 $F_{N_1}=(m_1+m_2)g$，因此，板对桌面的摩擦力为

$$F_{M_1}=f_k F_{N_1}=f_k(m_1+m_2)g=7.35\ \mathrm{N}$$

物体 M_2 由于受到向右的静摩擦力 F_{M_2} 作用与板一起以加速度 $a=1\ \mathrm{m/s^2}$ 运动，因此物体与板之间的摩擦力为

$$F_{M_2}=m_2 a=2\ \mathrm{N}$$

(2) 欲使板从物体下抽出，物体 M_2 所受力为最大静摩擦力 $F_{M_2}=\mu F_{N_2}$，并获得最大加速度 $a_0=\dfrac{F_{M_2}}{m_2}=\mu g$，此时，板也必须获得不小于 a_0 的加速度，板此时受力如图 2-5(b)所示，因此 $F-F_{M_1}-F_{M_2}\geqslant m_1 a_0$，即

$$F\geqslant F_{M_1}+F_{M_2}+m_1 a_0$$

将 $F_{M_1}=\mu(m_1+m_2)g$，$F_{M_2}=\mu F_{N_2}=\mu m_2 g$ 和 $a_0=\mu g$ 代入上式，得

$$F\geqslant\mu(m_1+m_2)g+\mu(m_1+m_2)g=17.64\ \mathrm{N}$$

* **2.** 悬挂于房顶 O 处的细绳 OAB 上的点 A 有质点 M_1，其质量为 m_1，点 B 有质点 M_2，其质量为 m_2，$OA=l_1$，$AB=l_2$。现打击 M_1 使之有水平速度 $\boldsymbol{v}_0$，并保持细绳仍为竖直状态，如图 2-6(a)所示。求打击瞬时绳 AB 中的张力 T 为多少？

解　**方法一**　以房顶 O 为参照系，打击 M_1 后，它将做半径为 l_1、中心为 O 的圆周运动。在打击瞬时，M_1 的加速度 $\boldsymbol{a}_1$ 沿绳指向房顶 O，如图 2-6(b)所示，有

$$a_1=\frac{v_0^2}{l_1} \tag{①}$$

由于 M_2 与 M_1 用绳连接，则 M_2 相对 M_1 将做半径为 l_2 的圆周运动，速度 $\boldsymbol{v}_0$ 方向如图 2-6(b)所示。M_2 相对 M_1 的加速度 $\boldsymbol{a}_2'$ 的方向指向 M_1，有

$$a_2'=\frac{v_0^2}{l_2} \tag{②}$$

M_2 以房顶 O 为参照系，其受力如图 2-6(c)所示。在打击 M_1 的瞬时 M_2 未动，其加速度 $\boldsymbol{a}_2$ 的方向应竖直向上，有

$$T-m_2g=m_2a_2 \tag{③}$$

由相对运动关系，得

$$a_2=a_2'+a_1 \tag{④}$$

由式①～式④，得 $T=m_2\left(\frac{v_0^2}{l_1}+\frac{v_0^2}{l_2}+g\right)$。

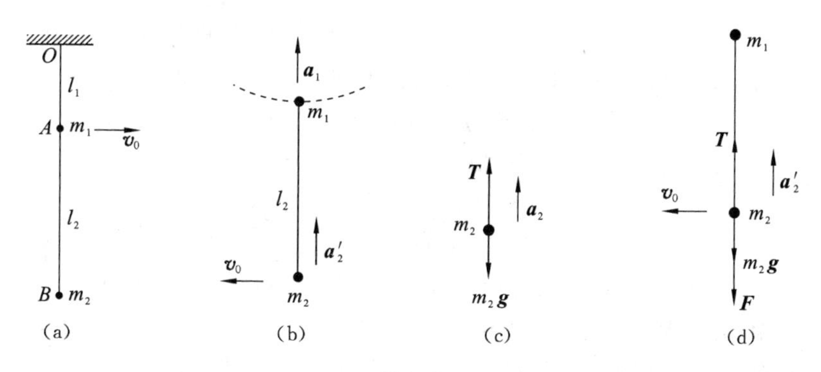

图 2-6

方法二　以 M_1 为参照系，这是一个瞬时静止的平动非惯性系，此时 M_2 除受到 m_2g 和 T 的作用外，还受到惯性力 $F=-m_2a_1$ 的作用，其方向沿绳 l_2 向下，如图 2-6(d)所示。M_2 相对 M_1 做半径为 l_2、中心为 A 的圆周运动，加速度为 $a_2'=\frac{v_0^2}{l_2}$，由牛顿定律，得

$$T-m_2g-m_2a_1=m_2a_2' \tag{⑤}$$

将式①、式②代入式⑤，解得 $T=m_2\left(\frac{v_0^2}{l_1}+\frac{v_0^2}{l_2}+g\right)$。

3. 如图 2-7 所示，将一质量为 m 的小立方体 A 放在以 n (r/s)的恒定速率转动的漏斗中，漏斗的壁与水平面呈 θ。设立方体 A 和漏斗间的静摩擦系数为 μ_s，立方体 A 的中心与转动轴的距离为 r。试问欲使立方体 A 相对于漏斗为静止，n 应该在什么范围取值?

解　当 n 较大时，立方体 A 有向上滑动趋势，摩擦力 F_s 向下，立方体 A 受力

如图 2-7 所示，当立方体 A 相对于漏斗为静止时，立方体 A 与漏斗以共同的角速度旋转。立方体 A 在 x 方向的合力提供了向心力，而 y 方向受力平衡。于是，在 x 方向有

$$N\sin\theta + F_s\cos\theta = mr\omega^2 = mr4\pi^2 n^2$$

在 y 方向有

$$N\cos\theta - F_s\sin\theta - mg = 0$$

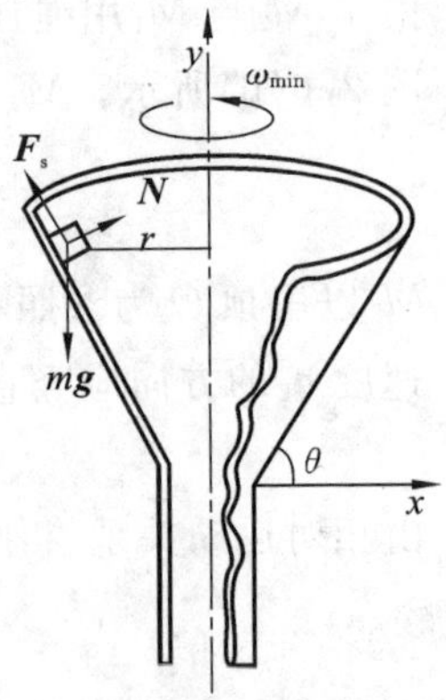

当 F_s 随 n 增大到 $F_{max} = \mu_s N$ 时，n 也增大到 n_{max}，于是有

$$N\sin\theta + \mu_s F_s\cos\theta = mr4\pi^2 n_{max}^2$$

$$N\cos\theta - \mu_s F_s\sin\theta - mg = 0$$

图 2-7

解得
$$n_{max} = \frac{1}{2\pi}\sqrt{\frac{g(\sin\theta + \mu_s\cos\theta)}{r(\cos\theta - \mu_s\sin\theta)}}$$

当 n 较小时，立方体 A 有向下滑动趋势，摩擦力 F_s 的方向向上，立方体受力如图 2-7 所示，类似上述分析，达到极限情况时，有

$$N\sin\theta - \mu_s F_s\cos\theta = mr4\pi^2 n_{min}^2$$

$$N\cos\theta + \mu_s F_s\sin\theta - mg = 0$$

解得
$$n_{min} = \frac{1}{2\pi}\sqrt{\frac{g(\sin\theta - \mu_s\cos\theta)}{r(\cos\theta + \mu_s\sin\theta)}}$$

可见，要使立方体 A 与漏斗保持相对静止，n 应该在 n_{min} 与 n_{max} 之间。

4. 一条质量为 M 且分布均匀的绳子，长度为 l_0，一端拴在转轴上，并以恒定角速度 ω 在水平面上旋转。设在转动过程中绳子始终伸直，且忽略重力与空气阻力，求距转轴为 r 处绳子的张力。

解　绳子在水平面内转动时，由于绳子上各段转动速度不同，因此各处绳子的张力也不同。现取距转轴为 r 处的一段绳子 $\mathrm{d}r$，质量为 $\mathrm{d}m = \frac{M}{l_0}\mathrm{d}r$。设两端绳子对它的拉力分别是 $\boldsymbol{T}(r)$ 与 $\boldsymbol{T}(r+\mathrm{d}r)$，如图 2-8 所示。这小段绳子做圆周运动，根据牛顿第二定律，有

$$T(r) - T(r+\mathrm{d}r) = \left(\frac{M}{l_0}\mathrm{d}r\right)r\omega^2$$

$$\mathrm{d}T = -\frac{M}{l_0}\omega^2 r\mathrm{d}r$$

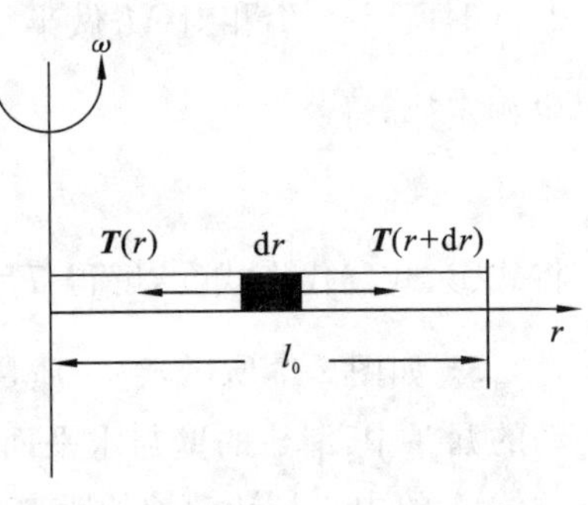

图 2-8

由于绳子的末端是自由的，当 $r = l_0$ 时，$T = 0$，故

$$\int_{T(r)}^{0}\mathrm{d}T = -\int_{r}^{l_0}\frac{M}{l_0}\omega^2 r\mathrm{d}r$$

即
$$T(r)=\frac{M}{l_0}\omega^2(l_0^2-r^2)$$

注意　(1) 隔离体法不仅可用于由几个物体组成的分立的物体系统上，也可用于由一系列微小绳段组成的连续的物体系统。这种方法常用于求该系统内某处的内力(或应力)和形变等。

(2) 由上式计算结果可知，越靠近转轴处绳子的张力越大。而末端是自由端，张力 $T=0$。

5. 如图 2-9 所示，一条质量为 m、长为 l 的均质链条，放在一光滑的水平桌面上，链子的一端有极小的一段长度被推出桌子边缘，在重力作用下开始下滑，试求在下列两种情况下，链条刚刚离开桌面时的速度：

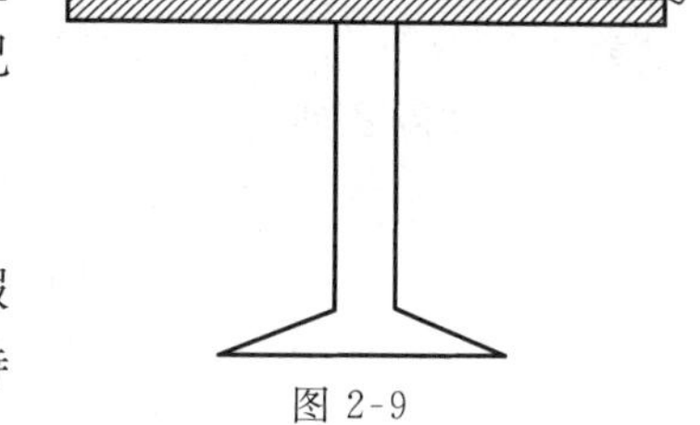
图 2-9

(1) 在刚开始下滑时，链条为一直线形式；

(2) 在刚开始下滑时，链条盘在桌子的边缘，假定链条未脱离桌面的那一部分的速度一直保持为零；

(3) 解释上述两种情况下速度不同的成因。

解　(1) 链条在运动过程中，其各部分的速度、加速度均相同，沿链条方向，设链条落下部分的长度为 x，受力为 $\frac{m}{l}xg$，根据牛顿定律，得

$$F=\frac{m}{l}xg=ma$$

通过变量代换，有
$$\frac{m}{l}xg=mv\frac{\mathrm{d}v}{\mathrm{d}x}$$

当 $x=0,v=0$ 时，将上式积分得

$$\int_0^l \frac{m}{l}xg\,\mathrm{d}x=\int_0^v mv\,\mathrm{d}v$$

由上式可得链条刚离开桌面时的速度为

$$v=\sqrt{gl}$$

(2) 设链条落下部分的长度为 x，只有这一部分有加速度，其余部分则仍为静止，根据牛顿定律(注意到此时落下部分质量是变化的)，有

$$\frac{m}{l}xg=\frac{\mathrm{d}}{\mathrm{d}t}\left(\frac{m}{l}xv\right),\quad xg\mathrm{d}t=\mathrm{d}(xv)$$

上式两边乘以 xv，得
$$vgx^2\mathrm{d}t=\frac{1}{2}\mathrm{d}(xv)^2$$

即
$$gx^2\mathrm{d}x=\frac{1}{2}\mathrm{d}(xv)^2$$

对上式积分，且利用初始条件，$x_0=0$，$v_0=0$，得 $v^2=\frac{2}{3}gx$。当 $x=l$ 时，可得链条刚离开桌面时的速度为 $v=\frac{\sqrt{6gl}}{3}$。

(3) 由(1)和(2)可知，在第二种情况下的速度小于在第一种情况下的速度，其原因在于在第二种情况下，桌面上的链条由静止到突然运动，相邻部分之间发生了非弹性碰撞，链条各质元内力做功之和不为零，因而有部分机械能转化为其他形式的能量，而在第一种情况下，机械能则是守恒的。

6. 两质点 P 与 Q 最初相距 1.0 m，都处于静止状态，P 的质量为 0.1 kg，Q 的质量为 0.3 kg，P 与 Q 以 1.0×10^{-2} N 恒力相互吸引。

(1) 设没有外力作用在该系统上，试描述系统质心的运动。

(2) 在距离质点 P 的初始位置多远处，两质点将相互碰撞？

解　(1) 对由 P、Q 组成的系统应用质心运动定理，有

$$F_{外}=\frac{\mathrm{d}p_c}{\mathrm{d}t}$$

考虑到 $F_{外}=0$，可得　$p_c(t)=$ 常量

又因 $p_c(0)=0$，故 $p_c(t)=0$，即质心静止不动。

(2) 由于质心不动，故 P、Q 在质心处相碰，而质心坐标为

$$x_c=\frac{m_P\times0+m_Q\times x_Q}{m_P+m_Q}=\frac{0.3\times1.0}{0.1+0.3}\ \mathrm{m}=0.75\ \mathrm{m}$$

即在距离质点 P 的初始位置 0.75 m 处，两质点相互碰撞。

***7.** 一质量为 M 具有半球形凹陷面的物体 C 静止在光滑水平桌面上，如图 2-10 所示。凹陷球面的半径为 R，表面光滑。现让一质量为 m 的小球 D 从凹陷面的 B 处静止释放，求小球下滑到最低点 A 时，C 对 D 的作用力。

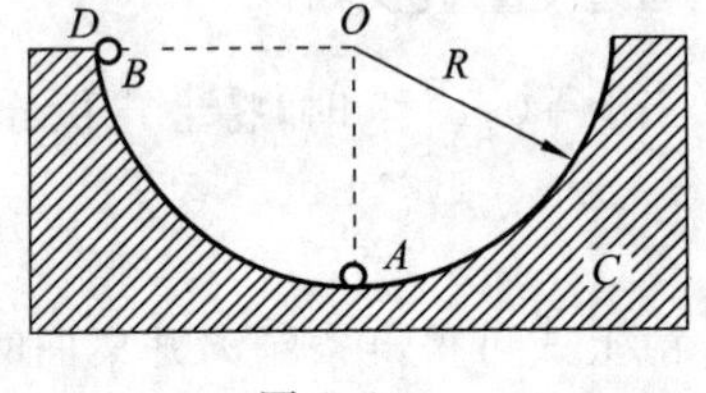

图 2-10

解　设 D 下滑到点 A 时的速度为 v_1，此时 C 的速度为 v_2，则由于 D 和 C 组成的系统在运动过程中，在水平方向上不受外力作用，故系统水平方向动量守恒(向右为 x 轴的正方向)，则

$$mv_1-Mv_2=0 \quad ①$$

由小球、物体、地球组成的系统机械能守恒，得

$$\frac{1}{2}mv_1^2+\frac{1}{2}Mv_2^2=mgR \quad ②$$

再根据牛顿第二定律，有

$$N-mg=m\frac{v'^2}{R} \quad ③$$

v'是 D 下落到点 A 时，小球相对于 C 的速度。

相对运动的速度关系为

$$v_1=v'-v_2 \quad ④$$

由式①～式④可得

$$N=\frac{m}{M}(3M+2m)g$$

本题易犯的错误是将式③写为 $N-mg=m\dfrac{v_1^2}{R}$的形式。因为 v_1、v_2均为相对地面参照系的速度，而小球沿槽下滑时，它相对该凹陷的物体做圆周运动，而物体同时也在桌面上滑动，所以小球相对于桌面的运动应为这两个运动的合成。那么，小球相对于地面参照系的运动轨迹就不再是半径为 R 的圆周。所以，在列小球相对于物体做圆周运动的运动方程时，应选物体 C 为参照系。又由于小球落至点 A 处这一时刻，物体 C 受的合外力为零，无加速度，故 C 可视为惯性系。相对于此惯性系，故写式③时，不要考虑惯性力。

***8.** 在制造和安装过程中会出现误差，常会使电动机转子质心与其轴线间产生偏心距。转子偏心距会使运动着的电动机与支座间产生相互作用的周期性变化的力，这种力将会使电动机和支座发生振动。设一台电动机用螺栓固定在水平基础上，如图 2-11 所示。已知定子和转子的质量分别为 m_1 和 m_2，定子质心为 O_1，转子质心为 O_2，偏心距为 e，转子角速度为 ω，试求支座作用于电动机的力。

解　选电动机为研究对象，取直角坐标系 O_1xy，如图 2-11 所示。电动机定子所受重力为 $\boldsymbol{G}_1$，转子所受重力为 $\boldsymbol{G}_2$，支座作用于电动机的水平分力为 $\boldsymbol{F}_{Nx}$，铅直分力为 $\boldsymbol{F}_{Ny}$。根据质心运动定理可知

$$F_{Nx}=(m_1+m_2)a_{cx} \quad ①$$

$$F_{Ny}-m_1g-m_2g=(m_1+m_2)a_{cy} \quad ②$$

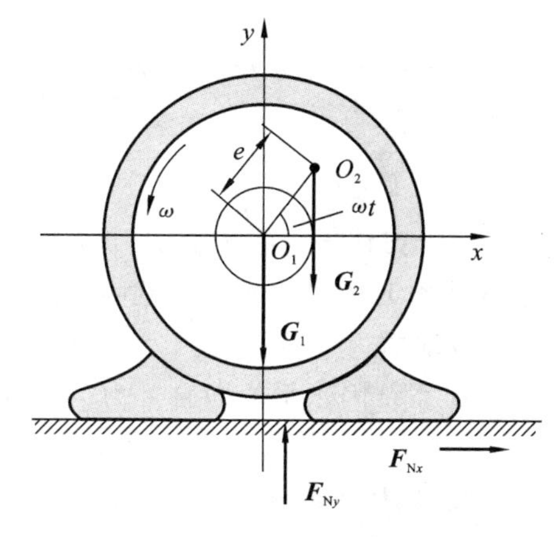

图 2-11

设电动机质心为 C，由质心的计算公式可知，质心的坐标为

$$x_c=\frac{m_1x_1+m_2x_2}{m_1+m_2},\quad y_c=\frac{m_1y_1+m_2y_2}{m_1+m_2}$$

由图 2-11 可知，$x_1=y_1=0$，$x_2=e\cos(\omega t)$，$y_2=e\sin(\omega t)$，则有

$$x_c=\frac{m_2e\cos(\omega t)}{m_1+m_2} \quad ③$$

$$y_c=\frac{m_2e\sin(\omega t)}{m_1+m_2} \quad ④$$

将式③、式④对时间 t 求二阶导数，并代入式①、式②，得

$$F_{Nx}=-m_2e\omega^2\cos(\omega t)$$

$$F_{Ny}=(m_1+m_2)g-m_2e\omega^2\sin(\omega t)$$

支座作用于电动机的力为

$$\boldsymbol{F}_N=-m_2e\omega^2\cos(\omega t)\boldsymbol{i}+[(m_1+m_2)g-m_2e\omega^2\sin(\omega t)]\boldsymbol{j}$$

F_{Nx}的最大值和最小值分别为

$$F_{Nx\max}=m_2e\omega^2,\quad F_{Nx\min}=0$$

F_{Ny}的最大值和最小值分别为

$$F_{Ny\max}=(m_1+m_2)g+m_2e\omega^2,\quad F_{Ny\min}=(m_1+m_2)g-m_2e\omega^2$$

若偏心距 $e=0$，则 $F_x=0$，$F_y=(m_1+m_2)g$，在这种理想状况下，电动机和机座将不会发生振动。

***9.** 一质量为 M、倾角为 θ 的斜面 B，放在光滑水平面上，质量为 m 的物体 A 从高 h 处由静止开始无摩擦地下滑，如图 2-12(a)所示。求物体 A 从高 h 处滑到底端这一过程中对斜面所做的功 A，以及斜面后退的距离 s_0。

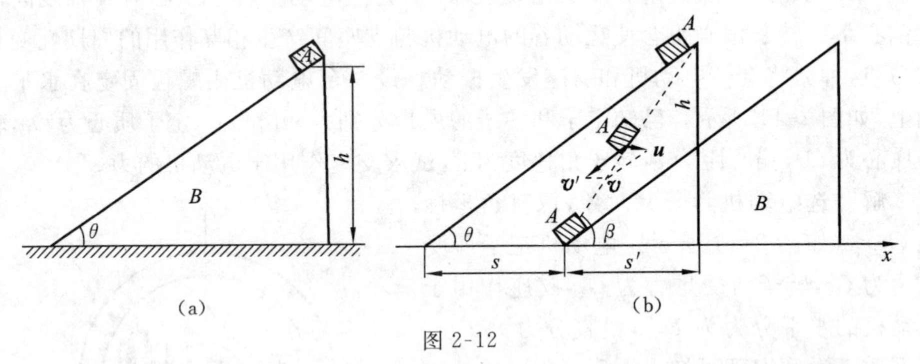

图 2-12

解　方法一　当物体 A 下滑时，斜面 B 也随之后退，即斜面平行后移，所以物体 A 下滑时相对地面的轨迹为如图 2-12(b)所示的虚线，它与水平面夹角为 β。

以地面为参照系，设 u 为斜面 B 的后退速度，v 为物体 A 相对于地面的速度。A 与 B 系统因水平方向合外力为零，所以水平方向动量守恒，有

$$mv\cos\beta-Mu=0 \qquad ①$$

以 A、B 及地球为系统，机械能是否守恒呢？此时 A、B 之间的相互作用力都分别对 A、B 做功，这是非保守内力的功，这对力做的功之和是否一定为零是需要证明的。现以 $\mathbf{N}$ 与 $\mathbf{N}'$ 表示这对支持力，根据牛顿第三定律，有 $N=-N'$。对 A 与 B 做的功分别以 $\mathrm{d}C_N$ 与 $\mathrm{d}C_{N'}$ 表示，则这对力做的功之和为

$$\mathrm{d}C_N+\mathrm{d}C_{N'}=N\cdot\mathrm{d}s_{A地}+N'\cdot\mathrm{d}s_{B地}=N(\mathrm{d}s_{A地}-\mathrm{d}s_{B地})=N\cdot\mathrm{d}s_{AB}$$

因 $\mathbf{N}$ 垂直于 $\mathrm{d}s_{AB}$，所以有

$$\mathrm{d}C_N+\mathrm{d}C_{N'}=0$$

即这对非保守内力做功之和为零，再加上地面对 B 的支持力不做功，所以系统的

机械能守恒。

现选地面为势能零点，则有

$$\frac{1}{2}mv^2+\frac{1}{2}Mu^2=mgh \tag{②}$$

设 s' 为 A 相对地面在水平方向的位移，由图 2-12(b)可看出

$$\frac{h}{s'}=\tan\beta \tag{③}$$

$$\frac{h}{s'+s}=\tan\theta \tag{④}$$

由水平方向动量守恒可得出

$$mv_x-Mu=0,\quad m\frac{\mathrm{d}s'}{\mathrm{d}t}=M\frac{\mathrm{d}s}{\mathrm{d}t}$$

$$\int_0^t m\mathrm{d}s'=\int_0^t M\mathrm{d}s,\quad ms'=Ms \tag{⑤}$$

$$A=\frac{1}{2}Mu^2 \tag{⑥}$$

由以上 6 个方程可得

$$A=\frac{Mm^2gh\cos^2\theta}{(M+m)(M+m\sin^2\theta)},\quad s=\frac{mgh\cos\theta}{(M+m)\sin\theta}$$

以下为容易出现错误的地方。

不证明(或不说明)非保守内力做功之和为零，就用机械能守恒定律。

未考虑相对运动或以斜面物体 B 为参照系(非惯性系)，在使用动量守恒定律建立方程①时，错写为 $mv\cos\theta-Mu=0$。在建立方程⑤时，由 $mu_x=Mu$ 两边同时乘以时间变量，直接得出 $ms'=Ms_0$。这也是错误的。因 A 在下滑过程中 u_x 与 u 是变速率，但在任一时刻均满足这一等式，这就是动量守恒的物理意义。因此，必须用积分求出式⑤。

方法二　设 $\boldsymbol{v}'$ 为 A 相对于 B 的速度。根据相对速度变换公式，有

$$\boldsymbol{v}=\boldsymbol{v}'+\boldsymbol{u}$$

水平方向　$v_x=v'\cos\theta-u\quad(u_x=u)$

竖直方向　$v_y=v'\sin\theta\quad(u_y=0)$

因 A、B 系统水平方向动量守恒，则有

$$v_x=Mu-m(v'\cos\theta-u)=0 \tag{⑦}$$

系统机械能守恒，则有

$$\frac{1}{2}m[(v'\cos\theta-u)^2+(v'\sin\theta)^2]+\frac{1}{2}Mu^2=mgh \tag{⑧}$$

$$A=\frac{1}{2}Mu^2 \tag{⑨}$$

由式⑦～式⑨可得出同样结果。

10. 一轻绳绕过一质量忽略不计且轴光滑的滑轮，质量为 M_1 的人抓住绳的一端 A，而绳的另一端 B 系一个质量为 $M_2(M_2=M_1)$ 的物体，如图 2-13(a)所示。现有一人从静止开始加速上爬。当人相对于绳的速度为 u 时，试用守恒定律求 B 端物体上升的速度为多少？

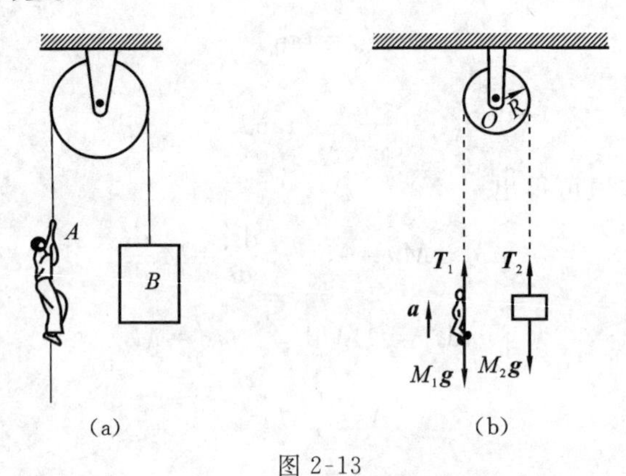

图 2-13

解　如图 2-13(b)所示，在人加速上爬过程中，绳子对人的拉力 T_1 大于人受到的重力 M_1g。由于轻绳各处张力相等，因此在另一端绳子对物体的拉力 T_2 和 T_1 相等。因为 $M_2=M_1$，所以又有 $T_2>M_2g$，因而重物也将加速上升。这样，对于人、物体和地面这一系统，外力为 T_2 和 T_1，两者做功之和大于零，所以此系统机械能不守恒。对于人和物体这一系统，外力为 T_2、T_1、M_1g 和 M_2g，它们的合力 $T_2+T_1-M_1g-M_2g$ 不为零，因此系统动量不守恒。对于人和物体这一系统，外力对滑轮轴 O 的合外力矩为 $T_1R-T_2R-M_2gR+M_1gR=0$（R 为滑轮半径），所以系统对滑轮轴的角动量守恒。

当人相对于绳子的速度为 u 时，物体相对于地面的速度为 v，则人相对于地面的速度为 $u-v$，此时系统对滑轮轴的角动量为 $M_1(u-v)R-M_2vR$，由于系统的初始角动量为零，故由角动量守恒定律得

$$RM_1(u-v)-RM_2v=0$$

由此得 $v=\dfrac{u}{2}$。

注意　此时人相对于地面的速度为 $u-\dfrac{u}{2}=\dfrac{u}{2}$，即人和物体是以同一速度上升的，但人与物体的动量之和为 $2M\dfrac{u}{2}\neq0$。

四、习 题 解 答

（一）填空题

1. 2 m/s；3.5 m/s^2。

质点在 0～1 s 内所受的冲量为

$$\int_0^1 F\mathrm{d}t = \int_0^1 (3+2t)\mathrm{d}t = 4\ \mathrm{N\cdot s}$$

由动量定理有　$I=\Delta(mv)=4\ \mathrm{N\cdot s},\quad v=2\ \mathrm{m/s}$

又由牛顿第二定律有　$a=\dfrac{F_{t=2}}{m}=3.5\ \mathrm{m/s^2}$

2. －60。

由动量守恒定律，有 $m_1v_0=(m_1+m_2)v$，则

$$v=\frac{m_1v_0}{m_1+m_2}=\frac{20}{5}\ \mathrm{m/s}=4\ \mathrm{m/s}$$

总动能损失为　$\Delta E_\mathrm{k}=\dfrac{1}{2}(m_1+m_2)v^2-\dfrac{1}{2}m_1v_0^2=-60\ \mathrm{J}$

3. $3mg$。

由物体所受的摩擦力和重力平衡得

$$N\mu=F\mu=mg,\quad \mu=\frac{mg}{F}$$

现将力加倍，要使物体从上方抽出，应有 $F=2mg+mg=3mg$。

4. $\sqrt{2gR}$；$\sqrt{5}g$。

因为在下滑过程中，无摩擦阻力作用，由机械能守恒得

$$mgR=\frac{1}{2}mv^2$$

即 $v=\sqrt{2gR}$。又因为　$a_\mathrm{n}=\dfrac{v^2}{R}=2g$

所以　$a=\sqrt{a_\mathrm{n}^2+a_\mathrm{t}^2}=\sqrt{4g^2+g^2}=\sqrt{5}g$

5. $A_f=mg(H_1-H_2)$；0。

6. 18 J；18 J。

由动量定理知

$$mv=\int_0^2 F\mathrm{d}t=\int_0^2 3t\mathrm{d}t=\frac{3}{2}\times 4\ \mathrm{N\cdot s}=6\ \mathrm{N\cdot s}$$

得　$v=6\ \mathrm{m/s}$

力所做的功为　$A=\dfrac{1}{2}mv^2-0=18\ \mathrm{J}$

由动能定理有 $$E_k=\frac{1}{2}mv^2=18\ \text{J}$$

7. 12800 J。

由动能定理知，力的功为

$$A=\frac{1}{2}mv^2=\frac{1}{2}m(at)^2=12800\ \text{J}$$

8. 220 J。

由功能原理，有 $$A=mgh+\frac{1}{2}mv^2=220\ \text{J}$$

9. $\frac{2mg}{k}$；$\frac{2m^2g^2}{k}$。

由功能原理知 $mgx=\frac{1}{2}kx^2$，得 $x=\frac{2mg}{k}$，故

$$E_{\text{pmax}}=\frac{1}{2}k\left(\frac{2mg}{k}\right)^2=\frac{2m^2g^2}{k}$$

10. 无关；相关；有关。

11. 90°。

因为是弹性碰撞，所以由机械能守恒得

$$\frac{1}{2}m_Av_{A_0}^2=\frac{1}{2}m_Av_A^2+\frac{1}{2}m_Bv_B^2$$

即 $$v_{A_0}^2=v_A^2+v_B^2$$

故 $$\alpha=90^\circ$$

12. $-4\ \text{kg}\cdot\text{m/s}$。

由动量定理得 $p=mv=\int_0^4 F\text{d}t=(3t-t^2)\Big|_0^4=-4\ \text{kg}\cdot\text{m/s}$。

13. 1500 N。

由动量定理不难得到 $F=1500$ N。

14. (4)。

15. bt；$-p_0+bt$。

由动量守恒知，$\boldsymbol{p}_A+\boldsymbol{p}_B=$恒矢量和 $t=0$ 时，$p_A+p_B=p_0\Rightarrow p_B=bt$。同理，$p_B=-p_0+bt$。

16. 4 m/s。

由水平方向动量守恒知

$$m_{子弹}v_0\sin30^\circ=(m_{子弹}+m_{球})v\Rightarrow v=\frac{m_{子弹}v_0\sin30^\circ}{m_{子弹}+m_{球}}=4\ \text{m/s}$$

17. 3×10^{-3} s；0.6 kg·m；2×10^{-3} kg。

由题意知， $$F=0\Rightarrow400-\frac{4\times10^5}{3}t=0\Rightarrow t=3\times10^{-3}\ \text{s}$$

子弹在枪筒中所受的冲量为

$$I=\int_0^t F\mathrm{d}t=\left(400t-\frac{2\times10^5t^2}{3}\right)\Bigg|_0^{3\times10^{-3}}=0.6\ \mathrm{kg\cdot m/s}$$

子弹的质量为
$$m=\frac{I}{v}=\frac{0.6}{300}\ \mathrm{kg}=2\times10^{-3}\ \mathrm{kg}$$

18. $\frac{M}{m}v_0\cos\theta$。

19. 4 m/s;2.5 m/s。

由动量定理,有$(F-mg\mu)t=mv$,得

$$v=4\times\frac{30-100\times0.2}{10}\ \mathrm{m/s}=4\ \mathrm{m/s}$$

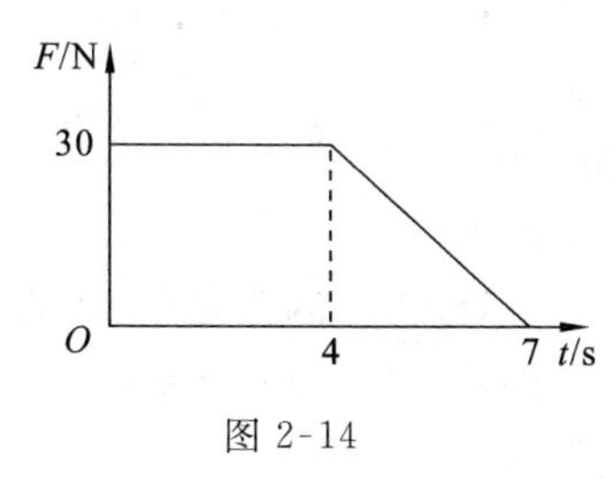

图 2-14

由图 2-14 可知　$F=70-10t$

即
$$\int_4^7(70-10t)\mathrm{d}t=45$$

因为
$$\int_4^7(70-10t)\mathrm{d}t+mv=(45+40)\ \mathrm{N\cdot s}>\int_4^7 mg\mu\,\mathrm{d}t=60\ \mathrm{N\cdot s}$$

故知物体仍然在前进,进而由$45-60=mv_7-40$,得

$$v_7=\frac{25}{10}\ \mathrm{m/s}=2.5\ \mathrm{m/s}$$

20. $\frac{(mg)^2}{2k}$。

由题意知物体刚好离开地面时,$mg=kx$,由功能原理,得$\frac{1}{2}kx^2=\frac{(kx)^2}{2k}=\frac{(mg)^2}{2k}$。

21. 动量、动能、功、势能。

(二)选择题

1. C。

$a=F/m=[F\cos\theta-\mu(mg-F\sin\theta)]/m$;令$a'=0$,则$\mu=\tan\theta$,此时取最大值。

2. C。$F=-\Delta p/t=-0.02\times900\times800/60\ \mathrm{N}=-240\ \mathrm{N}$,所以大小为 240 N。

3. C。人造地球卫星与地球之间的万有引力属有心力,对此系统来说,卫星对地心的角动量守恒,而绕地球做椭圆轨道运动时,各点的速率不同,故动能不守恒。

4. B。

5. D。

6. D。因为在竖直方向上所受的合外力不为零,所以此方向上系统的动量不守恒。

7. B。

8. C。$a=F/m=3\ \mathrm{m/s^2}$,$v=at=9\ \mathrm{m/s}$,$P=Fv=405\ \mathrm{W}$

9. D。

10. D。以原长处为弹性势能的零点，因为弹簧的弹性势能将增加，所以在此过程中弹力做负功，弹簧的伸长量为 l_1-l_0。

11. B。

12. A。因为小球在竖直方向的位置不变及它的速率也不变，所以重力和绳子的张力对小球都不做功。

13. A。$A=\boldsymbol{F}\cdot\Delta\boldsymbol{r}=(-3\boldsymbol{i}-5\boldsymbol{j}+9\boldsymbol{k})\cdot(4\boldsymbol{i}-5\boldsymbol{j}+6\boldsymbol{k})=67\ \text{J}$

14. D。$\boldsymbol{a}=\dfrac{\mathrm{d}^2\boldsymbol{r}}{\mathrm{d}t^2}=12\boldsymbol{i}+6\boldsymbol{j}$，故此质点的运动为匀变速运动，质点所受合力是恒力。

15. C。因为是斜抛，故水平方向的分速度不变，动量的增量由竖直方向变化提供。$\Delta\boldsymbol{p}=m(v_0\cos\alpha\boldsymbol{i}-v_0\sin\alpha\boldsymbol{j})-m(v_0\cos\alpha\boldsymbol{i}+v_0\sin\alpha\boldsymbol{j})=mv_0\boldsymbol{j}$，故冲量的大小为 mv_0。

16. C。

17. A。这里的平均冲力包括由 $\Delta\boldsymbol{p}/\Delta t$ 产生的力，还应该包括桩对铁锤的支持力，大小为 mg。

18. B。

19. B。

20. B。

21. BC。

22. B。因为是水平变力，故不能选 D，又极缓慢，所以可认为水平变力所做的功全部转换为物体的重力势能，故选 B。

23. C。

24. C。子弹与木块之间的相互作用力为内力，故系统的动量守恒。然而此内力为非保守力，故机械能不一定守恒。

25. B。$k_A\Delta x_A=k_B\Delta x_B$，$E_A/E_B=\dfrac{1}{2}k_A\Delta x_A^2\Big/\left(\dfrac{1}{2}k_B\Delta x_B^2\right)=k_B/k_A$。

26. B。因为 $m_Av_A+m_Bv_B=0$，所以$\dfrac{E_A}{E_B}=\dfrac{1}{2}m_Av_A^2\Big/\left(\dfrac{1}{2}m_Bv_B^2\right)=\dfrac{m_B}{m_A}=2$。

27. B。$\boldsymbol{a}=\dfrac{\mathrm{d}\boldsymbol{v}}{\mathrm{d}t}=\dfrac{\boldsymbol{F}}{m}=6t\boldsymbol{i}$，$\mathrm{d}\boldsymbol{v}=6t\boldsymbol{i}\mathrm{d}t$，$v_{t=3}=27\ \text{m/s}$，$\boldsymbol{p}=54\boldsymbol{i}\ \text{kg}\cdot\text{m/s}$。

28. A。对于两物体组成的系统，它们之间的相互作用力为内力，它们受到的合外力为零，故满足动量守恒的条件。

29. B。以传送带为参照系，则沙子即将落到带上时的速度为$\boldsymbol{v}=-3\boldsymbol{i}-\sqrt{2gh}\boldsymbol{j}=-3\boldsymbol{i}-4\boldsymbol{j}$，根据沙子所受的冲力与其速度方向相反，故选 B。

30. C。因为 $\Delta p=mgt$，$t=\pi R/v$，所以 $\Delta p=\pi Rmg/v$。

31. B。

32. D。以向下为正方向，系统受到的非惯性力为 $F_s = ma = \frac{1}{2}mg$，故 $F = mg + \frac{1}{2}mg = \frac{3}{2}mg$。

33. D。$a_t = \frac{mg\sin\theta}{m} = g\sin\theta$，$\frac{1}{2}mv^2 = mgr(1-\cos\theta)$ $a_n = \frac{v^2}{r} = 2g(1-\cos\theta)$，$a = \sqrt{a_t^2 + a_n^2} = \sqrt{4g^2(1-\cos\theta)^2 + g^2\sin^2\theta}$。

34. A。以向上为正方向，地面为参照系，设球对地速度为 $\boldsymbol{v}_1$，人、球组成的系统受的合外力为零，故满足动量守恒定理，有

$$\boldsymbol{0} = M\boldsymbol{v}_1 + m(\boldsymbol{v}_1 + \boldsymbol{v}),\quad \boldsymbol{v}_1 = -m\boldsymbol{v}/(M+m)$$

35. B。

36. B。由动量守恒得

$$mv = (m+M)v',\quad v' = mv/(m+M)$$

$$E = \frac{1}{2}(m+M)v'^2 = (mv)^2/[2(m+M)]$$

当所有的动能都转化成弹性势能时，获得最大的弹性势能。

37. C。以水平向右为正方向，地面为参照系，设车对地速度为 $\boldsymbol{v}_1$，球对车的相对速度为 $\boldsymbol{v}$，系统在水平方向受的合外力为零，故在水平方向满足动量守恒定理，有

$$\boldsymbol{v} = \sqrt{2gl}\boldsymbol{i},\quad \boldsymbol{0} = M\boldsymbol{v}_1 + m(\boldsymbol{v}_1 + \boldsymbol{v}),\quad \boldsymbol{v}_1 = -m\boldsymbol{v}/(M+m)$$

$$\boldsymbol{v}_a = \boldsymbol{v}_1 + \boldsymbol{v} = \sqrt{2gl}\boldsymbol{i}(1 - m/(M+m)) = M\sqrt{2gl}\boldsymbol{i}/(M+m)$$

速度的大小为 $M\sqrt{2gl}/(M+m)$。

38. B。

39. C。

40. B。

$$\mathrm{d}A = \boldsymbol{F}\cdot\mathrm{d}\boldsymbol{r} = F_0(x\boldsymbol{i} + y\boldsymbol{j})\cdot\mathrm{d}(x\boldsymbol{i} + y\boldsymbol{j}) = F_0(x\mathrm{d}x + y\mathrm{d}y)$$

$$A = F_0\left(\int_0^0 x\mathrm{d}x + \int_0^{2R} y\mathrm{d}y\right) = 2F_0R^2$$

41. C。

42. C。取地面为势能零点和坐标原点，设物体上升了 h，则弹簧的伸长量 $\Delta x = 0.2 - h$，有 $k\Delta x = mg$，$h = 0.1$ m，$\Delta x = 0.1$ m。因为是缓慢拉伸，所以做的功全部转换为重力势能和弹性势能，故 $A = mgh + \frac{1}{2}k(\Delta x)^2 = 3$ J。

（三）计算题

1. 解　(1) $\int_{0.5}^{1} F\mathrm{d}x = \int_{0.5}^{1}(52.8x + 38.4x^2)\mathrm{d}x = 31$ J。

(2) $\frac{1}{2}mv^2=37.32\Rightarrow v=5.34\ \text{m/s}$。

2. 解 整个过程由3个分物理过程组成，如图2-15所示。

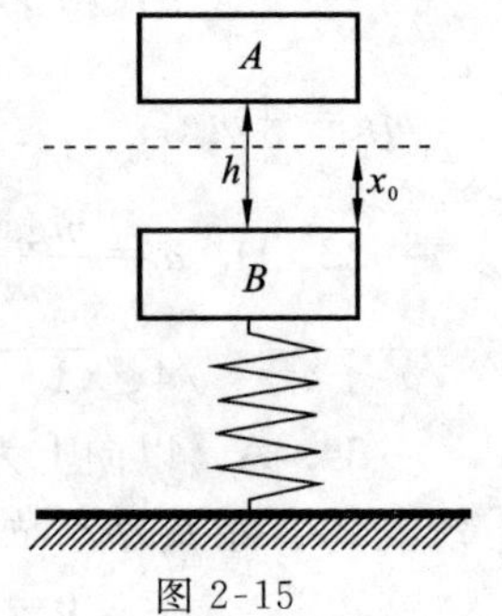

图 2-15

(1) A 自由下落的过程，由机械能守恒有

$$mgh=\frac{1}{2}mv^2\Rightarrow v=\sqrt{2gh}$$

(2) A 与 B 的碰撞过程，满足动量守恒的条件，得

$$mv=2mv'\Rightarrow v'=\frac{v}{2}=\frac{\sqrt{2gh}}{2}$$

(3) 碰后压缩弹簧的过程，满足机械能守恒条件，即

$$\frac{1}{2}(2m)v'^2+\frac{1}{2}kx_0^2-2mgx_0=\frac{1}{2}kx_{\max}^2-2mgx_{\max}$$

$$=\frac{1}{2}mgh+\frac{1}{2}kx_0^2-2kx_0^2=\frac{1}{2}mgh-\frac{3}{2}kx_0^2$$

$$\Rightarrow x_{\max}^2-\frac{4mg}{k}x_{\max}=\frac{mgh}{k}-3\left(\frac{mg}{k}\right)^2$$

$$x_{\max}-\frac{2mg}{k}=\pm\sqrt{\frac{mgh}{k}-3\left(\frac{mg}{k}\right)^2+\left(2\frac{mg}{k}\right)^2}$$

$$x_{\max}=\frac{2mg}{k}\pm\sqrt{\frac{mgh}{k}-3\left(\frac{mg}{k}\right)^2+\left(2\frac{mg}{k}\right)^2}$$

3. 解 设以 A 为原点，如图2-16所示，则质心坐标为

(1)
$$x_c=\frac{m_Bl}{m_A+m_B}=\frac{7\times1.5}{13}\ \text{m}=\frac{21}{26}\ \text{m}$$

$$L=L_A+L_B=m_Av_Ax_c+m_Bv_B(1.5-x_c)=630\ \text{kg}\cdot\text{m}^2/\text{s}$$

(2)
$$\omega=\frac{v_A}{x_c}=\frac{26}{3}\ \text{rad/s}$$

(3) 拉手前 $m_Av_A-m_Bv_B=(60\times7-70\times6)\ \text{kg}\cdot\text{m/s}=0$

拉手后 $[m_Ax_c-m_B(1.5-x_c)]\omega=\left(130\times\frac{21}{26}-70\times1.5\right)\times\frac{26}{3}\ \text{kg}\cdot\text{m/s}=0$

由动量守恒也可以得出相同的结论。

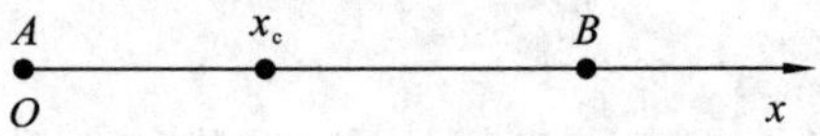

A x_c B

O x

图 2-16

4. 解 由$\frac{E_B}{E_A}=\frac{\frac{1}{2}Mv_B^2}{\frac{1}{2}mv_A^2}=\frac{\frac{(Mv_B)^2}{M}}{\frac{(mv_A)^2}{m}}$和系统总动量守恒 $Mv_B+mv_A=0$，得

$$\frac{E_B}{E_A}=\frac{m}{M}$$

5. 解　由万有引力提供向心力得

$$F_{向}=\frac{G_0 mM}{(R_e+r)^2}=m(R_e+r)\omega^2$$

解得
$$r=\left(\frac{G_0 M}{\omega^2}\right)^{\frac{1}{3}}-R_e=5.39\times10^7\ \text{m}$$

6. 解　由 $T-mg=(n-1)mg=m\dfrac{v^2}{r}$ 和 $\dfrac{1}{2}mv^2=r(1-\cos\theta)mg$，得

$$\cos\theta=\frac{3-n}{2}$$

7. 解　设子弹击中沙箱后，它们的速度为 v_2，由机械能守恒定律，有

$$(M+m)gL(1-\cos\theta)=\frac{1}{2}(M+m)v_2^2$$

得
$$v_2=\sqrt{2gL(1-\cos\theta)}$$

子弹射入过程中，系统在水平方向所受合外力为零，满足动量守恒的条件

$$mv=(M+m)v_2$$

解得
$$v=\frac{M+m}{m}\sqrt{2gL(1-\cos\theta)}$$

8. 解　由动能定理

$$\int_0^l F\mathrm{d}x=\int_0^l\left(400-\frac{8000}{9}x\right)\mathrm{d}x=\frac{1}{2}mv^2$$

有
$$400l-\frac{8000}{18}l^2=\frac{1}{2}\times2\times10^{-3}\times300^2=90$$

解得
$$l=\frac{9}{20}\ \text{m}$$

9. 解　由动量守恒，有 $(m_{人}+m_{球})v_{人}=m_{人}v_{人}+m_{球}v_{球}$，代入数据后解得

$$v_{人}=\frac{9}{13}\ \text{m/s}$$

10. 解　对 A、B 分别用牛顿第二定律列出方程，并用相对运动之间加速度的关系，可写出下列方程：

$$\begin{cases}m_A g-T=m_A a\\ m_B g-T=m_B a_{绝B}\\ a_{绝B}=a_B-a\end{cases}$$

解得
$$a=\frac{(m_A-m_B)g+m_B a_B}{m_A+m_B},\quad a_{绝B}=\frac{(m_B-m_A)g+m_A a_B}{m_A+m_B}$$

$$f=T=m_A(g-a)=\frac{m_A m_B(2g-a_B)}{m_A+m_B}$$

11. 解　由题意可得

$$(mg-C_yv^2)\mu+C_xv^2=ma=mv\frac{\mathrm{d}v}{\mathrm{d}x}=\frac{m}{2}\frac{\mathrm{d}v^2}{\mathrm{d}x}$$

$$\frac{2}{m}\int_0^L\mathrm{d}x=\int_0^{v_0^2}\frac{\mathrm{d}v^2}{(mg-C_yv^2)\mu+C_xv^2}$$

又
$$mg=C_yv_0^2,\quad \frac{C_y}{C_x}=5$$

解得
$$L=\frac{1}{0.1C_y}\ln 2=216.6\ \mathrm{m}$$

12. 解 (1) 由$\begin{cases}m_Ag-T=m_Aa_A\\T=m_Ba_B\end{cases}$,解得

$$a=\frac{m_Ag}{m_A+m_B}=\frac{g}{2}$$

$$h=0.4m=\frac{1}{2}at^2\Rightarrow t=0.4\ \mathrm{s}$$

(2) 因为 $v_{B0}=at=\frac{g}{2}\times 0.4=2\ \mathrm{m/s}$,由动量守恒有

$$(m_A+m_B)v_{B_0}=(m_A+m_B+m_C)v_C$$

所以
$$v_C=\frac{(m_A+m_B)v_{B_0}}{m_A+m_B+m_C}=\frac{4}{3}\ \mathrm{m/s}$$

13. 解 由$(F-mg)\Delta t=mv_2$,解得

$$F=\frac{mv_2}{\Delta t}+mg$$

$$F_{地}=F+Mg=\frac{mv_2}{\Delta t}+(m+M)g$$

$$h=\frac{1}{2}at^2\Rightarrow t=0.4\ \mathrm{s}$$

由动量守恒有 $mv_1+Mv=Mv'$,得

$$mv_1=M\Delta v\Rightarrow \Delta v=\frac{m}{M}v_1$$

14. 解 由水平方向动量守恒有

$$m_1v_1=m_2v_{绝2}$$

$$v_{绝}=v_{相}+v_{牵}\Rightarrow v_{绝x}=-u_{相}\cos\theta+v_1$$

所以
$$m_1v_1=m_2(-v_1+u_{相}\cos\theta),\quad m_2gR\cos\theta=\frac{1}{2}m_2v_2^2+\frac{1}{2}m_1v_1^2$$

解得
$$4v_1=\frac{u}{2}-v_1\Rightarrow u=10v_1$$

又由图 2-17 可知

$$v_{绝2}^2=u^2+v_1^2+2uv_1\cos(\pi-\theta)=u^2+v_1^2-2uv_1$$

又由　$\frac{1}{2}m_2 v_2^2+\frac{1}{2}m_1 v_1^2=\frac{1}{2}v_2^2+2v_1^2=2gR\cos\theta$

$\Rightarrow v_{绝}^2+4v_1^2=2\Rightarrow 95v_1^2=2\Rightarrow v_1=0.145\ \mathrm{m/s}$。

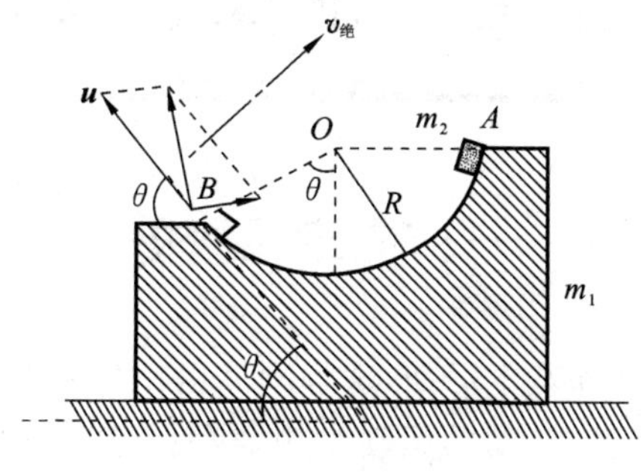

图 2-17

15. 解　由 $v=\frac{\mathrm{d}x}{\mathrm{d}t}=3ct^2$，得

$$f_{阻}=kv^2=9kc^2t^4$$

又因为
$$t=\left(\frac{x}{c}\right)^{\frac{1}{3}}$$

所以
$$A=\int f_{阻}\,\mathrm{d}x=\int_0^l 9kc^2\left(\frac{x}{c}\right)^{\frac{4}{3}}\mathrm{d}x=\frac{27}{5}kc^{\frac{3}{2}}l^{\frac{7}{3}}$$

16. 解　(1) 设 t 时刻链条下落了 x，则

$$f_{\mu}=\frac{m}{l}(l-x)g\mu$$

所以
$$A=\int f_{\mu}\,\mathrm{d}x=\int_a^l\frac{m}{l}(l-x)g\mu\,\mathrm{d}x=\frac{mg\mu}{2l}(l-a)^2$$

(2) 重力的功

$$\int_a^l\frac{m}{l}gx\,\mathrm{d}x=\frac{mg}{2l}(l^2-a^2)$$

合力的功为

$$\frac{mg}{2l}(l^2-a^2)-\frac{mg\mu}{2l}(l-a)^2=\frac{mg}{2l}[(1-\mu)l^2+2la\mu-a^2(1+\mu)]$$

由动能定理有

$$\frac{1}{2}mv^2=\frac{mg}{2l}[(1-\mu)l^2+2la\mu-a^2(1+\mu)]$$

所以
$$v=\sqrt{\frac{g}{l}[(1-\mu)l^2+2la\mu-a^2(1+\mu)]}$$

第三章　刚体的转动

一、本章要求

(1) 掌握刚体的概念和基本运动，理解刚体运动与质点运动的区别和联系。

(2) 熟练掌握刚体定轴转动的运动学规律和描述刚体定轴转动的角坐标、角位移、角速度和角加速度等概念，以及它们和有关线量的关系。

(3) 理解转动惯量的含义及计算方法，掌握利用平行轴定理求刚体的转动惯量的方法。着重掌握刚体定轴转动的动力学方程，熟练应用刚体定轴转动定律求解定轴转动的问题。

(4) 掌握力矩的功、刚体的转动动能、刚体的重力势能等的计算方法；在有刚体定轴转动的问题中正确地应用机械能守恒定律。

(5) 会计算刚体对固定轴的角动量，并能对含有定轴转动刚体在内的系统正确应用角动量定理及角动量守恒定律。

(6) 了解进动现象。

二、基本内容

1. 刚体及其基本运动

刚体：在外力的作用下，大小、形状等都保持不变的物体，或组成物体的所有质元之间的距离始终保持不变的物体。

刚体的平动：刚体内任意一条直线在整个运动过程中始终保持与自身平行。由于刚体上任意两点 A 和 B 的运动轨迹相似，且 $v_A=v_B$，$a_A=a_B$，因此描述刚体的平动时，可用其内任一质点的运动来代表整个刚体的运动。

刚体的定轴转动：刚体内各质点均做圆周运动且各圆心在同一条固定不动的直线上。

刚体的平面平行运动：刚体上每一质点均在与某固定平面相平行的平面内运动。

2. 描述刚体定轴转动的物理量及运动学方程

运动学方程为　　　　$\theta=\theta(t)$（θ 为角坐标）

角位移为　　　　$\Delta\theta=\theta(t+\Delta t)-\theta(t)$

角速度为
$$\omega=\frac{\mathrm{d}\theta}{\mathrm{d}t}$$

角加速度为
$$\beta=\frac{\mathrm{d}\omega}{\mathrm{d}t}=\frac{\mathrm{d}^2\theta}{\mathrm{d}t^2}$$

距转轴 r 处质点的线量与角量的关系为
$$v=r\omega,\quad a_{\mathrm{t}}=r\beta,\quad a_{\mathrm{n}}=r\omega^2$$

匀速定轴转动公式为
$$\theta=\theta_0+\omega t$$

匀变速定轴转动公式为
$$\omega=\omega_0+\beta t,\quad \theta=\theta_0+\omega_0 t+\frac{1}{2}\beta t^2,\quad \omega^2-\omega_0^2=2\beta(\theta-\theta_0)$$

3. 刚体定轴转动定律

刚体所受的外力对转轴的力矩之和等于刚体对该转轴的转动惯量与刚体的角加速度的乘积，即
$$M=J\beta=J\frac{\mathrm{d}\omega}{\mathrm{d}t}$$
式中，J 为刚体对给定定轴的转动惯性，$J=\sum_i \Delta m_i r_i^2$ 。

对于质量连续分布的刚体，有
$$J=\int r^2\,\mathrm{d}m$$

转动惯量的平行轴定理为
$$J_z=J_c+md^2$$
式中，d 是新转动轴 z 相对通过质心的转动轴之间的距离。

4. 定轴转动刚体的动能定理

力矩的功为
$$A=\int_{\theta_1}^{\theta_2} M\,\mathrm{d}\theta$$

转动动能为
$$E_{\mathrm{k}}=\frac{1}{2}J\omega^2$$

动能定理为
$$A=\frac{1}{2}J\omega_2^2-\frac{1}{2}J\omega_1^2$$

刚体的重力势能为
$$E_{\mathrm{p}}=mgh_{\mathrm{c}}$$
式中，h_{c} 为刚体质心距零势点的高度。

机械能守恒定律：当系统（包括刚体）只有保守力的力矩做功时，系统的动能（包括转动动能）与势能之和为常量，即
$$E=E_{\mathrm{k}}+E_{\mathrm{p}}=\text{常量}$$

5. 定轴转动刚体的角动量定理及其守恒定律

刚体的角动量：当刚体绕轴转动时，各质元对给定轴的角动量总和称为刚体的

角动量,即

$$\boldsymbol{L}=J\boldsymbol{\omega}$$

角动量定理:对一固定轴的合外力矩,等于刚体对该轴的角动量对时间的变化率,即

$$\boldsymbol{M}=\frac{\mathrm{d}\boldsymbol{L}}{\mathrm{d}t}=\frac{\mathrm{d}(J\boldsymbol{\omega})}{\mathrm{d}t}$$

角动量守恒定律:系统(包括刚体)所受的外力对某固定轴的合外力矩为零时,系统对此轴的总角动量保持不变,即当 $\boldsymbol{M}=\boldsymbol{0}$ 时,有

$$J\boldsymbol{\omega}=\text{常矢量}$$

6. 刚体的进动

进动的角速度:
$$\omega_{\mathrm{p}}=\frac{M}{j\omega\sin\theta}$$

式中,ω 为刚体绕自转轴自转的角速度;θ 为自转轴与固定轴 Oz 之间的夹角;M 为刚体所受外力对固定轴的力矩。

三、例　题

(一) 填空题

1. 刚体绕一定轴做匀变速转动,刚体上任一点________(填“有”或“没有”)切向加速度,________(填“有”或“没有”)法向加速度,总加速度和法向加速度的大小________(填“随着”或“不随着”)时间变化而变化。

解 有;有;随着。

当刚体做定轴匀变速转动时,角加速度 β 不变,刚体上任一点都做匀变速圆周运动,因该点速率均匀变化,$v=r\omega$,所以一定有切向加速度 $a_{\mathrm{t}}=r\beta$,其大小不变。又因该点速度的方向变化,所以一定有法向加速度,且由于角速度大小变化,因此总加速度和法向加速度大小也在变化。

2. (1) 半径为 R、质量为 M 的均匀圆盘连接一长为 L、质量为 m 的均匀直棒,对如图 3-1(a)所示的 O 轴(垂直纸面)的转动惯量为________;

(2) 长为 L 的直棒,其中一段 $\frac{L}{2}$ 长的质量为 m_1(均匀分布),另外一段 $\frac{L}{2}$ 长的质量为 m_2(均匀分布),对如图 3-1(b)所示的 O 轴(垂直纸面)的转动惯量为________。

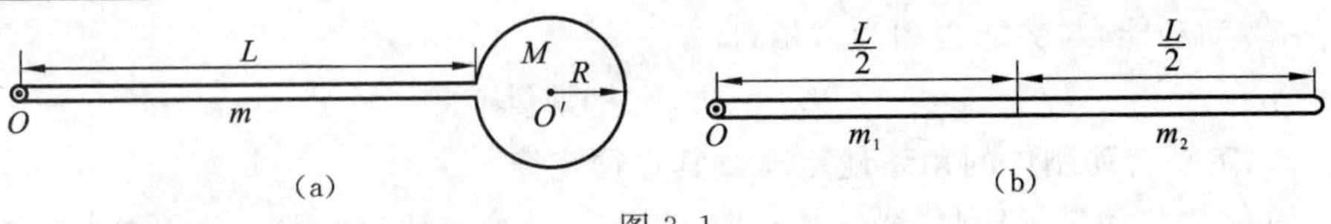

图 3-1

解　$\frac{1}{3}mL^2+\frac{1}{2}MR^2+M(L+R)^2$；$\frac{1}{12}m_1L^2+\frac{7}{12}m_2L^2$。

(1) 均匀细棒对轴的转动惯量为$\frac{1}{3}mL^2$，均匀圆盘对轴的转动惯量用平行轴定理可得出为$\frac{1}{2}MR^2+M(L+R)^2$。整个刚体对轴的转动惯量为

$$\frac{1}{3}mL^2+\frac{1}{2}MR^2+M(L+R)^2$$

(2) m_1的转动惯量为$\frac{1}{3}m_1\left(\frac{L}{2}\right)^2$，$m_2$的转动惯量用平行轴定理可得

$$\frac{1}{12}m_2\left(\frac{L}{2}\right)^2+m_2\left(\frac{L}{2}+\frac{L}{4}\right)^2$$

整个刚体的转动惯量为

$$\frac{1}{3}m_1\left(\frac{L}{2}\right)^2+\frac{1}{12}m_2\left(\frac{L}{2}\right)^2+m_2\left(\frac{L}{2}+\frac{L}{4}\right)^2=\frac{1}{12}m_1L^2+\frac{7}{12}m_2L^2$$

3. 一个质量均匀分布的物体可以绕定轴做无摩擦的匀角速转动。当它受热或受冷(膨胀或收缩)时，角速度将________。

解　减小或增大。

由系统的角动量守恒可知，受热膨胀后转动惯量增加，角速度减小，受冷后转动惯量减小，角速度增大。

(二) 选择题

1. 有两个力作用在一个有固定轴的刚体上，下列说法正确的是(　　)。

A. 当两个力都平行于轴作用时，它们对轴的合力矩一定是零

B. 当两个力都垂直于轴作用时，它们对轴的合力矩可能是零

C. 当这两个力的合力为零时，它们对轴的合力矩也一定是零

D. 当两个力对轴的合力矩为零时，它们的合力也一定是零

解　AB。

因为此两力无垂直于轴的分量，所以对该轴无力矩，因此A正确。

如果每个力都垂直通过轴，则力臂为零，每个力的力矩也为零，当然合力矩也为零。也可以是两个力均垂直于轴，而且力臂不为零，但两个力的力矩等值反向，合力矩也将是零，因此B正确。

C是错误的。大小相等、方向相反的两个力作用于刚体上不同位置处，它们的合力为零，但由于力臂不相等，合力矩就不为零。

D也是错误的。方向相反、大小不等的两个力的合力不为零，但由于力臂不同，合力矩也可能为零。

本题的目的是期望读者弄清楚对轴的力矩的概念。

2. 一个内壁光滑的圆环形细管，正绕竖直光滑固定轴OO'自由转动。细管是

刚性的，转动惯量为 J，环的半径为 R，初角速度为 ω_0，一质量为 m 的小球静止于细管内最高点 A 处，如图 3-2 所示，由于微小干扰，小球向下滑动。关于小球在管内下滑过程中，下列说法正确的是（　　）。

A. 地球、环与小球系统的机械能不守恒

B. 小球的动量不守恒

C. 小球对 OO' 轴的角动量守恒

D. 以上结论都不对

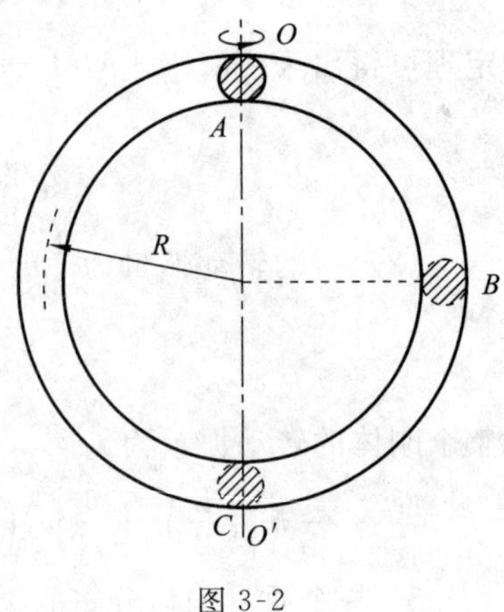

图 3-2

解　B。

本题的目的是让读者明确动量守恒、角动量守恒和机械能守恒的条件及其分析方法。

A 不正确。对小球、环管、地球系统，外力所做的功为零，非保守内力只有一对小球与管壁之间的相互作用力 N 和 N'。在小球下滑过程中，小球所受的管壁压力 N（与管壁垂直）始终与小球相对管壁的速度方向（与管壁相切）垂直，所以 N 和 N' 这一对力做功之和为零，此结论与参照系的选择无关，所以有 $A_{非保守内力}=0$，因此系统满足机械能守恒条件，其机械能是守恒的。

B 正确。小球在下滑过程中始终受到管壁的作用力和重力，而此二力的方向又不在一条直线上，所以合力不为零，这就使该小球的动量不断变化。

C 不正确。开始在点 A 时，小球对 OO' 轴的角动量为零，小球滑动到点 B 时由于随同该处管壁转动而具有垂直于环半径的水平分速度，它对 OO' 轴的角动量不再是零。越过最低的点 C 时，对 OO' 轴角动量又等于零了，由此可知小球下滑时，它对 OO' 轴的角动量是变化的。从条件上分析，这是因为小球下滑时管壁对它的压力的方向并不通过 OO' 轴，因而对 OO' 轴有力矩的缘故。

3. 在上题中，关于小球在点 B 的速度或角速度的表述正确的是（　　）。

A. 小球滑到点 B 时，环的角速度为 $\omega_B=\dfrac{J\omega_0}{J+mR^2}$

B. 小球相对于环中点 B 的速度为 $v_B=\sqrt{2gR}$

C. 小球相对于环中点 B 的速度为 $v_B=\sqrt{2gR+\dfrac{J\omega_0^2R^2}{mR^2+J}}$

D. 当小球滑到最低处点 C 时，环的角速度及小球相对于环的速度分别是 $\omega_C=\omega_0$、$v_C=\sqrt{4gR}$

解　ACD。

对于小球和环系统，在小球下滑过程中系统的合外力矩为零，系统角动量守恒。小球从点 A 到达点 B 的过程有

$$J\omega_0=(J+mR^2)\omega_B \quad ①$$

所以

$$\omega_B=\frac{J\omega_0}{J+mR^2}$$

小球、环、地球组成的系统机械能守恒，取过环心的水平面为势能零面，则有

$$\frac{1}{2}J\omega_0^2+mgR=\frac{1}{2}J\omega_B^2+\frac{1}{2}m(\omega_B^2R^2+v_B^2) \quad ②$$

其中，v_B是小球相对环的速度。由式①、式②可解出

$$v_B=\sqrt{2gR+\frac{J\omega_0^2R^2}{mR^2+J}}$$

故C也正确。只有当环静止(即 $\omega_0=0$)时，由上式才可以得 $v_B=\sqrt{2gR}$，即相当于自由落体情况。

本题易出现以下的错误解法：根据机械能守恒定律有

$$mgR=\frac{1}{2}mv_B^2 \quad ③$$

即

$$v_B=\sqrt{2gR}$$

（三）计算题

1. 有一刚体绕固定轴转动，在垂直于轴的平面上有任意两个点 A 和 B，它们的速度分别为$\boldsymbol{v}_A$和$\boldsymbol{v}_B$，证明$\boldsymbol{v}_A$和$\boldsymbol{v}_B$在 AB 连线上的分量相等，并说明其物理意义。

解　在刚体上任取两点 A 和 B，设 t 时刻 A、B 两点的速度为$\boldsymbol{v}_A$、$\boldsymbol{v}_B$，位矢为 $\boldsymbol{r}_A$、$\boldsymbol{r}_B$，刚体绕定轴 O 转动的角速度为 ω，AB 连线到转轴 O 的距离为 d，$\overrightarrow{AB}$矢量的方向用单位矢量 $\boldsymbol{r}_{AB}$ 表示，如图 3-3 所示。

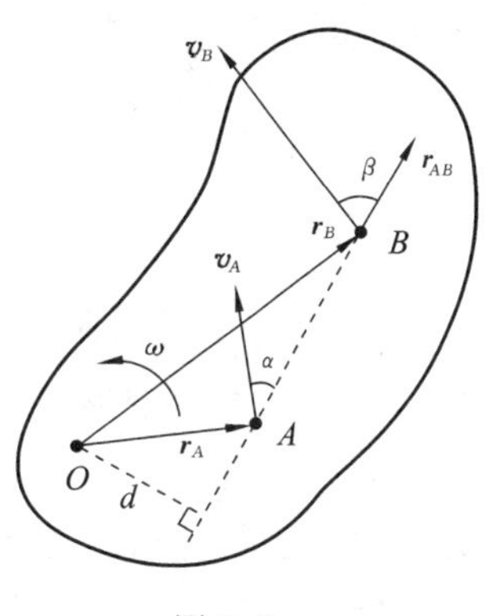

图 3-3

A 和 B 的速度$\boldsymbol{v}_A$和$\boldsymbol{v}_B$在 AB 连线上的投影分别可表示为

$$v_A'=v_A\cos\alpha$$
$$v_B'=v_B\cos\beta$$

因为 $v_A=r_A\omega$，$v_B=r_B\omega$，$\cos\alpha=\frac{d}{r_A}$，$\cos\beta=\frac{d}{r_B}$，所以有

$$v_A'=d\omega=v_B'$$

即$\boldsymbol{v}_A$和$\boldsymbol{v}_B$在 AB 连线上的分量相等。因为 A、B 是刚体上的两点，间距不变，因而在 AB 连线上，A、B 两点的相对速度应为零。

2. 梯子长为 $2l$，质量为 M，梯子上人的质量为 m，人离梯子下端距离为 h，梯子与地面夹角为 θ，如图 3-4(a)所示。梯子下端与地面间的摩擦系数为 μ，梯子上端与墙的摩擦力忽略不计，试求梯子不滑动时的 h 值。

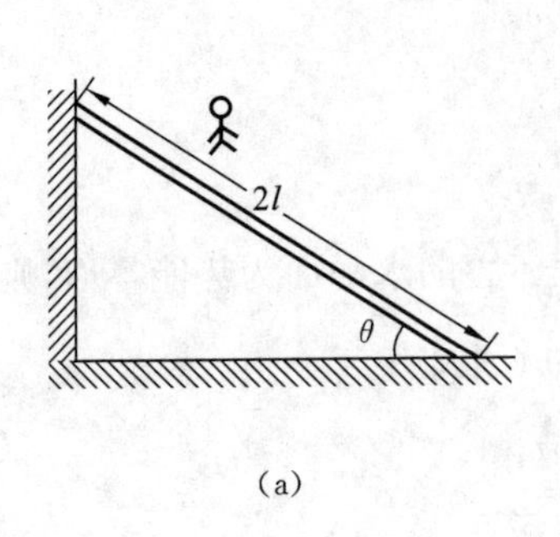

(a)

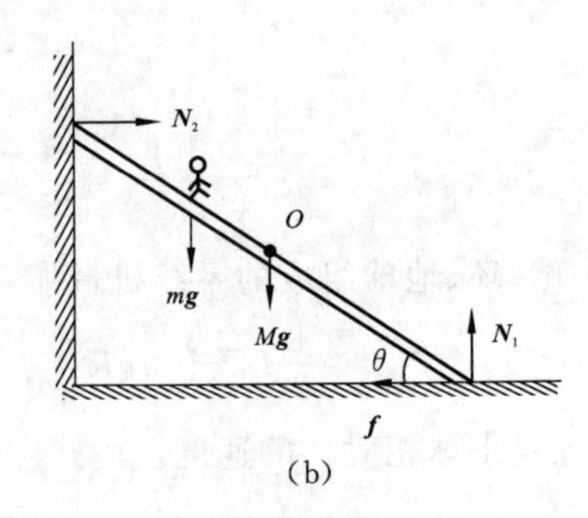

(b)

图 3-4

解 选人和梯子为系统，设地面和墙面对梯子的支持力分别为 $\boldsymbol{N}_1$ 和 $\boldsymbol{N}_2$，地面对梯子的摩擦力为 $\boldsymbol{f}$，如图 3-4(b)所示。梯子不动需要满足力的平衡和对质心的力矩为零这两个条件，即

$$N_2=f \quad ①$$

$$N_1=(m+M)g \quad ②$$

$$(N_2+f)l\sin\theta=N_1 l\cos\theta+mg(h-l)\cos\theta \quad ③$$

将式①和式②代入式③得

$$f=\frac{g}{2l}(mh+Ml)\cot\theta$$

因 $f\leqslant\mu N_1=\mu(m+M)g$，故有

$$\frac{g}{2l}(mh+Ml)\cot\theta\leqslant\mu(m+M)g$$

$$h\leqslant\frac{l}{m}[2\mu(m+M)\tan\theta-M]$$

3. 如图 3-5(a)所示，一个质量为 m_1、半径为 R 的均质球壳可绕一光滑竖直中轴转动。一根不变形的轻绳绕在球壳的水平最大圆周上，又跨过一质量为 m_2、半径为 r 的均质圆盘，此圆盘具有光滑水平轴，然后在其下端系一质量也为 m_2 的物体。试求当物体由静止下落 h 时，其速度多大？

解 方法一 分别以球壳、圆盘和物体为研究对象，分析受力情况，如图 3-5(b)所示，根据转动定律和牛顿第二定律列出方程。

设 F_1 为绳对球壳的水平拉力，β_1 为球壳的角加速度，则对球壳 m_1 应用转动定律，有

$$F_1R=\left(\frac{2}{3}m_1R^2\right)\beta_1 \quad ①$$

圆盘受到水平拉力 $F_1'(F_1'=-F_1)$ 与竖直拉力 F_2，β_2 表示圆盘的角加速度，则对圆盘 m_2 应用转动定律，有

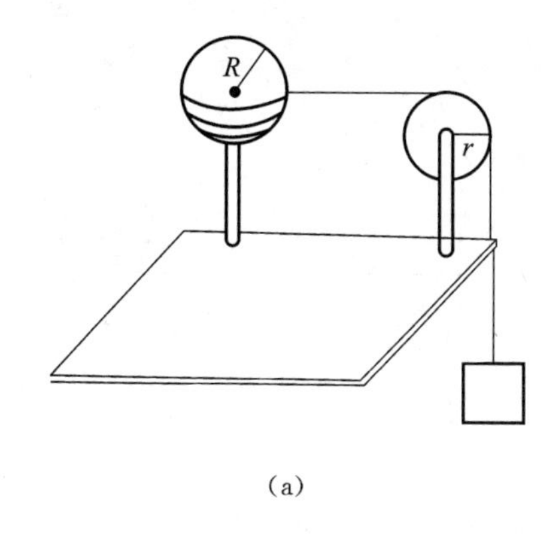

(a)

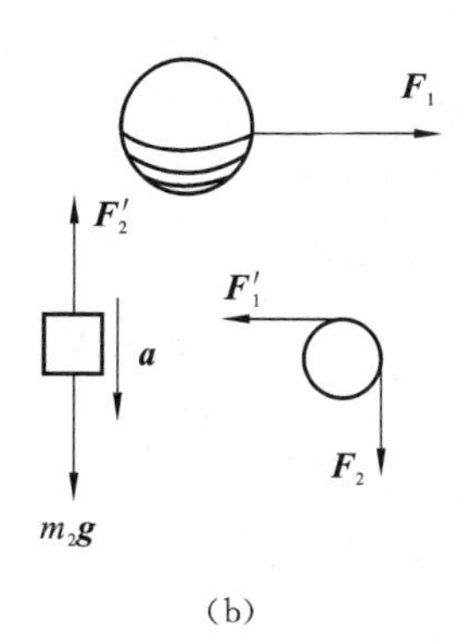

(b)

图 3-5

$$(F_2-F_1)r=\left(\frac{1}{2}m_2r^2\right)\beta_2 \quad ②$$

物体受绳子拉力 $F_2'(F_2'=-F_2)$ 与重力 m_2g 的作用，设其加速度为 a，则根据牛顿定律，有

$$m_2g-F_2=m_2a \quad ③$$

由于绳子在球壳表面和盘缘上不打滑，所以

$$\beta_1R=a \quad ④$$

$$\beta_2r=a \quad ⑤$$

由式①～式⑤可得
$$a=\frac{6m_2g}{4m_1+9m_2}$$

由运动学规律知，当物体 m_2 由静止下落 h 时，物体速度为

$$v=\sqrt{2ah}=\sqrt{\frac{12m_2gh}{4m_1+9m_2}}$$

方法二　取球壳、圆盘、物体和地球组成的系统为研究对象，因系统只有保守力做功，所以机械能守恒，现选物体 m_2 初始高度为其势能零点，则有

$$\frac{1}{2}\left(\frac{2}{3}m_1R^2\right)\omega_1^2+\frac{1}{2}\left(\frac{1}{2}m_2r^2\right)\omega_2^2-m_2gh+\frac{1}{2}m_2v^2=0$$

式中，ω_1 与 ω_2 分别表示球壳与圆盘在物体下落 h 时的角速度；v 为此时物体的速度。它们还有下列关系，即

$$\omega_1R=v,\quad \omega_2r=v$$

由以上三式可以解出物体的速度为

$$v=\sqrt{\frac{12m_2gh}{4m_1+9m_2}}$$

4. 质量为 m、长为 l 的一根棒可绕固定的支点 A 在竖直平面内运动，如图 3-6 所示，假如棒在水平线上方 30°的位置从静止开始运动，试计算当棒摆到水平方向时作用于支点的力。

解 建立如图 3-6 所示的坐标系。设棒摆到水平方向时作用于支点的力在水平和竖直方向的分量分别为 F_x 和 F_y，具有的角速度为 ω，则由质心运动定理知

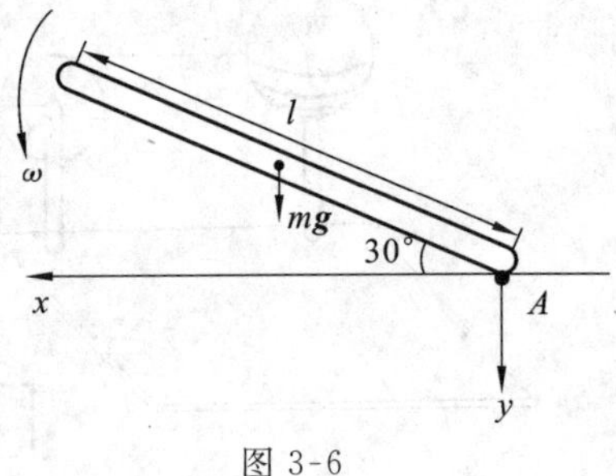

图 3-6

$$-F_x=F_{向}=m\omega^2\ \frac{l}{2} \quad ①$$

$$mg+F_y=ma_{cy}=m\ \frac{l}{2}\beta \quad ②$$

又由机械能守恒，得

$$\frac{1}{2}\left(\frac{1}{3}ml^2\right)\omega^2=mg\ \frac{l}{2}\sin30° \quad ③$$

解出 $\omega^2=\dfrac{3g}{2l}$后代入式①，有

$$-F_x=F_{向}=m\omega^2\ \frac{l}{2}=\frac{3}{4}mg \quad ④$$

由刚体定轴转动定律有 $mg\ \dfrac{l}{2}=J\beta=\left(\dfrac{1}{3}ml^2\right)\beta$ ⑤

将式⑤与式②联立消去 β 后，得

$$F_y=\frac{1}{4}mg \quad ⑥$$

由式④、式⑥得 $F=\sqrt{F_x^2+F_y^2}=\dfrac{\sqrt{10}}{4}mg$

力指向左下方，与水平方向的夹角为

$$\tan\theta=\frac{F_y}{F_x}=\frac{1}{3},\quad \theta=18.4°$$

*5. 篮球质量为 m，半径为 R，在地面上做无滑动滚动，已知球心速度为 $\boldsymbol{v}_0$。如图 3-7(a)所示，篮球向左运动，与光滑墙壁做完全弹性碰撞，问以后球如何运动？

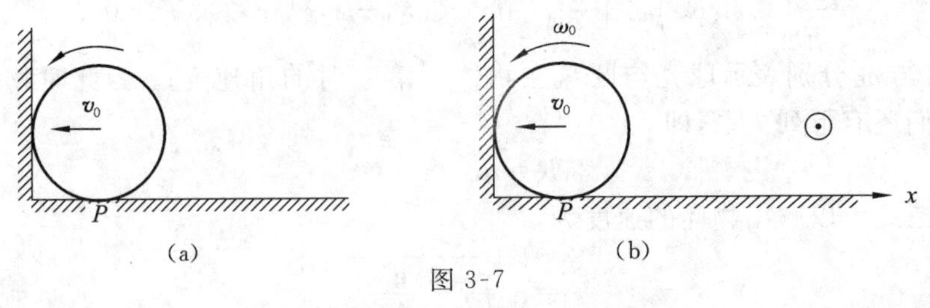

图 3-7

解 如图 3-7(b)所示，设水平向右和垂直于纸面向外为正方向。篮球碰壁前做纯滚动，球心速度为负，大小为 v_0；相对球心的角速度为正，大小为$\dfrac{v_0}{R}$。碰壁过程时间很短，故可忽略地面对球的摩擦力的作用。又因为碰撞为完全弹性碰撞，满

足角动量和机械能守恒，因此相对于球心的角速度保持不变，而球心的速度等值反向。设此时 $t=0$，球与地面的接触点 P 的速度为 $v_{P0}=v_0+R\omega_0=2v_0$，因此球既有滚动又有滑动，此后球相当于只受摩擦力和摩擦力矩的作用，应用质心运动定理和质心系的角动量定理，得

$$-\mu mg=ma_c \tag{①}$$

$$-\mu mgR=J_c\beta=\frac{3}{2}mR^2\ \frac{a_c}{R} \tag{②}$$

由式①、式②可得

$$v_c=v_0-\mu gt \tag{③}$$

$$\omega=\omega_0-\frac{3}{2R}\mu gt \tag{④}$$

故球与地面接触点的速度为

$$v_P=v_c+R\omega=v_0-\mu gt+R\left(\omega_0-\frac{3}{2R}\mu gt\right)=2v_0+\frac{5}{2}\mu gt \tag{⑤}$$

式①～式⑤在 v_P 减小到 0 之前，即当 $t<\frac{4}{5}\frac{v_0}{\mu g}$ 时成立。

由式③、式④知，当 $t=\frac{2}{3}\frac{v_0}{\mu g}$ 时，$\omega=0$；当 $t=\frac{v_0}{\mu g}$ 时，$v_c=0$。这个结论是不成立的。因为当 $t=\frac{2}{3}\frac{v_0}{\mu g}$ 时，球没有滚动，只有滑动，之后角速度向反方向增加，直至 $t=\frac{4}{5}\frac{v_0}{\mu g}$ 时，$v_P=0$，$v_c=v_0-\mu g\cdot\frac{4}{5}\cdot\frac{v_0}{\mu g}=\frac{v_0}{5}$，则

$$\omega=\frac{v_0}{R}-\frac{3\mu g}{2R}\cdot\frac{4v_0}{5\mu g}=-\frac{v_0}{5R}$$

球只有滚动，没有滑动，之后球将保持此状态运动下去。

6. 如图 3-8 所示，转台绕中心竖直轴以角速度 ω_0 匀速转动，转台对轴的转动惯量为 J_0，现有沙粒以 $\frac{\mathrm{d}m}{\mathrm{d}t}$ 的质量变化率垂直落入转台，沙粒黏附在转台上并形成一圆形，且沙粒距轴的半径为 r。试求沙粒落到转台上，使转台角速度减小到 $\frac{\omega_0}{2}$ 时所需要的时间。

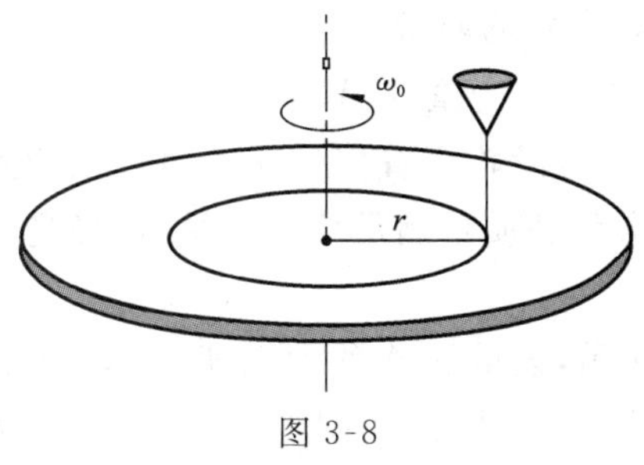

图 3-8

解 取转台和下落沙粒为研究系统，沙粒垂直落入转台，沙粒对竖直轴的角动量为零。当沙粒黏附于转台时，即从转台获得角动量，对转台和下落沙粒这一系统而言，角动量守恒，即

$$J\omega=J_0\omega_0$$

由于沙粒不断地落在转台上，则这一系统对中心竖直轴的转动惯量为

$$J=J_0+\int r^2\mathrm{d}m=J_0+\int r^2\lambda\mathrm{d}t=J_0+r^2\lambda t$$

式中，质量变化率 $\lambda=\frac{\mathrm{d}m}{\mathrm{d}t}$，且按题意知，$\omega=\frac{\omega_0}{2}$，可得

$$J_0\omega_0=(J_0+r^2\lambda t)\frac{\omega_0}{2}$$

则有

$$t=\frac{J_0}{\lambda r^2}$$

7. 原长为 l_0、劲度系数为 k 的弹簧，一端固定在一光滑水平面的点 O 上，另一端系一质量为 m 的小球。开始时，弹簧被拉长 λ，并给予小球一与弹簧垂直的初速度 $\boldsymbol{v}_0$，如图 3-9 所示。试求当弹簧恢复其原长 l_0 时，小球速度 $\boldsymbol{v}$ 的大小和方向（夹角为 α）。

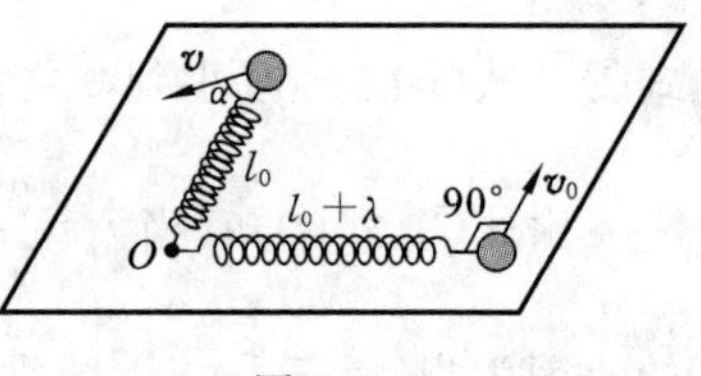

图 3-9

解 小球是在指向点 O 的弹性力和平行转轴 O 的重力、支承力的作用下运动，故对轴 O 的角动量守恒，运动过程仅弹性力做功，所以机械能守恒，则有

$$mv_0(l_0+\lambda)=ml_0v\sin(\pi-\alpha)$$

$$\frac{1}{2}mv_0^2+\frac{1}{2}k\lambda^2=\frac{1}{2}mv^2$$

解以上两个方程可得小球在末状态时的速度大小和方向，即

$$v=\sqrt{v_0^2+\frac{k}{m}\lambda^2},\quad \alpha=\arcsin\frac{v_0(l_0+\lambda)}{l_0v}$$

解此题时应注意，小球在末状态时，速度 $\boldsymbol{v}$ 与弹簧不垂直。

***8.** 如图 3-10 所示，滑轮的质量为 m，半径为 R，两边以不可伸长的轻绳分别吊着质量为 m_1 和 $m_2(m_1>m_2)$ 的重物 A 和重物 B。假设轻绳和滑轮间的静摩擦系数和滑动摩擦系数均为 μ，滑轮可看作均质圆盘，且滑轮转轴处无摩擦，开始时重物和滑轮均静止。试分析各质量满足什么关系时，轻绳与滑轮间会有相对滑动，并求出各物体的加速度。

解 如图 3-10(b)所示，设重物 A 的加速度为 $\boldsymbol{a}$，滑轮的角加速度为 $\boldsymbol{\beta}$，连接 A 和 B 轻绳中的滑轮对轻绳产生最大摩擦力时的张力分别为 $\boldsymbol{T}_1$ 和 $\boldsymbol{T}_2$，如图 3-10(c)

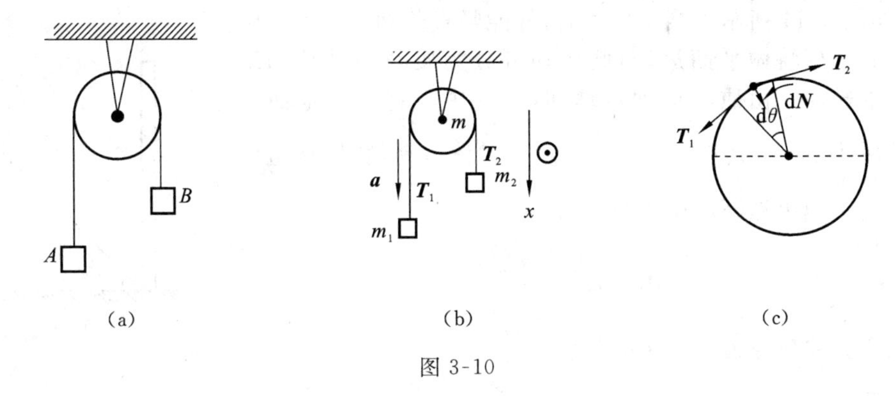

图 3-10

所示，取轻绳上的微元段，则易证微元段对滑轮的压力 $\mathrm{d}N$ 为

$$\mathrm{d}N=T\mathrm{d}\theta$$

微元段受到的最大摩擦力为

$$\mathrm{d}f_{\max}=\mu\mathrm{d}N=\mu T\mathrm{d}\theta$$

由于 $\mathrm{d}f_{\max}=-\mathrm{d}T$，故

$$-\mathrm{d}T=\mu T\mathrm{d}\theta,\quad \int_{T_1}^{T_2}\frac{\mathrm{d}T}{T}=-\int_0^{\pi}\mu\mathrm{d}\theta,\quad \ln\frac{T_2}{T_1}=-\pi\mu,\quad \frac{T_1}{T_2}=\mathrm{e}^{\pi\mu}$$

因此，$\frac{T_1}{T_2}$的可能取值范围为　$\frac{T_1}{T_2}\leqslant\mathrm{e}^{\pi\mu}$

重物和滑轮分别满足牛顿第二定律和定轴转动定律，故有

$$m_1g-T_1=m_1a \tag{①}$$

$$m_2g-T_2=-m_2a \tag{②}$$

$$(T_1-T_2)R=\frac{1}{2}mR^2\beta \tag{③}$$

当轻绳与滑轮之间无滑动，即 $a=R\beta$ 时，要求$\frac{T_1}{T_2}\leqslant\mathrm{e}^{\pi\mu}$即可。由式①～式③及 $a=\beta R$ 可解出

$$a=R\beta=\frac{m_1-m_2}{m_1+m_2+\frac{m}{2}}g,\quad \beta=\frac{m_1-m_2}{m_1+m_2+\frac{m}{2}}\frac{g}{R}$$

当轻绳与滑轮之间有相对滑动，即 $a>R\beta$ 时，要求$\frac{T_1}{T_2}\geqslant\mathrm{e}^{\pi\mu}$即可。由式①～式③及$\frac{T_1}{T_2}=\mathrm{e}^{\pi\mu}$，可以解出

$$a=\frac{m_1-m_2\mathrm{e}^{\pi\mu}}{m_1+m_2\mathrm{e}^{\pi\mu}}g,\quad \beta=\frac{4m_1m_2(\mathrm{e}^{\pi\mu}-1)g}{m(m_1+m_2\mathrm{e}^{\pi\mu})R}$$

***9.** 长为 l、质量为 m 的杆竖直放置，在底部受一与水平面成 45°冲量 I 的作

用，如图 3-11 所示。当 I 多大时，杆能竖直落到地面？

解　杆将做平面运动，此运动可分为质心的平动和绕质心的转动。由质心运动定理知，杆的中心将做与地面成 45°的抛体运动，其初速度为$\dfrac{I}{m}$。对于抛体运动，物体从抛出到回落到抛出点高度所用时间为

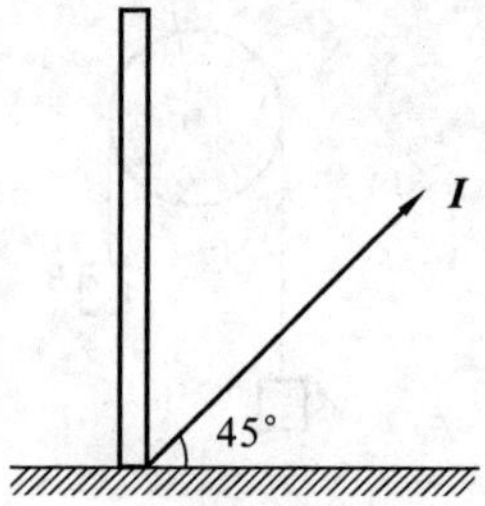

$$T=\frac{2v_0\sin\theta}{g}=\frac{\sqrt{2}I}{mg} \quad ①$$

图 3-11

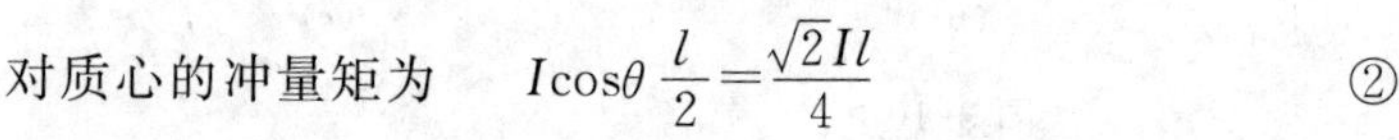

对质心的冲量矩为　$I\cos\theta\,\dfrac{l}{2}=\dfrac{\sqrt{2}Il}{4}$　②

杆对质心的角动量为

$$L=J_c\omega=\frac{1}{12}ml^2\omega \quad ③$$

由质心系的角动量定理得角速度为

$$\omega=\frac{3\sqrt{2}I}{ml} \quad ④$$

由于杆竖直落到地面的条件是杆在落地前绕质心转过的角度，即 $\theta=n\pi$，所以

$$\theta=\omega T=n\pi=\frac{3\sqrt{2}I}{ml}T=\frac{6I^2}{m^2lg}$$

即

$$I=m\sqrt{\frac{\pi gln}{6}}$$

四、习题解答

（一）填空题

1. $\dfrac{(m_1+m_2)L^2}{4}$。

2. $\dfrac{M\omega_1}{M+2m}$；$\dfrac{M\omega_1R^2}{MR^2+2mr^2}$。

将蜘蛛、转台看成一个系统，则在蜘蛛下落到转台的过程中，系统所受的合外力对轴的力矩为零，所以系统的角动量守恒。由角动量守恒定律，得

$$\omega_2=\frac{M\omega_1}{M+2m}$$

同理，蜘蛛在向转台中心移动的过程中，同样满足角动量守恒，所以有

$$\omega_3=\frac{M\omega_1R^2}{MR^2+2mr^2}$$

3. $-4\pi\ \mathrm{rad/s^2}$；100 r；$20\pi\ \mathrm{rad/s}$；$4\pi J$。

由匀角加速转动公式 $\omega-\omega_0=\beta t$ 得

$$\beta=-\frac{\omega_0}{t}=-\frac{2\pi n}{60t}=-4\pi\ \mathrm{rad/s^2}$$

又因为
$$\theta=\frac{1}{2}\beta t^2=\frac{1}{2}\times4\times\pi\times100$$

所以
$$N=\frac{\theta}{2\pi}=100\ \mathrm{r}$$

同理，可得
$$\omega=\omega_0-\beta t=(40\pi-4\pi\times5)\ \mathrm{rad/s}=20\pi\ \mathrm{rad/s}$$
$$M=J\beta=4\pi J$$

4. 平动；转动。

5. $\sqrt{3g(1-\cos\theta)l}$。

由角量与线量的关系
$$v_B=\omega_\theta\overline{AB}=\omega_\theta l$$

和上摆过程满足机械能守恒，有
$$\frac{1}{2}J\omega_\theta^2=\frac{1}{2}\frac{1}{3}Ml^2\omega_\theta^2=Mg\ \frac{1}{2}l(1-\cos\theta)$$

易得
$$\omega_\theta=\sqrt{3g(1-\cos\theta)/l}$$

所以
$$v_B=\omega_\theta l=\sqrt{3g(1-\cos\theta)l}$$

6. $J=\frac{1}{12}ML^2$；$J=\frac{1}{3}ML^2$。

7. $-\frac{2}{3}$ N · m；20 J。

由动量矩定理得
$$\overline{M}t=L_2-L_1=2-3=\overline{M}\times1.5$$

得
$$\overline{M}=-\frac{2}{3}\ \mathrm{N\cdot m}$$

由动能定理有
$$A=-\left(\frac{1}{2}J\omega_2^2-\frac{1}{2}J\omega_1^2\right)=-\left(\frac{L_2^2}{2J}-\frac{L_1^2}{2J}\right)=\frac{9-4}{2\times0.125}\ \mathrm{J}=20\ \mathrm{J}$$

8. 0；$\sqrt{gl}$。

对轻杆来说，要使它能经过最高点，只要达到最高点时速度为零即可，但对轻绳系的小球来说，在最高点的速度就不能为零，由重力提供的向心力
$$mg=m\frac{v^2}{l}$$

得
$$v=\sqrt{gl}$$

9. 0；$\sqrt{\frac{3g}{l}}$。

在竖直位置时，细棒所受的合外力矩为零，由转动定律知，其角加速度为零，细棒下摆过程中满足机械能守恒，即

$$\frac{l}{2}mg=\frac{1}{2}J\omega^2$$

所以有
$$\omega=\sqrt{\frac{mgl}{J}}=\sqrt{\frac{mgl}{\frac{1}{3}ml^2}}=\sqrt{\frac{3g}{l}}$$

10. $\frac{\omega_0}{3}$。

在啮合过程中，两飞轮组成的系统不受外力矩作用，所以系统的机械能守恒，即

$$(J_1+J_2)\omega_2=J_1\omega_0\Rightarrow(J_1+2J_1)\omega_2=J_1\omega_0$$

得
$$\omega_2=\frac{\omega_0}{3}$$

11. 0；$2m\omega ab\boldsymbol{k}$。

由力矩的定义有

$$\boldsymbol{M}=\boldsymbol{r}\times\boldsymbol{F}=\boldsymbol{r}\times m\,\frac{\mathrm{d}\boldsymbol{r}^2}{\mathrm{d}t^2}=\boldsymbol{r}\times m(-\omega^2\boldsymbol{r})=\boldsymbol{0}$$

而角动量为

$$\boldsymbol{L}=\boldsymbol{r}\times m\,\frac{\mathrm{d}\boldsymbol{r}}{\mathrm{d}t}=m\omega[a\cos(\omega t)\boldsymbol{i}+b\sin(\omega t)\boldsymbol{j}]\times[-a\sin(\omega t)\boldsymbol{i}+b\cos(\omega t)\boldsymbol{j}]=2m\omega ab\boldsymbol{k}$$

12. $mg\,\frac{l}{2}$；$\frac{2g}{3l}$。

由所受力矩和转动定律可得

$$M=mg\,\frac{l}{2},\quad \beta=\frac{M}{J}=\frac{mg\,\frac{l}{2}}{3m\left(\frac{l}{2}\right)^2}=\frac{2g}{3l}$$

13. $\frac{m(g-a)R^2}{a}$。

由牛顿第二定律和转动定律及角量与线量的关系，不难列出下列方程

$$mg-T=ma \quad ①$$

$$TR=J\beta=J\,\frac{a}{R} \quad ②$$

解式①、式②得
$$J=\frac{m(g-a)R^2}{a}$$

14. $\frac{7ml^2\omega_0}{4(ml^2+3mx^2)}$。

由角动量守恒得
$$\left[\frac{1}{3}ml^2+m\left(\frac{l}{2}\right)^2\right]\omega_0=\left(\frac{1}{3}ml^2+mx^2\right)\omega$$

所以
$$\omega=\frac{7ml^2\omega_0}{4(ml^2+3mx^2)}$$

（二）选择题

1. C。

2. B。

3. D。

4. B。

5. C。

6. C。

7. C。$J=\frac{1}{2}MR^2-\left[\frac{1}{2}m\left(\frac{R}{2}\right)^2+m\left(\frac{R}{2}\right)^2\right]$，$m=\frac{M}{\pi R^2}\pi\left(\frac{R}{2}\right)^2=\frac{M}{4}$，代入后得 C。

8. A。$G_0\frac{mM}{R^2}=m\frac{v^2}{R}$。

9. B。$J=\frac{1}{2}MR^2=\frac{1}{2}M\frac{M}{\pi\rho}=\frac{1}{2}\frac{M^2}{\pi\rho}$。

10. A。

11. B。

12. C。

（三）计算题

1. 解　(1) 由于碰撞前后角动量守恒，得

$$mv\frac{2}{3}L=\left[\frac{1}{3}ML^2+m\left(\frac{2}{3}L\right)^2\right]\omega$$

细棒开始运动时的角速度为

$$\omega=\frac{6mv}{(3M+4m)L}=\frac{6\times0.01\times300}{(3\times2+4\times0.01)\times0.8}\ \text{rad/s}=3.7\ \text{rad/s}$$

(2) 细棒在上升过程中，满足机械能守恒，即

$$\frac{1}{2}J\omega^2=\frac{(J\omega)^2}{2J}=Mg\frac{L}{2}(1-\cos\theta)+mg\times\frac{2}{3}L(1-\cos\theta)$$

$$\cos\theta=\frac{3Mgl+4mgl-3J\omega^2}{3Mgl+4mgl}=0.622$$

$$\theta=\arccos0.622=51°30'$$

2. 解　(1) 由题意可知，当绳端系一质量为 m 的物体时，圆盘与轴间的摩擦力矩 M_μ 应等于物体受的重力对轴的力矩

$$M_\mu=mgr$$

(2) 当绳端改系一质量为 M 的物体时，系统的动力学方程为

$$\begin{cases}Mg-T=Ma & ①\\ Tr-M_\mu=J\beta & ②\\ a=r\beta & ③\\ M_\mu=mgr & ④\end{cases}$$

由式①～式④得

$$a=\frac{(M+m)gr^2}{Mr^2+J}$$

3. 解　由上题知可以列出下列方程：

$$\begin{cases} mg-T=ma & ① \\ rT=J\beta & ② \\ a=r\beta & ③ \\ s=\frac{1}{2}at^2 & ④ \end{cases}$$

由式①～式④得

$$J=m\left(\frac{gt^2}{2s}-1\right)r^2$$

4. 解　由已知得下列方程：

$$\begin{cases} T-mg=ma & ① \\ Fr-Tr=J\beta & ② \\ a=r\beta & ③ \\ J=\frac{1}{2}m_0 r^2 & ④ \end{cases}$$

由式①～式④得

$$T=m\,\frac{2F+m_0 g}{(m_0+2m)^2},\quad a=\frac{2(F-mg)}{m_0+2m}$$

5. 解　如下表所示。

划分阶段	m 与 M 相撞	m 与 M 绕 O 转动
研究对象	m 和 M	m、M、地球
物理定律	系统对 O 轴角动量守恒	系统机械能守恒
适用条件	对于 O，外力矩为零	只有保守内力(重力)做功 $A_{外}+A_{非保守内力}=0$
方程	$mv_0\cos\alpha\cdot\frac{3}{4}L=J\omega$ 式中，$J=\frac{1}{3}ML^2+m\left(\frac{3}{4}L\right)^2$	$\frac{1}{2}J\omega^2=Mg\,\frac{L}{2}(1-\cos\theta)$ $+mg\left(\frac{3}{4}L\right)(1-\cos\theta)$

6. 解　碰撞前的瞬时，细棒对点 O 的角动量为

$$\int_0^{3L/2}\rho v_0 x\mathrm{d}x-\int_0^{L/2}\rho v_0 x\mathrm{d}x=\rho v_0 L^2=\frac{1}{2}mv_0 L$$

式中，ρ 为细棒的线密度。

碰撞后的瞬时，细棒对点 O 的角动量为

$$J\omega=\left[\frac{1}{3}m(2L)^2+m\left(\frac{1}{2}L\right)^2\right]\omega=\frac{7}{12}mL^2\omega$$

因为碰撞前后角动量守恒,所以

$$\frac{7mL^2\omega}{12}=\frac{1}{2}mv_0L,\quad \omega=\frac{6v_0}{7L}$$

7. 解

$$\begin{cases} m_1g-T_1=m_1a & ①\\ T_1r-T_2r=J\beta & ②\\ T_2-m_2g=m_2a & ③\\ a=r\beta & ④\\ \omega=\beta t & ⑤ \end{cases}$$

由式①～式⑤得

$$\omega=\frac{(m_1-m_2)gr}{(m_2+m_1)r^2+J}t$$

8. 解　这是一个变摩擦力矩做功的问题,先求出摩擦力矩和摩擦力矩所做的功,再用功能原理即可求解。

在距盘心 r 处,取一半径为 r、厚度为 $\mathrm{d}r$ 的薄圆环,此圆环对轴 O 的力矩为

$$\mathrm{d}M_\mu=\mathrm{d}mg\mu r=2\pi r\,\frac{M}{\pi R^2}g\mu r\mathrm{d}r$$

$$M_\mu=\int_0^R 2\pi r\,\frac{M}{\pi R^2}g\mu r\,\mathrm{d}r=\frac{2}{3}g\mu MR$$

$$A=\int_0^\theta M_\mu\mathrm{d}\theta=\int_0^\theta\frac{2}{3}gM\mu R\,\mathrm{d}\theta=\frac{2}{3}gM\mu R\theta=\frac{4}{3}gM\mu RN\pi$$

又由功能原理有

$$A=\frac{1}{2}J\omega_0^2,\quad \frac{4}{3}gM\mu RN\pi=\frac{1}{2}J\omega_0^2\Rightarrow N=\frac{3R\omega_0^2}{8g\mu\pi}$$

9. 解　受力分析如图 3-12 所示。由题意知

$$a_{人}=a_{物}=a$$

由牛顿第二定律,对于人,有

$$Mg-T_2=Ma \quad ①$$

对于 B 端物体,有

$$T_1-\frac{1}{2}Mg=\frac{1}{2}Ma \quad ②$$

对于滑轮,有

$$(T_2-T_1)R=J\beta=\frac{1}{4}MR^2\beta \quad ③$$

又由角量与线量的关系有

$$a=\beta R \quad ④$$

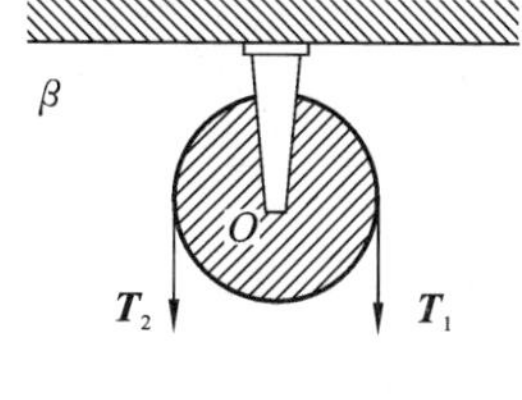

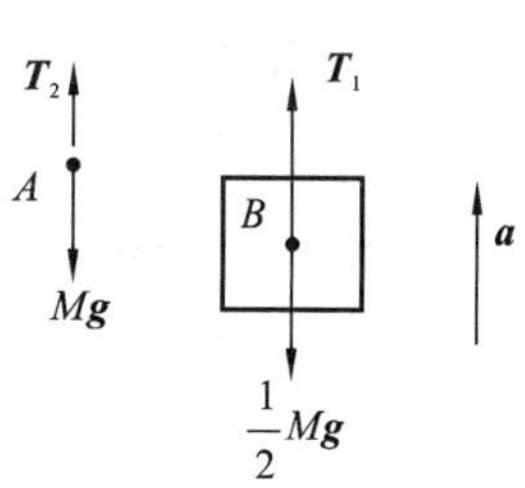

图 3-12

由式①～式④求解得 $a=\frac{2}{7}g$。

10. 解　匀质杆在下落过程中，满足机械能守恒，若从下落到与 A 接触前的时刻为一过程，则有

$$\frac{1}{2}m_1 gl=\frac{1}{2}J\omega_0^2 \quad ①$$

式中，ω_0 为杆下落到低端时的角速度。

在匀质杆与物体碰撞过程中，系统所受合外力对 O 轴的力矩为零，即碰撞过程满足角动量守恒，即

$$J\omega_0=(J+m_2 l^2)\omega \quad ②$$

碰撞后由功能原理有　$$f_\mu s=m_2 g\mu s=\frac{1}{2}m_2 v^2 \quad ③$$

又由角量与线量的关系，有　$$v=l\omega \quad ④$$

由式①～式④得　$$s=\frac{1}{2g\mu}v^2=\frac{3l}{2\mu}\left(\frac{m_1}{m_1+3m_2}\right)^2$$

11. 解　(1) 由力矩平衡可知，制动的闸杆压在飞轮的正压力为 N(与飞轮作用在闸杆上的力 N' 互为作用力与反作用力)，有

$$F\times 1.25=N'\times 0.5=N\times 0.5$$

得　$$N=250\ \text{N}$$

摩擦力矩为

$$M_\mu=NR\mu=250\times 0.25\times 0.4\ \text{N}\cdot\text{m}=25\ \text{N}\cdot\text{m}$$

由转动定律 $M_\mu=J\beta$ 和 $\omega=\beta t$ 得

$$t=\frac{\omega}{\beta}=\frac{900\times 2\pi}{60}\times\frac{0.5\times 60\times 0.25^2}{25}\ \text{s}=7.065\ \text{s}$$

$$\theta=\frac{\omega^2}{2\beta}=\frac{\left(\frac{900\times 2\pi}{60}\right)^2}{2\times 25}\times\frac{1}{2}\times 60\times 0.25^2\ \text{rad}=333\ \text{rad}$$

$$n=\frac{\theta}{2\pi}=\frac{\left(\frac{900\times 2\pi}{60}\right)^2}{4\times 25\times\pi}\times\frac{1}{2}\times 60\times 0.25^2\ \text{r}=53\ \text{r}$$

(2) 由 $\beta=\frac{\omega-\omega_0}{t}=-\frac{\omega_0}{2t}$，$M_\mu=J\beta$，$M_\mu=NR\mu$，$F\times 1.25=N\times 0.5$ 得

$$F=177\ \text{N}$$

12. 解　(1) 以人和盘为系统，人在运动过程中，所受合外力对轴的力矩为零，所以系统的角动量守恒，由角动量守恒定律得

$$(J_{人}+J_{盘})\omega_0=J_{人}\omega_{人}+J_{盘}\omega_{盘} \quad ①$$

$$\omega_{人}=-\omega_{人对盘}+\omega_{盘} \quad ②$$

$$\omega_{人对盘}=\frac{v}{\frac{1}{2}R} \quad ③$$

解得
$$\omega_{盘}=\frac{2v+21\omega_0 R}{21R}$$

（2）由上式令 $\omega_{盘}=0$，得 $v=\frac{-21\omega_0 R}{2}$，方向与圆盘转动方向相同。

13. 解　把小球和环看作一个系统，在小球下滑过程中系统的合外力矩为零，系统角动量守恒。小球从点 A 到达点 B 的过程有

$$J\omega_0=(J+mR^2)\omega_B \quad ①$$

所以
$$\omega_B=\frac{J\omega_0}{J+mR^2}$$

把小球、环、地球看作一个系统，该系统机械能守恒，取过环心的水平面为势能零点，则有

$$\frac{1}{2}J\omega_0^2+mgR=\frac{1}{2}J\omega_B^2+\frac{1}{2}m(\omega_B^2R^2+v_B^2) \quad ②$$

其中，v_B 是小球相对环的速度。联立以上两式，可解出

$$v_B=\sqrt{2gR+\frac{J\omega_0^2R^2}{mR^2+J}}$$

当小球滑到点 C 时，由角动量守恒定律有 $J\omega_0=J\omega_C$，则 $\omega_0=\omega_C$，即环的角速度又回到 ω_0。因环的机械能 E 不变，根据机械能守恒定律，有

$$E+\frac{1}{2}mv_C^2=mg(2R)+E$$

则有
$$v_C=\sqrt{4gR}$$

14. 解
$$J=\frac{1}{2}mR^2=\frac{1}{2}\times0.5\times0.3^2\ \mathrm{kg\cdot m^2}=0.0225\ \mathrm{kg\cdot m^2} \quad ①$$

$$M=mgr=0.5\times9.8\times0.1\ \mathrm{m\cdot N}=0.49\ \mathrm{m\cdot N} \quad ②$$

$$\theta=\frac{\pi}{2},\quad \omega=100\ \mathrm{rad/s} \quad ③$$

将式①～式③代入进动角速度公式 $\omega_p=\frac{M}{J\omega\sin\theta}$ 后，得

$$\omega_p=\frac{M}{J\omega\sin\theta}=\frac{0.49}{0.0225\times100}\ \mathrm{rad/s}=0.218\ \mathrm{rad/s}$$

第四章　狭义相对论基础

一、本章要求

(1) 深入理解狭义相对论的两个基本假设及由此引申出的全新时空观，正确理解和应用洛伦兹变换与伽利略变换的关系。

(2) 深入理解同时性的相对性及时间膨胀效应和长度收缩效应，正确理解长度的测量和同时性的相对性关系。辨别原时与非原时、原长与非原长的区别，并能把其用以分析解决问题。

(3) 正确理解时序的概念，特别要注意同地发生的两个事件及有因果关系的两个事件的时序。

(4) 理解相对论速度变换公式。

(5) 理解相对论质量、动量、动能、能量等概念和公式，以及它们和牛顿力学中相应各量的关系，并能正确利用这些公式进行计算。

二、基本内容

1. 狭义相对论的两个基本假设

相对性原理：在所有惯性系中，一切物理学定律都相同，即具有相同的数学表达形式。或者说，对于描述一切物理现象的规律来说，所有惯性系都是等价的。

光速不变原理：在所有惯性系中，真空中光沿各个方向传播的速率都等于同一个恒量 c，与光源和观察者的运动状态无关。

2. 洛伦兹变换

有两个惯性参照系 S 和 S'，如图 4-1 所示，它们相应的坐标轴互相平行，且 x 轴和 x' 轴重合。设 S' 系沿 x 轴方向以恒定速度 u 相对于 S 系运动，并且在坐标原点 O 与 O' 重合时，$t=t'=0$。另记某一事件在惯性参照系 S、S' 中的时空坐标分别为 (x,y,z,t) 和 (x',y',z',t')，则其时空坐标变换关系为

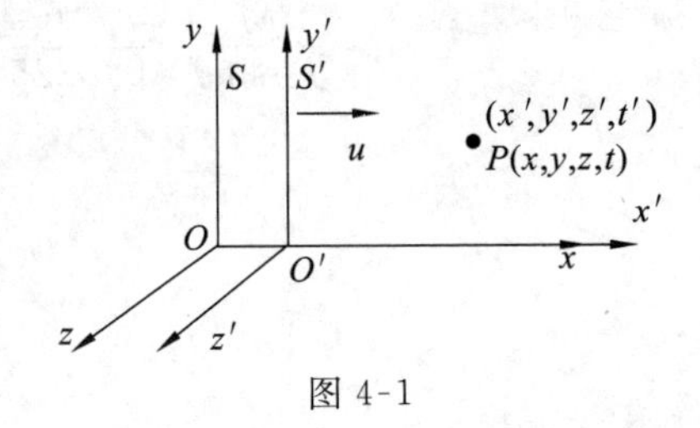

图 4-1

$S \to S'$

$$\begin{cases} x' = \dfrac{x - ut}{\sqrt{1 - \dfrac{u^2}{c^2}}} \\ y' = y \\ z' = z \\ t' = \dfrac{t - \dfrac{u}{c^2}x}{\sqrt{1 - \dfrac{u^2}{c^2}}} \end{cases}$$

$S' \to S$

$$\begin{cases} x = \dfrac{x' + ut'}{\sqrt{1 - \dfrac{u^2}{c^2}}} \\ y = y' \\ z = z' \\ t = \dfrac{t' + \dfrac{u}{c^2}x'}{\sqrt{1 - \dfrac{u^2}{c^2}}} \end{cases}$$

速度变换为

$S \to S'$

$$\begin{cases} v'_x = \dfrac{v_x - u}{1 - \dfrac{uv_x}{c^2}} \\ v'_y = \dfrac{v_y \sqrt{1 - \dfrac{u^2}{c^2}}}{1 - \dfrac{uv_x}{c^2}} \\ v'_z = \dfrac{v_z \sqrt{1 - \dfrac{u^2}{c^2}}}{1 - \dfrac{uv_x}{c^2}} \end{cases}$$

$S' \to S$

$$\begin{cases} v_x = \dfrac{v'_x + u}{1 + \dfrac{uv'_x}{c^2}} \\ v_y = \dfrac{v'_y \sqrt{1 - \dfrac{u^2}{c^2}}}{1 + \dfrac{uv'_x}{c^2}} \\ v_z = \dfrac{v'_z \sqrt{1 - \dfrac{u^2}{c^2}}}{1 + \dfrac{uv'_x}{c^2}} \end{cases}$$

3. 狭义相对论时空观

1）同时性的相对性

沿两个惯性系相对运动方向上发生的两个独立事件，若在一个惯性系中表现为同时，则在另一惯性系中观察总是在前一惯性系运动的后方的那一事件先发生。

2）长度收缩

原长（或静长）：相对于静止参照系测得的棒的长度。运动的棒沿运动方向的长度比原长短，这是同时性的相对性的必然结果，有

$$L = L_0 \sqrt{1 - \frac{u^2}{c^2}}$$

$L < L_0$，即原长较长。

3）时间膨胀

原时：在某一参照系中同一地点先后发生的两个事件之间的时间间隔。它是由静止于此参照系中该地点的时钟测出的，原时较短 $\Delta t > \Delta t'$。

运动的钟变慢称为时间膨胀效应，即

$$\Delta t=\frac{\Delta t'}{\sqrt{1-\frac{u^2}{c^2}}}$$

4. 相对论动力学基本方程

1）相对论质量

$$m=\frac{m_0}{\sqrt{1-\frac{u^2}{c^2}}}$$

2）相对论动量

$$\boldsymbol{p}=m\boldsymbol{v}=\frac{m_0\boldsymbol{v}}{\sqrt{1-\frac{u^2}{c^2}}}$$

3）相对论能量

静止能量 $E_0=m_0c^2$

总能量 $E=mc^2=\dfrac{m_0c^2}{\sqrt{1-\frac{u^2}{c^2}}}$

相对论动能 $E_k=E-E_0=m_0c^2-mc^2$

4）相对论动量和能量关系

$$E^2=p^2c^2+m_0^2c^4$$

5）相对论动力学的能量守恒定律

$$\sum_i(m_ic^2)=\text{常量}$$

三、例　题

（一）填空题

1. 相对论中运动物体长度缩短与物体热胀冷缩引起的长度变化是否是一回事？________（填“是”或“不是”）。

解　不是。

物体的热胀冷缩是组成物质的分子和原子热运动的变化，导致物质中分子、原子间相互作用力的变化，从而引起分子间距离的改变形成的。这种热胀冷缩对不同惯性系是一样的。相对论中运动物体长度的缩短，是一种基本的时空属性，与物质的结构无关，仅与物体相对于惯性系的运动有关。

2. 一对双生子：一个是弟弟，在地球上；另一个是兄长，乘飞船离开地球。根据狭义相对论的时空观，地球上的人看飞船上的钟变慢了，同时，飞船上的人看地球上的钟也变慢了，那么，当飞船经过一段时间飞回地球后，两兄弟相遇时到底谁更年轻？________（填“兄长”或“弟弟”）。

解　兄长。

这一问题纯粹从两个惯性系之间来考虑是无法解决的，因为飞船要飞回地球，就必然有一个转弯的阶段。在这一阶段，飞船相对于银河系及宇宙其他天体将具有加速度，不是惯性系，这就使得地球上的人与飞船上的人之间原有的对称性消失了。“运动的钟变慢”的结论仅适用于惯性系，因此只能得出飞船上时钟变慢的结论，即飞船上的兄长更年轻。

3. 有一宇宙火箭相对于地球飞行，在地球上的观察者测量到火箭上的物体长度缩短，时钟变慢，由此有人得出结论：火箭上的观察者将会测量到地球上的物体比火箭上的同类物体更长，时钟更快。这个结论对吗？________（填“对”或“不对”）。

解　不对。

根据相对性原理，一切彼此相对做匀速直线运动的系统对于描写运动的一切规律来说都是等价的，即运动的描写只论相对的意义。因此，长度的缩短、时钟的变慢都不是绝对的，火箭上的观察者同样会测量到地球同类物体的长度缩短，时钟变慢。

4. 在相对论力学中，“看”与“测量”是同一回事吗？________（填“是”或“不是”）。

解　不是。

在经典力学中“看”与“测量”是相同的，但在相对论中“看”与“测量”却具有不同的含义。要测量一个物体的长度，必须同时测量其两端，是由两端同时发射的光决定的；而“看”到的是同时到达眼睛的光，由于光的速度不是无限大，而同时发射的光，不一定能同时到达这个人的眼睛，而同时到达人眼的光，也不一定是同时发射的光，因此在狭义相对论中“看”与“测量”通常是有区别的。

5. 关于光速不变原理的正确理解是________。

解　“光速不变原理”是狭义相对论的基本原理之一，它的内容是：在所有的惯性系中，光在真空中传播的速度都具有相同的数值，任何物体的速度只要它在一个惯性系中小于光速，则在任何其他惯性系中就不会大于光速，即光速是一个极限速度。应注意以下两点。

（1）光速不变原理只是说明光速在真空中的数值是不变的，光的运行方向在不同的惯性系中测量是可以不同的（光行差原理）。

（2）光速是极限速度只表明原来小于光速的物体不可能加速达到超过光速，它本身并不排斥超光速粒子的存在（到目前为止还未发现超光速粒子）；对于超光速粒子，光速也是一个极限，它表明超光速粒子的速度永远不能降为光速或小于光速，而且光速是极限速度只是指能量传播的速度不能超过光速，并没有要求非能量传播的速度。探照灯由云层反射的亮点的速度，在探照灯快速转向时是可以超过光速的。

（二）选择题

1. 下列表述中正确的是（　　）。

A. 粒子运动的速度可以接近光速，但不能达到光速

B. 对一般静止质量不为零的物体，以光速运动是不可能的

C. 只有静止质量等于零的粒子，才能以光速运动

D. 粒子在介质中的运动速度不可能大于光在该介质中的传播速度

解　BC。

2. 一物体运动速度的加快而使其质量增加了10%，则此物体在其运动方向上的长度缩短了（　　）。

A. 10%　　B. 90%　　C. $\frac{10}{11}$　　D. $\frac{1}{11}$

解　D。

因为 $m=\frac{m_0}{\sqrt{1-\frac{u^2}{c^2}}}$，$L=L_0\sqrt{1-\frac{u^2}{c^2}}$，$m=1.1m_0$，所以 $L=\frac{10}{11}L_0$，缩短了$\frac{1}{11}$。

（三）计算题

1. 有一固有长度为 L_0 的棒在 S 系中沿 x 轴放置，并以速率 u 沿 xx' 轴运动。若有 S' 系以速率 v 相对于 S 系沿 xx' 轴运动，求从 S' 系测得此棒的长度。

解　设在 S' 系中棒的速度为 u'，由长度收缩公式，在 S' 系中测得棒的长度为

$$L'=L_0\sqrt{1-\frac{u'^2}{c^2}}$$

又由速度变换公式得

$$u'=\frac{u-v}{1-\frac{uv}{c^2}}=\frac{(u-v)c^2}{c^2-uv}$$

所以

$$L'=\frac{L_0}{c^2-uv}\sqrt{(c^2-uv)^2-(u-v)^2c^2}$$

2. 观察者甲以$\frac{4}{5}c$（c 为真空中的光速）的速度相对于静止的观察者乙运动，若甲携带一长度为 l_0、截面积为 S_0、质量为 m_0 的棒，这根棒安放在运动方向上，求：

(1) 甲测得此棒的密度；(2) 乙测得此棒的密度。

解　设乙为 S 系，甲为 S' 系。

(1) 甲测得棒的体密度为

$$\rho'=\frac{m'}{V'}=\frac{m_0}{S_0 l_0}$$

（2）乙测得棒的体密度为

$$\rho=\frac{m}{V}$$

其中，m、V 分别为乙测得的棒的质量和体积。

$$m=\frac{m_0}{\sqrt{1-\frac{u^2}{c^2}}}$$

棒只在运动方向长度收缩，垂直于运动方向的截面积 S_0 不变，即

$$V=Sl=S_0 l_0\sqrt{1-\frac{u^2}{c^2}}$$

所以

$$\rho=\frac{1}{1-\frac{u^2}{c^2}}\frac{m_0}{S_0 l_0}=\frac{25}{9}\frac{m_0}{S_0 l_0}$$

四、习题解答

（一）填空题

1. 2.91×10^8 m/s。

$$\Delta t=\frac{\Delta\tau}{\sqrt{1-\frac{u^2}{c^2}}},\quad L=\Delta t\cdot u\Rightarrow 16c=\frac{4u}{\sqrt{1-\frac{u^2}{c^2}}}\Rightarrow u=\sqrt{\frac{16}{17}}c=2.91\times10^8\ \text{m/s}$$

2. $\dfrac{1}{\sqrt{1-\left(\frac{u}{c}\right)^2}}$（提示：应用洛伦兹坐标变换，并注意同时的可能性，即得）。

3. 4.3×10^{-8} s；10.32 m；6.24 m。

$$\Delta t=\frac{\Delta\tau}{\sqrt{1-\frac{u^2}{c^2}}}=\frac{2.6\times10^{-8}}{\sqrt{1-\frac{(0.8c)^2}{c^2}}}=\frac{2.6\times10^{-8}}{0.6}\ \text{s}=4.3\times10^{-8}\ \text{s}$$

$$L=u\Delta t=0.8\times3\times10^8\times4.3\times10^{-8}\ \text{m}=10.32\ \text{m}$$

$$L'=u\Delta\tau=0.8\times3\times10^8\times2.6\times10^{-8}\ \text{m}=6.24\ \text{m}$$

4. 1.25 kg；9×10^{16} J；1.125×10^{17} J。

甲观察到物体以 $\frac{3}{5}c$ 的速度运动，甲测得物体的质量为

$$m=\frac{m_0}{\sqrt{1-\frac{u^2}{c^2}}}=\frac{1}{\sqrt{1-\left(\frac{3}{5}\right)^2}}\ \text{kg}=\frac{1}{0.8}\ \text{kg}=1.25\ \text{kg}$$

乙测得物体的总能量为

$$E_0=m_0c^2=1\times(3\times10^8)^2\ \mathrm{J}=9\times10^{16}\ \mathrm{J}$$

甲测得物体的总能量为

$$E=\frac{m_0c^2}{\sqrt{1-\frac{u^2}{c^2}}}=\frac{9\times10^{16}}{\sqrt{1-\left(\frac{3}{5}\right)^2}}\ \mathrm{J}=1.125\times10^{17}\ \mathrm{J}$$

5. $E_k=(n-1)m_0c^2$。

$$\Delta t=\frac{\Delta\tau}{\sqrt{1-\frac{u^2}{c^2}}}\Rightarrow\sqrt{1-\frac{u^2}{c^2}}=\frac{\Delta\tau}{\Delta t}=\frac{1}{n}$$

$$E_k=E-E_0=\frac{m_0c^2}{\sqrt{1-\frac{u^2}{c^2}}}-m_0c^2=(n-1)m_0c^2$$

（二）选择题

1. D(提示:了解以太的基本概念及迈克尔逊-莫雷实验对于相对论的重要意义)。

2. A(提示:熟悉同时相对性的基本概念)。

3. C(提示:长度收缩发生在相对运动方向上)。

4. B(提示:根据相对论长度收缩的效应,$l=l_0\sqrt{1-\frac{v^2}{c^2}}$,其中 $l_0=5$ l. y. ,l_0 为固有长度)。

5. D。

6. A。

7. B(提示:质能关系的应用)。

（三）计算题

1. 解　以地面为 S 参照系,以火车为 S' 参照系,设闪电击中火车头、尾两端分别为 1、2 两事件。

在地面上看,有　$t_2-t_1=0$

在火车上看,这两个事件发生的时间差为 $t_2'-t_1'$,已知 $x_2'-x_1'=-0.5$ km,根据洛伦兹变换,有

$$t_2-t_1=\frac{(t_2'-t_1')+\frac{u}{c^2}(x_2'-x_1')}{\sqrt{1-\frac{u^2}{c^2}}}$$

则　$t_2'-t_1'=-\frac{u}{c^2}(x_2'-x_1')=-\frac{2.78\times10^{-2}}{(3\times10^8)^2}\times(-0.5)\ \mathrm{s}=1.54\times10^{-19}\ \mathrm{s}$

式中,正号的含义是事件 1 先发生,表示闪电先击中车头,后击中车尾。

2. 解　(1) **方法一**　在参照系 S 中，$\Delta t=4\ \mathrm{s}$ 是在同一地点发生的 A、B 两事件的时间间隔，所以是原时。而在 S' 系中，时间间隔 $\Delta t'=5\ \mathrm{s}$，不是原时。由公式

$$\Delta t=\Delta t'\sqrt{1-\frac{u^2}{c^2}}$$

可求出 S' 系相对 S 系的速度为　$u=\frac{3}{5}c$

方法二　由洛伦兹变换有 $\Delta t=\frac{u}{c^2}\Delta x$，且有 $\Delta t'=\frac{c}{\sqrt{1-\frac{u^2}{c^2}}}$。

由于 $\Delta x=0$，因此

$$\Delta t'=\frac{\Delta t}{\sqrt{1-\frac{u^2}{c^2}}}$$

同理，可得

$$u=\frac{3}{5}c$$

(2) **方法一**　由于在 S 系中 A、B 两事件在同一地点发生，而 S 系相对 S' 系的速度为 $u'=-\frac{3}{5}c$，在 S' 系中，A、B 两事件发生的时间差为 $\Delta t'=5\ \mathrm{s}$，所以在 S' 系中 A、B 相隔的距离为

$$\Delta x'=\Delta t'u'=5\times\left(-\frac{3}{5}c\right)=-3c$$

式中，负号表示在 S' 系中观察，B 在 A 的 x 轴负方向发生，如图 4-2 所示。

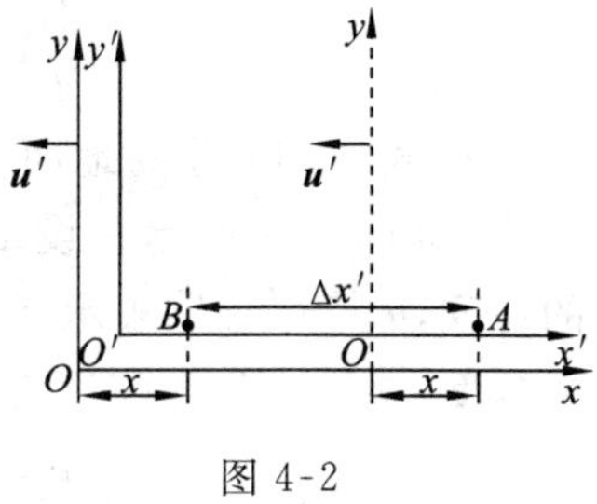

图 4-2

方法二　由洛伦兹变换有

$$\Delta x=\frac{\Delta x'+u\Delta t'}{\sqrt{1-\frac{u^2}{c^2}}}$$

因为 $\Delta x=0$，所以　$\Delta x'=-u\Delta t'=-\frac{3}{5}c\times5=-3c$

3. 解　(1) 本题所需计算的时间间隔可以视为小球从船尾发出与小球到达船头这两事件的时间间隔。在飞船参照系 S' 中，飞船长度就是飞船的原长 L'，相对于此参照系小球的速度为 u'。经过的距离为 $\Delta x'=L'$，当然所求的时间就是

$$\Delta t'=\frac{\Delta x'}{u'}=\frac{L'}{u'}$$

请读者考虑 $\Delta t'$ 是否可以视为原时。

(2) 本题的计算是错误的。在地面上（S 参照系）看到的船的长度 $L=L'\sqrt{1-\frac{u^2}{c^2}}<L'$，在小球从船尾发出向船头飞行的过程中，飞船始终在向前飞行，所

以小球从船尾到船头运动的距离 Δx 比缩短的飞船长度 L 要长。Δx 可以用洛伦兹变换求得，即

$$\Delta x=\frac{\Delta x'+u\Delta t'}{\sqrt{1-\frac{u^2}{c^2}}}=\frac{L'+u\frac{L'}{u'}}{\sqrt{1-\frac{u^2}{c^2}}}$$

由洛伦兹速度变换知，小球相对地面的速度为

$$v=\frac{u+u'}{1+\frac{uu'}{c^2}}$$

所以在地面上测得小球运动的时间应为

$$\Delta t=\frac{\Delta x}{u}=\frac{L'+u\frac{L'}{u'}}{\sqrt{1-\frac{u^2}{c^2}}}\Bigg/\frac{u+u'}{1+\frac{uu'}{c^2}}=\left(\frac{1}{u'}+\frac{u}{c^2}\right)\frac{L'}{\sqrt{1-\frac{u^2}{c^2}}}$$

如果直接用洛伦兹变换求在地面参照系中的时间，则

$$\Delta t=\frac{\Delta t'+\frac{u}{c^2}\Delta x'}{\sqrt{1-\frac{u^2}{c^2}}}=\frac{\frac{L'}{u'}+\frac{u}{c^2}L'}{\sqrt{1-\frac{u^2}{c^2}}}=\left(\frac{1}{u'}+\frac{u}{c^2}\right)\frac{L'}{\sqrt{1-\frac{u^2}{c^2}}}$$

4. 解 (1) 建立地面参照系 S 及飞船参照系 S'，如图 4-3 所示。设 v' 为彗星相对于飞船的速度，u 与 u' 分别表示飞船与彗星相对于地面的速度，根据洛伦兹速度变换，有

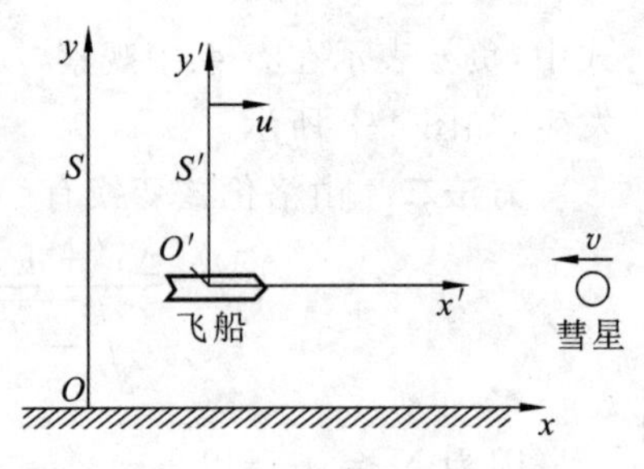

图 4-3

$$v'_x=\frac{v_x-u}{1-\frac{uv_x}{c^2}}$$

此时，$v_x=-v, v'_x=v'$，代入上式，则有

$$v'=\frac{-v-u}{1+\frac{uv}{c^2}}=-\frac{-0.8c-0.6c}{1+\frac{0.8c\times0.6c}{c^2}}=-0.946c$$

式中，负号表示 v' 沿 x' 轴负方向。

(2) 本题根据不同思路，可以有以下几种解法。

方法一 开始飞船经过地面上位置 x_1 和到达位置（与彗星相撞处）x_3，如图 4-4所示，这两个事件在飞船上观察是在同一地点发生的，它们的时间间隔 $\Delta t'$ 应是原时。由于在地面上看这两事件的时间间隔为 $\Delta t=5$ s，因此有

$$\Delta t'=\Delta t\sqrt{1-\frac{u^2}{c^2}}=5\sqrt{1-\frac{(0.6c)^2}{c^2}}=4\ \text{s}$$

方法二　如图 4-4 所示，以飞船经过地面上位置 x_1 为事件 1，同时观测到彗星经过地面上位置 x_2 为事件 2，再设飞船和彗星在地面上位置 x_3 相撞为事件 3。从地面上看，事件 1、2 是在 t_0 时刻发生的，而事件 3 发生在 t_1 时刻。在飞船参照系看来，三个事件发生时间分别为 t_1'、t_2'、t_3'。要注意到 1、2 两事件在飞船参照系中不是同时

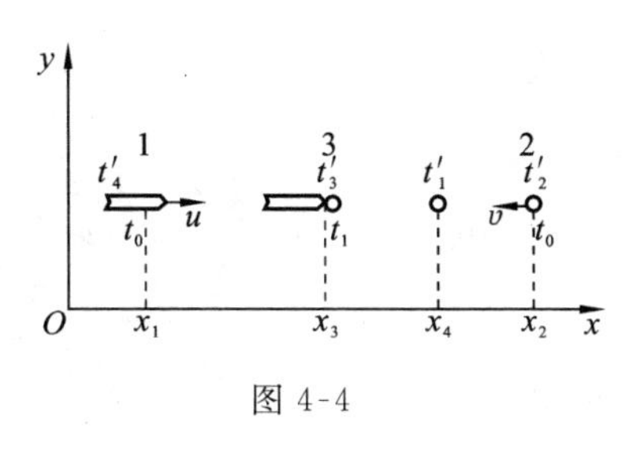

图 4-4

($t_1'<t_2'$)发生的，而 t_1'、t_3' 时刻可由飞船中同一时钟给出，其间隔 $\Delta t'$ 即为所求的时间。已知在地面参照系中 $\Delta t=t_1-t_0$ 和 $x_3-x_1=u(t_1-t_0)$，则

$$\Delta t'=t_3'-t_1'=\frac{t_1-t_0-\frac{u}{c^2}(x_3-x_1)}{\sqrt{1-\frac{u^2}{c^2}}}=\frac{t_1-t_0-\frac{u^2}{c^2}(t_1-t_0)}{\sqrt{1-\frac{u^2}{c^2}}}$$

$$=(t_1-t_0)\sqrt{1-\frac{u^2}{c^2}}=5\sqrt{1-0.6^2}\ \text{s}=4\ \text{s}$$

5. 解　(1) 设 E_k 为质子的动能，则质子加速后的总能量为

$$E=m_0c^2+E_k=mc^2$$

$$m=m_0+\frac{E_k}{c^2}=m_0\left(1+\frac{E_k}{m_0c^2}\right)$$

$$=1.67\times10^{-27}\times\left[1+\frac{76\times10^9\times1.61\times10^{-19}}{1.67\times10^{-27}\times(3\times10^8)^2}\right]\ \text{kg}$$

$$=1.38\times10^{-25}\ \text{kg}$$

(2) 由

$$m=\frac{m_0}{\sqrt{1-\left(\frac{u}{c}\right)^2}}$$

可得 $u=c\sqrt{1-\left(\frac{m_0}{m}\right)^2}\approx c\left(1-\frac{m_0^2}{2m^2}\right)=c\left[1-\frac{(1.67\times10^{-27})^2}{2\times(1.38\times10^{-23})^2}\right]=0.9999c$

6. 解　两个质量都为 m_0 的静止小球系统，在碰撞前后能量守恒，则有

$$m_0c^2+mc^2=Mc^2 \quad ①$$

或

$$m_0+m=M$$

此系统碰撞前后动量也守恒，则有

$$Mu=mv \quad ②$$

式中，u 为碰后合成小球的速度。

将

$$m=\frac{m_0}{\sqrt{1-\left(\frac{u}{c}\right)^2}}=\frac{m_0}{\sqrt{1-\left(\frac{0.8}{c}\right)^2}}=\frac{m_0}{0.6}$$

代入式①可得
$$M=\frac{8}{3}m_0$$

由式②可知
$$u=\frac{mv}{M}=\frac{\frac{m_0}{0.6}\times 0.8c}{\frac{8}{3}m_0}=0.5c$$

再由
$$M=\frac{M_0}{\sqrt{1-\left(\frac{u}{c}\right)^2}}$$

可得
$$M_0=M\sqrt{1-\left(\frac{u}{c}\right)^2}=\frac{8}{3}m_0\sqrt{1-\left(\frac{0.5c}{c}\right)^2}=2.31m_0$$

7. 解　将弹簧拉伸后，弹性势能的增量为
$$E_p=\frac{1}{2}kx^2=\frac{1}{2}\times 10^3\times 0.05^2\ \text{J}=1.25\ \text{J}$$

由相对论质能关系知，弹簧相应的质量增量为
$$\Delta m=\frac{E_p}{c^2}=\frac{1.25}{(3\times 10^8)^2}\ \text{kg}=1.39\times 10^{-17}\ \text{kg}$$

1 kg 的水，降温到 0℃时放出的热量为
$$Q=1\times 4.2\times 100\times 1000\ \text{J}=4.2\times 10^5\ \text{J}$$

同理，相应减少的质量为
$$\Delta m=\frac{\Delta E}{c^2}=\frac{Q}{c^2}=\frac{4.2\times 10^{-17}}{(3\times 10^8)^2}\ \text{kg}=4.66\times 10^{-12}\ \text{kg}$$

以上两种情况的质量变化是很难测量的，可见在一般物体的能量交换（或化学反应或热量传递）等过程中，系统的质量改变都小到观测不出的程度，所以完全可以忽略不计。

8. 解　设 W 为粒子由静止加速到 $v=0.1c$ 时所需做的功，由相对论功能关系有
$$W=mc^2-m_0c^2=\frac{m_0c^2}{\sqrt{1-\left(\frac{v}{c}\right)^2}}-m_0c^2=\left(\frac{1}{\sqrt{1-0.1^2}}-1\right)m_0c^2=0.005m_0c^2$$

同理，粒子由速度 $0.89c$ 加速到速度为 $0.99c$ 时所需做的功为
$$W'=m_2c^2-m_1c^2=\frac{m_0c^2}{\sqrt{1-\left(\frac{v_2}{c}\right)^2}}-\frac{m_0c^2}{\sqrt{1-\left(\frac{v_1}{c}\right)^2}}$$
$$=\left(\frac{1}{\sqrt{1-0.99^2}}-\frac{1}{\sqrt{1-0.89^2}}\right)m_0c^2=4.9m_0c^2$$

第二篇　热学

第五章　气体动理论

一、本章要求

(1) 了解物质的微观结构，掌握理想气体的微观模型。

(2) 了解宏观量的统计性质，掌握统计平均值的概念和计算方法。

(3) 理解理想气体压强和温度的统计意义，掌握从微观的分子动理论推导宏观压强公式的方法。

(4) 理解气体分子速率分布函数的意义，掌握麦克斯韦速率分布律，会计算气体分子热运动的三种速率。

(5) 了解玻耳兹曼能量分布律，掌握粒子在重力场中按高度分布的密度和压强公式。

(6) 理解自由度概念，掌握能量均分定理，会计算理想气体的内能和摩尔热容。

(7) 理解分子的平均碰撞频率和平均自由程概念，并掌握其计算方法。

(8) 掌握气体中的三种输运过程(也称为迁移现象)——内摩擦现象、热传导、扩散的宏观实验规律及微观定性解释。

(9) 了解真实气体与理想气体的区别，以及范德瓦尔斯方程中两项修正项的物理意义，掌握范德瓦尔斯方程的内容。

二、基本内容

1. 理想气体状态方程

$$pV=\nu RT \quad 或 \quad p=nkT$$

其中，ν 为理想气体的物质的量，k 为玻耳兹曼常量，n 为分子数密度。

2. 物理量 h 的统计平均值

$$\overline{h}=\int hf(h)\mathrm{d}h$$

归一化条件为

$$\int f(h)\mathrm{d}h=1$$

式中，积分区间为 h 的分布区间。

3. 理想气体压强公式

$$p=\frac{1}{3}nm\overline{v^2}=\frac{2}{3}n\left(\frac{1}{2}m\overline{v^2}\right)=\frac{2}{3}n\overline{\omega}_k$$

式中，$\overline{\omega}_k=\frac{1}{2}m\overline{v^2}$是气体分子的平均平动动能，是统计平均值。上式说明气体宏观量 p 与气体微观量$\overline{\omega}_k$ 之间的关系。

4. 温度统计意义

$$\overline{\omega}_k=\frac{1}{2}m\overline{v^2}=\frac{3}{2}kT,\quad k=1.38\times10^{-23}\ \mathrm{J/K}$$

此式说明气体的宏观温度是气体分子热运动激烈程度的量度。温度是大量分子热运动的统计平均结果。

5. 速率分布函数和麦克斯韦速率分布律

1）比率

$$\frac{\mathrm{d}N}{N}=f(v)\mathrm{d}v$$

2）麦克斯韦速率分布律

$$f(v)=4\pi\left(\frac{m}{2\pi kT}\right)^{\frac{3}{2}}v^2\mathrm{e}^{-\frac{mv^2}{2kT}}$$

速率分布函数 $f(v)$表示气体分子速率在 v 附近单位速率间隔内的分子数 $\mathrm{d}N$ 占总分子数 N 的比率，即

$$f(v)=\frac{\mathrm{d}N}{N\mathrm{d}v}$$

3）速率分布曲线

如图 5-1 所示，$S_1=f(v)\mathrm{d}v=\frac{\mathrm{d}N}{N}$表示分子速率在 $v\sim v+\mathrm{d}v$ 区间内的概率；$S_2=\int_{v_1}^{v_2}f(v)\mathrm{d}v$ 表示分子速率在 $v_1\sim v_2$ 区间内的概率。

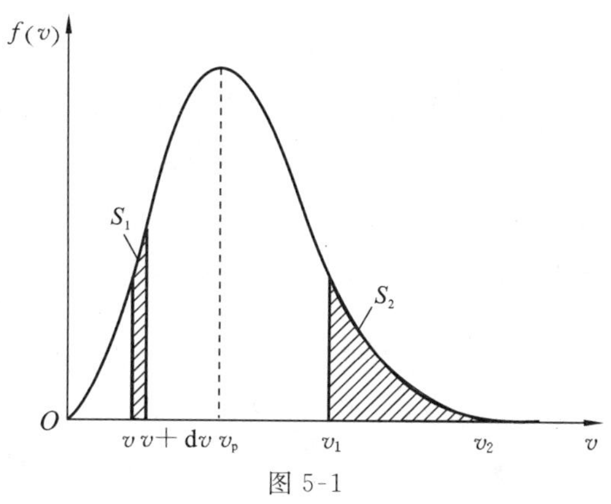

图 5-1

图 5-1 中整个曲线下的面积 $S=\int_0^{\infty} f(v)\mathrm{d}v=1$ 称为速率分布函数的归一化条件。

4）三种速率

（1）最概然速率：

$$v_{\mathrm{p}}=\sqrt{\frac{2kT}{m}}=\sqrt{\frac{2RT}{\mu}}=1.41\sqrt{\frac{RT}{\mu}}$$

v_{p} 是 $f(v)$ 为极大值时，所对应的速率，表示分子的速率在 v_{p} 附近的概率最大。当温度升高时，v_{p} 也随之增大，$f(v)$ 曲线的极大值向右移动，如图 5-2 所示。

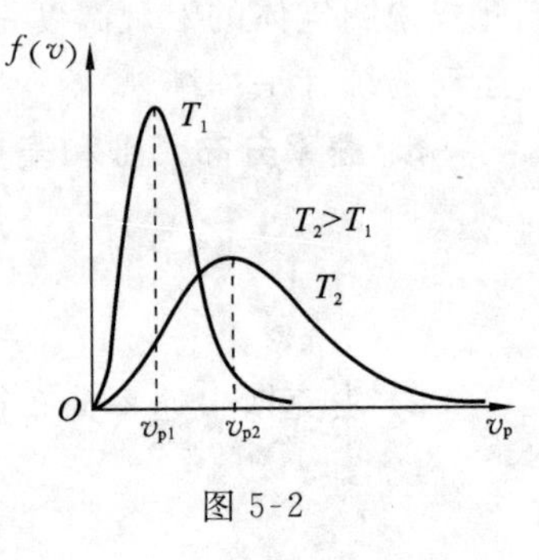

图 5-2

（2）平均速率：

$$\bar{v}=\sqrt{\frac{8kT}{\pi m}}=\sqrt{\frac{8RT}{\pi\mu}}=1.60\sqrt{\frac{RT}{\mu}}$$

表示所有分子速率的统计平均值。

（3）方均根速率：

$$\sqrt{\overline{v^2}}=\sqrt{\frac{3kT}{m}}=\sqrt{\frac{3RT}{\mu}}=1.73\sqrt{\frac{RT}{\mu}}$$

显然

$$v_{\mathrm{p}}<\bar{v}<\sqrt{\overline{v^2}}$$

6. 分子能量分布的统计规律

1）玻耳兹曼能量分布律

$$\mathrm{d}N_{v_x,v_y,v_z}=n_0\left(\frac{m}{2\pi kT}\right)^{\frac{3}{2}}\mathrm{e}^{\frac{-(E_{\mathrm{k}}+E_{\mathrm{p}})}{kT}}\mathrm{d}v_x\mathrm{d}v_y\mathrm{d}v_z\mathrm{d}x\mathrm{d}y\mathrm{d}z$$

式中，n_0 表示在分子势能等于零处单位体积内含有的分子数。此式表示在空间体积元 $\mathrm{d}V=\mathrm{d}x\mathrm{d}y\mathrm{d}z$ 内，分子速度在 $v\sim v+\mathrm{d}v$ 间隔内的分子数。这说明气体分子总是优先占据低能量的状态。

2）重力场中的气压公式

$$p=p_0\mathrm{e}^{-\frac{mgh}{kT}}$$

式中，p_0 表示在高度 $h=0$ 处的压强。此式表明大气压强随高度按指数减小。

7. 能量均分定理

1）能量均分定理

气体处于平衡态时，分子任何一个自由度的平均能量都相等，均为 $\frac{1}{2}kT$。自由度为 i 的气体分子的平均能量为

$$\bar{\omega}=\frac{i}{2}kT$$

2）理想气体的内能

1 mol 理想气体的内能为

$$E_0=\frac{i}{2}RT$$

$\frac{M}{\mu}$ mol 理想气体的内能为

$$E=\frac{M}{\mu}\frac{i}{2}RT$$

理想气体的内能是温度的单值函数。

8. 气体分子的平均碰撞频率与平均自由程

（1）平均碰撞次数为

$$\overline{Z}=\sqrt{2}\pi d^2\overline{v}n$$

在标准状态下，$\overline{Z}$ 的数量级为 $10^{-9}\ \text{s}^{-1}$。

（2）平均自由程为

$$\overline{\lambda}=\frac{\overline{v}}{\overline{Z}}=\frac{1}{\sqrt{2}\pi d^2 n}=\frac{kT}{\sqrt{2}\pi d^2 p}$$

当温度恒定时，平均自由程与压强成反比，其数量级为 $10^{-8}\sim10^{-7}$ m。

9. 三个实验规律

（1）黏滞现象：　$f=\pm\eta\frac{\mathrm{d}u}{\mathrm{d}t}\Delta S$

黏滞系数：　$\eta=\frac{1}{3}\rho\overline{v}\overline{\lambda}$

（2）热传导现象：　$Q=-\kappa\frac{\mathrm{d}T}{\mathrm{d}x}\Delta S\Delta t$

热传导系数：　$\kappa=\frac{1}{3}\rho C_V\overline{v}\overline{\lambda}$

（3）扩散现象：　$M=-D\frac{\mathrm{d}\rho}{\mathrm{d}x}\Delta S\Delta t$

扩散系数：　$D=\frac{1}{3}\overline{v}\overline{\lambda}$

10. 范德瓦尔斯方程

$$\left(p+\frac{M^2}{\mu^2}\frac{a}{V^2}\right)\left(V-\frac{M}{\mu}b\right)=\frac{M}{\mu}RT$$

三、例　　题

（一）填空题

1. 两瓶不同种类的气体，其分子的平均动能相同，但密度不同，它们的温度

________相同，压强________相同。

解　不一定；不。

分子的平均动能 $\overline{\omega}=\dfrac{i}{2}kT$，平均平动动能 $\overline{\omega}_{\mathrm{k}}=\dfrac{3}{2}kT$。两瓶不同种类的气体，自由度 i 不一定相等，所以尽管分子的平均动能相同，但其平均平动动能却不一定相同。因此温度不一定相同，压强也不一定相同。若该两种气体分子的自由度 i 相等，则温度相等，又由于 n 不等，因此压强 $p=nkT$ 不相等。

2. 如果装有气体的容器相对于某坐标系做匀速运动，容器内分子相对于坐标系的速度也增大，气体温度________因此而升高。

解　不会。

气体分子有规则的运动与温度无关，因为温度是气体分子无规则热运动平均平动动能的量度，只有当容器相对于该坐标系突然停止运动时，有规则机械运动的动能转化为无规则热运动的动能，此时温度才会升高。

3. 最概然速率________速率分布中的最大速率；气体分子恰好等于最概然速率的分子数与总分子数的百分比是________。

解　不是；0。

最概然速率是速率分布曲线极大值所对应的速率，而不是最大速率。把整个速率范围分成许多相等的小速率区间，分子速率落在 v_{p} 所在的小区间的概率最大。

因为速率分布是连续的，“速率恰好为某一值的分子数是多少”这一说法是没有意义的，一定要说明其对应于某个速率区间。速率恰好为某一值，也就是说速率区间为 0。所以，恰好等于最概然速率的分子数与总分子数的百分比为 0。

4. 设气体分子服从麦克斯韦速率分布律，$\overline{v}$ 表示平均速率，v_{p} 表示最概然速率，Δv 表示一固定的速率间隔，则速率在 $\overline{v}\pm\Delta v$ 范围内的分子的百分率随着温度的增加而________。

解　减小。

已知 $v_{\mathrm{p}}=\sqrt{\dfrac{2kT}{m}}$，$\overline{v}=\sqrt{\dfrac{8kT}{\pi m}}$，麦克斯韦速率分布如图 5-3 所示。图中曲线为不同温度的两条速率分布曲线，当温度升高时，曲线的高度下降，平均速率 $\overline{v}$ 右移，Δv 为固定速率间隔，相应矩形窄条面积减小，即表明 $\overline{v}\pm\Delta v$ 范围内的分子数占总分子数的百分率随着温度的增加而减小。

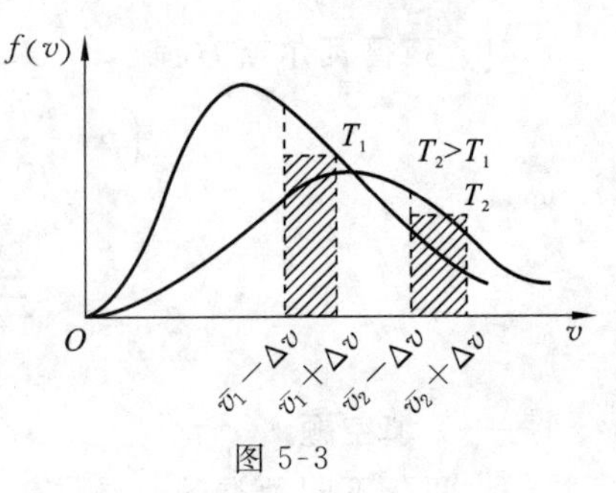

图 5-3

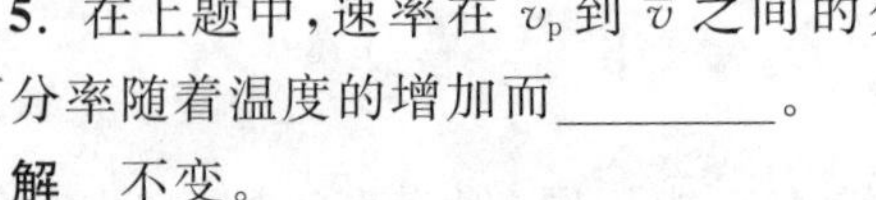

5. 在上题中，速率在 v_{p} 到 $\overline{v}$ 之间的分子的百分率随着温度的增加而________。

解　不变。

根据麦克斯韦速率分布律，在任意速率区间 $v \sim v+\Delta v$ 内分子数占总分子数的百分率为

$$\frac{\Delta N}{N}=4\pi\left(\frac{m}{2\pi kT}\right)^{\frac{3}{2}} e^{-\frac{mv^2}{2kT}} v^2 \Delta v=\frac{4}{\sqrt{\pi}}\left(\frac{v}{v_p}\right)^2 e^{-\left(\frac{v}{v_p}\right)^2} \frac{\Delta v}{v_p}$$

因为$\frac{v_p}{\bar{v}}=\frac{1.41}{1.59}$，所以 $\bar{v}=\frac{1.59}{1.41}v_p=1.13v_p$。

按题意设 $v=v_p$，$\Delta v=\bar{v}-v_p$，代入上式得

$$\begin{aligned}\frac{\Delta N}{N}&=\frac{4}{\sqrt{\pi}}\left(\frac{v_p}{v_p}\right)^2 e^{-\left(\frac{v_p}{v_p}\right)^2} \frac{0.13v_p}{v_p}\\&=\frac{4}{\sqrt{\pi}}\times e^{-1}\times 0.13=\frac{4}{1.77}\times e^{-1}\times 0.13=10.8\%\end{aligned}$$

可见，速率在 v_p 到 $\bar{v}$ 之间的分子的百分率 10.8%是恒定值，不随温度的改变而改变。

6. 指出$\frac{1}{2}kT$、$\frac{3}{2}kT$、$\frac{i}{2}kT$、$\frac{i}{2}RT$、$\frac{M}{\mu}\frac{i}{2}RT$ 各量的物理意义是______________________（式中，i 为气体分子的自由度）。

解　$\frac{1}{2}kT$ 表示温度为 T 的平衡态下，气体分子每个自由度所具有的平均能量；$\frac{3}{2}kT$表示温度为 T 的平衡态下，气体分子的平均平动动能；$\frac{i}{2}kT$ 表示温度为 T 的平衡态下，气体分子的平均动能；$\frac{i}{2}RT$ 表示温度为 T 的平衡态下，1 mol 理想气体的内能；$\frac{M}{\mu}\frac{i}{2}RT$ 表示温度为 T 的平衡态下，$\frac{M}{\mu}$ mol 的理想气体所具有的内能。

7. 一定量密封在容器中的气体，当温度升高时，气体分子平均碰撞频率增大，平均自由程将________（填增大、降低、不变）。

解　不变。

若容器容积不变，则分子数密度 n 为定值，平均碰撞频率 $\bar{Z}=\sqrt{2}\pi d^2\bar{v}n$，其中 $\bar{v}=\sqrt{\frac{8RT}{\pi\mu}}$。当 T 升高时，$\bar{v}$ 增大，$\bar{Z}$ 增大。而平均自由程 $\bar{\lambda}=\frac{\bar{v}}{\bar{Z}}=\frac{1}{\sqrt{2}\pi d^2 n}$，题中 n 一定，$\bar{\lambda}$ 与 T 无关，所以保持不变。

8. 在推导理想气体压强公式、内能公式、平均碰撞频率公式时所使用的理想气体分子模型依次是________、________、________。

解　在推导理想气体压强公式时，用的是理想气体模型，将理想气体分子看作弹性自由质点；在推导内能公式时，计算每个分子所具有的平均能量，考虑了分子的自由度，除了单原子分子仍看作质点外，其他分子都看成了质点的组合，分子间

无相互作用势能存在；在推导平均碰撞频率公式时，将气体分子看作有一定大小、有效直径为 d 的弹性小球。

9. 在解释气体中的三种迁移现象时，我们使用的微观模型分别为________、________、________。

解　黏滞现象对应的微观解释是分子的动量净迁移；热传导现象对应的微观解释是分子的能量净迁移；扩散现象对应的微观解释是分子的质量净迁移。

（二）选择题

1. 最概然速率的主要用途是（　　）。

A. 讨论速率分布　　　　B. 计算分子的运动平均距离

C. 计算分子的平均平动动能　　　　D. 计算碰撞频率

解　A。

计算分子间的平均距离和碰撞频率时，使用平均速率 $\bar{v}$；计算分子的平均平动动能时，使用方均根速率 $\sqrt{\overline{v^2}}$；讨论速率分布时，使用最概然速率 v_p。

2. 某种处于平衡态的气体，在温度 T 下的分布曲线如图 5-4 所示，在有限范围 $v_1 \sim v_2$ 内，曲线下的面积表示（　　）。

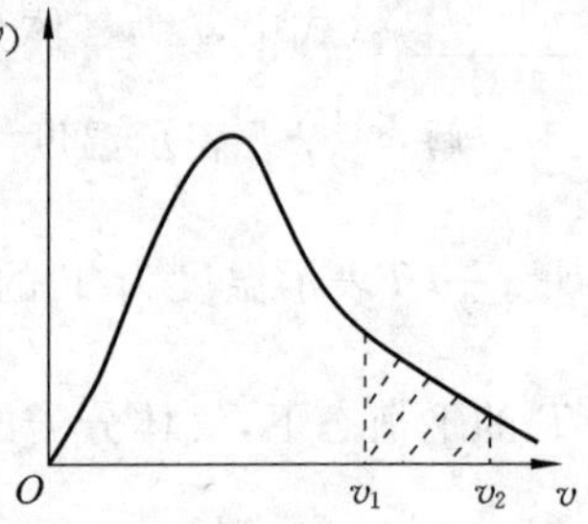

图 5-4

A. 分布在速率区间 $v_1 \sim v_2$ 内的分子数的比率 $\frac{\Delta N}{N}$

B. 分布在速率区间 $v_1 \sim v_1 + \mathrm{d}v$ 内的分子数的比率 $\frac{\Delta N}{N}$

C. 分布在速率区间 $v_1 \sim v_2$ 内的分子数 ΔN

D. 分布在速率区间 $v_1 \sim v_1 + \mathrm{d}v$ 内的分子个数 $\mathrm{d}N$

解　A。

因为曲线与 v 轴所围的总面积为 1，代表了气体分子速率分布的归一化，所以，$v_1 \sim v_2$ 与 $f(v)$ 曲线所围的面积应该是分布在速率区间 $v_1 \sim v_2$ 内的分子数的比率 $\frac{\Delta N}{N}$。

3. 图 5-5 中两条速率分布曲线表示我们可以做出以下判断的是（　　）。

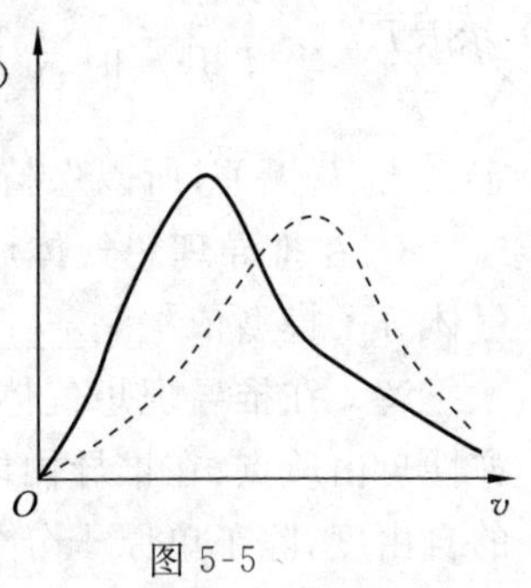

图 5-5

A. 同种气体，可得虚线对应的温度大于实线对应的温度

B. 同一温度下不同气体的分布曲线，虚线对应的分子质量大于实线对应的分子质量

C. 若曲线对同压强、温度、体积的氧气和氢

气，则虚线对应的是氧气，实线对应的是氢气

D. 不论虚线、实线的形式如何，它的 $\sqrt{\overline{v^2}}$ 不会比 $\overline{v}$ 小

解　AD。

由气体分子最概然速率公式 $v_p=\sqrt{\frac{3kT}{m}}=\sqrt{\frac{3RT}{\mu}}$ 知，对同种气体，m 相同，$v_p\propto\sqrt{T}$，即虚线对应的温度大于实线对应的温度，故 A 对；同理，由 $v_p\propto\sqrt{\frac{1}{m}}$ 得，在同一温度下不同气体的分布曲线，实线对应的分子质量大于虚线对应的分子质量，故 B 错；又 $v_p\propto\sqrt{\frac{1}{\mu}}$，故实线对应的分子质量大于虚线对应的分子质量，故 C 错。

对于 D 选项，先求 $(v-\overline{v})^2$ 的平均值。设速率分布函数为 $f(v)$，则有

$$\overline{(v-\overline{v})^2}=\int_0^\infty (v-\overline{v})^2 f(v)\mathrm{d}v\geqslant 0$$

展开上式，考虑到 $\overline{v}$ 是常量，则有

$$\begin{aligned}\int_0^\infty (v-\overline{v})^2 f(v)\mathrm{d}v&=\int_0^\infty [v^2-2v\overline{v}+(\overline{v})^2]f(v)\mathrm{d}v\\&=\int_0^\infty v^2 f(v)\mathrm{d}v-2\overline{v}\int_0^\infty vf(v)\mathrm{d}v+(\overline{v})^2\int_0^\infty f(v)\mathrm{d}v\\&=\overline{v^2}-2(\overline{v})^2+(\overline{v})^2=\overline{v^2}-(\overline{v})^2\geqslant 0\end{aligned}$$

所以 $\sqrt{\overline{v^2}}\geqslant\overline{v}$，即 $\sqrt{\overline{v^2}}$ 不会比 $\overline{v}$ 小。证毕。

***4.** 真实气体在气缸内以温度 T 等温膨胀，推动活塞做功，活塞移动距离为 L。若仅考虑分子占有体积去计算所做的功，比不考虑时（　　）；若仅考虑分子之间存在作用力去计算功，比不考虑时（　　）。

A. 大　　　　B. 小　　　　C. 一样大

解　A；B。

以范德瓦尔斯气体代表真实气体来粗略讨论分子间引力的影响。1 mol 范氏气体在温度 T_1 下等温膨胀，做功为

$$A=\int_{v_1}^{v_2} p\mathrm{d}v=\int_{v_1}^{v_2}\left(\frac{RT_1}{v-b}-\frac{a}{v^2}\right)\mathrm{d}v=RT_1\ln\frac{v_2-b}{v_1-b}+a\left(\frac{1}{v_2}-\frac{1}{v_1}\right)$$

只考虑分子体积影响时，可取 $a=0$，由于 $\ln\frac{v_2-b}{v_1-b}>\ln\frac{v_2}{v_1}$，分子体积的影响使功增加。

只考虑分子之间引力的影响，可取 $b=0$，由于 $a\left(\frac{1}{v_2}-\frac{1}{v_1}\right)<0$，分子之间引力的影响使功减少。

5. 如果理想气体的温度保持不变，当压强降为原值的一半时，关于分子的碰

撞频率和分子的平均自由程的说法正确的是(　　)。

A. 都成为原值的一半　　B. 都成为原值的两倍

C. 前者为一半，后者为两倍　　D. 前者为两倍，后者为一半

解　C。

分子的碰撞频率 $\overline{Z}=\sqrt{2}\pi d^2\overline{v}n$ 和平均自由程 $\overline{\lambda}=\dfrac{1}{\sqrt{2}\pi d^2 n}$,式中分子有效直径为常量,平均速率 $\overline{v}\propto\sqrt{T}$,分子数密度 $n=\dfrac{p}{kT}$,故当 T 不变时,p 变成原值的一半,导致 $\overline{Z}$ 成为原值的一半,而 $\overline{\lambda}$ 为原值的两倍。

(三) 计算题

1. 一球形容器,直径为 $2R$,装有理想气体,分子数密度为 n,每个分子的质量为 m。若某分子速率为 v_i,与器壁法向呈 θ 角射向器壁进行完全弹性碰撞,(1) 该分子在连续两次碰撞间运动了多长的距离?(2) 该分子每秒钟撞击容器多少次?(3) 每一次给予器壁的冲量是多大?(4) 由以上结果导出气体的压强公式。

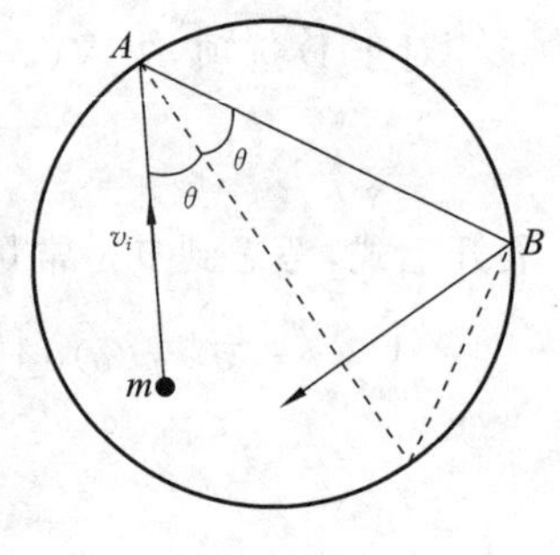

图 5-6

解　(1) 如图 5-6 所示,速率为 v_i 的分子以 θ 与器壁碰撞,因入射角、反射角都相同,连续两次碰撞间运动的距离都是同样的弦长,为$\overline{AB}=2R\cos\theta$。

(2) 该分子每秒钟撞击容器的次数为$\dfrac{v_i}{\overline{AB}}=\dfrac{v_i}{2R\cos\theta}$。

(3) 每一次撞击给予器壁的冲量为 $2mv_i\cos\theta$。

(4) 该分子每秒钟给予器壁的冲力为 $2mv_i\cos\theta\,\dfrac{v_i}{2R\cos\theta}=\dfrac{mv_i^2}{R}$。

由于结果与该分子的运动方向无关,只与速率有关,因此可得容器中所有分子每秒给予器壁的冲量为

$$\frac{m}{R}\sum_{i=1}^{N}v_i^2=\frac{m}{R}N\sum_{i=1}^{N}\frac{v_i^2}{N}=N\frac{m}{R}\overline{v^2}$$

式中,$N=\dfrac{4}{3}\pi R^3 n$。根据压强的定义,分子与器壁碰撞产生的压强为

$$p=\frac{N\dfrac{m}{R}\overline{v^2}}{4\pi R^2}=\frac{1}{3}nm\overline{v^2}=\frac{2}{3}n\left(\frac{1}{2}m\overline{v^2}\right)=\frac{2}{3}n\overline{\varepsilon}$$

式中,$\overline{\varepsilon}$ 为分子的平均平动动能。

2. 在什么温度时,气体分子的平均平动动能等于一个电子由静止通过 1 V 电势差的加速作用所得到的动能(1 eV 的能量)。

解　气体分子的平均平动动能

$$\frac{1}{2}mv^2=\frac{3}{2}kT=1\ \text{eV}$$

则
$$1\ \text{eV}=1.602\times10^{-19}\ \text{J}$$

$$T=\frac{2\times1.602\times10^{-19}}{3\times1.38\times10^{-23}}\ \text{K}=7739\ \text{K}$$

3. 有 40 个粒子，速率分布如下表所示(其中速率单位:m/s)：

速率区间	100 以下	100～200	200～300	300～400	400～500	500～600	600～700	700～800	800～900	900 以上
粒子数	1	4	6	8	6	5	4	3	2	1

若以各区间的中值速率表示处于该区间内的粒子速率值，试求这 40 个粒子的平均速率 $\overline{v}$、方均根速率 $\sqrt{\overline{v^2}}$ 和最概然速率 v_p，并计算出 v_p所在区间的粒子数占总粒子数的百分率。

解　这 40 个粒子分成了 10 个速率区间，若取 1000 m/s 为粒子速率在 900 m/s以上的速率区间的中值速率，则平均速率 $\overline{v}$ 为

$$\begin{aligned}\overline{v}&=\frac{1}{N}\sum_{i=1}^{10}v_iN_i=\frac{1}{40}\times(50\times1+150\times4+250\times6+350\times8+450\times6\\&\quad+550\times5+650\times4+750\times3+850\times2+1000\times1)\ \text{m/s}\\&=448.75\ \text{m/s}\end{aligned}$$

方均根速率 $\sqrt{\overline{v^2}}$ 为

$$\begin{aligned}\sqrt{\overline{v^2}}&=\sqrt{\frac{1}{N}\sum_{i=1}^{10}v_i^2N_i}\\&=\left[\frac{1}{40}\times(50^2\times1+150^2\times4+250^2\times6+350^2\times8+450^2\times6\right.\\&\quad\left.+550^2\times5+650^2\times4+750^2\times3+850^2\times2+1000^2\times1)\right]^{\frac{1}{2}}\ \text{m/s}\\&=499.9\ \text{m/s}\end{aligned}$$

由表所示数据可知，最概然速率为 $v_p=350$ m/s。v_p 所在区间的粒子数占总粒子数的百分率为

$$\frac{\Delta N}{N}=\frac{8}{40}\times100\%=20\%$$

4. 一个容积为 V 的容器内储有 1 mol 氧气，设该容器以速度 $v=10$ m/s 运动，突然停止，其中氧气的 80%的机械运动动能转化为气体分子热运动动能，问气体的温度及压强各升高了多少(把氧气分子视为刚性分子，摩尔气体常数$R=8.31$ J/(mol·K))?

解　设 1 mol 氧气的机械运动动能 $E_k=\frac{1}{2}\mu v^2$，其中 80%转化为气体分子的

内能，即

$$E=\frac{M}{\mu}\frac{i}{2}R\Delta T$$

$$0.8\times\frac{1}{2}\mu v^2=\frac{5}{2}R\Delta T$$

所以

$$\Delta T=\frac{0.8\mu v^2}{5R}=\frac{0.8\times 32\times 10^{-3}\times 10^2}{5\times 8.31}\ \text{K}=0.062\ \text{K}$$

又由理想气体的状态方程，1 mol 氧气的压强升高为

$$\Delta p=R\frac{\Delta T}{V}=8.31\times\frac{0.062}{1}\ \text{Pa}=0.51\ \text{Pa}$$

5. 目前实验室获得的极限真空约为 1.33×10^{-11} Pa，这与距地球表面 1.0×10^4 km处的压强大致相等，试求在 27 ℃时单位体积中的分子数及分子的平均自由程(设气体分子的有效直径为 $d=3.0\times 10^{-8}$ cm)。

解 由理想气体状态方程 $p=nkT$ 得分子数密度为

$$n=\frac{p}{kT}=3.21\times 10^9\ \text{m}^{-3}$$

分子的平均自由程为

$$\bar{\lambda}=\frac{kT}{\sqrt{2}\pi d^2 p}=7.8\times 10^8\ \text{m}$$

由此可见，分子间几乎不发生碰撞。

6. 假设氦气分子的有效直径为 10^{-10} m，压强为 1.013×10^5 Pa，温度为300 K。

(1) 计算氦气分子的平均自由程 $\bar{\lambda}$ 和飞行一个平均自由程所需要的时间 τ；

(2) 如果有一个带基本电荷的氦离子在垂直于电场的方向上运动，电场强度为 10^4 V/m，试计算氦离子在电场中飞行 τ 时间内沿电场方向移动的距离 s 及 s 与 $\bar{\lambda}$ 的比值；

(3) 气体分子热运动的平均速率与氦离子在电场方向的平均速率的比值；

(4) 气体分子热运动的平均平动动能与氦离子在电场中飞行一个 $\bar{\lambda}$ 的距离所获得的能量和它们的比值。

解 (1) 由平均自由程定义 $\bar{\lambda}=\frac{1}{\sqrt{2}\pi d^2 n}$ 和理想气体状态方程 $p=nkT$，得

$$\bar{\lambda}=\frac{kT}{\sqrt{2}\pi d^2 p}=\frac{1.38\times 10^{-23}\times 300}{\sqrt{2}\pi\times(10^{-10})^2\times 1.013\times 10^5}\ \text{m}=9.2\times 10^{-7}\ \text{m}$$

平均速率

$$\bar{v}=\sqrt{\frac{8RT}{\pi\mu}}=\sqrt{\frac{8\times 8.31\times 300}{\pi\times 4\times 10^{-3}}}\ \text{m/s}=1260\ \text{m/s}$$

则

$$\tau=\frac{\bar{\lambda}}{\bar{v}}=\frac{9.2\times10^{-7}}{1260}\ \mathrm{s}=7.3\times10^{-10}\ \mathrm{s}$$

(2) 氦离子质量为 $m=\frac{\mu}{N_0}$,沿电场方向受到的电场力为 eE,加速度 $a=\frac{eE}{m}$,在 τ 时间内沿电场方向移动的距离为

$$s=\frac{1}{2}at^2=\frac{eEN_0\tau^2}{2\mu}=\frac{1.6\times10^{-19}\times10^4\times6.023\times10^{23}\times(7.3\times10^{-10})^2}{2\times4\times10^{-3}}\ \mathrm{m}=6.4\times10^{-8}\ \mathrm{m}$$

$$\frac{\bar{\lambda}}{s}=\frac{9.2\times10^{-7}}{6.4\times10^{-8}}=14.4$$

(3) 氦离子沿电场方向的平均速率为

$$\bar{v}'=\frac{s}{\tau}=\frac{6.4\times10^{-8}}{7.3\times10^{-10}}\ \mathrm{m/s}=87.7\ \mathrm{m/s}$$

$$\frac{\bar{v}}{\bar{v}'}=\frac{1260}{87.7}=14.4$$

(4) 氦气分子平均平动动能为

$$\frac{3}{2}kT=\frac{3}{2}\times1.38\times10^{23}\times300\ \mathrm{J}=6.21\times10^{-21}\ \mathrm{J}$$

氦离子在电场中飞行一个 $\bar{\lambda}$ 的距离所获得的能量为

$$eE\bar{\lambda}=1.6\times10^{-19}\times10^4\times9.2\times10^{-7}\ \mathrm{J}=1.472\times10^{-21}\ \mathrm{J}$$

两者之比为

$$\frac{6.21\times10^{-21}}{1.472\times10^{-21}}=4.22$$

四、习题解答

(一) 填空题

1. 2.8×10^{-3} kg/mol $\left(pV=\frac{M}{\mu}RT\Rightarrow\mu=\frac{\rho RT}{p}\right)$。

2. 1.28×10^{-7} K $\left(\Delta E=\frac{M}{\mu}\frac{i}{2}R\Delta T\right)$。

3. 1/16;1/16。

$$pV=\frac{M}{\mu}RT\Rightarrow\frac{p_{\mathrm{O}}}{p_{\mathrm{H}}}=\frac{\mu_{\mathrm{H}}}{\mu_{\mathrm{O}}}=\frac{1}{16}\Rightarrow\frac{n_{\mathrm{O}}}{n_{\mathrm{H}}}=\frac{\mu_{\mathrm{H}}}{\mu_{\mathrm{O}}}=\frac{1}{16}$$

所以

$$\frac{E_{\mathrm{O}}}{E_{\mathrm{H}}}=\frac{n_{\mathrm{O}}}{n_{\mathrm{H}}}=\frac{1}{16}$$

4. $\int_{v_{\mathrm{p}}}^{\infty}f(v)\mathrm{d}v$。

5. 4.9×10² m/s $\left(\sqrt{\overline{v^2}}=\sqrt{\dfrac{3RT}{\mu}}=\sqrt{\dfrac{3p}{\rho}}\right)$。

6. 速率在 v_p 附近的分子数占总分子数的比率最大。

7. 分子速率处于 $v_1 \sim v_2$ 这一间隔内的分子数。

8. 6.21×10^{-21} J；4.14×10^{-21} J；1.04×10^{-20} J。

$$\overline{\omega}_{平}=\frac{3}{2}kT,\quad \overline{\omega}_{转}=kT,\quad \overline{\omega}_{动}=\frac{5}{2}kT$$

9. 3/2 $\left(\sqrt{\dfrac{3RT_1}{\mu}}=\sqrt{\dfrac{2RT_2}{\mu}}\right)$。

10. 1.04 kg/m³ $\left(\sqrt{\dfrac{3RT}{\mu}}=450\Rightarrow\dfrac{\mu}{RT}=\dfrac{3}{450^2}, pV=\dfrac{M}{\mu}RT\Rightarrow\rho=\dfrac{\mu p}{RT}\right)$。

11. 4000 m/s；1000 m/s $\left(由\ v_p=\sqrt{\dfrac{2RT_2}{\mu}}可知,氢分子的最概然速率大\right)$。

12. $-\dfrac{RT}{\mu g}\ln\dfrac{1}{2}$ $\left(\dfrac{n}{n_0}=e^{-\frac{\mu gh}{RT}}\Rightarrow h=-\dfrac{RT}{\mu g}\ln\dfrac{1}{2}\right)$。

13. 黏滞现象；热传导现象；扩散现象；动量；能量；质量。

（二）选择题

1. B。

$$pV=\frac{M}{\mu}RT\Rightarrow\frac{n_H}{n_{He}}=1$$

$$\Delta E=n\,\frac{i}{2}R\Delta T\Rightarrow\frac{\Delta E_H}{\Delta E_{He}}=\frac{i_H}{i_{He}}=\frac{5}{3}（其中,n\ 为物质的量）$$

$$\Rightarrow\Delta E_H=\frac{5}{3}\Delta E_{He}=\frac{5}{3}\times6\ \text{J}=10\ \text{J}$$

2. C。

$$pV=\frac{M}{\mu}RT\Rightarrow\frac{n_O RT_O}{n_{He}RT_{He}}=\frac{p_O V_O}{p_{He}V_{He}}=\frac{1}{2}$$

$$E=n\,\frac{i}{2}RT\Rightarrow\frac{E_O}{E_{He}}=\frac{i_O n_O RT_O}{i_{He}n_{He}RT_{He}}=\frac{5}{3}\times\frac{1}{2}=\frac{5}{6}（其中,n\ 为物质的量）$$

3. B。

$$pV=\frac{M}{\mu}RT\Rightarrow\overline{\omega}=\frac{M}{\mu}\frac{3}{2}RT=\frac{3}{2}pV=3\ \text{J}$$

4. D。

5. B。

6. C。温度降低时速率分布曲线上的最大值向量值减小的方向迁移，而且曲线变得高耸起来。

7. D。体积不变$\Rightarrow\dfrac{p}{T}=$常量$\Rightarrow\overline{\lambda}=\dfrac{kT}{\sqrt{2}\pi d^2 p}=$常量。因为温度升高，所以 $\overline{v}$ 增加$\Rightarrow\overline{Z}=\sqrt{2}\pi d^2\overline{v}n$ 增大。

8. C。

9. ABC。

10. C。　$pV=\frac{M}{\mu}RT\Rightarrow\overline{\omega}=\frac{M}{\mu}\frac{3}{2}RT=\frac{3}{2}pV$

11. C。　$pV=\frac{M}{\mu}RT\Rightarrow E=\frac{M}{\mu}\frac{i}{2}RT=\frac{i}{2}pV$

12. B。

13. C$\left(E=n\frac{5}{2}RT\right.$,其中 n 为物质的量$\left.\right)$。

14. C。

15. A。绝热自由膨胀系统对外做功为 0,由热力学第一定律可知其温度不变,分子数密度减小到原来的一半,因此,$\bar{\lambda}=\frac{1}{\sqrt{2}\pi d^2 n}\Rightarrow\bar{\lambda}_1=\frac{1}{2}\bar{\lambda}_2$。

16. A$\left(\right.$氧是双原子分子,氦是单原子分子 $\left.\Delta E=n\frac{i}{2}R\Delta T\right)$。

17. B。

（三）计算题

1. 解　$v=1.0v_p$,$\Delta v=1.01v_p-1.0v_p=0.01v_p$,在此引入 $w=v/v_p$,把麦克斯韦速率分布律改写成如下简单形式:

$$\frac{\Delta N}{N}=f(w)\Delta w=\frac{4}{\sqrt{\pi}}w^2 e^{-w^2}\Delta w,\quad w=v/v_p=1,\quad \Delta w=\Delta v/v_p=0.01$$

则
$$\frac{\Delta N}{N}=\frac{4}{\sqrt{\pi}}w^2 e^{-w^2}\Delta w=\frac{4}{\sqrt{\pi}}\times 1^2\times e^{-1}\times 0.01=0.83\%$$

2. 解　$Q=\frac{i}{2}R\Delta T\Rightarrow\Delta T=\frac{2Q}{5R}=\frac{2\times 10\times 10}{5\times 8.31}\ \text{K}=4.81\ \text{K}$

3. 解　(1) $\Delta I=2mv=2\times 3\times 10^{-27}\times 200\ \text{N}\cdot\text{s}=1.2\times 10^{-24}\ \text{N}\cdot\text{s}$

(2) $n'=\frac{1}{6}nv=\frac{1}{3}\times 10^{28}$

(3) $p=\Delta I n'=1.2\times 10^{-24}\times\frac{1}{3}\times 10^{28}\ \text{Pa}=4000\ \text{Pa}$

4. 解　每个分子的质量为

$$m=\frac{32\times 10^{-3}}{6.02\times 10^{23}}\ \text{kg}=5.32\times 10^{-26}\ \text{kg}$$

每个分子作用于器壁上的冲量为

$$\Delta I=2mv\cos 60^\circ$$

$$p=\frac{\Delta I n}{S}=\frac{2nmv\cos 60^\circ}{S}=\frac{2\times 10^{23}\times 5.32\times 10^{-26}\times 600\times 1/2}{4\times 10^{-2}}\ \text{Pa}=79.8\ \text{Pa}$$

5. 解　设室内气体前、后的物质的量分别为 n 和 n',则由理想气体状态方程有

$$\left.\begin{aligned}p_0V=nRT_0\\p_0V=n'RT\end{aligned}\right\}\Rightarrow\Delta n=n'-n=\frac{p_0V}{R}\left(\frac{1}{T}-\frac{1}{T_0}\right)$$

$$\Delta E=n\,\frac{i}{2}R(T_0-T)+\Delta n\,\frac{i}{2}RT=\frac{i}{2}\,\frac{p_0V}{T}(T_0-T)+\frac{i}{2}p_0VT\left(\frac{1}{T}-\frac{1}{T_0}\right)$$

6. 解 (1) $p=nkT\Rightarrow n=\dfrac{p}{kT}=\dfrac{1.0\times10^5}{1.38\times10^{-23}\times300}\ \text{m}^{-3}=2.4\times10^{25}\ \text{m}^{-3}$

(2) $\rho=nm=2.4\times10^{25}\times5.3\times10^{-26}\ \text{kg/m}^3=1.28\ \text{kg/m}^3$

(3) $m=\dfrac{\mu}{N_A}=\dfrac{32\times10^{-3}}{6.02\times10^{23}}\ \text{kg}=5.3\times10^{-26}\ \text{kg}$

(4) 把每个分子看作半径为 R 的球，并且这样的分子球紧密接触，则有

$$\frac{4}{3}\pi R^3n=1\Rightarrow R=\left(\frac{3}{4\pi n}\right)^{1/3}=2.15\times10^{-9}\ \text{m}$$

所以分子间的平均距离为 $d=2R=4.3\times10^{-9}\ \text{m}$

(5) $\overline{\omega}_{平}=\dfrac{3}{2}kT=6.21\times10^{-21}\ \text{J}$， $\overline{\omega}_{转}=\dfrac{2}{2}kT=4.14\times10^{-21}\ \text{J}$

7. 解 (1) $\left.\begin{aligned}pV=\frac{M}{\mu}RT\\E=\frac{5}{2}\frac{M}{\mu}RT\end{aligned}\right\}\Rightarrow p=\dfrac{2E}{5V}=13.55\ \text{Pa}$

(2) $E=\dfrac{5}{2}\dfrac{N}{N_A}RT\Rightarrow T=\dfrac{2EN_A}{5NR}=\dfrac{2\times6.75\times10^{-2}\times6.02\times10^{23}}{5\times5.4\times10^{22}\times8.31}\ \text{K}=0.036\ \text{K}$

$$\overline{\omega}_{平}=\frac{3}{2}kT=7.5\times10^{-25}\ \text{J}$$

8. 解 (1) (a) $\int_0^{v_p}f(v)\text{d}v$，表示速率在 $0\sim v_p$ 间隔内的分子数与总分子数的比。

(b) $\int_{v_p}^{v_1}f(v)\text{d}v$，表示速率在 $v_p\sim v_1$ 间隔内的分子数与总分子数的比。

(2) ① $\overline{p}=\int_0^{\infty}\mu vf(v)\text{d}v$ ② $\overline{\omega}=\int_0^{\infty}\dfrac{1}{2}\mu v^2f(v)\text{d}v$

9. 解 $\sqrt{\overline{v^2}}=\sqrt{\dfrac{3RT}{\mu}}=\sqrt{\dfrac{3RT}{mN_A}}$

$$\Rightarrow N_A=\frac{3RT}{m\,\overline{v^2}}=\frac{3\times8.31\times300}{6.2\times10^{-17}\times1.4^2\times10^4}=6.15\times10^{23}$$

10. 解 (1) $\dfrac{pV}{T}=\dfrac{p_0V_0}{T_0}\Rightarrow\dfrac{p}{p_0}=\dfrac{V_0T}{VT_0}=\dfrac{3}{1}\Rightarrow\dfrac{\Delta p}{p_0}=\dfrac{p-p_0}{p_0}=\dfrac{2}{1}$

(2) $\Delta\overline{\omega}_{平}=\dfrac{i}{2}k\Delta T=\dfrac{i}{2}k\times150\ \text{J}=75ik\ \text{J}$

(3) $\dfrac{\sqrt{\overline{v^2}}}{\sqrt{\overline{v_0^2}}}=\sqrt{\dfrac{3RT/\mu}{3RT_0/\mu}}=\sqrt{\dfrac{T}{T_0}}=\sqrt{\dfrac{3}{2}}$

11. 解　(1) 不难看出，$0\sim 3v_0$ 之间两线段的方程为

$$\begin{cases} Nf(v)=\dfrac{a}{v_0}v\Rightarrow f(v)=\dfrac{a}{Nv_0}v & (0\leqslant v\leqslant v_0) \\ Nf(v)=-\dfrac{a}{2v_0}v+\dfrac{3}{2}a\Rightarrow f(v)=-\dfrac{a}{2Nv_0}v+\dfrac{3a}{2N} & (v_0\leqslant v\leqslant 3v_0) \end{cases}$$

由归一化条件$\int_0^\infty f(v)\mathrm{d}v=1$不难求得常数 $a=\dfrac{2N}{3v_0}$。

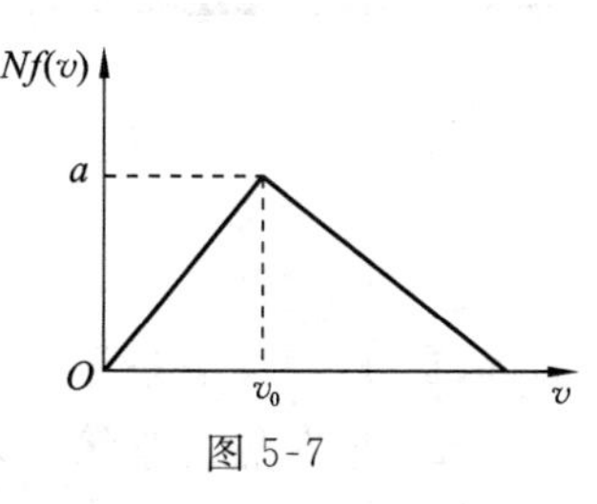

图 5-7

也可以由曲线下的面积等于 N 直接求出 a。

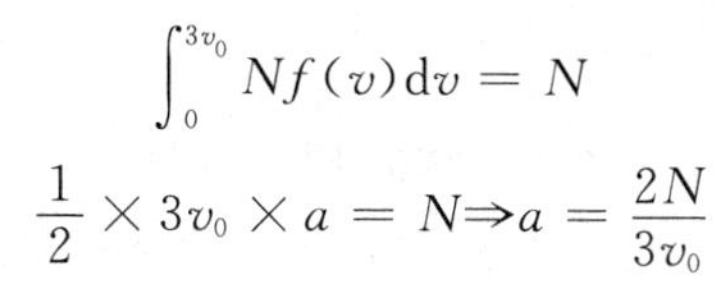

$$\int_0^{3v_0} Nf(v)\mathrm{d}v=N$$

$$\frac{1}{2}\times 3v_0\times a=N\Rightarrow a=\frac{2N}{3v_0}$$

(2) 由图 5-7 可知 $v_\mathrm{p}=v_0$。

(3) $\overline{v}=\int_0^\infty vf(v)\mathrm{d}v=\int_0^{v_0}\dfrac{a}{Nv_0}v^2\mathrm{d}v-\int_{v_0}^{3v_0}\dfrac{a}{2Nv_0}v^2\mathrm{d}v+\int_{v_0}^{3v_0}\dfrac{3a}{2N}v\mathrm{d}v=\dfrac{4}{3}v_0$

(4) $\Delta N=\int_{v_{0/2}}^{3v_0}Nf(v)\mathrm{d}v=N\left(\int_{\frac{v_0}{2}}^{v_0}\dfrac{2}{3}\dfrac{v}{v_0^2}\mathrm{d}v-\int_{v_0}^{3v_0}\dfrac{1}{3}\dfrac{v}{v_0^2}\mathrm{d}v+\int_{v_0}^{3v_0}\dfrac{1}{v_0}\mathrm{d}v\right)=\dfrac{11N}{12}$

也可以由总分子数 N 扣除 $0\sim\dfrac{v_0}{2}$ 之间占的分子数求出 ΔN。

$$\Delta N=\int_{v_0/2}^{3v_0}Nf(v)\mathrm{d}v=N-\frac{1}{2}\cdot\frac{v_0}{2}\cdot\frac{a}{2}=\frac{11}{12}N$$

12. 解　$n=\dfrac{p}{kT}=\dfrac{1.333\times 10^3}{1.38\times 10^{-23}\times 300}\ \mathrm{m^{-3}}=3.22\times 10^{23}\ \mathrm{m^{-3}}$

$$\overline{v}=\sqrt{\frac{8RT}{\pi\mu}}=\sqrt{\frac{8\times 8.31\times 300}{3.14\times 29\times 10^{-3}}}\ \mathrm{m/s}=4.68\times 10^2\ \mathrm{m/s}$$

$\overline{Z}=\sqrt{2}\pi d^2\overline{v}n=\sqrt{2}\pi\times(3\times 10^{-10})^2\times 468\times 3.22\times 10^{23}\ \mathrm{s^{-1}}=6.02\times 10^7\ \mathrm{s^{-1}}$

$$\overline{\lambda}=\frac{\overline{v}}{\overline{Z}}=\frac{468}{6.02\times 10^7}\ \mathrm{m}=7.77\times 10^{-6}\ \mathrm{m}$$

13. 解　$a=3V_\mathrm{c}^2p_\mathrm{c}=3\times(0.9\times 10^{-4})^2\times 3.4\times 10^6\ \mathrm{N\cdot m^4/mol^2}$

$=8.26\times 10^{-2}\ \mathrm{N\cdot m^4/mol^2}$

$b=\dfrac{V_\mathrm{c}}{3}=0.3\times 10^{-4}\ \mathrm{m^3/mol}$

第六章　热力学基础

一、本章要求

(1) 理解准静态过程、功、热量、内能等概念,并掌握相应运算。

(2) 理解热力学第一定律的意义,掌握它在理想气体各准静态过程中的应用。

(3) 理解循环过程的意义,掌握热机循环和制冷循环中能量传递和转化的特点,掌握热机效率和制冷系数的计算。

(4) 理解可逆过程概念,理解热力学第二定律及卡诺定理的意义,理解熵的概念及熵增加原理,掌握玻耳兹曼熵公式及其应用。

二、基本内容

1. 准静态过程

在热力学过程进行中的每一时刻,系统状态都无限接近于平衡态。

2. 准静态过程中系统对外做功

$$A = \int_{V_1}^{V_2} p\mathrm{d}V \quad (\text{对于元过程 } \mathrm{d}A = p\mathrm{d}V)$$

3. 内能和热量

内能:热力学系统在一定状态下所对应的能量。

热量:系统与外界由于温度不同而交换的热运动能量。

做功和热传递的结果都将引起热力学系统的状态和内能的变化。功与热量都是过程量,其大小与过程有关;而内能是系统状态的单值函数,所以内能的改变只取决于初、末两个状态,而与经历过程无关。对于一定质量的某种气体,内能一般是 T、V 或 p 的函数;对理想气体而言,内能只是温度的单值函数,即 $E=E(T)$。

4. 热力学第一定律

1) 表达式

一般表达式为 $$Q=A+E_2-E_1$$

式中,Q 表示外界对系统传递热量,系统吸热,Q 取正值;系统放热,Q 取负值。A 表示系统对外界做功。系统对外界做功,A 取正值;外界对系统做功,A 取负值。

对于一元过程　$dQ=dE+dA$

2）Q 的计算

直接计算法：$$Q=\frac{M}{\mu}C(T_2-T_1)$$

间接计算法(用热力学第一定律计算)：$Q=\Delta E+A$

3）ΔE 的计算

直接计算法：$$\Delta E=\frac{M}{\mu}\frac{i}{2}R(T_2-T_1)$$

式中，i 为气体分子的自由度。

间接计算法(用热力学第一定律计算)：$Q=\Delta E+A$

5. 气体的摩尔热容

1）理想气体的摩尔定容热容

在气体体积不变的情况下，1 mol 理想气体温度升高 1 K 所吸收的热量称为理想气体的摩尔定容热容。

$$C_{V,m}=\left(\frac{dQ}{dT}\right)_V,\quad dA=0$$

$$dQ=dE=\nu\left(\frac{i}{2}\right)RdT$$

有
$$C_{V,m}=\frac{i}{2}R$$

2）理想气体的摩尔定压热容

$$dQ=dE+dA=\nu\left(\frac{i}{2}\right)RdT+pdV$$

对于等压过程，由理想气体状态方程，有

$$dQ=dE+dA=\nu\left(\frac{i}{2}\right)RdT+\nu RdV$$

于是 $C_{p,m}=\frac{i}{2}R+R$ 或 $C_{p,m}=C_{V,m}+R$，称为迈耶公式。

3）热容比

$$\gamma=\frac{C_{p,m}}{C_{V,m}}=\frac{i+2}{i}>1$$

6. 理想气体的绝热过程和多方过程

准静态绝热过程：$pV^{\gamma}=$常数。

多方过程：$pV^{n}=$常数。

绝热自由膨胀不是准静态过程，在绝热自由膨胀过程中，系统对外不做功，内能不变。

理想气体各种典型过程的重要公式如表 6-1 所示。

表 6-1　理想气体各种典型过程的重要公式

过程	特　征	过程方程	吸收热量	对外做功	内能增量
等容	$V=C$	$\frac{p}{T}=C$	$\nu C_{V,m}(T_2-T_1)$	0	$\nu C_{V,m}(T_2-T_1)$
等压	$p=C$	$\frac{V}{T}=C$	$\nu C_{p,m}(T_2-T_1)$	$p(V_2-V_1)$ $\nu R(T_2-T_1)$	$\nu C_{V,m}(T_2-T_1)$
等温	$T=C$	$pV=C$	$\nu RT\ln\frac{V_2}{V_1}$ $\nu RT\ln\frac{p_1}{p_2}$	$A=Q$	0
绝热	$Q=0$	$pV^\gamma=C_1$ $V^{\gamma-1}T=C_2$ $p^{\gamma-1}T^{-\gamma}=C_3$	0	$-\nu C_{V,m}(T_2-T_1)$ $\frac{p_1V_1-p_2V_2}{\gamma-1}$	$\nu C_{V,m}(T_2-T_1)$

7. 循环过程

在热机循环（正循环）中，工作物质对外做的功 A 与它吸收的热量 Q_1 的比值，称为热机效率，即

$$\eta=\frac{A}{Q_1}=1-\frac{|Q_2|}{Q_1}$$

在制冷机循环（逆循环）中，工作物质从冷库中吸收的热量 Q_2 与外界对工作物质所做的功 $A_{外}$ 的比值，称为制冷系数，即

$$\overline{w}=\frac{Q_2}{A_{外}}=\frac{Q_2}{|Q_1|-Q_2}$$

注意：此处的 Q_2 仅为从被制冷对象净吸收的热量。

卡诺循环的热机效率为

$$\eta_{卡}=1-\frac{|Q_2|}{Q_1}=1-\frac{T_2}{T_1}$$

卡诺循环的制冷系数为

$$\overline{w}_{卡}=\frac{T_2}{T_1-T_2}$$

式中，T_1 为高温热源温度，T_2 为低温热源温度。

8. 热力学第二定律

开尔文表述：不可能从单一热源吸取热量使之完全变为功，而不产生其他影响。

克劳修斯表述：不可能把热量从低温物体传向高温物体，而不引起其他变化。

热力学第二定律的宏观意义：一切与热现象有关的实际过程都是单方向进行的不可逆过程。

热力学第二定律的微观意义：自然过程总是沿着使分子运动向更加无序的方向进行。

9. 克劳修斯熵公式

$$S-S_0=\int_a^b\frac{\mathrm{d}Q}{T}$$

元过程 $T\mathrm{d}S=\mathrm{d}E+p\mathrm{d}V$。

10. 熵增加原理

孤立系统的熵永远不会减少，即对于孤立系统有 $\Delta S\geqslant 0$ 或 $\mathrm{d}S\geqslant 0$。

三、例　　题

（一）填空题

1. 绝热容器被一隔板分成体积相等的两部分，左边充满理想气体（内能为 E_1，温度为 T_1，分子平均碰撞次数为 $\overline{Z}_1$，平均速率为 $\overline{v}_1$），右边为真空。把隔板抽出，气体将充满整个容器，当气体达到平衡时，气体的内能为________，分子平均速率为________，分子平均碰撞频率为________。

解　$E=E_1$；　$\overline{v}=\sqrt{\dfrac{8RT}{\pi\mu}}=\overline{v}_1$；　$\overline{Z}=\sqrt{2}\pi d^2 n\,\overline{v}=\sqrt{2}\pi d^2\ \dfrac{n_1}{2}\overline{v}=\dfrac{\overline{Z}_1}{2}$。

2. 一定量某理想气体所经历的循环过程是：从初态（V_0，T_0）开始，先经绝热膨胀使其体积增大一倍，再经等容升温恢复到初态温度 T_0，最后经等温过程使其体积恢复为 V_0，则气体在此循环过程中对外界做________功（填“正”或“负”）。

解　负。

系统的循环是逆时针的，所以系统做负功。

3. 一定的理想气体，分别经历了图 6-1(a)所示的 abc 的过程（图 6-1(a)中虚线 ac 为等温线）和图 6-1(b)的 def 过程（图 6-1(b)中虚线 df 为绝热线），系统吸热的过程是________，放热的过程是________。

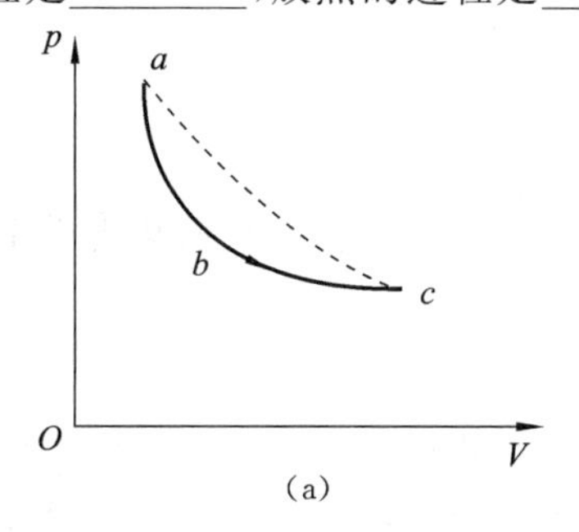

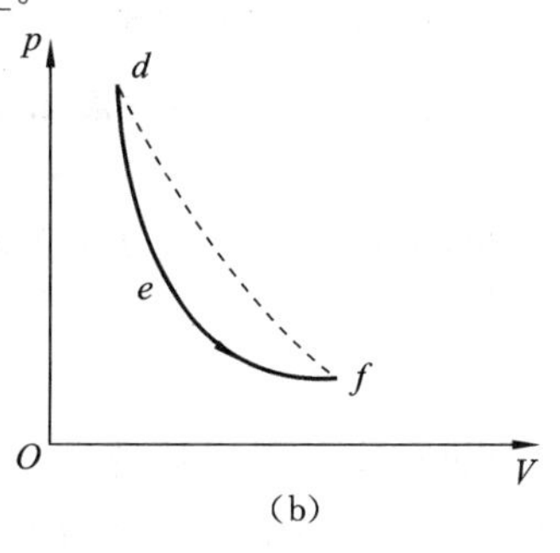

图 6-1

解　abc；def。

4. 设高温热源的绝对温度是低温热源的 n 倍，则在一个卡诺循环中，气体将把从高温热源吸收热量的________倍传递给低温热源。

解　$\frac{Q_{吸}}{n}$。

由卡诺循环效率知

$$\eta=1-\frac{T_2}{T_1}=\frac{A}{Q_{吸}}=\frac{Q_{吸}-|Q_{放}|}{Q_{吸}}=1-\frac{|Q_{放}|}{Q_{吸}}\Rightarrow\frac{|Q_{放}|}{Q_{吸}}=\frac{T_2}{T_1}=\frac{1}{n}\Rightarrow|Q_{放}|=\frac{Q_{吸}}{n}$$

5. 将温度为 T_1 的 1 mol H_2 和温度为 T_2 的 1 mol He 相混合，在混合过程中与外界不发生任何能量交换，若这两种气体均可视为理想气体，则达到平衡后混合气体的温度为________。

解　$T=\frac{5T_1+3T_2}{8}$。

H_2 是双原子分子，自由度 $i=5$，1 mol H_2 在温度 T_1 下的内能为

$$E_1=\frac{iR}{2}T_1=\frac{5R}{2}T_1$$

He 是单原子分子，自由度 $i=3$，1 mol He 在温度 T_2 下的内能为

$$E_2=\frac{iR}{2}T_2=\frac{3R}{2}T_2$$

设混合后温度为 T，由于混合过程中，系统与外界无能量交换，因此混合前后的总能量守恒，即

$$E=\left(\frac{3R}{2}+\frac{5R}{2}\right)T=E_1+E_2=\frac{5R}{2}T_1+\frac{3R}{2}T_2,\quad T=\frac{5T_1+3T_2}{8}$$

（二）选择题

1. 在下列过程中，哪些是理想气体不可能发生的？（　　）

A. 等容加热，内能减少，压强升高

B. 等温压缩，压强升高，同时吸热

C. 等压压缩，内能增加，同时吸热

D. 绝热压缩，压强升高，内能增加

解　ABC。

2. 一定量的理想气体，经历某过程后，它的温度升高了，根据热力学定律可以断定：

（1）该理想气体系统在此过程中吸热；

（2）在此过程中外界对该理想气体系统做正功；

（3）该理想气体系统的内能增加；

（4）在此过程中理想气体系统既从外界吸热，又对外界做正功。

以上正确的断言是(　　)。

A. (1)(3)　　B. (2)(3)　　C. (3)　　D. (3)(4)　　E. (4)

解　C。

3. 某理想气体分别进行如图 6-2 所示的两个卡诺循环：Ⅰ($abcda$)和Ⅱ($a'b'c'd'a'$)，且两条循环曲线所围面积相等。设循环Ⅰ的效率为 η，每次循环在高温热源处吸收的热量为 Q，循环Ⅱ的效率为 η'，每次循环在高温热源处吸收的热量为 Q'，则(　　)。

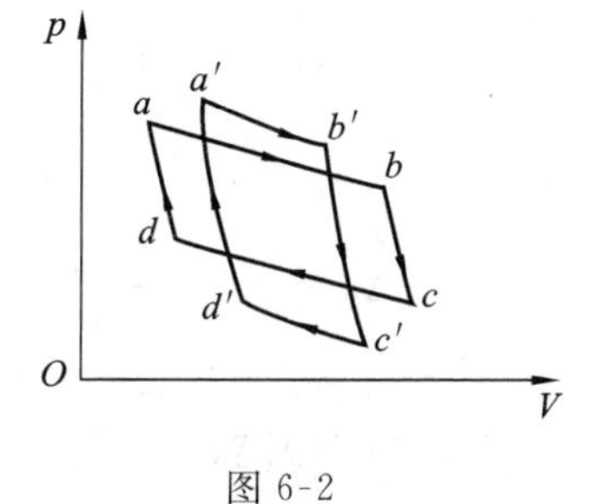

图 6-2

A. $\eta<\eta', Q<Q'$　　B. $\eta<\eta', Q>Q'$

C. $\eta>\eta', Q<Q'$　　D. $\eta>\eta', Q>Q'$

解　B。

如图 6-2 所示，ab 过程吸收的热量大于 $a'b'$ 过程吸收的热量，在做功相同的情况下，由 $\eta=\dfrac{A}{Q}$ 知，Q 越大者 η 越小，所以 B 对。

4. 理想气体卡诺循环过程的两条绝热线下的面积(图 6-3 中阴影部分)分别为 A_1 和 A_2，则两者的大小关系是(　　)。

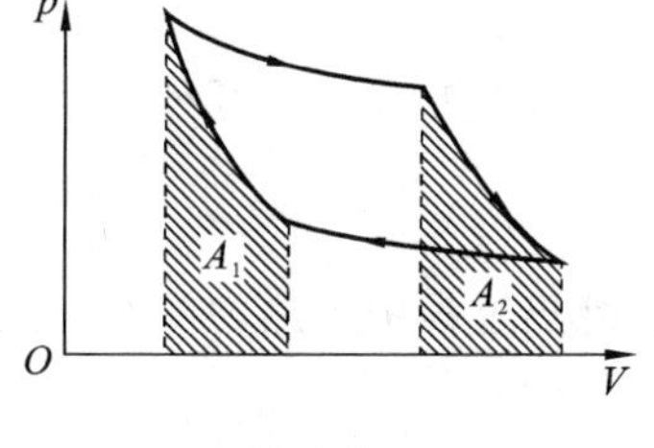

图 6-3

A. $A_1>A_2$　　B. $A_1=A_2$

C. $A_1<A_2$　　D. 无法确定

解　B。

因为在绝热过程中，系统所做的功为

$$A=\frac{p_1V_1-p_2V_2}{\gamma-1}=\frac{MR(T_1-T_2)}{\mu(\gamma-1)}$$

在系统一定的情况下，A 仅取决于高、低温热源的温度差。由题意知，两绝热线是在两个相同的等温线下进行的，所以 $A_1=A_2$，故选 B。

5. 一绝热容器被隔板分为两半，一半是真空，另一半是理想气体，若把隔板抽出，气体将进行自由膨胀，达到平衡后，则(　　)。

A. 温度不变，熵增加　　B. 温度升高，熵增加

C. 温度降低，熵增加　　D. 温度不变，熵不变

解　A。

因为是绝热自由膨胀，无外界做功，故系统的内能不变，从而使得系统的温度不变，由于系统的混乱程度增加，故熵增加，所以选 A。

6. 用下列两种方法：

(1) 使高温热源的温度 T_1 升高 ΔT；

(2) 使低温热源的温度 T_2 降低 ΔT。

分别可使卡诺循环的效率升高 $\Delta\eta_1$ 和 $\Delta\eta_2$，两者相比，问哪种说法正确？(　　)

A. $\Delta\eta_1 > \Delta\eta_2$　　　　B. $\Delta\eta_1 < \Delta\eta_2$

C. $\Delta\eta_1 = \Delta\eta_2$　　　　D. 无法确定哪个大

解　B。

由 $\eta=\dfrac{A}{Q}=1-\dfrac{T_2}{T_1}$不难得出

$$\Delta\eta_2=\eta_2-\eta=\left(1-\frac{T_2-\Delta T}{T_1}\right)-\left(1-\frac{T_2}{T_1}\right)=\frac{\Delta T}{T_1}$$

$$\Delta\eta_1=\eta_1-\eta=\left(1-\frac{T_2}{T_1+\Delta T}\right)-\left(1-\frac{T_2}{T_1}\right)=\frac{T_2\Delta T}{T_1(T_1+\Delta T)}=\frac{T_2\Delta\eta_2}{T_1+\Delta T}$$

因为 $T_1+\Delta T>T_2$，所以 $\Delta\eta_2>\Delta\eta_1$。因此，选 B。

（三）计算题

1. 试证明 2 mol 的氦气和 3 mol 的氧气组成的混合气体在绝热过程中有 $pV^{\gamma}=C$，而 $\gamma=31/21$（氧气、氦气及它们的混合气体均可看作理想气体）。

证　氦气、氧气混合气体的摩尔定容热容为

$$C_{V,\mathrm{m}}=2\times\frac{3}{2}R+3\times\frac{5}{2}R$$

由状态方程 $pV=5RT$，得

$$\mathrm{d}T=\frac{1}{5R}(p\mathrm{d}V+V\mathrm{d}p)$$

绝热过程中用热力学第一定律

$$C_{V,\mathrm{m}}\mathrm{d}T=-p\mathrm{d}V$$

消去 $\mathrm{d}T$ 后，得

$$-p\mathrm{d}V=\frac{21}{2}R\,\frac{1}{5R}(p\mathrm{d}V+V\mathrm{d}p)$$

即

$$\frac{31}{10}p\mathrm{d}V+\frac{21}{10}V\mathrm{d}p=0$$

由积分得

$$pV^{31/21}=C$$

2. 气缸内盛有 36 g 水蒸气（视为理想气体），经 $abcda$ 循环过程，如图 6-4 所示。其中 ab、cd 为等容过程，bc 为等温过程，da 为等压过程（注：循环效率 $\eta=A/Q_1$，A 为循环过程水蒸气对外界做的净功，Q_1 为循环过程水蒸气吸收的热量）。

（1）A_{da} 为多少？

（2）ΔE_{ab} 为多少？

（3）循环过程水蒸气对外界做的净功 A 为多少？

（4）循环效率 η 为多少？

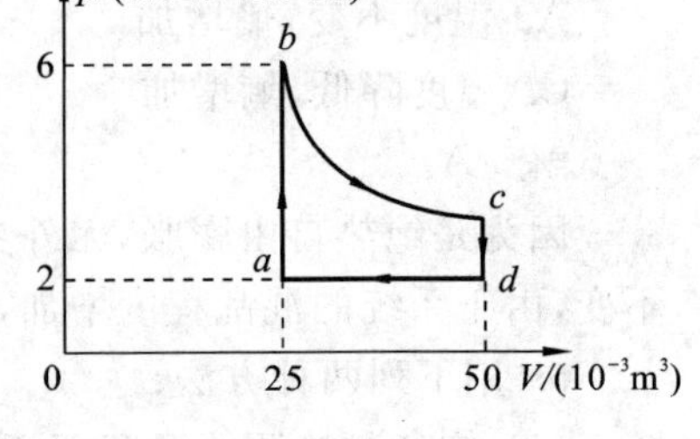

图 6-4

解　水的质量为

$$M=36\times10^{-3}\ \mathrm{kg}$$

水的摩尔质量为 $\mu=18\times10^{-3}$ kg/mol

(1) $A_{da}=p_a(V_a-V_d)=-5.065\times10^3$ J

(2) $\Delta E_{ab}=\dfrac{M}{\mu}\dfrac{i}{2}R(T_b-T_a)=3.039\times10^4$ J $(i=6)$

(3) 因为

$$p_bV_b=\frac{M}{\mu}RT_b\Rightarrow T_b=\frac{\mu p_bV_b}{MR} \quad ①$$

$$p_dV_d=\frac{M}{\mu}RT_d\Rightarrow T_d=\frac{\mu p_dV_d}{MR} \quad ②$$

$$\frac{T_d}{p_d}=\frac{T_c}{p_c}=\frac{T_b}{p_b} \quad ③$$

由式①~式③可以得到

$$p_c=\frac{p_bV_b}{V_c}=3.039\times10^5\ \text{Pa},\quad Q_{ab}=\Delta E_{ab}=3.039\times10^4\ \text{J}$$

$$Q_{bc}=\frac{M}{\mu}RT_b\ln\frac{V_c}{V_b}=p_bV_b\ln\frac{V_c}{V_b}=1.053\times10^4\ \text{J}$$

$$Q_{cd}=\frac{M}{\mu}\frac{i}{2}R(T_d-T_c)=\frac{i}{2}(p_dV_d-p_cV_c)=-1.52\times10^4\ \text{J}$$

$$Q_{ad}=\frac{M}{\mu}\frac{i+2}{2}R(T_a-T_d)=\frac{i+2}{2}(p_aV_a-p_dV_d)=-2.026\times10^4\ \text{J}$$

$$A=Q=Q_{ab}+Q_{bc}+Q_{cd}+Q_{ad}=0.546\times10^4\ \text{J}$$

(4) 由热机效率的定义,有

$$\eta=\frac{A}{Q_{吸}}=\frac{A}{Q_{ab}+Q_{bc}}\approx13.3\%$$

3. 1 mol 单原子分子理想气体的循环过程如图6-5所示,其中点 c 的温度为 $T_c=600$ K。试求:

(1) ab、bc、ca 各个过程系统吸收的热量;

(2) 经一循环系统所做的净功;

(3) 循环的效率(ln2=0.693)。

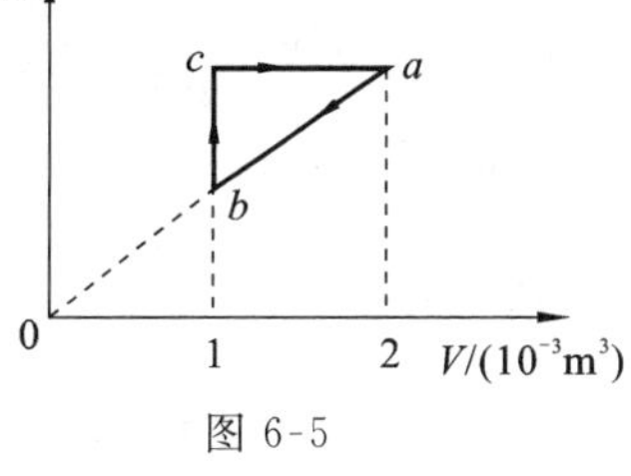

图 6-5

解 单原子分子的自由度 $i=3$。由图6-5可知,ab 是等压过程,有

$$T_a=T_c=600\ \text{K},\quad T_b=(V_b/V_a)T_a=300\ \text{K}$$

(1) ab、bc、ca 各个过程系统吸收的热量分别为

$$Q_{ab}=C_{p,\text{m}}(T_b-T_a)=\frac{5}{2}R(T_b-T_a)=-6232.5\ \text{J} \quad (放热)$$

$$Q_{bc}=C_{V,\text{m}}(T_c-T_b)=\frac{3}{2}R(T_c-T_b)=3739.5\ \text{J} \quad (吸热)$$

$$Q_{ca}=RT_c\ln(V_a/V_c)=3456\ \text{J} \quad (吸热)$$

(2) 经一循环系统所做的净功为

$$W=(Q_{bc}+Q_{ca})-|Q_{ab}|=963\ \mathrm{J}$$

（3）循环的效率为

$$\eta=\frac{W}{Q_1}=13.4\%$$

*4. 如图 6-6 所示，一内壁光滑的绝热圆筒，A 端用导热壁封闭，B 端用绝热壁封闭，筒内由一不漏气的绝热活塞隔开。开始时，活塞位于圆筒中央，由活塞分隔开的两部分气体 1 和气体 2 完全相同，每部分气体的物质的量为 n，温度为 T_0，体积为 V_0。气体的摩尔定容热容 $C_{V,\mathrm{m}}$、热容比 γ 均可视为常量。现在从 A 端的导热壁缓缓加热，活塞缓慢右移，直至气体 2 的体积减半。求此过程中：

（1）气体 1 吸收的热量；

（2）气体 1 的体积 V_1 和压强 p_1 的关系；

（3）整个系统熵的改变量。

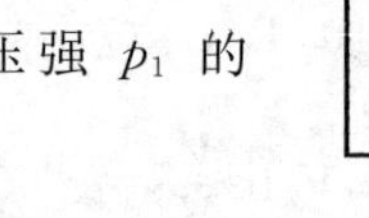

图 6-6

解 （1）气体 1 膨胀时，做功为

$$A=\int_{V_0}^{\frac{3}{2}V_0}p\mathrm{d}V$$

活塞缓慢右移，可以认为气体 2 的压强与气体 1 的相等，气体 2 进行的是绝热过程，由绝热过程过程方程 $pV^{\gamma}=$恒量，有

$$p=\frac{p_0V_0^{\gamma}}{V^{\gamma}}=\frac{nRT_0V_0^{\gamma-1}}{V^{\gamma}}$$

所以

$$A=\int_{V_0}^{\frac{3}{2}V_0}p\mathrm{d}V=\int_{V_0}^{\frac{3}{2}V_0}\frac{nRT_0V_0^{\gamma-1}}{V^{\gamma}}\mathrm{d}V=nRT_0V_0^{\gamma-1}\int_{V_0}^{\frac{3}{2}V_0}\frac{\mathrm{d}V}{V^{\gamma}}=-\frac{nRT_0}{1-\gamma}\left[\left(\frac{2}{3}\right)^{\gamma-1}-1\right]$$

内能的变化为

$$\Delta E=nC_{V,\mathrm{m}}(T_1-T_0)$$

因为

$$T_1=p_1V_1=p_2\frac{3}{2nR}V_0=2^{\gamma}T_0(V_0)^{-1}\frac{3}{2}V_0=3\times2^{\gamma-1}T_0$$

所以

$$\Delta E=nC_{V,\mathrm{m}}(T_1-T_0)=nC_{V,\mathrm{m}}T_0(3\times2^{\gamma-1}-1)$$

故吸收的热量为

$$Q=\Delta E+A=nT_0\left\{C_{V,\mathrm{m}}(3\times2^{\gamma-1}-1)-\frac{R}{1-\gamma}\left[\left(\frac{2}{3}\right)^{\gamma-1}-1\right]\right\}$$

（2）由
$$p_2=\frac{p_0V_0^{\gamma}}{V_2^{\gamma}}=\frac{nRT_0V_0^{\gamma-1}}{V_2^{\gamma}}=p_1$$

有
$$p_1V_2^{\gamma}=p_1(2V_0-V_1)^{\gamma}=nRT_0V_0^{\gamma-1}$$

所以 p_1、V_1 的关系为

$$p_1=\frac{nRT_0V_0^{\gamma-1}}{(2V_0-V_1)^{\gamma}}$$

（3）系统的熵变等于气体 1 的熵变与气体 2 的熵变总和。

气体 1 的熵变为

$$\begin{aligned}\Delta S_1&=\int\frac{\mathrm{d}Q}{T}=\int\frac{\mathrm{d}A+\mathrm{d}E}{T}=\int\frac{p_1\mathrm{d}V_1+nC_{V,\mathrm{m}}\mathrm{d}T_1}{T_1}\\&=\int\left(\frac{p_1\mathrm{d}V_1}{T_1}+\frac{nC_{V,\mathrm{m}}\mathrm{d}T_1}{T_1}\right)=\int\left(\frac{nR\mathrm{d}V_1}{V_1}+\frac{nC_{V,\mathrm{m}}\mathrm{d}T_1}{T_1}\right)\\&=\int_{V_0}^{\frac{3}{2}V_0}\frac{nR\mathrm{d}V_1}{V_1}+\int\frac{nC_{V,\mathrm{m}}\mathrm{d}T_1}{T_1}=nR\ln\frac{3}{2}+nC_{V,\mathrm{m}}\ln\frac{T_1}{T_0}\end{aligned}$$

由于

$$p_1\frac{3}{2}V_0=p_2\frac{3}{2}V_0=nRT_1,\quad p_2\left(\frac{V_0}{2}\right)^{\gamma}=p_0(V_0)^{\gamma}=nRT_0(V_0)^{\gamma-1}$$

$$T_1=p_2\frac{3}{2nR}V_0=2^{\gamma}T_0(V_0)^{-1}\frac{3}{2}V_0=3\times2^{\gamma-1}T_0$$

所以

$$\Delta S_1=nR\ln\frac{3}{2}+nC_{V,\mathrm{m}}\ln(3\times2^{\gamma-1})$$

而气体 2 进行的是绝热过程，所以

$$\Delta S_2=\int\frac{\mathrm{d}Q}{T}=0$$

最后得

$$\Delta S=\Delta S_1+\Delta S_2=\Delta S_1=nR\ln\frac{3}{2}+nC_{V,\mathrm{m}}\ln(3\times2^{\gamma-1})$$

四、习题解答

（一）填空题

1. 略。

2. 8.31 J $\left(A=\frac{M}{\mu}R\Delta T\right)$；外界做功。

3. 1676 J $\left(A=\frac{Q_2}{w}=\frac{10056}{6}\right)$。

4. 500；100 $\left(\eta=1-\frac{T_2}{T_1}\right)$。

5. 1246.5 $\left(Q=\frac{M}{\mu}\frac{i}{2}R\Delta T\right)$。

6. 等温（这说明过程中传递的热量和系统所做的功相等，由热力学第一定律可知此过程中内能不变，故这是等温过程）。

7. 124.65 J；−84.35 J。

$\Delta E=\dfrac{M}{\mu}\dfrac{i}{2}R\Delta T, Q=\Delta E+A=(124.65-209)\ \text{J}=-84.35\ \text{J}$。

8. 大于；小于；大于；大于；小于。

9. √；√；×；×；√（无摩擦等耗散因素存在的准静态过程才是可逆过程）。

10. ×（自由膨胀不是准静态过程）；√（理想气体只要是处于平衡态都满足物态方程）；×（由于是自由膨胀，没有对外做功，故温度不变）；×（只有可逆的绝热过程熵才不变，自由膨胀是一可逆过程）。

11. 分子热运动无序性；增加。

（二）选择题

1. C。

2. C。

3. C。$pV=\dfrac{M}{\mu}RT\Rightarrow\dfrac{M_H}{\mu_H}=\dfrac{M_O}{\mu_O}\Rightarrow M_O=\dfrac{\mu_O}{\mu_H}M_H=16\times0.1\ \text{kg}=1.6\ \text{kg}$

4. A。$\dfrac{Q_{低}}{Q_{高}}=\dfrac{T_{低}}{T_{高}}\Rightarrow Q_{高}=\dfrac{1}{n}Q_{低}$

5. C。

6. D。

7. D。$\dfrac{V_1}{T_1}=\dfrac{V_2}{T_2}$

8. C。由 $pV=\dfrac{M}{\mu}RT\Rightarrow E=\dfrac{M}{\mu}\dfrac{i}{2}RT=\dfrac{i}{2}pV$ 可知，体积 V 是不变的。

9. A。绝热自由膨胀时，系统对外做功为零，由热力学第一定律可知其温度不变，而体积增加，故压强降低。

10. C。因 $\Delta E=\dfrac{M}{\mu}\dfrac{i}{2}R\Delta T$，三种气体的自由度不同，则温度变化也不同，压强变化也就不同。

11. A。因等压过程温度要升高，内能增加，等温过程温度不变，内能不变，另外，由图 6-7 可知，等压过程对外界做的功比等温过程的多。由热力学第一定律得等压过程吸热多于等温过程，绝热过程不吸热。

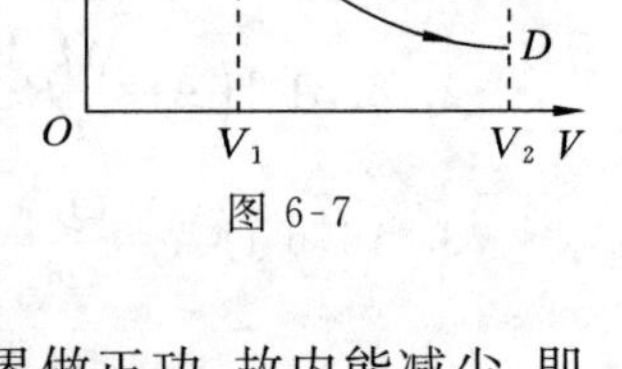

图 6-7

12. B。由理想气体状态方程可知，最初氢的压强高，达到平衡时，两边压强相等，从而氢的体积膨胀，对外界做正功，故内能减少，即温度降低；氧气体积被压缩，外界对系统做功，故内能增加，即温度升高。

13. B。气体做绝热自由膨胀，系统对外界做功为零，由热力学第一定律可知其温度不变，而体积增加到原来的 2 倍，故压强降低到原来的一半。

14. B。

15. D。系统对外做的净功等于循环曲线所围的面积大小，而热机效率只与两热源的温度有关。

16. B。由 $\eta=1-\dfrac{T_2}{T_1}$可得。

17. D。$\eta\leqslant 1-\dfrac{T_2}{T_1}=\dfrac{1}{4}$

18. D。(1)和(5)为不可逆过程，故熵增加；(3)汽化吸热，系统的熵增加；(2)和(4)为熵减少的过程。

19. A。气体做绝热自由膨胀，系统对外做功为零，由热力学第一定律可知其温度不变，故内能不变。这是一个不可逆过程，其熵必增加。

（三）计算题

1. 解　(1) 等容过程。

$$A=0$$

$$\Delta E=C_{V,\mathrm{m}}\Delta T=\frac{3}{2}R\Delta T=\frac{3}{2}\times 8.31\times 100\ \mathrm{J}=1246.5\ \mathrm{J}$$

$$Q_{吸}=A+\Delta E=1246.5\ \mathrm{J}$$

(2) 等压过程。

$$\Delta E=C_{V,\mathrm{m}}\Delta T=\frac{3}{2}R\Delta T=1246.5\ \mathrm{J}$$

$$A=nR\Delta T=1\times 8.31\times 100\ \mathrm{J}=831\ \mathrm{J}$$

$$Q_{吸}=A+\Delta E=2077.5\ \mathrm{J}$$

2. 证法一　由状态方程、过程方程可知，若等温线Ⅰ和绝热线Ⅱ相交于 A、B 两点，如图 6-8 所示，则下述关系

$$p_A V_A=p_B V_B$$

$$p_A V_A^{\gamma}=p_B V_B^{\gamma}$$

同时成立，这必然导致 $p_A=p_B$，$V_A=V_B$，即 A、B 应视为一点。

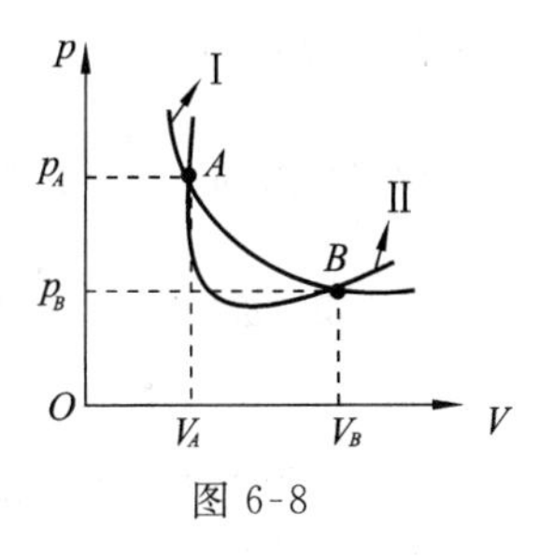

图 6-8

证法二　按照气体分子运动论的观点，压强 p 来源于分子对器壁的碰撞。当体积 V 增大时，在等温过程中，压强 p 的减小仅由于单位体积内分子数的减小而引起的碰撞次数的减少；在绝热过程中，除上述原因产生压强 p 减小以外，由于温度降低，气体分子平均速率减小，也使得压强 p 减小，所以当气体从同一状态出发，经上述两过程膨胀到同一体积 V_B，应有 $\Delta p_{绝热}<\Delta p_{等温}$。所以，等温线和绝热线不可能交于两点。

证法三　从能量观点看(V 增大) $\begin{cases}\text{等温过程：内能不变}\\ \text{绝热过程：}E_1-E_2=A,E_1>E_2,T_1>T_2\end{cases}$

证法四 如果等温线和绝热线交于两点，则可构成单源热机循环，这违背了热力学第二定律，所以等温线和绝热线不可能交于两点。

3. 解 $Q_{吸}=nRT_1\ln\frac{V_2}{V_1}=1\times 8.31\times 500\times \ln 2\ \text{J}=2867\ \text{J}\quad (\ln 2=0.69)$

$$\eta=1-\frac{T_2}{T_1}=1-\frac{400}{500}=0.2$$

$$A=\eta Q_{吸}=0.2\times 2867\ \text{J}=573\ \text{J},\quad Q_{放}=Q_{吸}-A=2294\ \text{J}$$

4. 解 如图 6-9 所示，在 ab 过程中，外界做功为

$$|A_{ab}|=nRT_2\ln\frac{p_b}{p_a}=nRT_2\ln\frac{p_1}{p_2}$$

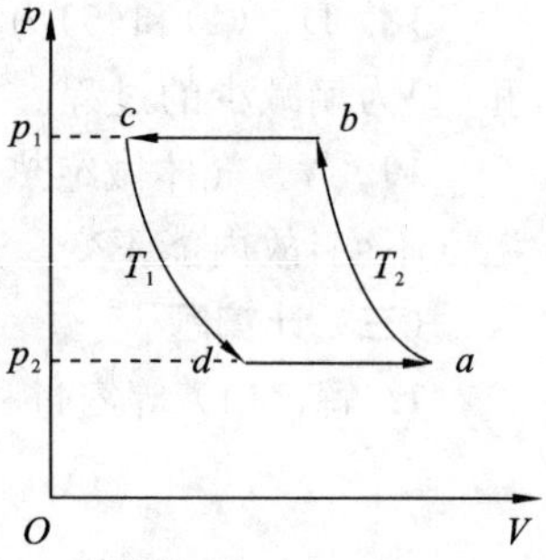

在 bc 过程中，外界做功为

$$|A_{bc}|=nR(T_2-T_1)$$

在 cd 过程中，从低温热源 T_1 吸取的热量等于气体对外界做的功，其值为

$$Q_{cd}=A_{cd}=nRT_1\ln\frac{p_c}{p_d}=nRT_1\ln\frac{p_1}{p_2}$$

p p₁ c b T₁ T₂ p₂ d a O V

图 6-9

在 da 过程中，气体对外界做的功为

$$A_{da}=nR(T_2-T_1)$$

制冷系数为
$$w=\frac{Q_{cd}}{|A_{ab}|+|A_{bc}|-A_{cd}-A_{da}}=\frac{T_1}{T_2-T_1}$$

5. 解 (1) 由 $\frac{p_1V_1}{T_1}=\frac{p_2V_2}{T_2}$，即 $\frac{p_1V_0}{300}=\frac{p_2\times\frac{1}{2}V_0}{450}$，得 $p_2=3p_1$。压强的改变量为 $\Delta p=p_2-p_1=3p_1-p_1=2p_1$，故 $\frac{\Delta p}{p}=\frac{2p_1}{p_1}=2$。

(2) 由 $\bar{\omega}=\frac{3}{2}kT$，得

$$\Delta\bar{\omega}=\bar{\omega}_2-\bar{\omega}_1=\frac{3}{2}k(T_2-T_1)=\frac{3}{2}\times 1.38\times 10^{-23}\times 150\ \text{J}=3.11\times 10^{-21}\ \text{J}$$

(3) 由 $\sqrt{\overline{v^2}}=\sqrt{\frac{3RT}{\mu}}$，得 $\frac{\sqrt{\overline{v_2^2}}}{\sqrt{\overline{v_1^2}}}=\frac{\sqrt{T_2}}{\sqrt{T_1}}=\sqrt{\frac{450}{300}}=\frac{\sqrt{6}}{2}=1.22$，因此分子的方均根速率为原来的 1.22 倍。

6. 解 (1) 等压升温过程：

$$\Delta E=\frac{M}{\mu}\frac{i}{2}R\cdot\Delta T=\frac{20}{4}\times\frac{3}{2}\times 8.31\times 10\ \text{J}=623.25\ \text{J}$$

$$A=p(V_2-V_1)=pV_2-pV_1=\frac{M}{\mu}RT_2-\frac{M}{\mu}RT_1$$

$$=\frac{M}{\mu}R(T_2-T_1)=\frac{20}{4}\times 8.31\times 10\ \text{J}=415.5\ \text{J}$$

$$Q=\Delta E+A=(623.25+415.5)\ \mathrm{J}=1038.75\ \mathrm{J}。$$

(2) 绝热过程：$Q=0$，$\Delta E=623.25$ J，所以 $A=-623.25$ J。

7. 解　由 $pV=\frac{M}{\mu}RT$，知

$$T=\frac{\mu}{M}\frac{p_1V_1}{R}=\frac{p_1V_2}{R}$$

则　$A=\frac{M}{\mu}RT\ln\frac{p_1}{p_2}=p_1V_1\ln\frac{p_1}{p_2}=4.92\times10^{-3}\times2.026\times10^5\times0.693\ \mathrm{J}=690.78\ \mathrm{J}$

因为气体是等温膨胀，所以 $\Delta E=0$，$Q=A=690.78$ J。

8. 解　单原子分子理想气体如图 6-10 所示的循环过程，其中

$$i=3,C_{V,\mathrm{m}}=\frac{3}{2}R,C_{p,\mathrm{m}}=\frac{5}{2}R,\gamma=\frac{5}{3}$$

ab 绝热膨胀过程：$Q_{ab}=0$。

bc 等压压缩过程：$Q_{bc}=\frac{M}{\mu}C_{p,\mathrm{m}}\Delta T=\frac{M}{\mu}\frac{5}{2}R(T_c-T_b)<0$。

ca 等容升温过程(吸热等于内能增加)：

$$Q_{ca}=\Delta E=\frac{M}{\mu}C_{V,\mathrm{m}}\Delta T=\frac{M}{\mu}\frac{3}{2}R(T_a-T_c)>0$$

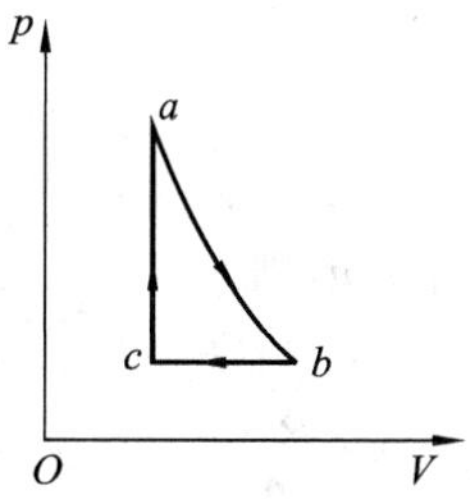

图 6-10

综上所述，净功

$$\begin{aligned}A&=Q_{ab}+Q_{bc}+Q_{ca}\\&=\frac{M}{\mu}\frac{3}{2}R(T_a-T_c)+\frac{M}{\mu}\frac{5}{2}R(T_c-T_b)\end{aligned}$$

$$Q_{吸}=\frac{M}{\mu}\frac{3}{2}R(T_a-T_c)$$

故热机效率为

$$\eta=\frac{A}{Q_{吸}}=\frac{\frac{M}{\mu}\frac{3}{2}R(T_a-T_c)+\frac{M}{\mu}\frac{5}{2}R(T_c-T_b)}{\frac{M}{\mu}\frac{3}{2}R(T_a-T_c)}$$

$$=\frac{\frac{3}{2}T_a-\frac{3}{2}T_c+\frac{5}{2}T_c-\frac{5}{2}T_b}{\frac{3}{2}T_a-\frac{3}{2}T_c}=\frac{3T_a-5T_b+2T_c}{3T_a-3T_c}$$

9. 解　$p_1=1.013\times10^5$ Pa，$T_1=273$ K；等温过程内能不变。

故 $Q=A=\frac{M}{\mu}RT\ln\frac{p_1}{p_2}$，$400=2\times8.31\times273\ln\frac{p_1}{p_2}$，$\ln\frac{p_1}{p_2}=0.08816$，$\frac{p_1}{p_2}=1.092$，

于是 $p_2=\frac{p_1}{1.092}=92766$ Pa。

10. 解　如图 6-11 所示，设 c 状态的体积为 V_2，则由于 a、c 两状态的温度相同，有 $p_1V_1=\frac{p_1V_2}{4}$，故 $V_2=4V_1$。

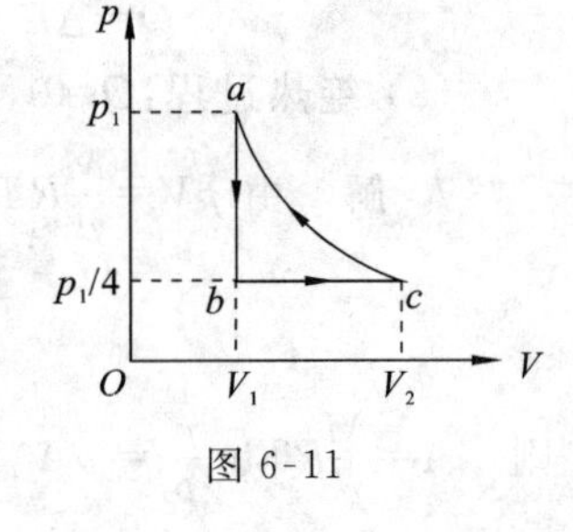

图 6-11

循环过程　　$\Delta E=0,\quad Q=W$

而在 ab 等容过程中所做的功为

$$A_1=0$$

在 bc 等压过程中所做的功为

$$A_2=p_1(V_2-V_1)/4=p_1(4V_1-V_1)/4=3p_1V_1/4$$

在 ca 等温过程中所做的功为

$$A_3=p_1V_1\ln(V_1/V_2)=-p_1V_1\ln 4$$

因此，

$$A=A_1+A_2+A_3=\left(\frac{3}{4}-\ln 4\right)p_1V_1=-0.64p_1V_1$$

$$Q=A=\left(\frac{3}{4}-\ln 4\right)p_1V_1=-0.64p_1V_1$$

11. 解　(1) A 室为等容过程，而 B 室为等压过程，设两室的气体的物质的量均为 n，则

$$\begin{cases}A:Q=nC_{V,\mathrm{m}}\Delta T_A\\B:Q=nC_{p,\mathrm{m}}\Delta T_B\end{cases}\Rightarrow\quad nC_{V,\mathrm{m}}\Delta T_A=nC_{p,\mathrm{m}}\Delta T_B\quad\Rightarrow\quad\frac{C_{p,\mathrm{m}}}{C_{V,\mathrm{m}}}=\frac{\Delta T_A}{\Delta T_B}=\frac{7}{5}$$

于是可知该气体为双原子分子，所以 $C_{V,\mathrm{m}}=\frac{5}{2}R$，$C_{p,\mathrm{m}}=\frac{7}{2}R$。

$$(2)\begin{cases}Q=n\,\frac{7}{2}R\Delta T_B\\A=nR\Delta T_B\end{cases}\Rightarrow\quad\frac{A}{Q}=\frac{2}{7}\approx 0.286$$

12. 解　设变化前压强和温度分别为 p_1、T_1，变化后压强和温度分别为 p_2、T_2，则有

$$p_1^{\gamma-1}T_1^{-\gamma}=p_2^{\gamma-1}T_2^{-\gamma}\quad\Rightarrow\quad\left(\frac{T_1}{T_2}\right)^{-\gamma}=\frac{p_2^{\gamma-1}}{p_1^{\gamma-1}}=\left(\frac{1}{2}\right)^{\gamma-1}$$

$$\frac{E_1}{E_2}=\frac{T_1}{T_2}=\left(\frac{1}{2}\right)^{-(\gamma-1)/\gamma}=2^{2/7}\qquad\left(\gamma=\frac{7}{5}\right)$$

13. 解　绝热线：$pV^\gamma=$常量$\Rightarrow\frac{\mathrm{d}p}{\mathrm{d}V}=-\gamma\frac{p}{V}$

等温线：$pV=$常量$\Rightarrow\frac{\mathrm{d}p}{\mathrm{d}V}=-\frac{p}{V}$

所以

$$\frac{-\frac{p}{V}}{-\gamma\frac{p}{V}}=0.714\quad\Rightarrow\gamma=1.4\Rightarrow i=5$$

故

$$C_{V,\mathrm{m}}=\frac{5}{2}R$$

第三篇

机械振动与机械波

第七章　机械振动

一、本章要求

（1）掌握简谐振动的基本特征及描述简谐振动的基本特征量（频率、相位、振幅）的意义及确定方法。

（2）掌握简谐振动的旋转矢量描述方法，能够熟练地应用旋转矢量解决具体的简谐振动问题。

（3）了解阻尼振动、受迫振动、共振。

（4）掌握同方向、同频率简谐振动的合成，了解拍的现象，了解两个垂直简谐振动的合成。

二、基本内容

1. 简谐振动的特征

受力：线性回复力，即 $F=-kx$ 或类弹性力。

加速度：$a\propto -x$。

运动方程：$x=A\cos(\omega t+\phi)$。

描述简谐振动的 3 个基本特征量：振幅 A（取决于振动的能量）、角频率 ω（取决于振动系统本身的性质，弹簧角频率 $\omega=\sqrt{\dfrac{k}{m}}$，单摆角频率 $\omega=\sqrt{\dfrac{l}{g}}$）、初相位 ϕ（取决于初始条件的选取）。

简谐振动也可用旋转矢量和其他方法表示。

2. 振动相位

振动相位 $(\omega t+\phi)$ 决定了 t 时刻简谐振动的状态。

3. 简谐振动的运动微分方程

$$\frac{d^2x}{dt^2}+\omega^2x=0$$

4. 由初始条件确定振幅和初相

$$A=\sqrt{x_0^2+\frac{v_0^2}{\omega^2}},\quad \phi=\arctan\left(-\frac{v_0}{\omega x_0}\right)$$

5. 简谐振动的能量

动能　$E_k=\frac{1}{2}mv^2=\frac{1}{2}m\omega^2A^2\sin^2(\omega t+\phi)$

势能　$E_p=\frac{1}{2}kx^2=\frac{1}{2}kA^2\cos^2(\omega t+\phi)$

总能量　$E=E_k+E_p=\frac{1}{2}kA^2$

平均能量　$\overline{E}_k=\overline{E}_p=\frac{1}{2}E=\frac{1}{4}kA^2$

6. 两个简谐振动的合成

(1) 两个同频率、同方向简谐振动的合成结果的合振动仍为简谐振动，合振动的振幅取决于两个分振动的振幅和初相差，即

$$A=\sqrt{A_1^2+A_2^2+2A_1A_2\cos(\phi_2-\phi_1)}$$

当 $\phi_2-\phi_1=2k\pi$ 时，$A=A_2+A_1$；当 $\phi_2-\phi_1=(2k+1)\pi$ 时，$A=|A_2-A_1|$。

(2) 两个不同频率、同方向简谐振动的合成：当两个分振动的频率都很大，而两个频率的差很小时，产生拍的现象，拍频为

$$\Delta\nu=|\nu_2-\nu_1|$$

(3) 相互垂直的两个简谐振动的合成：若两分振动的频率相同，则合成运动的轨迹一般为椭圆；若两个分振动的频率为简单整数比，则合成运动的轨迹为李萨如图形。

7. 阻尼振动、受迫振动

(1) 阻尼振动：在小阻尼情况下，弹簧振子做衰减振动，衰减振动的周期 T' 比自由振动周期 T 长；在大阻尼和临界阻尼情况下，弹簧振子的运动都是非周期性的，即振子开始运动后，振子随着时间逐渐返回到平衡位置。临界阻尼与大阻尼情况相比，振子将更快地返回平衡位置。

(2) 受迫振动：受迫振动在周期性变化力作用下的振动，稳态时振动的角频率与驱动力的角频率相同；当驱动力角频率等于振动系统的固有频率时发生共振，振子的振幅具有最大值，这时振动系统最大限度地从外界吸收能量。

三、例　　题

(一) 填空题

1. 喇叭膜片做谐振动，频率为 440 Hz，其最大位移为 0.75 mm，则其振动的角频率为________；最大速率为________；最大加速度为________。

解　880π Hz；2.07 m/s；5.73×10^3 m/s^2。

$\omega=2\pi\nu=880\pi$ Hz；$v_{max}=\omega A=2.07$ m/s；$a_{max}=\omega^2A=5.73\times10^3$ m/s^2。

2. 设地球、月球皆为均质球，它们的质量分别为 M_e 和 M_m，其半径分别为 R_e

和 R_m，给定的弹簧振子在地球和月球上做谐振动的频率比为________，给定的单摆在地球和月球上做谐振动的频率为________。

解 1；$\sqrt{\dfrac{M_e R_m^2}{M_m R_e^2}}$。

由弹簧振子的振动频率 $\nu=\dfrac{\omega}{2\pi}=\dfrac{1}{2\pi}\sqrt{\dfrac{k}{m}}$ 的表达式可知，频率只与振动系统本身的特征量 k 和 m 有关，在地球和月球上两者都相同，所以 ν 不变，比值为 1。而单摆 $\omega=\sqrt{\dfrac{l}{g}}$ 与 g 有关，由万有引力表达式 $mg=G_0\dfrac{mM}{R^2}$ 可知，地球、月球的重力加速度分别为 $g_e=G_0\dfrac{M_e}{R_e^2}$，$g_m=G_0\dfrac{M_m}{R_m^2}$，所以 $\dfrac{\nu_e}{\nu_m}=\dfrac{\sqrt{l/g_e}}{\sqrt{l/g_m}}=\sqrt{\dfrac{g_m}{g_e}}=\sqrt{\dfrac{M_e R_m^2}{M_m R_e^2}}$。

3. 在劲度系数为 k 的轻弹簧下悬挂一个质量为 m 的物体，此振动系统的固有频率为________；若把弹簧等分为两半，物体挂在分割后的一段弹簧上，系统的固有频率为________；如果将其分割后的两段弹簧并联起来，再把物体悬挂在下面，系统的固有频率为________。

解 $\sqrt{\dfrac{k}{m}}$；$\sqrt{\dfrac{2k}{m}}$；$2\sqrt{\dfrac{k}{m}}$。

劲度系数为 k 的轻弹簧与一个质量为 m 的物体构成的振动系统，其固有频率 $\omega=\sqrt{\dfrac{k}{m}}$；把弹簧等分为两半后，物体挂在分割后的一段弹簧上，在同样的力作用下，其伸长只有原来的一半，即 $mg=k_1\dfrac{x_0}{2}$，$\dfrac{mg}{x_0}=k=\dfrac{k_1}{2}$，所以 $k_1=2k$，即系统的固有频率 $\omega=\sqrt{\dfrac{2k}{m}}$；将截断后两段弹簧并联起来，挂上同样的物体，平衡时弹簧伸长，则弹簧伸长量只有原长的 $\dfrac{1}{4}$，则 $mg=k_2\dfrac{x_0}{4}$，即 $k_2=4k$，所以 $\omega=\sqrt{\dfrac{k_2}{m}}=\sqrt{\dfrac{4k}{m}}=2\omega$。

4. 周期为 T、摆幅为 θ_0 的单摆在 $t=0$ 时刻分别处于图 7-1 中所示的各个状态，以向右为正方向，写出它们的振动表达式。(1)__________；(2)__________；(3)__________；(4)__________。

解 $\theta=\theta_0\cos\left(\dfrac{2\pi}{T}t+\dfrac{\pi}{2}\right)$；$\theta=\theta_0\cos\left(\dfrac{2\pi}{T}t+\dfrac{3\pi}{2}\right)$；$\theta=\theta_0\cos\left(\dfrac{2\pi}{T}t+\pi\right)$；$\theta=\theta_0\cos\left(\dfrac{2\pi}{T}t\right)$。

单摆的振动表达式为 $\theta=\theta_0\cos\left(\dfrac{2\pi}{T}t+\phi\right)$，现求出如图 7-1 所示各种情况下的初相 ϕ，即可确定它们的振动表达式。

(1) 当 $t=0$ 时，$\theta=0$，代入上式，$\cos\phi=0$，又 $\boldsymbol{v}<0$，有 $\phi=\dfrac{\pi}{2}$，故 $\theta=\theta_0\cos\left(\dfrac{2\pi}{T}t+\dfrac{\pi}{2}\right)$。

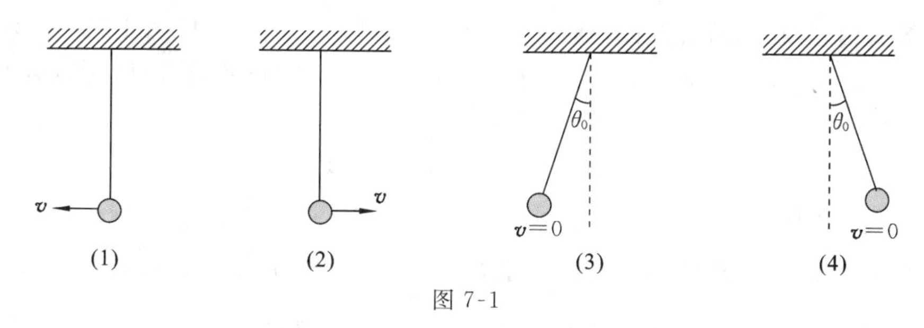

图 7-1

(2) 当 $t=0$ 时，$\theta=0$，$\boldsymbol{v}>0$，有 $\phi=\frac{3\pi}{2}$，故 $\theta=\theta_0\cos\left(\frac{2\pi}{T}t+\frac{3\pi}{2}\right)$。

(3) 当 $t=0$ 时，$\theta=-\theta_0$，$\cos\phi=-1$，$\phi=\pi$，故 $\theta=\theta_0\cos\left(\frac{2\pi}{T}t+\pi\right)$。

(4) 当 $t=0$ 时，$\theta=\theta_0$，$\cos\phi=1$，$\phi=0$，故 $\theta=\theta_0\cos\left(\frac{2\pi}{T}t\right)$。

5. 弹簧振子的无阻尼自由振动是简谐振动，同一弹簧振子在简谐策动力持续作用下的稳定受迫振动也是简谐振动，这两种简谐振动的主要差别是________。

解 弹簧振子的无阻尼自由振动的“无阻尼”，包括没有空气等外界施加的阻力和弹簧内部的塑性因素引起的阻力，是一种理想情况。由于外界不输入能量，所以弹簧振子的机械能守恒。这时振动的频率由弹簧振子的自身因素(k 和 m)决定。

在简谐驱动力作用下的稳态简谐运动是在驱动力作用下产生的。这时实际上弹簧振子受到的阻力也起作用，只是在策动力对弹簧振子做功且输入弹簧振子的能量等于弹簧振子，只有阻力消耗能量，振动才达到稳态，这样弹簧振子的能量保持不变。另外，稳态受迫振动的频率取决于驱动力的频率，而和弹簧振子的固有频率无关。

6. 任何一个实际的弹簧都是有质量的，如果考虑弹簧的质量，弹簧振子的振动周期将________(填“变大”或“变小”)。

解 变大。

从质量的意义上说，质量表示物体的惯性。当计入弹簧本身的质量时，系统的质量增大，更不易改变运动状态。对周期性改变运动状态的弹簧振子的简谐运动来说，其进程一定要变慢。这就是说，当考虑弹簧的质量时，弹簧振子的振动周期将变大。

7. 为测定音叉 C 的频率，另选取两个频率已知而且和音叉 C 频率相近的音叉 A 和 B，音叉 A 的频率为 400 Hz，音叉 B 的频率为 397 Hz。若使 A 和 C 同时振动，则每秒听到声音加强 2 次；再使 B 和 C 同时振动，每秒可听到声音加强 1 次，由此可知音叉 C 的振动频率为________ Hz。

398。

解　由题意知，若 $\nu_C>\nu_A$，则 $\nu_C=402\ \text{Hz}$，与 $|\nu_C-\nu_B|=5\ \text{Hz}>1\ \text{Hz}$ 不符，故 $\nu_C<\nu_A$。若 $\nu_C<\nu_B$，则 $\nu_C=396\ \text{Hz}$，与 $\nu_A-\nu_C=4\ \text{Hz}>2\ \text{Hz}$ 不符，所以 $\nu_C>\nu_B$。因此有

$$\nu_A-\nu_C=2,\quad \nu_C-\nu_B=1$$

解得 $\nu_C=398\ \text{Hz}$。

8. 已知两分振动的振动方程分别为 $x_1=\cos\omega t$ 和 $x_2=\sqrt{3}\cos\left(\omega t+\frac{\pi}{2}\right)$，各物理量均为国际单位制，则合振动的振幅 $A=$________，初相 $\phi=$________。

解　2 m；$\frac{\pi}{3}$。

由旋转矢量图的合成，不难得到 $A=2\ \text{m}$，$\phi=\frac{\pi}{3}$。

（二）选择题

1. 判断下列运动属于简谐振动的是（　　）。

A. 拍皮球时，皮球的运动（设皮球与地面的碰撞为弹性碰撞）

B. 细线悬挂一小球，令其在水平面内做匀速率圆周运动（见图 7-2(a)）

C. 小滑块在半径很大的光滑球面上做小幅度滑动（见图 7-2(b)）

D. 在匀加速上升的升降机顶上竖直悬挂的单摆的运动（见图 7-2(c)）

E. 荡秋千

F. 物体落入假想的沿地球直径贯穿于地球的深井中

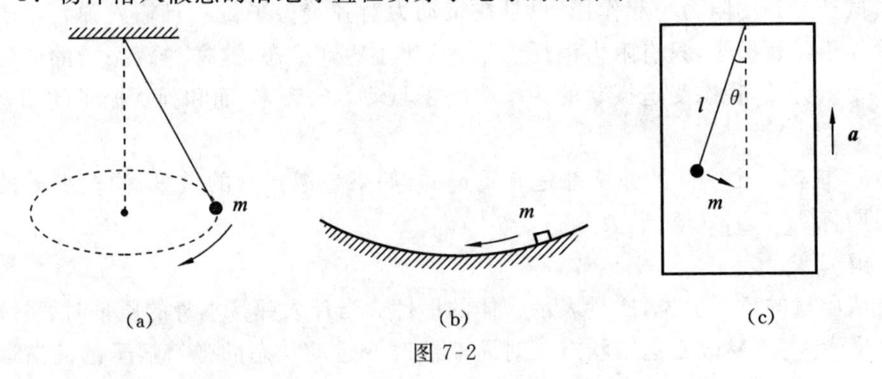

图 7-2

解　CDF。

(A) 拍皮球的运动不是简谐振动。皮球在运动过程中的受力情况，无论是手拍皮球时给予皮球的冲力，皮球与地面碰撞时所受的冲力，还是皮球在运动过程中所受的重力和空气阻力，都不是回复力，它们的合力更不是回复力，不满足简谐振动的判据之一——物体所受的回复力与位移成正比且反向，所以拍皮球时皮球的运动不是简谐振动。

(B) 圆锥摆小球的运动不是简谐振动。小球在运动过程中始终受到摆线的拉

力、重力及空气阻力的作用。忽略空气阻力，拉力与重力的合力是大小不变、方向始终指向定点（圆心）的向心力，它不满足简谐振动的判据 $F=-kx$，所以它不是简谐振动，而是在水平面内的匀速圆周运动。

（C）小球在半径很大的光滑凹球面底部的小幅度摆动是简谐振动。如图 7-3(a)所示，小球在任一位置时，忽略摩擦力和空气阻力，只受到重力和凹球面的支承力的作用，两者合力的切向分量大小为 $-mg\sin\theta$，负号表示与 θ 增加的方向相反（沿切向斜向下）。

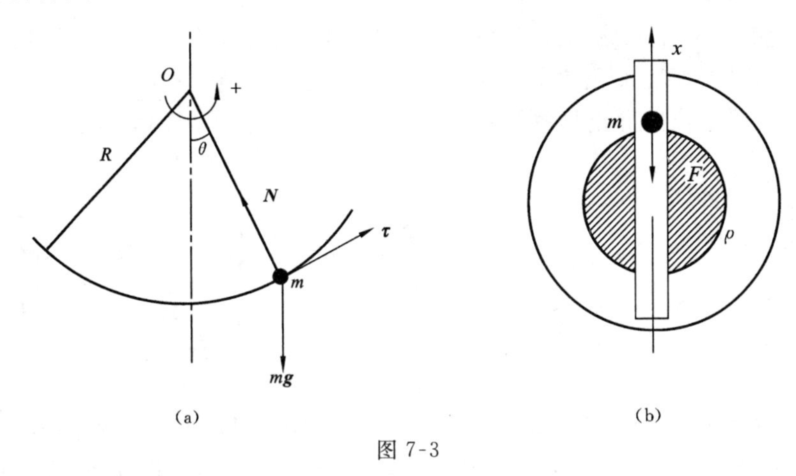

图 7-3

根据牛顿第二定律，得

$$-mg\sin\theta=mR\frac{\mathrm{d}^2\theta}{\mathrm{d}t^2}$$

对于小幅度摆动，θ 很小，$\sin\theta\approx\theta$，所以上式可以写成 $\frac{\mathrm{d}^2\theta}{\mathrm{d}t^2}=-\frac{g}{R}\theta$，令 $\frac{g}{R}=\omega^2$，则有 $\frac{\mathrm{d}^2\theta}{\mathrm{d}t^2}=-\omega^2\theta$，符合简谐振动的判断依据，所以小球的运动是简谐振动。

（D）单摆做简谐振动，其频率为 $\omega^2=\frac{a+g}{l}$。

（E）荡秋千的运动不是简谐振动。荡秋千的运动过程比较复杂，人的质心位置、人与秋千之间的相互作用都在变化，不能将这一系统简单地抽象为单摆，它的摆角也很大，不符合简谐振动的判断依据，所以它不是简谐振动。

（F）物体落入假想的沿地球直径贯穿地球的深井中，将地球当做质量均匀的圆球，物体将沿深井做简谐振动。如图 7-3(b)所示，设地球质量均匀，密度为 ρ，以地心为坐标原点，坐标轴沿深井向上，质量为 m 的物体落入深井中任一位置（坐标为 x）处。考虑 m 的受力情况，它受地球的万有引力作用，可以根据万有引力定律证明引力大小只与图中阴影部分有关，且可看成将阴影部分的质量集中在球心，因

此，物体受力为

$$F=-G_0\frac{m\dfrac{4}{3}\pi\rho x^3}{x^2}=-\frac{4}{3}G_0 m\pi\rho x$$

负号表示该力与 x 符号相反。令 $k=\frac{4}{3}Gm\pi\rho$，则上式可以写成

$$F=-kx$$

满足简谐振动的判断依据，故物体做简谐振动。

（三）计算题

1. 质量为 m_1 的重物 A 放在倾角为 θ 的光滑斜面上，并用绳跨过质量为 M、半径为 R 的定滑轮后与劲度系数为 k 的轻质弹簧连接，如图 7-4(a)所示。将物体由弹簧尚未变形的位置静止释放并开始计，试写出物体的运动方程。

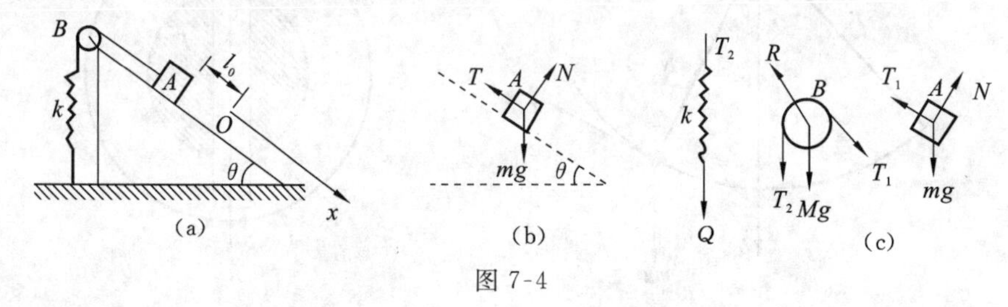

图 7-4

解 取物体 A 为研究对象，它共受三个力作用，即重力 mg、支持力 N、张力 T_1，其受力分析如图 7-4(b)和(c)所示。建立坐标轴 Ox 沿斜面向下，原点取在平衡位置处，即在初始位置斜下方距离为 l_0 处，此时

$$l_0=\frac{mg\sin\theta}{k} \qquad ①$$

列出物体 A 在任一位置 x 处的牛顿方程式为

$$mg\sin\theta-T_1=m\frac{\mathrm{d}^2x}{\mathrm{d}t^2} \qquad ②$$

对滑轮 B 列出转动定律方程为

$$T_1R-T_2R=J\beta=\left(\frac{1}{2}MR^2\right)\frac{a}{R}=\frac{1}{2}MR\frac{\mathrm{d}^2x}{\mathrm{d}t^2} \qquad ③$$

式中，

$$T_2=k(l_0+x) \qquad ④$$

联立式①～式④解得

$$mg\sin\theta-k(l_0+x)=\left(\frac{M}{2}+m\right)\frac{\mathrm{d}^2x}{\mathrm{d}t^2}$$

推得

$$\frac{\mathrm{d}^2x}{\mathrm{d}t^2}+\frac{k}{\dfrac{M}{2}+m}x=0$$

可见，物体仍做简谐振动，这时原频率变小为

$$\omega=\sqrt{\frac{k}{\frac{M}{2}+m}}$$

由初始条件 $x_0=-l_0, v_0=0$，定出 $\phi=\pi, A=l_0$，故运动方程为

$$x=l_0\cos(\omega t+\pi)$$

2. 已知某简谐振动的速度与时间的关系曲线如图 7-5 所示，试求其振动方程。

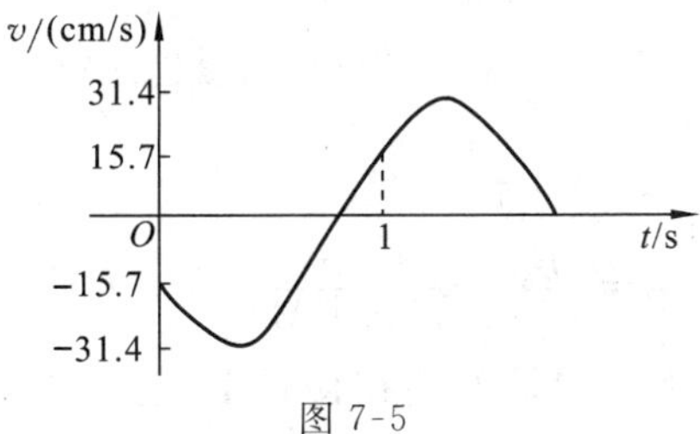

图 7-5

解　此题可用解析法求解。但用旋转矢量法求解更为简便，且不易出错。由图 7-6 知，$v_m=\omega A=31.4\ \text{cm/s}$。

以 v_m 的旋转矢量作 v 的旋转矢量图，如图 7-6 所示。

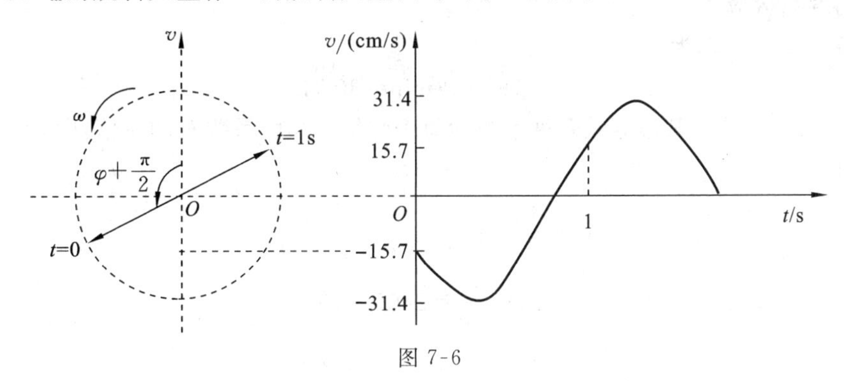

图 7-6

v 的旋转矢量与 v 轴任意时刻夹角为 $\omega t+\phi+\frac{\pi}{2}$，所以由旋转矢量图知

$$\phi+\frac{\pi}{2}=\frac{2\pi}{3} \quad ①$$

$$\omega\times 1=\pi \quad ②$$

由式①、式②得

$$\phi=\frac{\pi}{6},\quad \omega=3.14\ \text{rad/s}$$

$$A=\frac{v_m}{\omega}=\frac{31.4}{3.14}\ \text{cm}=10\ \text{cm},\quad x=10\cos\left(\pi t+\frac{\pi}{6}\right)\ \text{cm}$$

3. 在光滑水平桌面上的弹簧振子的劲度系数 $k=200\ \text{N/m}$，振幅 $A_0=0.05\ \text{m}$，木块质量 $M=1.9\ \text{kg}$，当木块在振动正方向的端点时，以水平速度 $v=20\ \text{m/s}$击入质

量 $m=0.11$ kg 的子弹，求振动的新振幅。

解 当木块在正向 A_0 处时，子弹与木块做完全非弹性碰撞，碰撞后速度为 $v'=\frac{mv}{m+M}$，碰撞后系统所具有的机械能为

$$E=E_p+E_k=\frac{k}{2}A_0^2+\frac{m+M}{2}v'^2=\frac{k}{2}A_0^2+\frac{1}{2}\frac{(mv)^2}{m+M}$$

设新的振幅为 A，根据简谐振动能量守恒有

$$E=\frac{k}{2}A^2=\frac{k}{2}A_0^2+\frac{1}{2}\frac{(mv)^2}{m+M}$$

所以

$$A=\sqrt{A_0^2+\frac{(mv)^2}{k(m+M)}}=0.11\ \text{m}$$

4. 楼内空调用的鼓风机如果安装在楼板上，它工作时就会使整个楼产生震动。为了减小这种震动，就把鼓风机安装在有 4 个弹簧支撑的底座上。鼓风机和底座的总质量为 576 kg，鼓风机的轴的转速为 1800 r/min。经验指出，当驱动频率为振动系统固有频率 5 倍时，可减震 90% 以上。若按 5 倍计算，所用的每个弹簧的劲度系数应为多大？

解 驱动频率为

$$\nu_d=1800\ \text{r/min}=30\ \text{Hz}$$

由于 4 个弹簧并联，其总等效劲度系数为每个弹簧的劲度系数 k_1 的 4 倍，即 $k=4k_1$。

由

$$\nu_d=5\nu_0$$

可得

$$\nu_d=\frac{5\omega_0}{2\pi}=\frac{5}{2\pi}\sqrt{\frac{k}{m}}=\frac{5}{\pi}\sqrt{\frac{k_1}{m}}$$

$$k_1=(\pi\nu_d)^2\ \frac{m}{25}=2.05\times10^5\ \text{N/m}$$

四、习题解答

(一) 填空题

1. 偏离平衡位置的最大位移；平衡位置。

2. $32\pi^2\ \text{m/s}^2$。

3. 0.05 m；$-\arctan\frac{3}{4}$。

4. $\frac{3}{4}$；$2\pi\sqrt{\frac{\Delta l}{g}}$。

把势能为零处作为平衡点，则 $T=\frac{2\pi}{\omega}=2\pi\sqrt{\frac{m}{k}}$，$k\Delta l=mg\Rightarrow\frac{k}{m}=\frac{g}{\Delta l}$，故 $T=$

$2\pi\sqrt{\dfrac{\Delta l}{g}}$。

5. 0.01 m。

当受力为零时,物体可以离开平台。

$$N-mg=ma=-mA\omega^2\text{,即}-mg=-mA\omega^2\text{,故 }A=\frac{g}{\omega^2}=0.01\ \text{m}$$

6. b、f; a、e。

7. $\sqrt{40}\times10^{-2}$ m;$\dfrac{\pi}{2}$。

8. π。

(二) 选择题

1. D。

2. D。

3. C。当时间为零时,有

$$\cos\varphi=\frac{1}{2},\quad v_0=-4\sin\varphi>0$$

可得 $\varphi=-\dfrac{\pi}{3}$;当时间为 $t=1$ 时,有

$$\cos(\omega-\frac{\pi}{3})=0,\quad v_0=-4w\sin(\omega-\frac{\pi}{3})<0$$

得

$$\omega=\frac{5\pi}{6},\quad T=\frac{2\pi}{\omega}=2.4\ \text{s}$$

4. D。

5. A。

$$\cos(2\pi t+\frac{\pi}{3})=-\frac{1}{2}$$

$$v_0=-0.08\pi\sin(2\pi t+\frac{\pi}{3})>0,\quad 2\pi t+\frac{\pi}{3}=\frac{4\pi}{3},\quad t=\frac{1}{2}\ \text{s}$$

6. D。

7. C。

8. B。

9. B。由 $v=-A\omega\sin(\omega t+\varphi)$ 和 $a=-A\omega^2\cos(\omega t+\varphi)$ 有

$$v_1=-\omega_1A_1\sin(\omega_1t+\varphi),\quad v_2=-\omega_2A_2\sin(\omega_2t+\varphi)$$
$$a_1=-\omega_1^2A_1\cos(\omega_1t+\varphi),\quad a_2=-\omega_2^2A_2\cos(\omega_2t+\varphi)$$

设 v_{10},v_{20} 分别为初速度,设 a_{1m},a_{2m} 分别为加速度最大值,则

$$\frac{v_{10}}{v_{20}}=-\omega_1A_1/(-\omega_2A_2),\quad \frac{a_{1m}}{a_{2m}}=-\omega_1^2A_1/(-\omega_2^2A_2)$$

则 $A_1=A_2$,$\omega_2=2\omega_1$,所以 $\dfrac{v_{10}}{v_{20}}=\dfrac{1}{2}$,$\dfrac{a_{1m}}{a_{2m}}=\dfrac{1}{4}$,故选 B。

10. D。

11. C。设物体离开平衡位置后，其受力为 $F=-(k_1x+k_2x)=-kx$，受此力将做简谐振动，有 $\omega=\sqrt{\frac{k}{m}}=\sqrt{\frac{k_1+k_2}{m}}$，因为初始时处于最大负位移处，速度为零，故初相为 π，从而 $x=x_0\cos\left(\sqrt{\frac{k_1+k_2}{m}}\,t+\pi\right)$。

（三）计算题

1. 解　(1) $\omega=\sqrt{\frac{k}{m}}=10\ \text{rad/s}$，$T=\frac{2\pi}{\omega}=0.2\pi\ \text{s}$。

(2) 此物体将做简谐振动，其通解为 $x=A\cos(\omega t+\varphi)$。由 $A=15\ \text{cm}$，$\omega=10\ \text{rad/s}$，$t=0$，$x_0=7.5\ \text{cm}$，有 $\cos\varphi=\frac{1}{2}$，又由 $v_0=-150\sin\varphi<0$，所以 $\varphi=\frac{\pi}{3}$。

(3) 振动的表达式为 $x=15\cos\left(10t+\frac{\pi}{3}\right)\ \text{cm}$。

2. 解　设改后摆钟的等效摆长为 l_1，周期为 T_1，改前的周期为 T。一天摆钟将经历 $n=60\times60\times24=86400$ 个周期。

因
$$T_1=1\ \text{s},\quad T=\left(1-\frac{87}{86400}\right)\ \text{s}=\frac{86313}{86400}\ \text{s}$$

由 $\frac{T}{T_1}=\frac{2\pi\sqrt{\frac{l}{g}}}{2\pi\sqrt{\frac{l_1}{g}}}$ 得
$$l_1=\frac{T_1^2}{T^2}l$$

从而
$$\Delta l=l_1-l=\frac{T_1^2-T^2}{T^2}l=0.002\ \text{m}$$

3. 解　选择物体位于平衡位置为坐标原点，竖直向下为正方向。设滑轮右边受绳的拉力为 T_1，左边受绳的拉力为 T_2，物体处于平衡位置时，弹簧的伸长量为 x_1，则
$$kx_1=mg$$

当物体偏移平衡位置 x 时，有
$$mg-T_1=m\frac{\mathrm{d}^2x}{\mathrm{d}t^2},\quad T_1R-T_2R=J\alpha$$
$$T_2=k(x_1+x),\quad \frac{\mathrm{d}^2x}{\mathrm{d}t^2}=R\alpha$$

综上可得
$$\frac{\mathrm{d}^2x}{\mathrm{d}t^2}=-\frac{k}{m+J/R^2}x$$

因
$$\frac{k}{m+J/R^2}>0$$

所以得到的微分方程为简谐振动方程，故该物体做简谐振动。其角频率为

$$\omega=\sqrt{\frac{k}{m+J/R^2}}$$

4. 解　(1) 由 $mg\Delta x=\frac{1}{2}k(\Delta x)^2 \Rightarrow mgx=\frac{1}{2}kx^2 \Rightarrow mg\times 0.1=\frac{1}{2}k\times 0.01$，有

$$\omega=\sqrt{\frac{k}{m}}=\sqrt{200}\ \text{rad/s}=14\ \text{rad/s}$$

(2) 由机械能守恒定律知，$mgx=\frac{1}{2}kx^2+\frac{1}{2}mv^2$，有

$$v=\sqrt{x\left(2g-\frac{k}{m}x\right)}=\sqrt{0.08(2\times 10-200\times 0.08)}\ \text{m/s}=0.56\ \text{m/s}$$

也可以由

$$x_0=\frac{mg}{k}=0.05\ \text{m}$$

得

$$A=(0.1-0.05)\ \text{m}=0.05\ \text{m}$$

即若以平衡位置为原点，向下为正方向，则 $x_0=-A$，于是

$$x=A\cos(\omega t+\varphi)=0.05\cos(14t+\pi)$$

$$v=-0.7\sin(14t+\pi)$$

当 $x=0.05\cos(14t+\pi)=0.03$ 时，$\cos(14t+\pi)=0.6$，所以

$$|v|=0.7\sqrt{1-\cos^2(14t+\pi)}=0.7\times 0.8\ \text{m/s}=0.56\ \text{m/s}$$

5. 解　设子弹射入木块后与木块一起运动的速度为 v_0，由动量守恒定律可得

$$m_1 v=(m_1+m_2)v_0 \Rightarrow v_0=2\ \text{m/s}$$

由能量守恒定律得

$$\frac{1}{2}kA^2=\frac{1}{2}(m_1+m_2)v_0^2 \Rightarrow A=5\times 10^{-2}\ \text{m}$$

$$\omega=\sqrt{\frac{k}{m_1+m_2}}=40\ \text{rad/s},\quad \cos\varphi=0$$

又由 $v_0=-2\sin\varphi>0$，可知初相为 $-\frac{\pi}{2}$，所以

$$x=5\times 10^{-2}\cos\left(40t-\frac{\pi}{2}\right)\ \text{m}$$

6. 解　以弹簧、圆盘、物体、地球为系统进行研究，此系统保持机械能守恒。以系统平衡(物体与圆盘受力为零)处为坐标原点和重力势能零点，向下为正方向，则在原点处弹簧已被压缩 $x_0=\frac{2mg}{k}$。

由机械能守恒，得

$$\frac{1}{2}k(x+x_0)^2-2mgx+\frac{1}{2}\times 2mv^2=C$$

对其求导，得

$$\frac{d^2x}{dt^2}=-\frac{k}{2m}x$$

故物体做简谐振动。其通解为

$$x=A\cos(\omega t+\varphi)$$

角频率为
$$\omega=\sqrt{\frac{k}{2m}}$$

设此简谐振动的初始位移和速度分别为 x_1、v_1。由

$$mg=-kx_1,\quad 2mv_1=m\sqrt{2gh}$$

得
$$x_1=-\frac{mg}{k},\quad v_1=\frac{\sqrt{2gh}}{2}$$

所以
$$A=\sqrt{x_1^2+v_1^2/\omega^2},\quad \varphi=\arctan\left(-\frac{v_1}{\omega x_1}\right)$$

从而
$$A=\frac{mg}{k}\sqrt{1+\frac{kh}{mg}},\quad T=2\pi\sqrt{\frac{2m}{k}},\quad \alpha=\arctan\sqrt{\frac{kh}{mg}}$$

7. 解 圆环的摆动为复摆，设圆环绕点 O 的转动惯量为 J，故有 $\frac{\mathrm{d}^2\theta}{\mathrm{d}t^2}=-\frac{mgR}{J}\theta$，从而有 $T=\frac{2\pi}{\omega}=2\pi\sqrt{\frac{J}{mgR}}$。

因为
$$J=mR^2+mR^2=2mR^2\text{（平轴定理）}$$

所以 $T=2\pi\sqrt{\frac{2R}{g}}$，由单摆的周期 $T=2\pi\sqrt{\frac{l}{g}}$，所以等值单摆摆长为 $2R$。

8. 解 做微振动时，弹簧与细杆近似在竖直方向做简谐振动。所以

$$\frac{\mathrm{d}^2x}{\mathrm{d}t^2}=a\quad\text{（向下为正方向）}$$

对细杆而言，由角动量定理有 $F\cdot\frac{l}{2}=J\cdot\frac{a}{l/2}$ $(J=\frac{1}{12}ml^2)$，又 $F=-kx$，可得

$$\frac{\mathrm{d}^2x}{\mathrm{d}t^2}=-\frac{3k}{m}x\Rightarrow T=2\pi\sqrt{\frac{3k}{m}}$$

9. 解 (1) 由 x_1、x_3 合成的振幅为

$$A=\sqrt{A_1^2+A_3^2+2A_1A_3\cos\left(\alpha-\frac{3\pi}{4}\right)}$$

当 $\cos(\alpha-\frac{3\pi}{4})=1$，即 $\alpha=\frac{3\pi}{4}+2k\pi,k\in\mathbf{Z}$ 时，取最大值，则

$$A=(0.05+0.07)\ \mathrm{m}=0.12\ \mathrm{m}$$

初相
$$\varphi=\arctan\left(\frac{A_1\sin\varphi_1+A_3\sin\varphi_3}{A_1\cos\varphi_1+A_3\cos\varphi_3}\right)=\arctan6$$

所以振动方程为 $x=0.12\cos(10t+\arctan6)$。

(2) 由 x_1、x_3 合成的振幅为

$$A=\sqrt{A_3^2+A_2^2+2A_3A_2\cos\left(\alpha-\frac{\pi}{4}\right)}$$

当 $\cos\left(\alpha-\frac{\pi}{4}\right)=-1$，即 $\alpha=\frac{5\pi}{4}+2k\pi,k\in\mathbf{Z}$ 时，取最小值，则

$$A=(0.07-0.06)\ \text{m}=0.01\ \text{m}$$

初相
$$\varphi=\arctan\left(\frac{A_3\sin\varphi_3+A_2\sin\varphi_2}{A_3\cos\varphi_3+A_2\cos\varphi_2}\right)=-\frac{\pi}{4}$$

所以振动方程为 $x=0.01\cos(10t-\pi/4)$。

10. 解　由图 7-7 可以看出 $A_y=2$。

两互相垂直简谐波振动合成满足

$$\frac{x^2}{A_x^2}+\frac{y^2}{A_y^2}-2\frac{xy}{A_xA_y}\cos(\varphi_2-\varphi_1)=\sin^2(\varphi_2-\varphi_1)$$

因为点(2,1)在此轨迹上，所以

$$\cos(\varphi_2-\varphi_1)=\frac{1}{2},\quad \varphi_2=\frac{2\pi}{3}+2k\pi,k\in\mathbf{Z}$$

从而
$$y=2\cos(100\pi t+\varphi_2),\quad \varphi_2=\frac{2\pi}{3}+2k\pi,k\in\mathbf{Z}$$

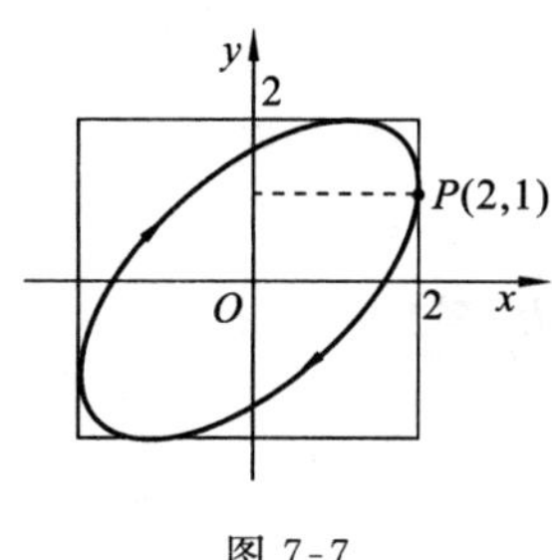

图 7-7

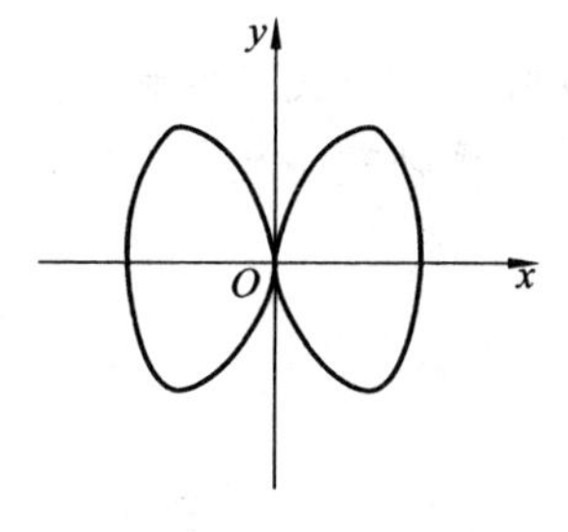

图 7-8

11. 解　由图 7-8 可以看出

$$\omega_x:\omega_y=1:2,\quad \varphi_y-\varphi_x=\pm\frac{\pi}{2}+2k\pi,\quad k\in\mathbf{Z}$$

所以初相
$$a=\pm\frac{\pi}{2}+2k\pi,\quad k\in\mathbf{Z}$$

第八章　波　动　学

一、本章要求

（1）熟练掌握平面简谐波的波函数，并深刻理解描述波动的各物理量的意义，能根据给定的条件求出波函数。

（2）理解惠更斯原理和波的叠加原理，熟练掌握波的干涉原理和干涉加强、减弱的条件。

（3）掌握驻波的形成条件和特点，建立半波损失的概念。

（4）理解多普勒效应及其公式，并能求解一些具体问题。

二、基本内容

1. 波速 u、波长 λ、周期 T、频率 ν 之间的关系

$$\lambda = uT, \quad u = \nu\lambda$$

2. 介质中相距为 Δx 的两点振动的相位差

$$\Delta\phi = 2\pi\Delta x/\lambda$$

3. 平面简谐波的波函数

已知波线上一点的振动方程和波速可写出平面波的波函数，典型的波函数形式有

$$y(x,t) = A\cos\left[\omega\left(t \pm \frac{x}{u}\right) + \phi_0\right]$$

$$y(x,t) = A\cos\left[2\pi\left(\frac{t}{T} \pm \frac{x}{\lambda}\right) + \phi_0\right]$$

$$y(x,t) = A\cos\left[\frac{2\pi}{\lambda}(ut \pm x) + \phi_0\right]$$

波函数右边 x 前边的符号由波的传播方向确定，沿 x 轴正方向传播的波取负号，沿 x 轴负方向传播的波取正号。

4. 波的能量和能流

平均能量密度　　　$\overline{w} = \frac{1}{2}\rho\omega^2 A^2$

平均能流密度(波的强度) $I=\frac{1}{2}\rho u\omega^2 A^2$

介质中振动质元的动能和势能始终同相位、同大小。

5. 惠更斯原理

惠更斯原理内容:介质中波动传到的各点,都可看作是发射子波的波源;在其后的任一时刻,这些子波的包迹就决定了新的波阵面。利用惠更斯原理可以解释波的衍射、反射和折射现象。

6. 波的干涉

两相干波源发出的波在空间相遇而叠加时,干涉加强和减弱的条件由两波在相遇点的相位差 $\Delta\phi$ 决定,即

$$\Delta\phi=\phi_2-\phi_1-\frac{2\pi}{\lambda}(r_2-r_1)=\begin{cases}2k\pi & (\text{干涉加强})\\(2k+1)\pi & (\text{干涉减弱})\end{cases}$$

式中,$\phi_2-\phi_1$ 为两波源的初相差,r_2-r_1 为两列波的波程差。

7. 驻波

驻波的形成:两列振幅相同,沿相反方向传播的相干波的叠加,形成驻波。驻波的波函数为

$$y=2A\cos\left(2\pi\frac{x}{\lambda}\right)\cos(2\pi\nu t)=A(x)\cos(2\pi\nu t)$$

驻波的特点:有的点始终不动(干涉减弱)称为波节;有的点振幅最大(干涉加强)称为波腹,其余的点振幅在零与最大值之间,同一段同相位,相邻段相位相反。驻波的波形发生变化但不向前传播。

8. 多普勒效应

观察者接收到的频率 ν' 与波源的频率 ν 的关系为

$$\nu'=\frac{u\pm v_0}{u\mp v_s}\nu$$

观察者向波源运动,则 v_0 取"+";远离,则 v_0 取"−"。波源向观察者运动,则 v_s 取"−";远离,则 v_s 取"+"。若观察者或波源的运动方向不沿两者连线,则要将 v_0 或 v_s 取为沿两者连线的分量代入上式计算。

三、例 题

(一) 填空题

1. 当机械波从一种介质进入另一种介质时,在波长、波的周期、波的频率和波速这些量中会发生变化的是________。

解 波长、波速。

波的周期与波源的振动周期相同，与介质无关，波的频率是周期的倒数，也与介质无关，因此两者都不会改变。波速与传播介质有关，故两种介质中波长不同，且由 $\lambda=uT$ 决定，因此波长要改变。

2. 平面简谐波的能量与简谐振动的能量的差别是________。

解 简谐振动的能量是守恒的，动能和势能随时间交替变化，当动能达到最大时，其势能为零，当动能为零时，其势能最大；由于波动是能量的传播过程，在一个小体积元内总能量是不守恒的，体积元的振动动能和形变势能都是随时间同步变化的。在任意时刻它们都具有完全相同的值，同时达到最大值，同时达到最小值，即它们的相位相同。在波峰和波谷处动能和势能均为零。在介质的平衡位置处，动能和势能都达到最大值。

3. 波在介质中传播时，介质微元的动能与势能具有相同相位的原因是________，弹簧振子的动能和势能具有相反的相位的原因是________。

解 介质微元的动能与该微元的速度平方成正比，势能与相对形变成正比。当微元的速度为零时，其相对形变也最小；当微元的速度最大时，其相对形变也最大。由于微元不是孤立系统，总的机械能不守恒，周期变化具有吞吐能量的作用；弹簧振子是孤立系统，机械能守恒，当动能最大时，其弹性势能最小，当弹性势能最大时，其动能最小，所以弹簧振子的动能和势能具有相反的相位。

4. 声波是________（填“横波”或“纵波”）。若声波源是置于空气中的一个球面物，它发出的球面简谐波在与球心相距 r_0 处的振动振幅为 A_0，不计空气对声波能量吸收等引起的损耗，则在 $r>r_0$ 处声波振动振幅 $A=$________。

解 纵波；$\frac{r_0}{r}A_0$。

因为对球面波来说，穿过半径为 r_0 与穿过半径为 r 处球面的能量相等，

所以
$$A=\frac{r_0}{r}A_0$$

5. 如图 8-1 所示，两相干波源相距 4 m，波长为 1 m，一探测仪由点 A 出发沿 x 轴移动，第一次探测到强度最大值时移动的距离为________ m。

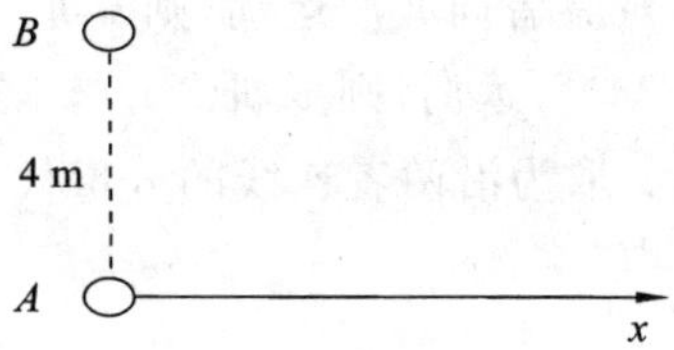

图 8-1

解 $\frac{7}{6}$。

设在点 P 时第一次探测到强度最大值，此时 $\overline{AP}=x$，$\overline{BP}-\overline{AP}=k\lambda$，而

$$\overline{BP}=\sqrt{4^2+(\overline{AP})^2}=\sqrt{4^2+x^2}$$

因为 $(\overline{AP}-\overline{BP})_{\max}=\overline{AB}=4\lambda=4$，所以第一次强度为最大值必是 $k=3$ 的时刻，即

$$\overline{BP}-\overline{AP}=\sqrt{4^2+x^2}-x=3$$

解此方程得

$$x=\frac{7}{6}\ \mathrm{m}$$

（二）选择题

1. 下列说法正确的是(　　)。

A. 两个频率相同、振动方向相同、波长相同、相位差恒定，但振幅不同的波，在一直线上沿相反方向进行叠加后能形成驻波

B. 驻波中有能量定向流动

C. 频率不同、振动方向不同、相位差不恒定的两列波在空间相遇时不能叠加，所以不会出现干涉条纹

D. “半波损失”是指波由波疏介质向波密介质传播时，在反射点处，反射波的相比入射波的相改变 π

解　D。

A 错。驻波要有波节和波腹，而两频率相同、振动方向相同、波长相同、相位差恒定的波，如果振幅不同，可以相干，但不能使合振幅为零，因而不能形成驻波。

B 错。驻波的能量在两个波节之间（或两个被腹之间）流动，当各点位移均最大时，各点速度为零，总能量等于各点势能之和，由于波节附近介质形变最大，能量集中在波节处。而当各点位移为零时，总能量等于各点的动能之和，因为在波腹处速度最大，能量集中在波腹，这样能量不断在波腹与波节之间来回运动，也就是说驻波中能量无定向移动，仅在波节与波腹之间来回运动，并不向外传播出去。

C 错。波的叠加是指两列或几列波可以保持各自的特点（频率、波长、振动方向、振幅等）的同时通过同一介质，正如在各自的传播过程中没有遇到其他波一样，所以在两列或几列波相遇的区域内各点的振动就是各个波单独在该点引起的振动的合成。因此，对于频率不同、振动方向不同、相位差不恒定的两列波同时通过同一介质时，是能够叠加的，但不会出现干涉条纹；当两列或几列波的频率相同、振动方向相同、相位差恒定，它们同时通过同一介质时，在相遇的区域内叠加的结果，有的地方强度始终加强，另一些地方强度始终减弱，使叠加区域的能量形成一个稳定的重新分布，这就是波的干涉现象。频率相同、振动方向相同、相位差恒定称为波的相干条件。只有满足相干条件的两列或几列波才能称为相干波，只有相干波在空间相遇时才产生干涉现象。频率、振动方向、相位差这三个因素中只要有一个不满足相干条件，波在空间相遇叠加时也不能产生干涉现象，这些波也就不能称为相干波。

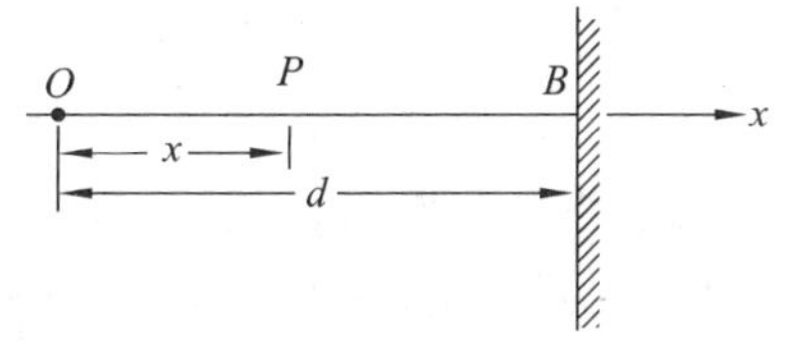

图 8-2

2. 如图 8-2 所示，在坐标原点 O 处有一波源，它所激发的振动表达式为 $y_0=A\cos(2\pi\nu t)$，该振动以平面波的形式沿 x 轴正向传播，在距

波源 d 处有一平面将波全反射回来(反射时无半波损失),则在坐标 x 处反射波的表达式为(　　)。

A. $y=A\cos2\pi\left(\nu t-\dfrac{d-x}{\lambda}\right)$　　B. $y=A\cos2\pi\left(\nu t+\dfrac{d-x}{\lambda}\right)$

C. $y=A\cos2\pi\left(\nu t-\dfrac{2d-x}{\lambda}\right)$　　D. $y=A\cos2\pi\left(\nu t+\dfrac{2d-x}{\lambda}\right)$

解　C。

已知在波源即坐标原点 O 处的振动方程为 $y_0=A\cos(2\pi\nu t)$,反射波在点 P 振动的振动方程为

$$y=A\cos\left[2\pi\left(\nu t-\frac{d}{\lambda}-\frac{d-x}{\lambda}\right)\right]=A\cos\left[2\pi\left(\nu t-\frac{2d-x}{\lambda}\right)\right]$$

3. 如图 8-3 所示,海边有一发射天线发射波长 λ 的电磁波。海轮上有一接收天线,两天线都高出海面 H,海轮自远处接近发射天线。若将平静海面看作水平反射面,当海轮第一次接收到信号最大值时,两天线的距离为(　　)。

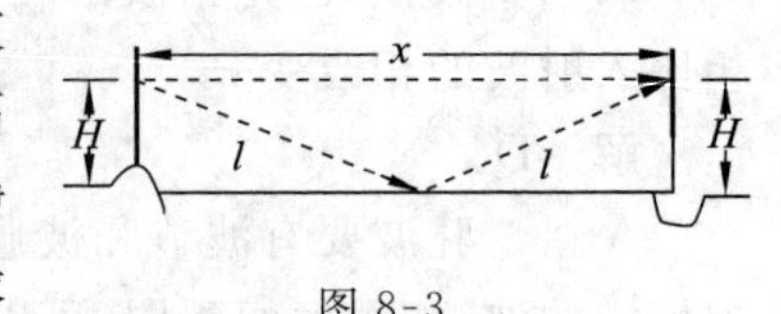

图 8-3

A. $\dfrac{H^2}{\lambda}-\dfrac{\lambda}{2}$　　B. $\dfrac{2H^2}{\lambda}-\dfrac{\lambda}{8}$　　C. $\dfrac{2H^2}{\lambda}-\dfrac{\lambda}{2}$　　D. $\dfrac{4H^2}{\lambda}-\dfrac{\lambda}{4}$

解　D。

如图 8-3 所示,海轮接收到的信号由直射波和经海平面的反射波叠加而成。反射波与直射波的波程差为

$$\delta=2l-x-\frac{\lambda}{2}=2\sqrt{H^2+\frac{x^2}{4}}-x+\frac{\lambda}{2}$$

x 越大,波程差越小,$\lambda/2$ 为反射波的半波损失。

当 $\delta=k\lambda$(k 为整数)时,接收信号为最大值,故海轮第一次接收信号最大值的条件为

$$2\sqrt{H^2+\frac{x^2}{4}}-x=\frac{\lambda}{2},\quad x=\frac{4H^2}{\lambda}-\frac{\lambda}{4}$$

(三)计算题

一平面简谐波沿 x 轴正向向一反射面入射,如图 8-4 所示。入射波的振幅为 A,周期为 T,波长为 λ。$t=0$ 时刻在原点 O 处的质元由平衡位置向位移为正的方向运动,入射波在界面处发生全反射,反射波的振幅等于入射波的振幅,而且反射点为波节。试求:

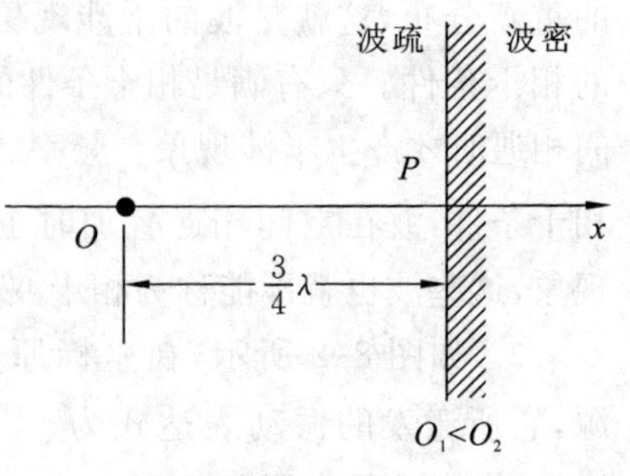

图 8-4

(1) 入射波的波函数;

（2）反射波的波函数；

（3）入射波与反射波叠加而形成的合成波的波函数，并标出因叠加而静止的各点的坐标。

解 （1）入射波在原点 O 处引起的振动为

$$y_0=A\cos\left(2\pi\frac{t}{T}-\frac{\pi}{2}\right)$$

入射波沿 x 轴正向传播，其波函数为

$$y_{入}=A\cos\left[2\pi\left(\frac{t}{T}-\frac{x}{\lambda}\right)-\frac{\pi}{2}\right]$$

（2）反射波在点 P 处所引起的振动（考虑到半波损失）为

$$y_{反}=A\cos\left[2\pi\left(\frac{t}{T}-\frac{x_P}{\lambda}\right)+\frac{\pi}{2}\right]=A\cos\left(2\pi\frac{t}{T}\right)$$

反射波沿 x 轴负向传播，其波函数为

$$y_{反}=A\cos\left[2\pi\left(\frac{t}{T}+\frac{x-x_P}{\lambda}\right)\right]=A\cos\left[2\pi\left(\frac{t}{T}+\frac{x}{\lambda}\right)-\frac{\pi}{2}\right]$$

（3）入射波与反射波叠加，合成波的波函数为

$$\begin{aligned}y&=y_{入}+y_{反}=A\cos\left[2\pi\left(\frac{t}{T}-\frac{x}{\lambda}\right)-\frac{\pi}{2}\right]+A\cos\left[2\pi\left(\frac{t}{T}+\frac{x}{\lambda}\right)-\frac{\pi}{2}\right]\\&=2A\cos(2\pi\frac{x}{\lambda})\cos\left(2\pi\frac{t}{T}-\pi\right)\end{aligned}$$

合成波为驻波。各点振动的振幅为 $A(x)=\left|2A\cos\left(2\pi\frac{x}{\lambda}\right)\right|$，当$\cos\left(2\pi\frac{x}{\lambda}\right)=0$，即当 $2\pi\frac{x}{\lambda}=(2k+1)\frac{\pi}{2}$（$k$ 为整数）时，振幅为零，对应的各点静止。由于驻波所在区域为 $x\leqslant\frac{3}{4}\lambda$，所以所有叠加而静止的点的位置坐标为 $x=(2k+1)\frac{\lambda}{4}$，其中，$k=1,0,-1,-2,\cdots$

四、习题解答

（一）填空题

1. $y=A\cos\omega\left(t-\frac{x}{c}\right)$；$y=A\cos\omega\left(t-\frac{x-l}{c}\right)$；

$y=A\cos\omega\left(t+\frac{x+l}{c}\right)$；$y=A\cos\omega\left(t+\frac{x-l}{c}\right)$。

2. 0.24 m；0.12 m/s；$0.05\cos\left[\pi\left(t-\frac{x}{0.12}\right)+\frac{\pi}{2}\right]$。

由 $$y=A\cos\left[\left(\omega t-2\pi\nu\frac{x}{c}\right)+\frac{\pi}{2}\right]=A\cos\left[\left(\omega t-2\pi\frac{x}{\lambda}\right)+\frac{\pi}{2}\right]$$

及 $$\phi_A-\phi_B=\frac{2\pi}{\lambda}(x_B-x_A)=\frac{2\pi}{\lambda}\times 0.02=\frac{\pi}{6}$$

得 $$\lambda=0.24\ \text{m}$$

由 $\omega=\pi=\frac{2\pi}{T}$ 得 $T=2$。由 $\lambda=Tc$ 得

$$c=\frac{\lambda}{T}=\frac{0.24}{2}\ \text{m/s}=0.12\ \text{m/s}$$

$$y=0.05\cos\left[\pi\left(t-\frac{x}{0.12}\right)+\frac{\pi}{2}\right]$$

3. $y_0=0.01\cos\left(\pi t-\frac{\pi}{2}\right)$； $y=0.01\cos\left[\pi\left(t+\frac{x}{0.06}\right)+\frac{\pi}{2}\right]$。

4. $\frac{15\pi}{2}$；$\frac{17\pi}{2}$；8π；波源振动状态(相位)。

5. $-\frac{\pi}{2}$；$\frac{2\pi}{3}$；$-\frac{\pi}{2}$；$-\frac{\pi}{4}$。

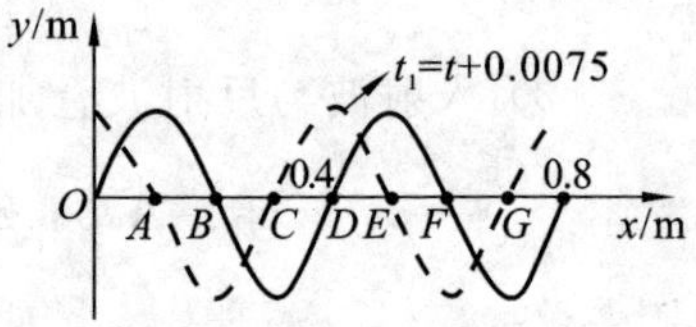

6. $\frac{3\pi}{2}$。

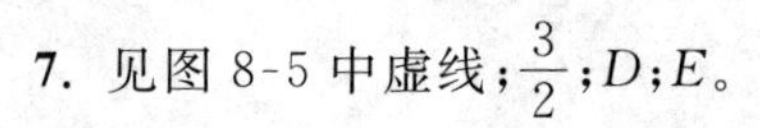

7. 见图 8-5 中虚线；$\frac{3}{2}$；D；E。

图 8-5

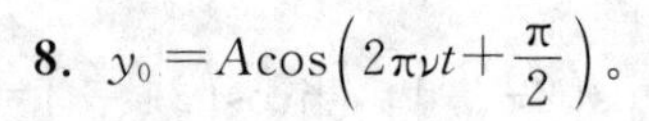

8. $y_0=A\cos\left(2\pi\nu t+\frac{\pi}{2}\right)$。

9. $y_P=0.2\cos\left(\frac{\pi}{2}t-\frac{\pi}{2}\right)$。

10. $(-\infty,+\infty)$；$[2,+\infty)$。

11. 频率相同；振动方向相同；相位差恒定。

12. $\alpha_1-\alpha_2=2\pi\left(k-\frac{1}{3}\right)$

$$y_1=0.2\cos\left[\frac{2\pi}{T}\left(t-\frac{r_1}{v}\right)+\phi_1\right],\quad y_2=0.2\cos\left[\frac{2\pi}{T}\left(t-\frac{r_2}{v}\right)+\phi_2\right]$$

即 $$\frac{2\pi}{Tv}(r_2-r_1)+\phi_1-\phi_2=2k\pi$$

所以 $$\alpha_1-\alpha_2=2k\pi-\frac{2\pi}{3}=2\pi\left(k-\frac{1}{3}\right)$$

13. 0.001 m。

$$\frac{2\pi}{\lambda}(r_2-r_1)+\phi_1-\phi_2=2k\pi;\quad \frac{2\pi}{0.08}(0.1-0.14)-\frac{\pi}{2}=-\frac{3\pi}{2}$$

所以相消，合振幅为 0.001 m。

14. 0。

15. 略。

16. $\left((k+1)\dfrac{\lambda}{4},-A\left[\sin2\pi\left(\nu t-\dfrac{x}{\lambda}\right)+\sin2\pi\left(\nu t+\dfrac{x}{\lambda}\right)\right]\right)$。

$$x=(k+1)\frac{\lambda}{4}(k\text{ 为整数})$$

$$y=-A\left[\sin2\pi\left(\nu t-\frac{x}{\lambda}\right)+\sin2\pi\left(\nu t+\frac{x}{\lambda}\right)\right]$$

由 $\sin(\alpha+\beta)=\sin\alpha\cos\beta+\sin\beta\cos\alpha$ 得 $y=-A\cos\dfrac{2\pi x}{\lambda}\sin2\pi\nu t$。

由 $A\cos\dfrac{2\pi x}{\lambda}=0$，有 $\dfrac{2\pi x}{\lambda}=(k+1)\dfrac{\pi}{2}$，所以 $x=(k+1)\dfrac{\lambda}{4}$（$k$ 为整数）。

17. (c)。

（二）选择题

1. C。

2. B。由其向 x 轴的正方向传播可知选 A 或 B，又因为 x 为点 O 的下一时刻将向负向振动，故答案为 B。

3. D。

将 $t=0,x=0,y=0$ 和 $t=0,x=2,y=0.2$ 代入几个选项中的方程可知，选 D。

4. C。$y_P=2\cos4\pi\left(t-\dfrac{-1}{8}\right)$ (m) $=2\cos\left(4\pi t+\dfrac{\pi}{2}\right)$ (m)

5. B。由此时点 A 处质元的振动动能在增大，可得点 A 处质元向平衡位置运动，由图 8-6 可知波应沿 x 轴负方向传播。

6. D。

7. D。在 S_2 外侧各点，两波的相位差为 $\dfrac{3}{2}\pi-\dfrac{\pi}{2}=\pi$，故两波相减，在 S_1 外侧各点，两波的相

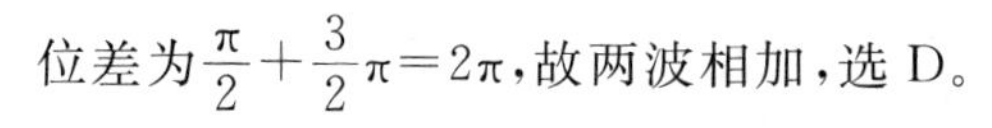
位差为 $\dfrac{\pi}{2}+\dfrac{3}{2}\pi=2\pi$，故两波相加，选 D。

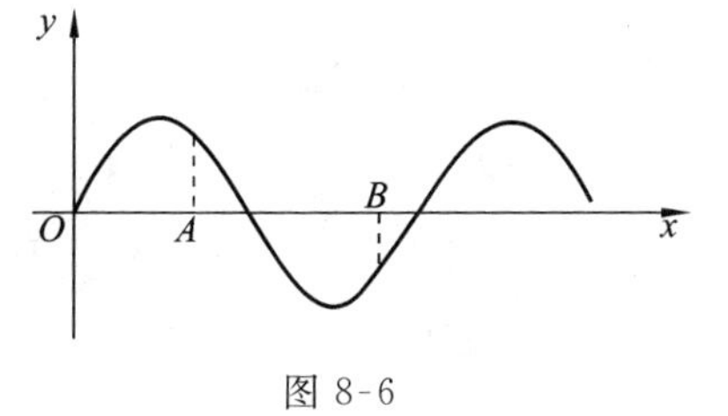

图 8-6

8. B。

9. B。

10. C。

11. D。

12. A。

13. A。观测点不动，汽车开过来，有 $1200=\dfrac{330}{330-u_S}v_S$；观测点不动，汽车开过去，有 $1000=\dfrac{330}{330+u_S}v_S$。由两式可得 $u_S=30$ m/s。

（三）计算题

1. 解 （1）振动是产生波动的根源，波动是振动的传播，它们是密切联系着的，但它们是两种不同的运动形式。振动是指单个物体（质点）或大块物体的一部分在其平衡位置附近做周期性运动。波动是指大块物体从波源向外传播的周期性运动。在波动传播过程中，介质中某一质元的动能、势能同时增加，同时减少，因而总能量不守恒。这与质点振动时的能量关系完全不同。平面简谐波动方程描述波动传播规律；简谐振动方程描述介质中某一点的振动规律；平面简谐波动方程可描述任意点的振动规律。

（2）在简谐振动的表达式中有 1 个独立变量；在简谐波的表达式中有 2 个独立变量。简谐波动方程描述波传播规律，它可以表示波在任意时刻的形状，也可描述任意点在任意时刻的位移。波以一定的速度在传播，此速度为相速度。

（3）$\frac{x}{c}$表示波从波源传到 x 处所需的时间。$\frac{\omega x}{c}$表示在 x 处与在波源处的相位差。波以恒定的速度传播。

（4）y 表示某时刻点 x 偏离平衡位置的位移，位移的方向可与波传播方向平行或垂直。一个简谐纵波的数学表达式为$\frac{\partial^2 y}{\partial x^2}=\frac{1}{u^2}\frac{\partial^2 y}{\partial t^2}$。由波动方程 $y=A\cos\left[2\pi\left(\frac{t}{T}+\frac{x}{\lambda}\right)\right]$可知波的振幅、初相、周期、频率、波长、波速、传播方向。无法判断该波代表的是纵波还是横波。

2. 略。

3. 解 （1）$T=\frac{2\pi}{\omega}=\frac{2\pi}{240\pi}\ \text{s}=\frac{1}{120}\ \text{s}$；$\lambda=uT=\frac{30}{120}\ \text{m}=0.25\ \text{m}$。

（2）$y=4\times10^{-3}\cos\left[240\pi\left(t-\frac{x}{30}\right)\right]\ \text{m}$。

4. 解 （1）波的传播速度 $u=\lambda\nu=0.1\times250\ \text{m/s}=25\ \text{m/s}$

波的角频率 $\omega=2\pi\nu=2\pi\times250=500\pi\ \text{rad/s}$

波动方程 $y=0.02\cos\left[500\pi\left(t-\frac{x}{25}\right)\right]\ \text{m}$

距波源 1.0 m 处一点的振动方程 $y=0.02\cos\left[500\pi\left(t-\frac{1.0}{25}\right)\right]\ \text{m}$

（2）$t=0.1$ s 时的波动方程 $y=0.02\cos\left[500\pi\left(0.1-\frac{x}{25}\right)\right]\ \text{m}$。图略。

5. 解 波传播方程为 $y=6\times10^{-2}\cos\left[\frac{\pi}{5}\left(t-\frac{x}{2}\right)\right]\ \text{m}$。距波源 6.0 m 处一点的振动方程为 $y=6\times10^{-2}\cos\left[\frac{\pi}{5}(t-3)\right]\ \text{m}$；该点与波源的相位差为$\frac{3\pi}{5}$；该点的振幅为 6×10^{-2} m，频率为$\frac{\pi}{5}$ rad/s；此波的波长为$\lambda=u\frac{2\pi}{\omega}=2\times\frac{2\pi}{\frac{\pi}{5}}\ \text{m}=20\ \text{m}$。

6. 解　$\omega=2\pi\dfrac{u}{\lambda}=2\pi\times\dfrac{100}{1/50}\ \text{rad/s}=10000\pi\ \text{rad/s}$

波动方程为　$y=3\times10^{-2}\cos\left[10000\pi\left(t-\dfrac{x}{100}\right)-\dfrac{\pi}{2}\right]\ \text{m}$

7. 解　波动方程又可写为

$$y=A\cos\left[B\left(t-\frac{x}{B/C}\right)\right]\ \text{m}$$

(1) 波的振幅为 A，波速为$\dfrac{B}{C}$，频率为 B，周期为$\dfrac{2\pi}{B}$，波长$\dfrac{2\pi}{C}$；

(2) 传播方向上距波源 l 处一点的振动方程 $y=A\cos\left[B\left(t-\dfrac{l}{B/C}\right)\right]$ m；

(3) 任何时刻，在波传播方向上相距为 D 的两点的相位差为$\dfrac{2\pi D}{\lambda}=\dfrac{2\pi D}{\frac{2\pi}{C}}=CD$。

8. 解　(1) $x=0.2$ m 处的质点，在 $t=2.1$ s 时的相位为 $4\pi\times2.1-2\pi\times0.2=8\pi$，它描述质点位于最大位移处，速度为零，下一时刻将向 x 轴负向运动。

(2) $4\pi\times t-2\pi\times0.4=8\pi$；$t=1.8$ s。

9. 解　(1) $y=3\cos\left[4\pi\left(t+\dfrac{x}{20}\right)\right]$ m

(2) $y=3\cos\left[4\pi\left(t+\dfrac{-5}{20}+\dfrac{x}{20}\right)\right]=3\cos\left[4\pi\left(t+\dfrac{x}{20}\right)-\pi\right]$

(3) 点 B 的振动方程为　$y=3\cos(4\pi t-\pi)$

点 C 的振动方程为　$y=3\cos\left(4\pi t-\dfrac{13}{5}\pi\right)$

点 D 的振动方程为　$y=3\cos\left(4\pi t+\dfrac{9}{5}\pi\right)$

10. 解　(1) 波源处的相位为 $2\pi(2\times2.1-0)=8.4\pi$；距波源 0.10 m 处的相位为

$$2\pi(2\times2.1-0.1/100)=8.398\pi$$

(2)
$$\lambda=2\pi/(2\pi/100)\ \text{m}=100\ \text{m}$$
$$\Delta\psi=2\pi\times(0.8-0.5)/\lambda=3\pi/500$$

11. 解　波的能流密度　$p=wS=w\pi r^2$

$$r=5,\quad w=\frac{4}{25\pi}\ \text{J/(m}^2\cdot\text{s)}$$

$$r=10,\quad w=\frac{1}{25\pi}\ \text{J/(m}^2\cdot\text{s)}$$

12. 解　(1) 该波的能流密度

$$w=\rho A^2\omega^2\sin^2\omega\left(t-\frac{x}{u}\right)=800\times1.0\times10^{-8}(2\pi\times10^3)^2\sin^2(2\pi\times10^3)\left(t-\frac{x}{1000}\right)$$

(2) 一分钟内垂直通过一面积 $S=4.0\times10^{-4}\ \mathrm{m}^2$ 的总能量为

$$W=\overline{w}St=\frac{1}{2}\rho A^2\omega^2 St=\frac{1}{2}\times800\times1.0\times10^{-8}(2\pi\times10^3)^2\times4.0\times10^{-4}\times60\ \mathrm{J}$$
$$=0.384\pi^2\ \mathrm{J}$$

13. 解　波长为　$\lambda=uT=\dfrac{u}{\nu}=\dfrac{0.5}{30}\ \mathrm{m}=\dfrac{1}{60}\ \mathrm{m}$

$$|PB|=\sqrt{|PA|^2+|AB|^2-2|PB||AB|\cos30^\circ}$$
$$=\sqrt{16+0.01-0.8\cos30^\circ}\ \mathrm{m}=3.96\ \mathrm{m}$$

故求两波通过点 P 的相位差为 $2\pi\times(4-3.96)/\lambda=4.8\pi$。

14. 解　(1) 设点 P 发出的波的相位领先点 Q 发出的波的相位 θ_0，且两波的振幅分别为 A_P、A_Q。在点 R 的相位差为 $2\pi\times\dfrac{3\lambda/2}{\lambda}-\theta_0=3\pi-\theta_0$。

(2) 两波在 R 处干涉时的合振幅为 $A=\sqrt{A_P^2+A_Q^2+2A_QA_P\cos(3\pi-\theta_0)}$。

15. 解　点 A 为坐标原点，波源在 A 处产生的波的波长为

$$\lambda=uT=\frac{u}{f}=\frac{400}{100}\ \mathrm{m}=4\ \mathrm{m}$$

$$2\pi\times\frac{30}{4}=15\pi$$

若点位于点 B 的右边，则两波在该点的相位差为 $15\pi+\pi=16\pi$。

若点位于点 A 的左边，则两波在该点的相位差为 $15\pi-\pi=14\pi$。

这两种情况下两波叠加，故在这两区域没有因干涉而静止的点。设该点位于点 A 与点 B 之间，距点 A 为 x，若要该点因干涉而静止，则两波在该点的相位差为 $\Delta\theta=(2k+1)\pi, k\in\mathbf{Z}$，而 $\Delta\theta=2\pi\dfrac{2x-30}{4}+\pi=(2k+1)\pi, k\in\mathbf{Z}, 0\leqslant x\leqslant30$，得 $x=2k+15, k\in\mathbf{Z}, -7\leqslant k\leqslant7$。

第四篇　电磁学

第九章　真空中的静电场

一、本章要求

(1) 理解静电现象、电荷量子化概念和电荷守恒定律。

(2) 掌握库仑定律及其适用条件；掌握应用库仑定律和电场叠加原理计算点电荷、点电荷系和具有简单几何形状的带电体(如均匀带电直线、无限大带电平面、圆环、圆柱面和球面等)形成的电场分布的方法。

(3) 掌握电场线和电场强度通量的概念，理解并能应用高斯定理计算电荷对称分布(如具有球对称性、面对称性和轴对称性)的带电系统的电场强度。

(4) 掌握静电力做功与路径无关的特征；掌握静电场环路定理的物理意义；掌握电势的概念，并应用电势叠加方法和电场强度积分方法计算点电荷、点电荷系和具有简单几何形状的带电体形成的电势分布。

(5) 理解电势梯度的概念；掌握应用电势梯度分布计算电场强度分布的方法。

二、基本内容

1. 库仑定律和静电力叠加原理

库仑定律：在真空中两个点电荷之间的相互作用力与这两个点电荷所带电量的乘积成正比，与它们之间距离的平方成反比，作用力的方向沿两个点电荷的连线，同号电荷相斥，异号电荷相吸，即

$$\boldsymbol{F}=\frac{1}{4\pi\varepsilon_0}\frac{q_1 q_2}{r^2}\boldsymbol{r}_0$$

式中，$\varepsilon_0=8.85\times10^{-12}\ \mathrm{C^2/(N\cdot m^2)}$称为真空的介电常数，也称为真空中的电容率。

静电力叠加原理

$$\boldsymbol{F}=\sum_i \frac{1}{4\pi\varepsilon_0}\frac{q_0 q_i}{r_i^2}\boldsymbol{r}_{i0}$$

电荷连续分布带电体之间的静电力

$$\boldsymbol{F}=\int \mathrm{d}\boldsymbol{F}=\int_{Q_1 Q_2}\frac{1}{4\pi\varepsilon_0}\frac{\mathrm{d}q_1\,\mathrm{d}q_2}{r^2}\boldsymbol{r}_0$$

式中，r 为带电体上电荷元 $\mathrm{d}q$ 之间的距离。

2. 电场强度和场强叠加原理

电场强度：电场中某点电场强度 $\boldsymbol{E}$ 的大小等于所带电荷量为 q_0 的单位正电荷在该点受力的大小，其方向为正电荷在该点受力的方向，即

$$\boldsymbol{E}=\frac{\boldsymbol{F}}{q_0}$$

点电荷系中的电场强度叠加原理

$$\boldsymbol{E}=\sum_i \frac{\boldsymbol{F}_i}{q_0}=\sum_i \boldsymbol{E}_i=\sum_i \frac{1}{4\pi\varepsilon_0}\frac{q_i}{r_i^2}\boldsymbol{r}_{i0}$$

电荷连续分布的带电体产生的场强

$$\boldsymbol{E}=\int \mathrm{d}\boldsymbol{E}=\int_Q \frac{1}{4\pi\varepsilon_0}\frac{\mathrm{d}q}{r^2}\boldsymbol{r}_0$$

1）电荷线分布的场强

若电荷线密度为 λ，则

$$\boldsymbol{E}=\int \mathrm{d}\boldsymbol{E}=\int_l \frac{1}{4\pi\varepsilon_0}\frac{\lambda \mathrm{d}l}{r^2}\boldsymbol{r}_0$$

2）电荷面分布的场强

若电荷面密度为 σ，则

$$\boldsymbol{E}=\int \mathrm{d}\boldsymbol{E}=\int_S \frac{1}{4\pi\varepsilon_0}\frac{\sigma \mathrm{d}S}{r^2}\boldsymbol{r}_0$$

3）电荷体分布的场强

若电荷体密度为 ρ，则

$$\boldsymbol{E}=\int \mathrm{d}\boldsymbol{E}=\int_V \frac{1}{4\pi\varepsilon_0}\frac{\rho \mathrm{d}V}{r^2}\boldsymbol{r}_0$$

3. 电场强度通量

在电场中穿过任意曲面 S 的电场线条数称为穿过该面的电场强度通量，用 Φ_e 表示，即

$$\Phi_e=\int_S \boldsymbol{E}\cdot \mathrm{d}\boldsymbol{S}=\int_S E\cos\theta \mathrm{d}S$$

式中，θ 是 $\boldsymbol{E}$ 与 $\mathrm{d}\boldsymbol{S}$ 之间的夹角。

4. 高斯定理

高斯定理：在真空的任何静电场中，穿过任一闭合曲面的电场强度通量，在数值上等于该闭合曲面内包围的电量的代数和乘以 $\frac{1}{\varepsilon_0}$。

$$\Phi_e=\oint_S \boldsymbol{E}\cdot \mathrm{d}\boldsymbol{S}=\frac{1}{\varepsilon_0}\sum_i q_i \text{（电荷孤立分布）}$$

$$\Phi_e=\oint_S \boldsymbol{E}\cdot \mathrm{d}\boldsymbol{S}=\frac{1}{\varepsilon_0}\int_{S\text{所围的}V} \rho \mathrm{d}V \text{（电荷连续分布）}$$

5. 几种典型电荷分布的场强公式

(1) 均匀带电球面的场强

$$\boldsymbol{E}=\boldsymbol{0}\text{(球面内)},\quad \boldsymbol{E}=\frac{1}{4\pi\varepsilon_0}\frac{q}{r^2}\boldsymbol{r}_0\text{(球面外)}$$

(2) 无限长均匀带电直线(电荷线密度为 λ)的场强

$$\boldsymbol{E}=\frac{1}{2\pi\varepsilon_0}\frac{\lambda}{r}\boldsymbol{r}_0$$

(3) 无限长均匀带电圆柱面(电荷线密度为 λ)的场强

$$\boldsymbol{E}=\boldsymbol{0}\text{(柱面内)},\quad \boldsymbol{E}=\frac{1}{2\pi\varepsilon_0}\frac{\lambda}{r}\boldsymbol{r}_0\text{(柱面外)}$$

(4) 无限大均匀带电平面的(电荷面密度为 σ)场强

$$\boldsymbol{E}=\frac{\sigma}{2\varepsilon_0}\boldsymbol{n}$$

(5) 均匀带电圆环轴线上的(电荷线密度为 λ)场强

$$\boldsymbol{E}=\frac{qx}{4\pi\varepsilon_0(R^2+x^2)^{3/2}}\boldsymbol{i}$$

(6) 均匀带电圆盘轴线上的(电荷面密度为 σ)场强

$$\boldsymbol{E}=\frac{\sigma}{2\varepsilon_0}\left(1-\frac{x}{\sqrt{x^2+R^2}}\right)\boldsymbol{i}\text{(}R\text{ 为圆盘半径)}$$

6. 静电场的环路定理

静电场的环路定理:在静电场中,电场强度沿任一闭合路径的线积分恒为零,即

$$\oint_L \boldsymbol{E}\cdot \mathrm{d}\boldsymbol{l}=0$$

电势能:电荷在电场中某点的电势能,在数值上等于把电荷从该点移到电势能零点,静电力所做的功,即

$$W_P=\int_P^0 q_0\boldsymbol{E}\cdot \mathrm{d}\boldsymbol{l}$$

把电荷 q_0 从点 a 移到点 b,静电力所做的功为

$$A_{ab}=W_a-W_b=\int_a^b q_0\boldsymbol{E}\cdot \mathrm{d}\boldsymbol{l}$$

电势:电场中点 P 的电势,在数值上等于单位正电荷在该点所具有的电势能,即把单位正电荷从该点沿任意路径移到电势能零点,电场力所做的功,即

$$U_a=\frac{W_P}{q_0}=\int_P^0 \boldsymbol{E}\cdot \mathrm{d}\boldsymbol{l}$$

若源电荷为有限分布,可取无限远处为电势零点,即

$$U_a=\frac{W_P}{q_0}=\int_P^{\infty} \boldsymbol{E}\cdot \mathrm{d}\boldsymbol{l}$$

若源电荷为无限分布，电势零点可视具体问题任意选取。

7. 电势叠加原理

1）点电荷系

$$U_P=\sum_i U_i=\sum_i\frac{1}{4\pi\varepsilon_0}\frac{q_i}{r_i}$$

2）电荷连续分布的带电体

$$U_P=\int \mathrm{d}U=\int_Q\frac{1}{4\pi\varepsilon_0}\frac{\mathrm{d}q}{r}$$

8. 电场强度和电势的关系(电势梯度)

$$\boldsymbol{E}=-\mathbf{grad}\ U$$

在直角坐标中，有

$$\boldsymbol{E}=-\left(\frac{\partial U}{\partial x}\boldsymbol{i}+\frac{\partial U}{\partial y}\boldsymbol{j}+\frac{\partial U}{\partial y}\boldsymbol{k}\right)$$

9. 带电体在电场中受的力

点电荷在电场中受的电场力为

$$\boldsymbol{F}=q\boldsymbol{E}$$

电偶极子在均匀电场中受的力矩为

$$\boldsymbol{M}=q\boldsymbol{l}\times\boldsymbol{E}=\boldsymbol{p}_\mathrm{e}\times\boldsymbol{E}$$

式中，$\boldsymbol{p}_\mathrm{e}$ 称为电偶极矩。

电荷连续分布的带电体在电场中受的力为

$$\boldsymbol{F}=\int_Q\boldsymbol{E}\,\mathrm{d}q$$

式中，$\boldsymbol{E}$ 为 $\mathrm{d}q$ 所在处的场强。

由牛顿第二定律，有

$$q\boldsymbol{E}=m\boldsymbol{a}=m\frac{\mathrm{d}\boldsymbol{v}}{\mathrm{d}t}$$

10. 几个重要结论

(1) 带电量为 q 的带电粒子，行经电势差为 U 的电场中的两点时，电场力所做的功为

$$qU=\frac{1}{2}mv^2-\frac{1}{2}mv_0^2$$

(2) 带电量为 q、质量为 m 的粒子以 v_0 进入与之垂直的电场 E 时的运动为类似平抛运动，其中

$$y=\frac{1}{2}\frac{q}{m}E\frac{x^2}{v_0^2}$$

三、例　　题

(一) 填空题

1. 如图 9-1 所示，有一边长为 a 的正方形平面，在其中垂线上与中心点 O 相矩 $\frac{1}{2}a$ 处，有一带电量为 q 的正点电荷，则通过该平面的电场强度通量是________。

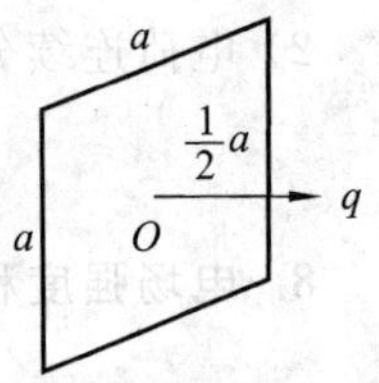

图 9-1

解　$\frac{q}{6\varepsilon_0}$。

以点电荷为中心作一边长为 a 的立方体，则由高斯定理知，通过平面的电场强度通量为$\frac{q}{6\varepsilon_0}$。

2. 一带电细线弯成半径为 R 的半圆形，电荷线密度为 $\lambda=\lambda_0\sin\phi$，式中，$\lambda_0$ 为一常数，则环心点 O 处的电场强度为________。

解　$-\frac{\lambda_0}{8\varepsilon_0 R}\boldsymbol{j}$。

在 Φ 处取电荷元，其电量为 $\mathrm{d}q=\lambda\mathrm{d}l=\lambda_0 R\sin\phi\mathrm{d}\phi$。

它在点 O 产生的场强为

$$\mathrm{d}E=\frac{\mathrm{d}q}{4\pi\varepsilon_0 R^2}=\frac{\lambda_0\sin\phi\mathrm{d}\phi}{4\pi\varepsilon_0 R}$$

在 x、y 轴上的两个分量分别为 $\mathrm{d}E_x=-\mathrm{d}E\cos\phi$，$\mathrm{d}E_y=-\mathrm{d}E\sin\phi$。

对两个分量分别积分，得

$$E_x=-\frac{\lambda_0}{4\pi\varepsilon_0 R}\int_0^{\pi}\sin\phi\cos\phi\mathrm{d}\phi=0$$

$$E_y=-\frac{\lambda_0}{4\pi\varepsilon_0 R}\int_0^{\pi}\sin^2\phi\mathrm{d}\phi=-\frac{\lambda_0}{8\varepsilon_0 R}$$

有

$$\boldsymbol{E}=E_x\boldsymbol{i}+E_y\boldsymbol{j}=-\frac{\lambda_0}{8\varepsilon_0 R}\boldsymbol{j}$$

3. 如图 9-2 所示的绝缘细线，其上均匀分布着正电荷。已知电荷线密度为 λ，两段直线长均为 a，半圆环的半径为 a，则环心点 O 的电势为________。

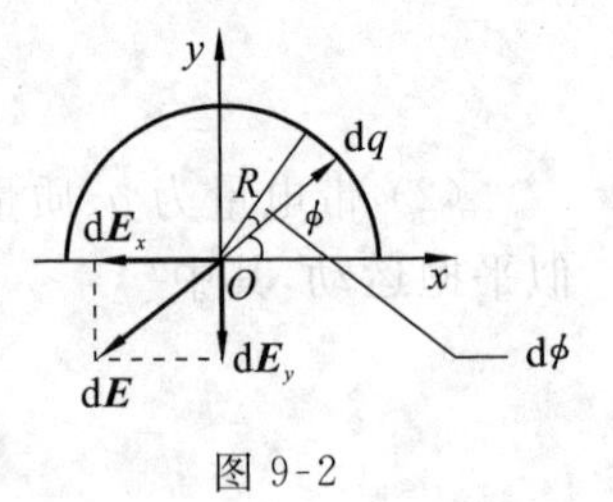

图 9-2

解　$\frac{\lambda}{4\pi\varepsilon_0}(2\ln2+\pi)$。

因为点 O 的电势即为带电细线 ab、bcd、de 在点 O 电势的叠加，如图 9-3 所示。

先求 ab 段上微元 $\mathrm{d}x$ 在点 O 的电势(见图 9-4)，即

$$dU=\frac{dq}{4\pi\varepsilon_0 r}=\frac{\lambda dx}{4\pi\varepsilon_0(2a-x)}$$

积分得 ab 段在点 O 的电势为

$$U_1=\int dU=\int_0^a \frac{\lambda dx}{4\pi\varepsilon_0(2a-x)}=\frac{\lambda}{4\pi\varepsilon_0}\ln 2$$

同理，可得 de 段在点 O 的电势为

$$U_2=\frac{\lambda}{4\pi\varepsilon_0}\ln 2$$

bcd 段在点 O 的电势：在圆弧上任取一段 dl，它在点 O 产生的电势为

$$dU=\frac{dq}{4\pi\varepsilon_0 a}=\frac{\lambda dl}{4\pi\varepsilon_0 a}$$

$$U_3=\int dU=\int_0^{\pi a}\frac{\lambda dl}{4\pi\varepsilon_0 a}=\frac{\lambda}{4\varepsilon_0}$$

所以，点 O 的电势为

$$U_0=U_1+U_2+U_3=\frac{\lambda}{4\pi\varepsilon_0}(2\ln 2+\pi)$$

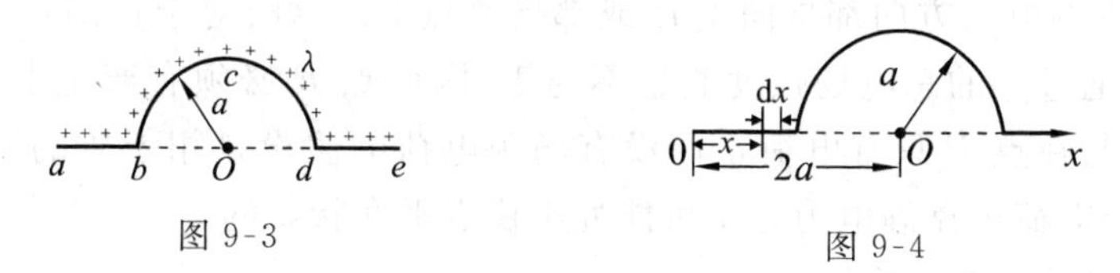

图 9-3　　图 9-4

(二) 选择题

1. 下列论述正确的是(　　)。

A. 平时测量所得到的电流大小没有脉冲式变化，所以电荷的量子化是错误的

B. 场与实物一样都是物质，所以不应该有差异

C. 电场强度与电势既然都是描述电场性质的物理量，重复引入实在没有必要

D. 在选择电势零点时，原则上完全可以任意选取，但在实际应用中要根据具体情况具体分析，这样才能得出合理的结果

E. 只在静电力作用下，一个电荷是不可能处于稳定平衡状态的

解　DE。

A 错。常见的宏观带电体所带的电荷远大于基本电量，在灵敏度一般的电子测试仪器中，电荷的量子性是显示不出来的。因此，在分析带电情况时，可以认为电荷是连续分布的，这正如人们看到流水时，认为它是连续的，而感觉不到水是一个个分子、原子等微观粒子组成的一样。

B 错。场与实物都是物质存在的形式，它们是客观存在并能为人们所认识的，由于物质存在的形式具有多样性，这就导致了场与实物的宏观表现有所差异。

C 不全面。我们可以只用电场强度(或电势)来描述电场性质，但是引入电势

后即可从不同角度加深对电场的认识,也可简化运算,因为电势是标量。一般计算U比计算E方便(尤其在电荷分布不具备高度对称性的情况下更是如此),求得U后,根据$\boldsymbol{E}=-\mathbf{grad}\,U$计算电场强度$\boldsymbol{E}$了。

D正确。从定义来看,电势只具有相对值,从此意义上说电势零点是完全可以任意选择的。但在理论研究中,往往要采用一些抽象模型,如无限大带电体、点电荷等,在这种情况下,电势零点就有一定的限制,即必须使得电场中各点的电势U有确定的值。例如,无限大均匀带电平面,由于电荷分布在无限大的范围,就不能选无限远处为电势零点,而通常选带电平面本身为电势零点;又如,因为点电荷的电荷集中在一个点上,因此不能选点电荷本身作为电势零点,通常选无限远处为电势零点;无限长带电直线的电势零点不能选在其本身上,也不能选在无限远处,只能选空间的其他任意点作为电势零点,实际问题中常以大地或电器的金属外壳为电势零点。另外,电势零点的选择应尽量以计算简单为准则。

E正确。在电场中点P处放一电荷q,如果它处于稳定平衡状态,则它向任意方向稍微离开点P时,都应受到指向点P的电场力使它回归到点P,这种情况要求点P周围的电场方向都指向点P或都指离点P。这时对于包围点P的封闭高斯面来说,通过它的总电场强度通量不为零,因而点P必须有产生上述电场的场源电荷,这与在点P只有电荷q而没有场源电荷的假设是相矛盾的。因此,在静电场中一个电荷单靠静电力是不可能处于稳定平衡状态的。

2. 下列说法正确的是(　　)。

A. 静电场中的任一闭合曲面S,若有$\oint \boldsymbol{E}\cdot \mathrm{d}\boldsymbol{S}=0$,则面$S$上的$E$处处为零

B. 若闭合曲面S上各点的场强均为零,则曲面S未必包围电荷

C. 通过闭合曲面S的总电场强度通量,仅仅由曲面S所包围的电荷提供

D. 闭合曲面S上各点的场强,仅仅由曲面S所包围的电荷提供

E. 应用高斯定理求场强的条件是电场具有对称性

解　C。

A不对。$\oint \boldsymbol{E}\cdot \mathrm{d}\boldsymbol{S}=0$说明通过曲面$S$的电场强度通量等于零,也说明曲面$S$所包围的电荷代数和等于零。而曲面$S$上各点的$E$是由空间所有电荷及其分布所决定的,所以不能说"若有$\oint \boldsymbol{E}\cdot \mathrm{d}\boldsymbol{S}=0$,则曲面$S$上的$E$处处为零"。例如,曲面$S$内有带电量分别$+q$与$-q$的点电荷,曲面$S$外有点电荷,由高斯定理有$\oint \boldsymbol{E}\cdot \mathrm{d}\boldsymbol{S}=0$,显然在曲面$S$上$E\neq 0$。

B不对。曲面S上各点的$E=0$,由高斯定理$\oint \boldsymbol{E}\cdot \mathrm{d}\boldsymbol{S}=0$,可以说明在曲面$S$

内 $\sum_i q_i = 0$，但不能说明曲面 S 未包围电荷。当曲面 S 内有两个带电量为 $+q$ 及 $-q$ 的均匀带电球面时，闭合曲面 S 上各点的场强也均为零。

D 不对。

E 不对。这只是必要条件而不是充分条件，用高斯定理求场强只有对某些具有特殊对称的场的情况才能解出。

（三）计算题

1. 有四个正点电荷，其电量都是 q，分别放在边长为 a 的正方形的四个顶点上，如图 9-5 所示。

（1）在正方形中心放一个什么样的电荷，可以使每个电荷都达到平衡？

（2）这样的平衡与正方形的边长有无关系？

（3）这样的平衡是稳定平衡还是非稳定平衡？

解　（1）点电荷的相互作用遵循库仑定律。所谓电荷达到平衡是指电荷所受合力为零。所谓稳定或非稳定平衡是指电荷离开平衡位置后，合力如果能使其回到原位置，则平衡是稳定的，否则平衡不稳定。此题关键是求合力。

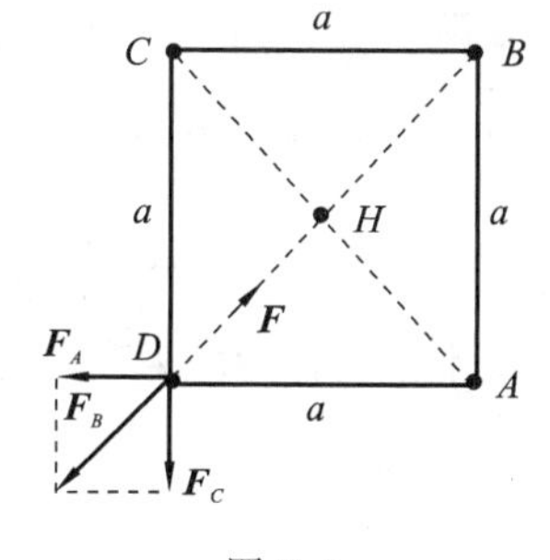

图 9-5

正方形顶点上的每一个电荷都处于平衡状态，必须在正方形的中心放一负电荷 H，其电量为 q'，使作用在每个电荷上的合力等于零。若电荷 A、B、C 对 D 的作用力分别用 $\boldsymbol{F}_A$、$\boldsymbol{F}_B$、$\boldsymbol{F}_C$ 表示，电荷 H 对电荷 D 的作用力用 $\boldsymbol{F}$ 表示，则电荷 D 处于平衡的条件为

$$\boldsymbol{F}+\boldsymbol{F}_A+\boldsymbol{F}_B+\boldsymbol{F}_C=\boldsymbol{0}$$

写成标量式为

$$F-\sqrt{2}F_A-F_B=0$$

根据库仑定律，上式可以写为

$$\frac{1}{4\pi\varepsilon_0}\left[\frac{qq'}{\left(\frac{\sqrt{2}}{2}a\right)^2}+\frac{q^2}{(\sqrt{2}a)^2}+\frac{\sqrt{2}q^2}{a^2}\right]=0$$

所以
$$\frac{2q'}{a^2}+\frac{q}{2a^2}+\frac{\sqrt{2}q}{a^2}=0$$

由此解得
$$q'=-\frac{2\sqrt{2}+1}{4}q$$

（2）由表达式可知，q' 与 a 无关，所以这种平衡与正方形的边长无关。

（3）在正方形的中心放置负电荷 H，虽然能使每个电荷都达到平衡状态，但这种平衡是不稳定的。因为只要 H 稍微偏离正方形的中心位置，所有电荷都将无法保持其平衡状态，而且不能自动地恢复到平衡状态。

2. 真空中有一球对称电场，其电场强度的分布由下式给出

$$\boldsymbol{E}(r)=\frac{\alpha-\beta r}{r^2}\boldsymbol{r}_0$$

式中，α、β 为正常数，r 为从原点 O 到场点的位置矢量的模；$\boldsymbol{r}_0$ 为该矢量方向上的单位矢量。求：

（1）以原点 O 为球心、以 r 为半径的球体内所包含的电量 $Q(r)$；

（2）空间的电荷体密度分布 $\rho(r)$。

解 （1）由电场是呈球对称状态分布的，可以认为它是由球对称分布电荷产生的，因此，可利用高斯定理求解。

由空间电场强度的分布 $\boldsymbol{E}(r)=\frac{\alpha-\beta r}{r^2}\boldsymbol{r}_0$ 和场强的叠加原理可知，此空间电场可视为由两部分电场 $\boldsymbol{E}_1$ 和 $\boldsymbol{E}_2$ 叠加而成，其中

$$\boldsymbol{E}_1=\frac{\alpha}{r^2}\boldsymbol{r}_0,\quad \boldsymbol{E}_2=-\frac{\beta}{r}\boldsymbol{r}_0$$

由此不难看出，$\boldsymbol{E}_1$ 为球心处正点电荷产生的电场，由点电荷场强公式

$$\boldsymbol{E}_1=\frac{q_1}{4\pi\varepsilon_0}\frac{\boldsymbol{r}_0}{r^2}$$

可得，球心处点电荷的电量为 $\qquad q_1=4\pi\varepsilon_0\alpha$

$\boldsymbol{E}_2=-\frac{\beta}{r}\boldsymbol{r}_0$ 为球对称电场，且由负电荷产生，则负电荷的分布也一定是球对称的。取以原点为球心、以 r 为半径的球面为高斯面，由高斯定理可知，在高斯面内的电量为

$$q_2=4\pi\varepsilon_0 r^2E_2=4\pi\varepsilon_0 r^2\left(-\frac{\beta}{r}\right)=-4\pi\varepsilon_0\beta r$$

所以，以原点为球心、以 r 为半径的球形区域内的电量为

$$Q(r)=q_1+q_2=4\pi\varepsilon_0\alpha+(-4\pi\varepsilon_0\beta r)=4\pi\varepsilon_0(\alpha-\beta r)$$

（2）在球心处电量为 $q_1=4\pi\varepsilon_0\alpha$ 的正点电荷；在球心外整个空间分布着负电荷，在半径 $r\sim r+\mathrm{d}r$ 的薄球壳内的电量为

$$\mathrm{d}Q(r)=-4\pi\varepsilon_0\beta\mathrm{d}r$$

所以，空间电荷的体密度分布为

$$\rho(r)=\frac{\mathrm{d}Q(r)}{\mathrm{d}V}=\frac{-4\pi\varepsilon_0\beta\mathrm{d}r}{4\pi r^2\mathrm{d}r}=-\frac{\varepsilon_0\beta}{r^2}$$

3. 在一半径为 R、电量为 Q 的均匀带电球面 A 的一径向延长线上，放一长为

l 的带电细棒，其单位长度所带电量为 λ，细棒的一端到球心的距离为 $b(b>R)$，求细棒受的静电场力并分析棒的运动。如果 A 为一点电荷，结果又如何（A 在图 9-6 中点 O 处）？

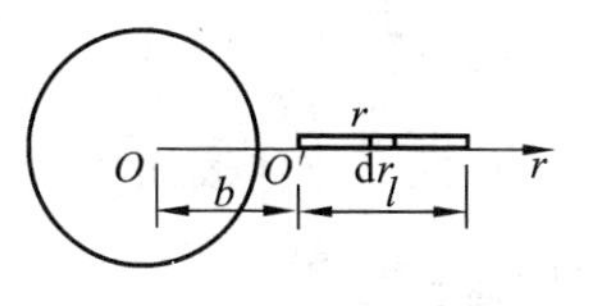

图 9-6

解　如图 9-6 所示，在距棒左端 r 处取线元 $\mathrm{d}r$，带电量 $\mathrm{d}q=\lambda\mathrm{d}r$，至球心 O 的距离为 $b+r$，不考虑带电细棒对电场的影响，$\mathrm{d}q$ 所受的电场力大小为

$$\mathrm{d}F=E\mathrm{d}q=\frac{Q\lambda\mathrm{d}r}{4\pi\varepsilon_0(b+r)^2}$$

沿 r 轴正向，带电细棒受的电场力为

$$F=\int\mathrm{d}F=\int_0^l\frac{\lambda\mathrm{d}r}{4\pi\varepsilon_0(b+r)^2}=\frac{\lambda Q}{4\pi\varepsilon_0}\left(\frac{1}{b}-\frac{1}{l+b}\right)\quad(\mathrm{d}r=\mathrm{d}l)$$

使细棒产生的加速度为

$$a=\frac{F}{m}=\frac{\lambda Q}{4\pi\varepsilon_0 m}\left(\frac{1}{b}-\frac{1}{l+b}\right)$$

如果 λ、Q 同号，加速度沿 r 轴正向，即沿远离带电球面的方向运动。

因为以上解与带电球面半径 R 无关，所以当 Q 为点电荷时结果相同。

四、习题解答

（一）填空题

1. 0。

2. 3.24×10^{-8} N/C；$\theta=30°$。

3. $\dfrac{\lambda_1\lambda_2}{2\pi\varepsilon_0}\ln\dfrac{a+b}{a}$。

因为

$$\mathrm{d}F=E\mathrm{d}q=\frac{\lambda_1}{2\pi\varepsilon_0 r}\lambda_2\mathrm{d}r$$

所以

$$F=\int_a^{a+b}\frac{\lambda_1}{2\pi\varepsilon_0 r}\lambda_2\mathrm{d}r=\frac{\lambda_1\lambda_2}{2\pi\varepsilon_0}\ln\frac{a+b}{a}$$

4. 均匀带电球面。

5. 0；$\boldsymbol{E}(r)=\dfrac{\sigma R\boldsymbol{r}}{\varepsilon_0 r^2}$。

6. $E=\dfrac{\sigma}{2\varepsilon_0}$；向右；$E=\dfrac{3\sigma}{2\varepsilon_0}$；向右；$E=\dfrac{\sigma}{2\varepsilon_0}$；向左。

7. $\dfrac{q}{\varepsilon_0}$；0。

8. $\dfrac{Q}{6\varepsilon_0}$。

选此立方体表面为高斯面，由高斯定理易得，通过正方体的任意一个面的电场强度通量为$\dfrac{Q}{6\varepsilon_0}$。

9. $\dfrac{Q}{\varepsilon_0}$；0；$\dfrac{-Q}{\varepsilon_0}$。

10. 负；增加；Q。

11. $\dfrac{Q}{4\pi\varepsilon_0 r}$。

12. $\dfrac{Qq}{2\pi\varepsilon_0\sqrt{x^2+a^2}}$。

由功能原理得 $A=E_k=QU=\dfrac{Qq}{2\pi\varepsilon_0\sqrt{x^2+a^2}}$。

13. $\sqrt{2gR-\dfrac{qQ}{2\pi\varepsilon_0 R}\left(1-\dfrac{\sqrt{2}}{2}\right)}$。

由 $mgR-q(U_O-U_P)=\dfrac{1}{2}mv^2$ 得 $v=\sqrt{2gR-\dfrac{qQ}{2\pi\varepsilon_0 R}\left(1-\dfrac{\sqrt{2}}{2}\right)}$。

14. $\dfrac{q}{8\pi\varepsilon_0 R}$。

均匀带电球面在中心处产生的电势为$U=\dfrac{q}{4\pi\varepsilon_0 R}$，由叠加原理可知，半球面在中心处产生的电势为$U_{半}=\dfrac{U}{2}=\dfrac{q}{8\pi\varepsilon_0 R}$。

15. (1)场强 E 的环流为零，说明电场是保守力场；(2)通过面元 d$\boldsymbol{S}$ 的电场强度通量。

16. $\boldsymbol{E}=-\mathbf{grad}\,U$；　$U=\int_r^{\infty}\boldsymbol{E}\cdot\mathrm{d}\boldsymbol{S}$ 。

17. -66；18；0。

由
$$\boldsymbol{E}=-\mathbf{grad}\,U=-\left(\frac{\partial}{\partial x}\boldsymbol{i}+\frac{\partial}{\partial y}\boldsymbol{j}+\frac{\partial}{\partial x}\boldsymbol{k}\right)U$$

得
$$\frac{\partial}{\partial x}U=\frac{\partial}{\partial x}(6x-6x^2y+7y^2)=(6-12xy)\Big|_{x=2,y=3,z=0}=-66$$
$$\frac{\partial}{\partial y}U=\frac{\partial}{\partial y}(6x-6x^2y+7y^2)=(-6x^2+14y)\Big|_{x=2,y=3,z=0}=18$$
$$\frac{\partial}{\partial z}U=0$$

所以 $\boldsymbol{E}=-66\boldsymbol{i}+18\boldsymbol{j}$ (SI)。

(二)选择题

1. D。

2. C。

如图 9-7 所示。

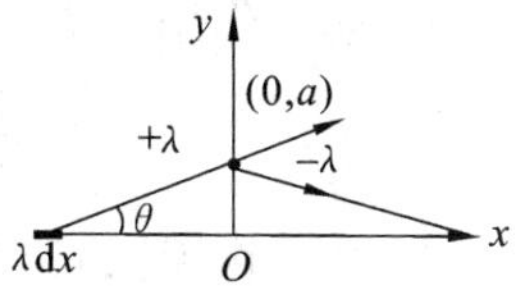

$$dE_{-x}=dE\cos\theta=\frac{\lambda dx}{4\pi\varepsilon_0 r^2}\frac{x}{r}=\frac{\lambda dx^2}{8\pi\varepsilon_0(x^2+a^2)^{\frac{3}{2}}}$$

$$dE_{x总}=2dE_{-x}=\frac{\lambda dx^2}{4\pi\varepsilon_0(x^2+a^2)^{\frac{3}{2}}}$$

图 9-7

$$E_{x总}=\int_0^{-\infty}\frac{\lambda dx^2}{4\pi\varepsilon_0(x^2+a^2)^{\frac{3}{2}}}=\frac{\lambda}{2\pi\varepsilon_0 a}$$,方向水平向右。

3. D。

4. C。

5. B。

6. C。

7. C。

8. B。

9. D。

10. C。

11. D。

12. D。

13. B。因为空间某点的电势等于将单位正电荷从该点移到无穷远点(电势为零的点),电场力所做的功,即

$$A=\int dA=\int \boldsymbol{f}\cdot d\boldsymbol{r}=-\int_{2a}^{a}\frac{q}{4\pi\varepsilon_0 r^2}dr=\frac{q}{4\pi\varepsilon_0}\left(\frac{1}{a}-\frac{1}{2a}\right)=\frac{q}{8\pi\varepsilon_0 a}$$

14. D。由

$$U=\int_0^q\frac{dq}{4\pi\varepsilon_0\sqrt{x^2+R^2}}=\frac{q}{4\pi\varepsilon_0\sqrt{x^2+R^2}}$$

有
$$U_1=U\Big|_{x=b}=\frac{q}{4\pi\varepsilon_0\sqrt{2}b},\quad U_2=U\Big|_{x=2b}=\frac{q}{4\pi\varepsilon_0\sqrt{5}b}$$

所以
$$\frac{U_1}{U_2}=\frac{\sqrt{5}}{\sqrt{2}}$$

15. A。

因为 b、d 两点产生的电场在等势面上,故从点 b 到点 d 只要考虑点 a 产生的电场力所做的功就可以了。

16. D。

17. C。

18. B。

(三) 计算题

1. 解 作用力 $F_{合}=0$。

$$M=p_e\times E=p_e E\sin\theta=E=\frac{p_e Q}{4\pi\varepsilon_0 r^2}=\frac{qlQ}{4\pi\varepsilon_0 r^2}$$

2. 解 由无限长直导线在周围空间产生的场强可知，在距 z 轴距离为 L 处的场强 $E=\dfrac{\lambda}{2\pi\varepsilon_0\left[L^2+\left(\dfrac{a}{2}\right)^2\right]}$，它在 z 轴正方向产生的场强与电荷密度为 $-\lambda$ 的导线产生的场强相互抵消，结果只有沿 x 轴负方向的分量，即

$$E_{x总}=-2E_x=\frac{2\lambda}{2\pi\varepsilon_0\left[L^2+\left(\dfrac{a}{2}\right)^2\right]}\cos\theta=\frac{\lambda a}{2\pi\varepsilon_0\left[L^2+\left(\dfrac{a}{2}\right)^2\right]^{\frac{3}{2}}}$$

3. 解 由对称性可知，总场强向下沿 θ_0 平分线的方向，所以只要考虑沿此方向的分量就可以了。

因为
$$\mathrm{d}E=\frac{\lambda\mathrm{d}l}{4\pi\varepsilon_0 a^2}\cos\theta=\frac{\lambda\mathrm{d}\theta}{4\pi\varepsilon_0 a}\cos\theta$$

积分后得
$$E=\int_{-\frac{\theta_0}{2}}^{\frac{\theta_0}{2}}\frac{\lambda\mathrm{d}\theta}{4\pi a}\cos\theta=\frac{\lambda\sin\dfrac{\theta_0}{2}}{2\pi\varepsilon_0 a}=\frac{q\sin\dfrac{\theta_0}{2}}{2\pi\varepsilon_0 a^2\theta_0}$$

4. 解 由叠加原理可知，点 O 的总电场强度为两段半无限长的直导线与 1/4 圆弧产生的电场强度的矢量和。由半无限长的直导线产生的电场强度知，这两段直导线在点 O 产生的电场强度相互抵消，只余下 1/4 圆弧在点 O 产生的电场强度，即

$$E=\frac{\lambda\sin\dfrac{\theta_0}{2}}{2\pi\varepsilon_0 a}=\frac{q\sqrt{2}}{4\pi\varepsilon_0 a}$$

5. 解 由无限大带电平面产生的场强 $E=\dfrac{\delta}{2\varepsilon_0}$和半径为 R 的圆盘在与圆盘垂直的轴线点 a 处产生场强 $E_{盘}=\dfrac{\sigma}{2\varepsilon_0}\left(1-\dfrac{a}{\sqrt{R^2+a^2}}\right)$知

$$\frac{E}{2}=\frac{\sigma}{4\varepsilon_0}=\frac{\sigma}{2\varepsilon_0}\left(1-\frac{a}{\sqrt{R^2+a^2}}\right)$$

由此得$\dfrac{1}{2}=\dfrac{a}{\sqrt{R^2+a^2}}$，即 $a=\dfrac{\sqrt{3}}{3}R$。

6. 解 设地球的半径为 R，由均匀带电球面附近的场强公式有

$$E=\frac{Q}{4\pi\varepsilon_0 R^2}$$

得　　$Q=E4\pi\varepsilon_0 R^2=120\times4\times3.14\times(6370\times10^3)^2\times8.85\times10^{-12}\ \text{C}$

$=5.4\times10^5\ \text{C}$

电荷面密度为

$$\sigma=\frac{Q}{4\pi R^2}=E\varepsilon_0=120\times8.85\times10^{-12}\ \text{C/cm}^2=1.062\times10^{-9}\ \text{C/cm}^2$$

即每平厘米的电荷数为 1.062×10^{-9}。

7. 解　由于电荷分布关于 x 轴对称，场强方向与 x 轴平行，故可以取平行于 x 轴的圆柱体表面为高斯面，柱面的端面积为 ΔS，如图 9-8 所示。

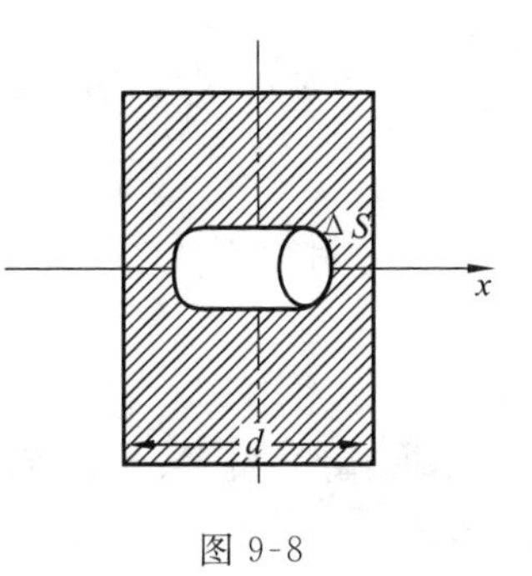

图 9-8

由高斯定理 $\oiint_S \boldsymbol{E}\cdot\mathrm{d}\boldsymbol{S}=\frac{\sum\limits_{S内}q_i}{\varepsilon_0}$ 知，圆柱体内：

$$\oiint_S \boldsymbol{E}\cdot\mathrm{d}\boldsymbol{S}=2E\Delta S=\frac{\rho2x\Delta S}{\varepsilon_0}$$

所以　　$E=\frac{\rho x}{\varepsilon_0}$

其方向与 x 轴平行。

圆柱体外：

$$\oiint_S \boldsymbol{E}\cdot\mathrm{d}\boldsymbol{S}=2E\Delta S=\frac{\rho2\mathrm{d}\Delta S}{\varepsilon_0}$$

即　　$E=\frac{\rho D}{\varepsilon_0}$

8. 证明　(1) 设电荷是均匀分布的，则球体内距球心为 r 处的场强可由高斯定理求得

$$\oiint_S \boldsymbol{E}\cdot\mathrm{d}\boldsymbol{S}=E4\pi r^2=\frac{\sum\limits_{S内}q_i}{\varepsilon_0}=\frac{\rho\,\frac{4}{3}\pi r^3}{\varepsilon_0}$$

$$=\frac{\frac{Q}{\frac{4}{3}\pi R^3}\,\frac{4}{3}\pi r^3}{\varepsilon_0}=\frac{\frac{Q}{R^3}r^3}{\varepsilon_0}$$

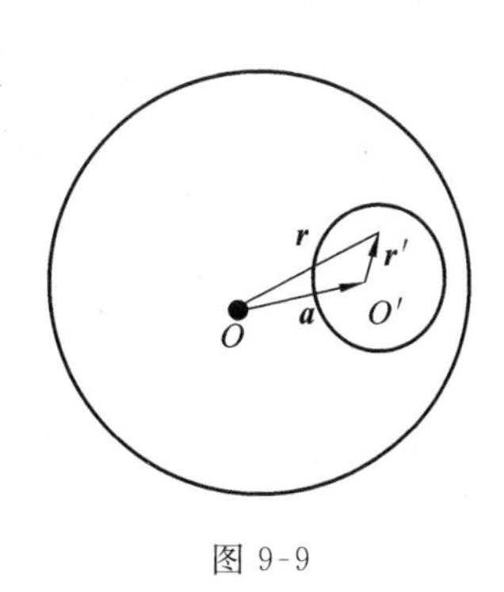

图 9-9

其方向与 $\boldsymbol{r}$ 共线，所以 $\boldsymbol{E}=\frac{\rho}{3\varepsilon_0}\boldsymbol{r}$。

(2) 采用挖补法。由场强叠加原理知，空腔内任一点的场强都可以看成是实心带电球产生的场强，与其电荷体密度相同但符号相反的半径为 a 的球体在该点产生场强的叠加，如图 9-9 所示，即

$$\boldsymbol{E}_{合}=\boldsymbol{E}_{\rho}+\boldsymbol{E}_{-\rho}=\frac{\rho}{3\varepsilon_0}\boldsymbol{r}-\frac{\rho}{3\varepsilon_0}\boldsymbol{r}'=\frac{\rho}{3\varepsilon_0}(\boldsymbol{r}-\boldsymbol{r}')=\frac{\rho}{3\varepsilon_0}\boldsymbol{a}$$

9. 解 在距球心 O 为 r 处取一与球体同心、厚度为 $\mathrm{d}r$ 的带电球壳，由高斯定理可知，在 $r<R$ 区域，有

$$\oint\!\!\!\oint_S \boldsymbol{E}\cdot\mathrm{d}\boldsymbol{S}=E\cdot 4\pi r^2=\frac{\sum\limits_{S内}q_i}{\varepsilon_0}=\frac{\int_0^r \rho 4\pi r'^2\,\mathrm{d}r'}{\varepsilon_0}=\frac{\int_0^r A4\pi r'^3\,\mathrm{d}r'}{\varepsilon_0}=\frac{A\pi r^4}{\varepsilon_0}$$

$$E=\frac{Ar^2}{4\varepsilon_0}\qquad (r<R)$$

在 $r>R$ 的区域，有

$$\oint\!\!\!\oint_S \boldsymbol{E}\cdot\mathrm{d}\boldsymbol{S}=E\cdot 4\pi r^2=\frac{\int_0^R \rho 4\pi r'^2\,\mathrm{d}r'}{\varepsilon_0}=\frac{\int_0^R A4\pi r'^3\,\mathrm{d}r'}{\varepsilon_0}=\frac{A\pi R^4}{\varepsilon_0}$$

$$E=\frac{AR^4}{4r^2\varepsilon_0}\qquad (r>R)$$

10. 解 如图 9-10 所示，电偶极子在中心为 r 处电势为

$$U=\frac{1}{4\pi\varepsilon_0}\frac{p\cos\theta}{R^2}$$

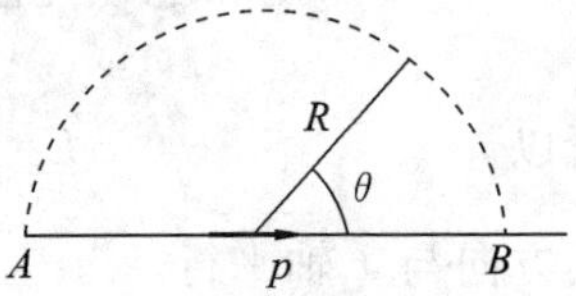

图 9-10

点 A 处有 $\theta=\pi$，$U_A=-\dfrac{1}{4\pi\varepsilon_0}\dfrac{p}{R^2}$，点 B 处有 $\theta=0$，$U_B=\dfrac{1}{4\pi\varepsilon_0}\dfrac{p}{R^2}$，则 $W=U_A-U_B=-\dfrac{1}{2\pi\varepsilon_0}\dfrac{p}{R^2}$。

11. 解 如图 9-11 所示，在距原点为 x 处取长为 $\mathrm{d}x$ 的电荷元 $\mathrm{d}q$，它在点 O 处产生的电势为

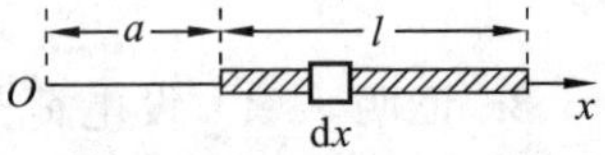

图 9-11

$$\mathrm{d}U=\frac{\mathrm{d}q}{4\pi\varepsilon_0 x}=\frac{\lambda\mathrm{d}x}{4\pi\varepsilon_0 x}=\frac{\lambda_0(x-a)\mathrm{d}x}{4\pi\varepsilon_0 x}$$

整个带电棒在点 O 处产生的电势为

$$U=\int_a^{a+l}\frac{\lambda_0(x-a)\mathrm{d}x}{4\pi\varepsilon_0 x}=\frac{\lambda_0}{4\pi\varepsilon_0}\left(l-a\ln\frac{a+l}{a}\right)$$

12. 解 由高斯定理可知，其空间电场分布为

$$E=\begin{cases}0 & (r<R_1)\\[2mm] \dfrac{\rho(r^3-R_1^3)}{3\varepsilon_0 r^2} & (R_1<r<R_2)\\[2mm] \dfrac{\rho(R_2^3-R_1^3)}{3\varepsilon_0 r^2} & (r>R_2)\end{cases}$$

点 A 的电势为

$$U_A=\int_{r_A}^{R_1}0\mathrm{d}r+\int_{R_1}^{R_2}\frac{\rho(r^3-R_1^3)}{3\varepsilon_0 r^2}\mathrm{d}r+\int_{R_2}^{\infty}\frac{\rho(R_2^3-R_1^3)}{3\varepsilon_0 r^2}\mathrm{d}r$$
$$=\frac{\rho(R_2^2-R_1^2)}{6\varepsilon_0}+\frac{\rho R_1^3}{3\varepsilon_0}\left(\frac{1}{R_2}-\frac{1}{R_1}\right)+\frac{\rho(R_2^3-R_1^3)}{3\varepsilon_0}\frac{1}{R_2}$$
$$=\frac{\rho}{2\varepsilon_0}(R_2^2-R_1^2)$$

点 B 的电势为

$$U_B=\int_{r_B}^{R_2}\frac{\rho(r^3-R_1^3)}{3\varepsilon_0 r^2}\mathrm{d}r+\int_{R_2}^{\infty}\frac{\rho(R_2^3-R_1^3)}{3\varepsilon_0 r^2}\mathrm{d}r$$
$$=\frac{\rho(R_2^2-r_B^2)}{6\varepsilon_0}+\frac{\rho R_1^3}{3\varepsilon_0}\left(\frac{1}{R_2}-\frac{1}{r_B}\right)+\frac{\rho(R_2^3-R_1^3)}{3\varepsilon_0}\frac{1}{R_2}$$
$$=\frac{\rho}{2\varepsilon_0}\left(\frac{3}{2}R_2^2-\frac{r_B^2}{2}-\frac{R_1^3}{r_B}\right)$$

13. 解　均匀带电圆柱面在距中心轴线为 $r>R_1$ 处的场强为

$$E=\frac{\lambda}{2\pi\varepsilon_0 r}$$

两圆柱面的电势差为

$$U=\int_{R_2}^{R_1}E\mathrm{d}r=\int_{R_2}^{R_1}\frac{\lambda}{2\pi\varepsilon_0 r}\mathrm{d}r=\frac{\lambda}{2\pi\varepsilon_0}\ln\frac{R_1}{R_2}$$

所以

$$\lambda=\frac{U2\pi\varepsilon_0}{\ln\dfrac{R_1}{R_2}}$$

由此可得内表面附近的场强为

$$E=\frac{U}{R_2\ln\dfrac{R_1}{R_2}}=\frac{120}{4.5\times10^{-3}\ln\dfrac{5}{4.5}}\ \mathrm{V/m}=8.02\times10^3\ \mathrm{V/m}$$

电子所受的电场力为

$$F=Ee=8.02\times10^3\times1.6\times10^{-19}\ \mathrm{N}=1.28\times10^{-15}\ \mathrm{N}$$

14. 解　(1) 选杆的中点为坐标原点，方向如图 9-12 所示。任取一电荷元 $\lambda\mathrm{d}x$，距杆左端 x，它在点电荷所在处产生电势为

$$\mathrm{d}U=\frac{\lambda\mathrm{d}x}{4\pi\varepsilon_0(2a-x)}$$

$$U=\int_{-a}^{a}\frac{\lambda\mathrm{d}x}{4\pi\varepsilon_0(2a-x)}=\frac{Q}{2a\cdot4\pi\varepsilon_0}\ln3=\frac{Q}{8\pi a\varepsilon_0}\ln3$$

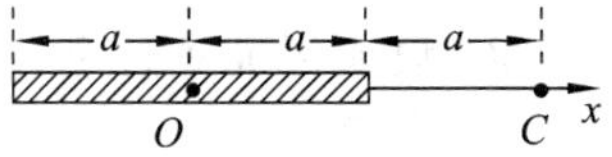

图 9-12

点电荷在点 C 处的电势能为

$$W_e=qU=\frac{Qq}{8\pi a\varepsilon_0}\ln3$$

(2) 由能量守恒知 $$W_e+\frac{1}{2}mv_C^2=\frac{1}{2}mv_\infty^2$$

即 $$\frac{Qq}{2a4\pi\varepsilon_0}\ln3+\frac{1}{2}mv_C^2=\frac{1}{2}mv_\infty^2$$

得 $$v_\infty=\sqrt{\frac{Qq}{4am\pi\varepsilon_0}\ln3+v_C^2}$$

15. 解 (1) 电子进入第一个筒的速度为

$$\frac{1}{2}mv_1^2=eU_0,\quad v_1=\sqrt{\frac{2eU_0}{m}}$$

第一个筒的长度应为 $$L_1=v_1\ \frac{T}{2}$$

电子进入第二个筒的速度为

$$\frac{1}{2}mv_2^2=\frac{1}{2}mv_1^2+eU_0$$

$$v_2=\sqrt{v_1^2+\frac{2eU_0}{m}}=\sqrt{2}v_1$$

第二个筒的长度应为 $$L_2=v_2\ \frac{T}{2}=\sqrt{2}L_1$$

电子进入第三个筒的速度为

$$v_3=\sqrt{v_2^2+\frac{2eU_0}{m}}=\sqrt{3}v_1$$

第三个筒的长度应为 $$L_3=v_3\ \frac{T}{2}=\sqrt{3}L_1$$

以此类推,第 n 个筒的长度应为 $L_n=\sqrt{n}L_1$。

(2) $$L_1=v_1\ \frac{T}{2}=\frac{1}{2f}\sqrt{\frac{2eU_0}{m}}$$

(3) $$E_k=\frac{1}{2}mv_n^2=\frac{1}{2}m(\sqrt{n}v_1)^2=neU_0$$

16. 解 (1) 金原子核表面电势

$$U=\frac{ze}{4\pi\varepsilon_0 r}=\frac{79\times1.6\times10^{-19}\times9\times10^9}{6.9\times10^{-15}}\ \text{V}=1.65\times10^7\ \text{V}$$

(2) 设质子能到达金原子核的最近距离为 r_0,该处电势为

$$U_0=\frac{ze}{4\pi\varepsilon_0 r_0}$$

质子具有的电势能为 $$W_0=eU_0$$

按照能量守恒原理,有 $$\frac{1}{2}mv^2=eU_0$$

可以解得 $$r_0=\frac{ze\times2e}{4\pi\varepsilon_0 mv^2}=1.5\times10^{-13}\ \text{m}$$

17. 解　(1) 按照能量守恒关系，有

$$eU=\frac{1}{2}mc^2$$

所以
$$U=\frac{mc^2}{2e}=\frac{9.11\times10^{-31}\times(3\times10^8)^2}{2\times1.6\times10^{-19}}\ \mathrm{V}=2.56\times10^5\ \mathrm{V}$$

(2) 按照相对论

$$eU=m_e c^2\left(\frac{1}{\sqrt{1-\frac{v^2}{c^2}}}-1\right)\Rightarrow v=c\sqrt{1-\frac{m^2c^2}{(m^2c^2+eU)^2}}$$

代入数据计算得

$$v=2.24\times10^8\ \mathrm{m/s}$$

$$\frac{v}{c}=\frac{2.24\times10^8}{3\times10^8}=74.7\%$$

(3) 由　$eU=m_e c^2\left(\frac{1}{\sqrt{1-\frac{v^2}{c^2}}}-1\right)$，　$U=\frac{m_e c^2}{e}\left(\frac{1}{\sqrt{1-\frac{v^2}{c^2}}}-1\right)$

当 $v\to\infty$ 时，$\frac{1}{\sqrt{1-\frac{v^2}{c^2}}}\to\infty$，则 $U\to\infty$，因此是不可能的。

18. 解　(1) 质子表面电势 $U=\frac{e}{4\pi\varepsilon_0 r}$，另一质子到达该质子表面时具有电势能为

$$W_e=eU=\frac{e^2}{4\pi\varepsilon_0 r}=9\times10^9\times\frac{(1.6\times10^{-19})^2}{1\times10^{-15}}\ \mathrm{eV}=2.3\times10^{-13}\ \mathrm{eV}$$

(2) 由 $\frac{1}{2}m\overline{v^2}=\frac{3}{2}kT$，得所求的温度为

$$T=\frac{\frac{1}{2}m\overline{v^2}}{\frac{3}{2}k}=\frac{1.4\times10^6\times1.6\times10^{-19}}{1.5\times1.38\times10^{-23}}\ \mathrm{K}=1.1\times10^{10}\ \mathrm{K}$$

第十章　静电场中的导体和电介质

一、本章要求

(1) 理解导体的静电平衡条件；掌握导体达到静电平衡状态时电荷及电场强度的分布特征；结合静电平衡条件分析静电感应、静电屏蔽等现象；掌握存在导体时静电场的场强分布和电势分布的计算方法。

(2) 掌握电容的定义及其物理意义；掌握典型电容器电容及电容器储能的计算方法。

(3) 了解电介质的极化原理和电介质对静电场的影响；掌握有电介质存在时的高斯定理和有电介质存在时静电场中的电位移矢量和电场强度的计算方法。

(4) 理解电场具有的能量；掌握带电系统和静电场能量的计算方法。

二、基本内容

1. 导体的静电平衡条件

(1) 导体内部电场强度处处为零，即 $\boldsymbol{E}$(体内)$=\mathbf{0}$；

(2) 导体为等势体，导体表面为等势面；

(3) 导体处(附近)的电场处处与它的表面垂直，$\boldsymbol{E}$(表面附近)$=\dfrac{\sigma}{\varepsilon_0}\boldsymbol{n}$($\boldsymbol{n}$ 为垂直于导体表面的单位矢量)；

(4) 净电荷只分布在导体表面。

2. 电容和电容器

电容的物理意义：导体每升高单位电势所需的电量。

孤立导体的电容：$C=\dfrac{q}{U}$。式中，q 为孤立导体的电量，U 为导体的电势。

电容器的电容：$C=\dfrac{q}{U_a-U_b}$。式中，q 为电容器极板所带的电量，U_a-U_b 为电容器两极板的电势差。

以下为几种典型电容器的电容(设极板间为真空)。

1）孤立导体球

$$C=4\pi\varepsilon R$$

式中，R 为球体半径。

2）平行板电容器

$$C=\frac{\varepsilon S}{d}$$

式中，S 为极板面积，d 为极板间距。

3）同心球形电容器

$$C=4\pi\varepsilon\frac{R_1R_2}{R_2-R_1}$$

式中，R_1、R_2 分别为内、外球的极板半径。

4）同轴柱形电容器

$$C=\frac{2\pi\varepsilon L}{\ln\frac{R_2}{R_1}}$$

式中，R_1、R_2 分别为内、外圆柱面的半径，L 为圆柱体的长度。

5）电容器的并联和串联

（1）并联

$$C=\sum_i C_i$$

（2）串联

$$\frac{1}{C}=\sum_i\frac{1}{C_i}$$

3. 电容器的储能

$$W=\frac{Q^2}{2C}=\frac{1}{2}CU^2=\frac{1}{2}QU$$

式中，Q 为电容器极板上的带电量，U 为极板间的电势差。

4. 电场能量和能量密度

电场能量密度：在单位体积内的电场能量。

$$w_e=\frac{1}{2}\boldsymbol{D}\cdot\boldsymbol{E}$$

式中，$\boldsymbol{D}$、$\boldsymbol{E}$ 分别为电介质中的电位移矢量和电场强度矢量。

对于各向同性介质，有

$$w_e=\frac{1}{2}\boldsymbol{D}\cdot\boldsymbol{E}=\frac{1}{2}\varepsilon_0\varepsilon_r E^2$$

介质中的电场能量为

$$W_e=\int_V w_e\,\mathrm{d}V=\int_V\frac{1}{2}\boldsymbol{D}\cdot\boldsymbol{E}\,\mathrm{d}V=\int_V\frac{1}{2}\varepsilon E^2\,\mathrm{d}V$$

真空中的电场能量为

$$W_e=\int_V \frac{1}{2}\varepsilon_0 E^2 \mathrm{d}V$$

5. 极化强度矢量

$$\boldsymbol{P}=\frac{\sum_i \boldsymbol{P}_i}{\Delta V}$$

对于各向同性介质，有

$$\boldsymbol{P}=\varepsilon_0(\varepsilon_r-1)\boldsymbol{E}=\varepsilon_0\chi_e\boldsymbol{E}$$

式中，χ_e 为极化率，ε_r 为相对介电常量。

6. 有电介质存在时的高斯定理

$$\oint_S \boldsymbol{D}\cdot \mathrm{d}\boldsymbol{S}=\sum_{S内} q_{i0}$$

式中，$\sum_{S内} q_{i0}$ 为高斯面 S 内包围自由电荷的代数和，$\boldsymbol{D}=\varepsilon\boldsymbol{E}$。

7. 带电体系的静电能

带电体系的静电能：静电体系处于某状态的电势能，包括体系内各带电体的自能和带电体之间的相互作用能。

带电体的自能：把每一个带电体上的各部分电荷从无限分散的状态聚集起来，成为目前的带电体时，外界所做的功等于这个带电体的自能。

带电体之间的相互作用能：把每一个带电体看作一个不可分割的整体，将各带电体从无限远移到现在位置所做的功，等于它们之间的相互作用能。

点电荷系的相互作用能为

$$W_{互}=\frac{1}{2}\sum_{i=1}^{n} q_i U_i$$

电荷连续分布时的静电能为

$$W=\int_V \rho U \mathrm{d}V$$

式中，U 为所有电荷在体积元 $\mathrm{d}V$ 所在处激发的电势。

当电荷为面分布时，有

$$W=\int_S \sigma U \mathrm{d}S$$

式中，U 为所有电荷在面积元 $\mathrm{d}S$ 所在处激发的电势。

三、例　　题

(一) 填空题

1. 如果一空间区域中电势是常数，则这个区域内的电场强度一定是________；

如果在一表面上的电势为常数，则这个表面上的电场强度一定________。

解　零；和该表面垂直。

因为在该空间区域中电势 U 是常数，则对 U 的微分 $\mathrm{d}U=0$。由于 $\mathrm{d}U=\boldsymbol{E}\cdot\mathrm{d}\boldsymbol{l}=0$，而且 $\mathrm{d}\boldsymbol{l}\neq\boldsymbol{0}$，$\boldsymbol{E}$ 与 $\mathrm{d}\boldsymbol{l}$ 成任意角度，因此 $\boldsymbol{E}=\boldsymbol{0}$。如果在一表面上的电势为常数，则该表面上的电场强度 $\boldsymbol{E}$ 必定和该表面垂直。

2. 非匀强电场中的电场线既不能__________，也不能是相互________间距的________直线。

解　相交；等；平行。

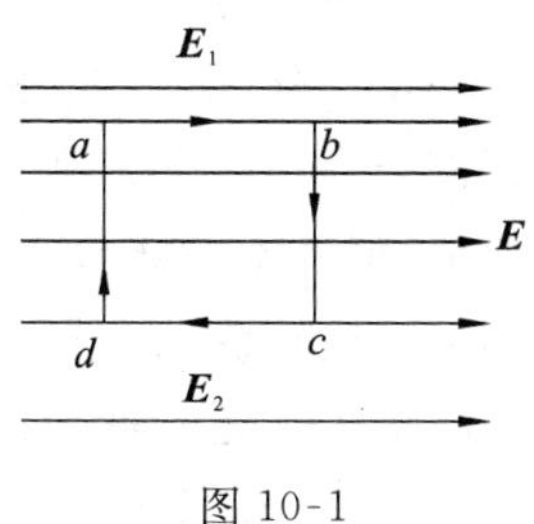

图 10-1

很显然，空间的电场线是不可能相交的，若能相交，则空间相交点必然会有两个切线方向，这与空间电场强度的唯一性矛盾，所以不能相交。当然也不能相互平行，这一点可以用环路定理给予证明。按画电场线的规定，与电场强度垂直的截面上单位面积电场线条数等于该点场强大小。如图 10-1 所示的电场线，既是非匀强电场，ab、cd 处电场线的密度必然为非均匀的。图中 ab、cd 与 $\boldsymbol{E}$ 的电场线平行，ab 线上的 $\boldsymbol{E}$ 处处相等，则有 $\boldsymbol{E}_a=\boldsymbol{E}_b=\boldsymbol{E}_1$。同理，在 cd 线上的 $\boldsymbol{E}$ 处处相等，有 $\boldsymbol{E}_c=\boldsymbol{E}_d=\boldsymbol{E}_2$。取矩形闭合回路 $abcda$，bc、da 与 $\boldsymbol{E}$ 垂直，$\overline{ab}=\overline{cd}=l$，因为电场线平行但不均匀分布，故 $\boldsymbol{E}_1\neq\boldsymbol{E}_2$。在 ab 段 $\boldsymbol{E}_1$ 与 ab 平行；在 cd 段 $\boldsymbol{E}_2$ 与 cd 平行，在 bc、da 两段各点的 $\boldsymbol{E}$ 与其垂直。计算环流为

$$\oint_L \boldsymbol{E}\cdot\mathrm{d}\boldsymbol{l}=\int_a^b \boldsymbol{E}_1\cdot\mathrm{d}\boldsymbol{l}+\int_b^c \boldsymbol{E}\cdot\mathrm{d}\boldsymbol{l}+\int_c^d \boldsymbol{E}_2\cdot\mathrm{d}\boldsymbol{l}+\int_d^a \boldsymbol{E}\cdot\mathrm{d}\boldsymbol{l}$$
$$=E_1\cdot\overline{ab}+0-E_2\cdot\overline{cd}+0$$
$$=(E_1-E_2)l\neq 0$$

以上结果违反静电场环路定理 $\oint_L \boldsymbol{E}\cdot\mathrm{d}\boldsymbol{l}=0$。所以对于非均匀静电场，其电场线既不能相交，也不能是相互等间距的平行直线。

3. 判断下列说法的正误。

(1) 将带电的导体接地，其电势一定会降低，电荷一定会流向大地。　(　　)

(2) 导体表面处的电势是由导体该处附近电荷产生的。　(　　)

(3) 我们不能无限制地给一导体充电，是因为此导体容纳不下那么多的电荷。　(　　)

(4) 点电荷系统的相互作用能的公式 $W_{互}=\frac{1}{2}\sum_{i=1}^{n}q_iU_i$ 中有因子 $\frac{1}{2}$，而点电荷在外电场中的电势能公式 qU 中没有因子 $\frac{1}{2}$，其原因是计算系统内每两个点电荷间的相互作用能计算了两次，所以除以 2。　(　　)

(5) 已知电荷面密度为 σ 的无限大带电平板两侧场强大小 $E=\frac{\sigma}{2\varepsilon_0}$,这个公式对于有限大的均匀带电面的两侧紧邻处也成立,而静电平衡导体表面紧邻的场强 $E'=\frac{\sigma}{\varepsilon_0}$,比前者大一倍,所以这两个表达式是矛盾的。 ( )

解 错误;错误;错误;正确;错误。

(1) 错误。导体接地包括两个方面的含义。一是导体接地后接地导体除了仍旧为等势体外,最主要是与地球同电势,其电势 $U=0$。将带电的导体接地,其电势是否一定会降低,还取决于原导体的电势是大于零还是小于零。若大于零,则会降低;若小于零,则会升高。二是带电导体接地,虽然接地线提供了与地球交换电量的通道,但并不意味着它所带的电荷会沿着接地线导走,也不意味着一定是接地端导体上的电荷流向大地。电荷是否会流向大地,流入多少,取决于导体接地前的电势是高于大地还是低于大地。当导体的电势高于大地时,接地后将有正电荷从导体流向大地,直到导体与大地电势相等为止。因此,带电导体接地后,其电势为零。此外,导体表面是否还有电荷,电荷怎样分布,还取决于导体附近是否存在其他带电体。若不存在其他带电体,导体接地后,导体表面电荷为零;若存在其他带电体,导体接地后,导体表面仍有电荷,此电荷是由其他带电体感应产生的,与带电导体原来所带的电荷无关。

总之,导体接地后电势是否会降低,导体电荷的流向、流动多少,流动后导体上的具体电荷分布都要根据具体情况进行具体分析,不能一概而论。

(2) 错误。不应产生这样的误解:导体表面附近一点的场强,只是由该点的一个面电荷元 $\sigma\Delta S$ 产生的。实际上这个场强是导体表面全部电荷所贡献的合场强,如果场中不止一个导体,则这个场强应是所有导体表面上全部电荷产生的合场强。

(3) 错误。所谓一个物体带电就是指它因失去电子而有多余的净正电荷或因获得电子而有多余的净负电荷。物体带电会在其周围空间产生电场,其电场强度随物体带电量的增加而增大。带电体附近的大气中总是存在着少量游离的电子和离子,这些游离的电子和离子在强电场作用下,将获得足够的能量,使它们和中性分子碰撞时产生碰撞电离,从而不断产生新的电子和离子,这种电子和离子的形成过程如同雪崩一样发展下去,导致带电物体附近的大气被击穿(如尖端放电现象)。在带电体电场力的作用下,碰撞电离的异号电荷来到带电体上,使带电体的电量减少。正因为此种原因,一个物体不能无限制地带电,而不是因为此导体容不下那么多电荷。

(4) 正确。在 qU 公式中,U 同样为除电量为 q 的电荷外,其他源电荷或带电体在电量为 q 的电荷处的电势,qU 即电量为 q 的电荷与该电场系统的相互作用能。

(5) 错误。所谓无限大带电平板,是忽略了厚度的几何面。实际上,任何带电薄板都是有厚度的,以金属板为例,其电荷分布在两个表面上,如图 10-2 所示。

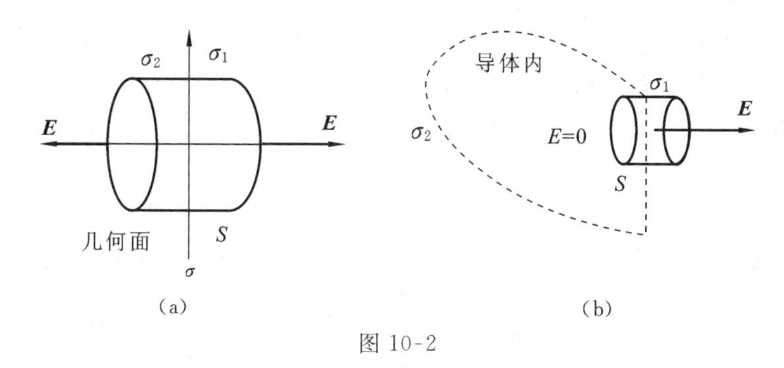

(a)　　(b)

图 10-2

设 $\sigma_1=\sigma_2$，则 $E=\dfrac{\sigma}{2\varepsilon_0}$ 中的 $\sigma=\sigma_1+\sigma_2=2\sigma_1$。而静电平衡的导体内部场强为零，紧邻处的场强公式 $E'=\dfrac{\sigma}{\varepsilon_0}$ 中的 σ 即表面处电荷密度 σ_1（或 σ_2），所以这两个公式是不矛盾的。

4. 一平行板电容器与一电源相连，现将一块面积与电容器极板相同，相对介电常数为 ε_r 的均匀电介质板插入电容器中，则电容 C、极板电量 q、板间电场强度 E、电位移 D、两板电势差 ΔU 和电场能量 W 这 6 个量将增大、减小、不变，请将它们的情况填入下表。若充电后先断开电源，再插入电介质板，情况又如何？

插入电介质	不变量	增大量	减小量
不断开电源			
断开电源			

解　如下表。

插入电介质	不变量	增大量	减小量
不断开电源	$\Delta U,E$	C,q,D,W	
断开电源	q,D	C	$\Delta U,E,W$

（二）选择题

1. 将一带正电 q 的导体 A 移到一个不带电的导体 B 附近，B 靠近 A 的一端将感应负电荷，另一端则带正电荷，设感应负电荷的总电量为 q'，则必有（　　）。

A. $|q'|>q$　　B. $|q'|=q$

C. $|q'|<q$　　D. 以上 3 个选项都不对

解　C。

因为导体在静电平衡状态下为等势体，故由导体 B 上的正电荷出发的电场线只能止于无限远处。由导体 A 所带电荷出发的电场线一部分止于导体 B 上感应出的负电荷，部分止于无限远处，所以选 C。

2. 在一个不带电的金属球壳的球心处放一个点电荷，其电量 $q>0$，现将此点电荷偏离球心，则该金属球壳的电势将（　　）。

A. 升高　　　　B. 降低　　　　C. 不变

解　C。

由高斯定理和电荷守恒定律容易得出金属球壳外表面带电量为 q，设电荷的面密度为 σ（可以是分布不均匀的），设无限远处电势为零，则金属球壳的电势为

$$U=\oint_S \frac{\sigma \mathrm{d}S}{4\pi\varepsilon_0 R}=\frac{1}{4\pi\varepsilon_0 R}\oint_S \sigma \mathrm{d}S=\frac{q}{4\pi\varepsilon_0 R}$$

结果表明导体的电势与导体表面的电荷分布是否均匀无关。

3. 一个封闭、空心、具有无限大电导率的导体，观察者 A（即测量仪器）和电荷 Q_1 置于导体内，而观察者 B 和电荷 Q_2 置于导体外，如图 10-3 所示，下列说法正确的是（　　）。

A. A 只观察到 Q_1 产生的电场，B 只观察到 Q_2 产生的电场

B. A 观察到 Q_1 和 Q_2 产生的电场，但 B 只观察到 Q_2 产生的电场

C. A 只观察到 Q_1 产生的电场，但 B 观察到 Q_1 和 Q_2 产生的电场

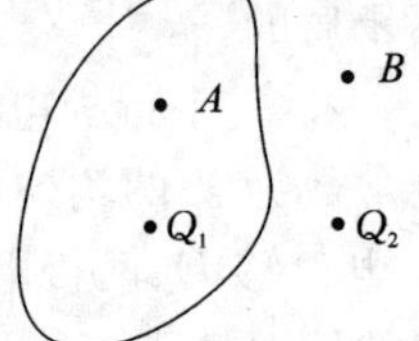

图 10-3

解　C。

由于封闭导体壳（不论接地与否）内部电场不受壳外电荷的影响，接地封闭导体壳外部电场不受壳内电荷的影响，故应选 C。

4. 下列说法正确的是（　　）。

A. 高斯面内不包围自由电荷，则高斯面上各点 $\boldsymbol{D}$ 必为零

B. 高斯面上各点的 $\boldsymbol{D}$ 为零，则高斯面内必不存在自由电荷

C. 高斯面上各点的 $\boldsymbol{E}$ 为零，则高斯面内自由电荷电量的代数和为零，极化电荷电量的代数和也为零

D. $\boldsymbol{D}$ 仅与自由电荷有关

解　C。

由有电介质存在时的高斯定理 $\oint_S \boldsymbol{D}\cdot \mathrm{d}\boldsymbol{S}=q_0$，并考虑到 $\boldsymbol{D}=\varepsilon\boldsymbol{E}$，可知高斯面上各点场强为零，则高斯面内自由电荷电量的代数和为零。又根据 $\oint_S \boldsymbol{E}\cdot \mathrm{d}\boldsymbol{S}=\frac{1}{\varepsilon_0}(q_0+q')$，可知极化电荷电量的代数和也为零，所以选 C。

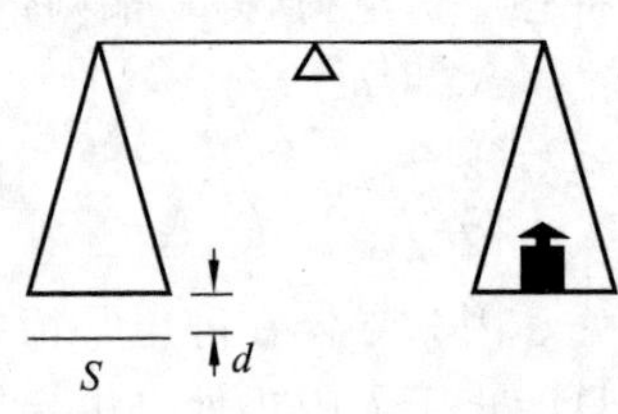

图 10-4

5. 静电天平装置如图 10-4 所示，一空气平行板电容器两极面积都是 S，相距为 d（d 远小于极板线度），

下极板固定，上极板接天平一头。当电容器不带电时，天平正好平衡；若电容器两极板加有电压 U，则天平另一头需要加上质量为 m 的砝码，天平才能达到平衡，则所加电压 U 为(　　)。

A. $\sqrt{\dfrac{2d^2mg}{\varepsilon_0 S}}$　　B. $\sqrt{\dfrac{d^2mg}{\varepsilon_0 S}}$　　C. $\sqrt{\dfrac{d^2mg}{2\varepsilon_0 S}}$　　D. $d\sqrt{\dfrac{mg}{\varepsilon_0 S}}$

解　A。

已知电容器电容 $C=\dfrac{Q}{U}$，平板电容器 $C=\dfrac{\varepsilon_0 S}{d}$，$E=\dfrac{U}{d}$，两极板的相互作用力 $\boldsymbol{F}=Q\boldsymbol{E}'$，$\boldsymbol{E}'$ 为一个板在另一板处所产生的场强，Q 为一个极板上所带电量，则 $E'=\dfrac{E}{2}=\dfrac{U}{2d}$，$F=QE'=\dfrac{CU^2}{2d}=\dfrac{\varepsilon_0 SU^2}{2d^2}$，又因为 $F=mg$，所以 $U=\sqrt{\dfrac{2d^2mg}{\varepsilon_0 S}}$。

6. 如图 10-5 所示，某质子加速器使每个质子获得动能 $E=2\ \text{keV}$，很细的质子束射向一个远离加速器、半径为 r 的金属球，从球心到质子束延长线的垂直距离为 $d=r/2$。假定质子与金属相碰后将其电荷全部交给金属球，经足够长时间后，金属球的最高电势(以无穷远处的电势为零)为(　　)。

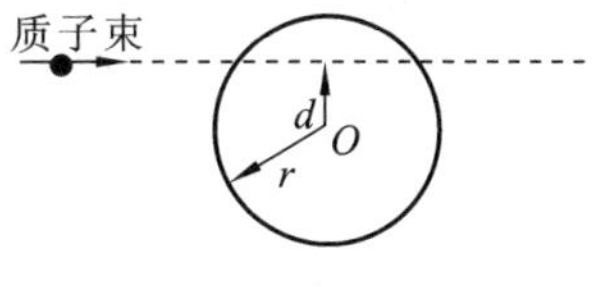

图 10-5

A. 2000 V　　B. 1500 V　　C. 1000 V　　D. 3000 V

解　B。

随着质子与金属球不断碰撞，电荷将不断转移到金属球上使金属球电势逐渐提高。当金属球达到最高电势时，质子轨迹刚好与金属球相切，如图10-6所示，质子所受作用力为向心力，它对球心 O 的角动量守恒，由质子和金属球所组成的系统能量守恒，即

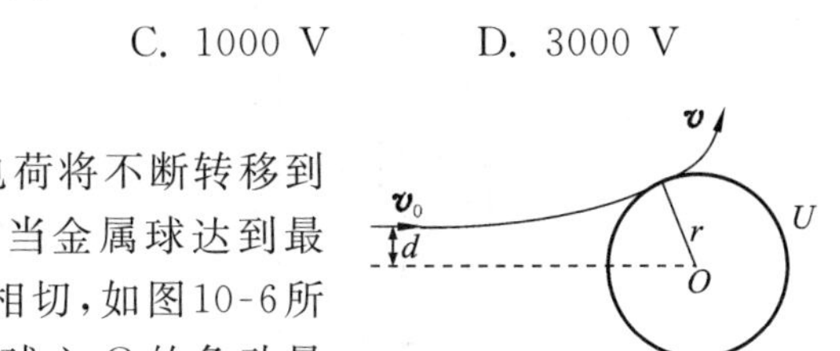

图 10-6

$$mv_0 d=mvr$$

$$E=\frac{1}{2}mv_0^2=eU+\frac{1}{2}mv^2$$

由以上两式解得　$U=\dfrac{E}{e}\left(1-\dfrac{d^2}{r^2}\right)=\left(1-\dfrac{1}{4}\right)\times 2\times 1000\ \text{V}=1500\ \text{V}$

7. 平板电容器内充满各向异性的均匀介质，设极板间的电场强度为 $\boldsymbol{E}$，电位移矢量为 $\boldsymbol{D}$，介质的极化强度为 $\boldsymbol{P}$，以下关于 $\boldsymbol{E}$、$\boldsymbol{D}$、$\boldsymbol{P}$ 的方向说法正确的是(　　)。

A. $\boldsymbol{D}$ 与极板垂直，不能断定 $\boldsymbol{E}$ 和 $\boldsymbol{P}$ 是否与极板垂直

B. $\boldsymbol{E}$ 与极板垂直，不能断定 $\boldsymbol{D}$ 和 $\boldsymbol{P}$ 是否与极板垂直

C. $\boldsymbol{P}$ 与极板垂直，不能断定 $\boldsymbol{E}$ 和 $\boldsymbol{D}$ 是否与极板垂直

D. $\boldsymbol{D}$、$\boldsymbol{E}$、$\boldsymbol{P}$ 都与极板垂直

E. $\boldsymbol{D}$、$\boldsymbol{E}$、$\boldsymbol{P}$ 都与极板不垂直

解 B。

已知在电介质中电场强度 $\boldsymbol{E}$、电极化强度 $\boldsymbol{P}$ 和电位移矢量 $\boldsymbol{D}$ 之间的关系为 $\boldsymbol{D}=\boldsymbol{P}+\varepsilon_0\boldsymbol{E}$。对于平板电容器，为满足两个极板是等位面的条件，可以判断总场强 $\boldsymbol{E}$ 与极板垂直，但由于介质是各向异性的，由公式无法断定 $\boldsymbol{P}$、$\boldsymbol{D}$ 的方向。

8. 一球形导体，其电量为 q，置于一任意形状的空腔导体中，当用导线将两者连接后，则系统静电能将(　　)。

A. 增加　　B. 减少　　C. 不变　　D. 无法确定

解 B。

由于电场强度不为零的空间减少，所以静电能将减少。

9. 三块互相平行的导体板，两外板与中间板之间的距离分别为 d_1 和 d_2，与板面积相比，距离的线度小得多，外面两板用导线连接。中间板上带电，设左、右两面上电荷面密度分别为 σ_1 和 σ_2，如图 10-7 所示，则比值 σ_1/σ_2 为(　　)。

A. $\dfrac{d_1}{d_2}$　　B. $\dfrac{d_2}{d_1}$　　C. 1　　D. $\dfrac{d_2^2}{d_1^2}$

解 B。

因为 $0=-E_1d_1+E_2d_2=-d_1\dfrac{\sigma_1}{\varepsilon_0}+d_2\dfrac{\sigma_2}{\varepsilon_0}$，所以$\dfrac{\sigma_1}{\sigma_2}=\dfrac{d_2}{d_1}$。

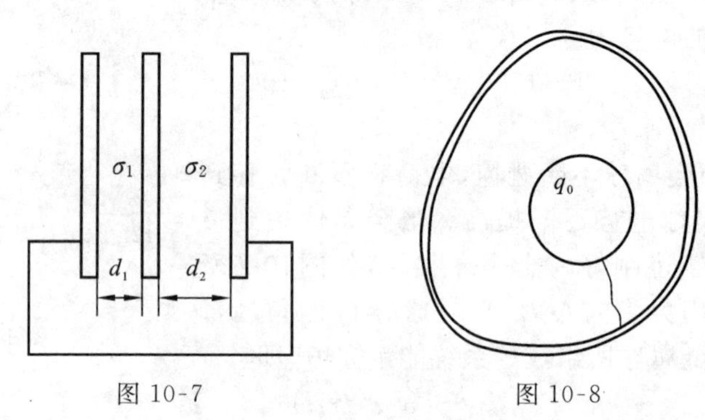

图 10-7　　图 10-8

10. 在一个由点电荷 q_0 产生的静电场中，有一块任意形状的各向同性均匀电介质，如图 10-8 放置。以点电荷所在处为球心，作一穿过电介质的球形高斯面 S，则对此球形高斯面，下列说法中正确的是(　　)。

A. $\oint_S \boldsymbol{E}\cdot d\boldsymbol{S}=\dfrac{q_0}{\varepsilon_0}$ 成立，且可用它求出高斯面 S 上各点的场强

B. $\oint_S \boldsymbol{E}\cdot d\boldsymbol{S}=\dfrac{q_0}{\varepsilon_0}$ 成立，但不能用它求出高斯面 S 上各点的场强

C. $\oint_S \boldsymbol{E}\cdot d\boldsymbol{S}=\dfrac{q_0}{\varepsilon_0}$ 不成立，但通过高斯面 S 的电位移通量与电介质无关

D. 高斯面上各点的电位移与电介质无关，其大小仍等于$\dfrac{q_0}{4\pi\varepsilon_0 r^2}$，但场强与电

介质有关

解　C。

在有介质存在时，电介质中的场强 $E=E_0+E'$，电场强度 E 是由自由电荷和极化电荷共同产生的，所以高斯定理应表示为 $\oint_S \boldsymbol{E}\cdot \mathrm{d}\boldsymbol{S}=\frac{q_0+q'}{\varepsilon_0}$。本题中 $\oint_S \boldsymbol{E}\cdot \mathrm{d}\boldsymbol{S}=\frac{q_0}{\varepsilon_0}$ 不成立；在有介质存在时，高斯定理可写为 $\oint_S \boldsymbol{D}\cdot \mathrm{d}\boldsymbol{S}=q_0$，说明通过高斯面 S 的电位移通量与电介质无关。本题由于电介质不对称，所以 $\boldsymbol{E}$ 和 $\boldsymbol{D}$ 分布不对称，无法用高斯定理求解 $\boldsymbol{E}$ 和 $\boldsymbol{D}$。

11. 对于一个被绝缘导体屏蔽空腔内部的电场和电势可做如下判断：(　　)。

A. 场强不受腔外电荷的影响，但电势要受腔外电荷影响

B. 电势不受腔外电荷的影响，但场强要受腔外电荷影响

C. 场强和电势都不受腔外电荷的影响

D. 场强和电势都要受腔外电荷的影响

解　A。

根据静电平衡条件得，带电的空腔导体内表面不会有电荷分布，电荷全部分布在空腔的外表面。当一个不带电的导体空腔受腔外电荷的影响感应出电荷时，电荷的分布也是如此。只有这样才能保证感应电荷和腔外电荷共同激发的总电场在导体内为零，在空腔内也为零。所以导体空腔使腔内电场不受腔外电荷影响，但腔外电场将发生改变，使腔体电势改变。

12. 两个半径分别为 R_1 和 $R_2(R_2>R_1)$ 的同心金属球壳，如果外球壳带电量为 Q，内球壳接地，则内球壳上所带电量是(　　)。

A. 0　　B. $-Q$　　C. $-\frac{R_1}{R_2}Q$　　D. $\left(1-\frac{R_1}{R_2}\right)Q$　　E. $\left(1-\frac{R_2}{R_1}\right)^{-1}Q$

解　C。

内球壳接地，其电位为零，同时内球壳上电荷重新分布。设 Q' 为内球壳上所带电量，静电平衡后内球壳为等势体，圆心处电势为

$$\frac{Q}{4\pi\varepsilon_0 R_2}+\frac{Q'}{4\pi\varepsilon_0 R_1}=0,\quad 得\quad Q'=-\frac{R_1}{R_2}Q$$

13. 两个完全相同的导体球，皆带等量的正电荷 Q，现使两球互相接近到一定程度，则(　　)。

A. 两球表面都将有正、负两种电荷分布

B. 两球中至少有一个球表面有正、负两种电荷分布

C. 无论接近到什么程度，两球表面都不能有负电荷分布

D. 结果不能判断，要视电荷 Q 的大小而定

解　C。

可用反证法，设相互接近的两导体球为 A 和 B，在达到静电平衡时，都带有异号电荷，则 A 球上正电荷所激发电场线就有部分终止于 B 球的负电荷上，如图 10-9 所示，因而 A 球上正电荷处的电势 U_A 就高于 B 球上负电荷处的电势 U_B。这样一来，作为等势体的 B 球上的正电荷所激发的电场线，不仅不可能终止于本身的负电荷上，也不可能终止于 A 球的负电荷上，而只能终止于无限远处。这样，导体球 A 上只有正电荷而无负电荷，所以 A 错误。又由于 A 、B 两导体球完全相同，且皆带等量正电荷，同理可证明 B 球上也只有正电荷而无负电荷，所以选项 B 错。

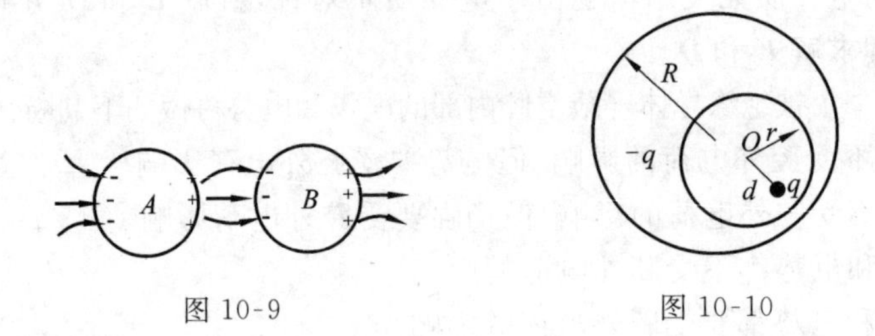

图 10-9　　图 10-10

14. 在半径为 R 的金属球内，偏离球心处挖出一个半径为 r 的球形空腔，如图 10-10 所示，在距空腔中心 O 点 d 处放一点电荷，其电量为 q，金属球所带电量为 $-q$，则点 O 的电势为（　　）。

A. $\dfrac{q}{4\pi\varepsilon_0 d}-\dfrac{q}{4\pi\varepsilon_0 R}$　　B. $\dfrac{q}{4\pi\varepsilon_0 d}-\dfrac{q}{4\pi\varepsilon_0 r}$

C. 因 q 偏离球心而难以求解　　D. 0

解　B。

根据静电平衡条件，金属球所带电荷将分布在内表面，且某面元的电荷面密度为 σ，但金属球内表面电荷并不均匀分布，点 O 电势由点 d 处点电荷 q 和金属内表面电荷共同产生，由电势叠加原理得

$$U_0=\iint_S \frac{\sigma \mathrm{d}S}{4\pi\varepsilon_0 r}+\frac{q}{4\pi\varepsilon_0 d}=\frac{q}{4\pi\varepsilon_0 d}+\frac{1}{4\pi\varepsilon_0 r}\iint_S \sigma \mathrm{d}S=\frac{q}{4\pi\varepsilon_0 d}-\frac{q}{4\pi\varepsilon_0 r}$$

（三）计算题

1. 一带电量为 q、半径为 R_A 的金属球 A，与一原先不带电，内、外半径分别为 R_B 和 R_C 的金属球壳 B 同心放置，如图 10-11 所示，则图中点 P 的电场强度 $\boldsymbol{E}$ 为多少？如果用导线将 A、B 连接起来，则 A 球的电势 U_A 为多少？（设无穷远处电势为零）

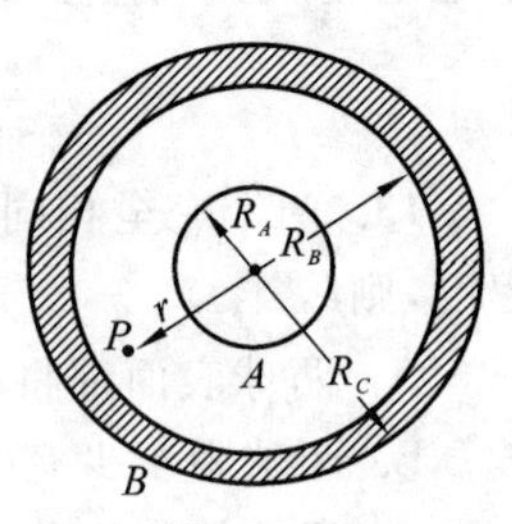

图 10-11

解　由高斯定理，得

$$\oint_S \boldsymbol{E}\cdot \mathrm{d}\boldsymbol{S}=\frac{q}{\varepsilon_0}$$

$$E=\frac{q}{4\pi\varepsilon_0 r^2}$$

方向沿半径呈辐射状。

连接 A、B，电荷分布在外球壳表面，其电势为

$$U_A=U_B=\frac{q}{4\pi\varepsilon_0 R_C}$$

2. 半径分别为 R_1 和 $R_2(R_2>R_1)$ 的两个同心导体薄球壳，所带电量分别为 Q_1 和 Q_2，今将内球壳用细导线与远处的半径为 r 的导体球相连，如图 10-12 所示，导体球原来不带电，试求相连后导体球所带电量 q。

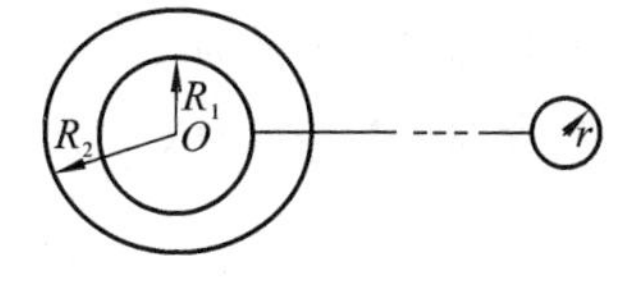

解　设导体球所带电量为 q，取无穷远处为电势零点，则导体球的电势为

$$U_0=\frac{q}{4\pi\varepsilon_0 r}$$

图 10-12

内球壳电势为

$$U_1=\frac{Q_1-q}{4\pi\varepsilon_0 R_1}+\frac{Q_2}{4\pi\varepsilon_0 R_2}$$

由于两者等电势，则有

$$\frac{q}{4\pi\varepsilon_0 r}=\frac{Q_1-q}{4\pi\varepsilon_0 R_1}+\frac{Q_2}{4\pi\varepsilon_0 R_2}$$

解得

$$q=\frac{r(R_2Q_1+R_1Q_2)}{R_2(R_1+r)}$$

3. 有一面积为 S 的接地金属板，距板为 d（d 很小）处有一带电量为 $+q$ 的点电荷，求板上离点电荷最近处的感应电荷面密度。

解　如图 10-13 所示，因金属接地，在背离点电荷的面上无感应电荷，面向点电荷的面上有负的感应电荷，但分布不均匀。在金属板内离点电荷最近的点 P 上，点电荷产生的电场强度为 $E(q)$，因为点 P 的总电场强度为零，故感应电荷在点 P 产生的电场强度 $E(\sigma)$ 必与 $E(q)$ 相抵消。根据静电平衡，导体表面之外非常邻近表面处的电场强度 E 的数值与该处电荷面密度 σ 成正比，其方向与导体表面垂直。点 P 在金属表面附近，故可把金属表面视为无限大的均匀带电平面，即

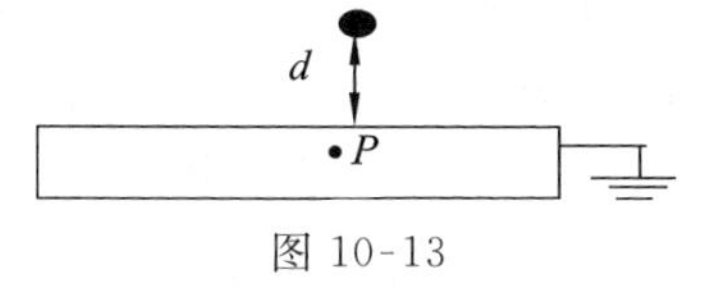

图 10-13

$$E(\sigma)=\frac{|\sigma|}{2\varepsilon_0},\quad E(q)=\frac{q}{4\pi\varepsilon_0 d^2}$$

又因

$$E(\sigma)=E(q),\quad |\sigma|=\frac{q}{2\pi d^2}$$

所以

$$\sigma=-\frac{q}{2\pi d^2}$$

4. 利用电容传感器测量油料液面高度，其原理如图 10-14 所示，导体圆管 A

与储油罐 B 相连，导体圆管的内径为 D，管中心同轴插入一根外径为 d 的导体棒 C。d、D 均远小于管长 L，并且相互绝缘。试证明：当在导体圆管与导体棒之间接入电压为 U 的电源时，导体圆管上的电荷与液面高度成正比（油料的相对介电常数为 ε_r）。

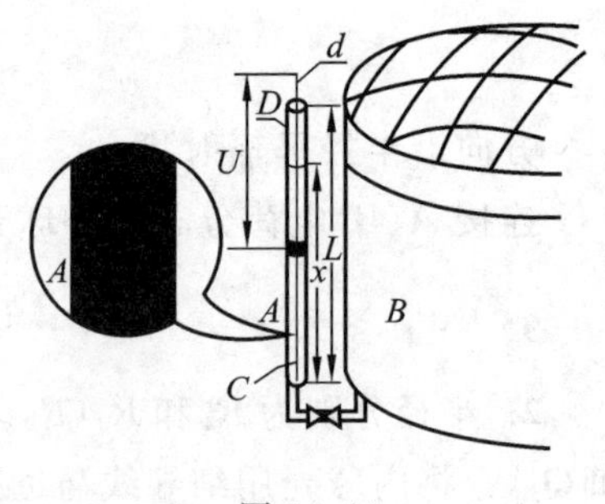

图 10-14

证　由于 d、$D \ll L$，导体 A、C 构成圆柱形电容器，可视为一个长为 x（x 为液面高度）的介质电容器（其电容为 C_1）和一个长为 $L-x$ 的空气电容器（其电容为 C_2）并联。

$$C_1=\frac{2\pi\varepsilon_0\varepsilon_r x}{\ln\dfrac{D}{d}},\quad C_2=\frac{2\pi\varepsilon_0(L-x)}{\ln\dfrac{D}{d}}$$

总电容
$$C=C_1+C_2=\frac{2\pi\varepsilon_0\varepsilon_r x}{\ln\dfrac{D}{d}}+\frac{2\pi\varepsilon_0(L-x)}{\ln\dfrac{D}{d}}=a+bx$$

式中，
$$a=\frac{2\pi\varepsilon_0\varepsilon_r L}{\ln\dfrac{D}{d}},\quad b=\frac{2\pi\varepsilon_0(\varepsilon_r-1)}{\ln\dfrac{D}{d}}$$

所以
$$Q=CU=aU+bUx$$

即导体圆管上所带电荷 Q 与液面高度 x 成正比，油罐与电容器联通，两液面等高，测出电荷 Q 即可确定油罐的液面高度。

5. 如图 10-15 所示，一直流电源与一大平行板电容器相连，中间放置相对介电常数为 ε 的固态介质，其厚度恰为两极板间距的 1/2，两极板都处于水平位置，假设此时图中带电小球 P 恰好能处于静止状态。现将电容器中的固态介质抽出，试求静电平衡后带电小球 P 在竖直方向上运动的加速度 $\boldsymbol{a}$ 的方向和大小。

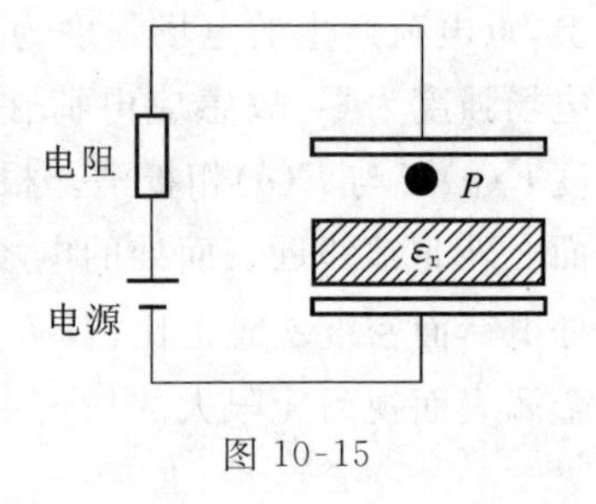

图 10-15

解　从图 10-15 看出，P 所带电荷一定为负电荷，设其带电量为 $-q$，质量为 m。设电容器两板间距离为 $2d$。抽出电介质前，P 所在空间电场为 E_1，有 $E_1q=mg$。由于电源不变，则

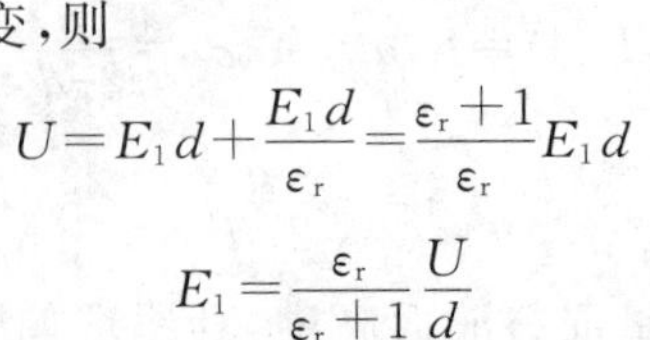

$$U=E_1d+\frac{E_1d}{\varepsilon_r}=\frac{\varepsilon_r+1}{\varepsilon_r}E_1d$$

于是
$$E_1=\frac{\varepsilon_r}{\varepsilon_r+1}\frac{U}{d}$$

抽出电介质后，P 所在空间电场为 E_2，电源不变，由 $U=E_2 2d$ 得

$$E_2=\frac{U}{2d}=\frac{\varepsilon_r+1}{2\varepsilon_r}E_1$$

又因为 $\varepsilon_r>1$，所以　　$E_1>E_2$，　$mg-E_2q=ma$

故

$$a=\frac{mg-E_2q}{m}=\frac{E_1q-E_2q}{m}=\frac{1}{m}\left(E_1q-\frac{\varepsilon_r+1}{2\varepsilon_r}E_1q\right)$$

$$=\frac{E_1q}{m}\cdot\frac{\varepsilon_r-1}{2\varepsilon_r}=\frac{\varepsilon_r-1}{2\varepsilon_r}g$$

$\boldsymbol{a}$ 的方向向下。

6. 由于分子的正、负电荷中心不重合，故水蒸气分子 H_2O 为有极分子，其电偶极矩 $p=6.2\times10^{-30}$ C · m。

(1) 水分子有 10 个正电荷及 10 个负电荷，试求正、负电荷中心的距离 d；

(2) 如将水蒸气置于 $E=1.5\times10^{-30}$ N/C 的匀强电场中，求其可能受到的最大力矩；

(3) 欲使电偶极矩与外场平行反向的水分子转到外场方向（转向极化），则电场力做多少功？所做的功与室温（300 K）水分子的平均平动动能 $\frac{3}{2}kT$ 有何种量值关系？在室温下实现水分子的转向极化，外加电场强度应该多大？

解　(1) 由题意，水分子正、负电荷中心不重合，形成一个电偶极子，电荷量 $q=10e$，故电偶极矩大小

$$p=qd=10ed$$

正、负电荷中心的距离为

$$d=\frac{p}{10e}=\frac{6.2\times10^{-30}}{10\times1.6\times10^{-19}}\ \text{m}=3.9\times10^{-12}\ \text{m}$$

(2) 由电场力作用于电偶极子的力矩为 $\boldsymbol{M}=\boldsymbol{p}\times\boldsymbol{E}$，力矩大小为 $M=pE\sin\theta$，当 $\theta=90°$时，M 达到最大值。

$$M_{\max}=pE=6.2\times10^{-30}\times1.5\times10^{4}\ \text{N}\cdot\text{m}=9.3\times10^{-26}\ \text{N}\cdot\text{m}$$

(3) 力矩做功为 $A=\int M\mathrm{d}\theta$，当转向极化进行时，力矩做正功，但 $\mathrm{d}\theta<0$，故

$$A=\int_{180}^{0}-pE\sin\theta\mathrm{d}\theta=2pE=1.9\times10^{-25}\ \text{J}$$

而当 $T=300$ K 时，水分子的平均平动动能为

$$\varepsilon_k=\frac{3}{2}kT=\frac{3}{2}\times1.38\times10^{-23}\times300\ \text{J}=6.2\times10^{-21}\ \text{J}$$

所做的功 A 与平均平动动能之间的量值关系为

$$\frac{\varepsilon_k}{A}=32632$$

可见在这样大小的外电场中，水分子的转向极化将被分子的热运动干扰。要实现转向极化，使 $\theta=180°$ 的水分子也转到外电场的方向上，电场力做的功至少要等于分子热运动的平均平动动能 ε_k，从而外场场强值至少要达到

$$E'=\frac{A'}{2p}=\frac{\varepsilon_k}{2p}=\frac{6.2\times10^{-21}}{2\times6.2\times10^{-30}}\ \text{N/C}=5\times10^{8}\ \text{N/C}$$

7. 有一带电球体，半径为 R，电荷体密度 $\rho=Ar$（A 为常量，r 为任一电荷元到球心的距离），求其电场储存的能量。

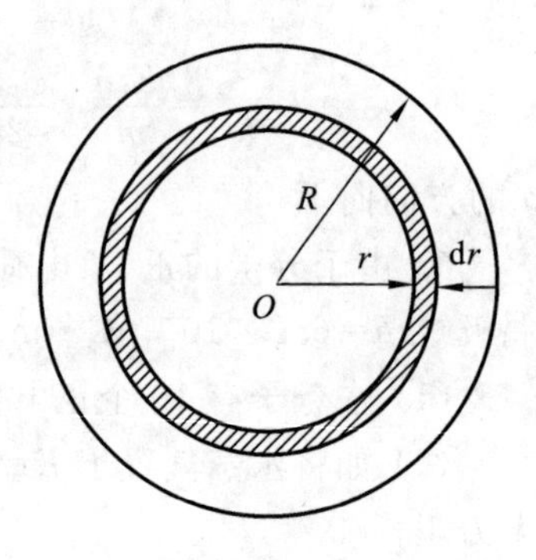

图 10-16

解　如图 10-16 所示，在半径为 r 处取厚度为 $\mathrm{d}r$ 的薄球壳，其体积元为 $\mathrm{d}V=4\pi r^2\mathrm{d}r$，可求带电球体的总电量为

$$\sum_i q_i=\int_V\rho\mathrm{d}V=\int_0^R Ar\cdot4\pi r^2\mathrm{d}r=A\pi R^4$$

当 $R<r$ 时，其中所包围的电荷为

$$\sum_i q_i=\int_V\rho\mathrm{d}V=\int_0^r Ar\cdot4\pi r^2\mathrm{d}r=A\pi r^4$$

由高斯定理 $\oint_S\boldsymbol{D}\cdot\mathrm{d}\boldsymbol{S}=4\pi r^2D=\sum q$，得

球内各点　$D_1=\dfrac{Ar^2}{4}$，　$E_1=\dfrac{Ar^2}{4\varepsilon_0}$

球内电场能量体密度　$w=\dfrac{1}{2}D_1E_1=\dfrac{A^2r^4}{32\varepsilon_0}$

球外各点　$D_2=\dfrac{AR^4}{4r^2}$，　$E_2=\dfrac{AR^4}{4\varepsilon_0r^2}$

球外电场能量体密度　$w_1=\dfrac{1}{2}D_2E_2=\dfrac{A^2R^8}{32\varepsilon_0r^4}$

带电球的电场总能量为

$$W=\int_0^R\frac{A^2r^4}{32\varepsilon_0}4\pi r^2\mathrm{d}r+\int_R^\infty\frac{A^2R^8}{32\varepsilon_0r^4}4\pi r^2\mathrm{d}r$$

$$=\left(\frac{A^2\pi}{56\varepsilon_0}+\frac{A^2\pi}{8\varepsilon_0}\right)R^7$$

$$=\frac{A^2\pi}{7\varepsilon_0}R^7$$

8. 如图 10-17(a)所示，板间距为 $2d$ 的大平行板电容器水平放置，电容器的右半部分充满相对介电常数为 ε_r 的固态电介质，左半部分空间的正中位置有一带电小球 P，电容器充电后 P 恰好处于平衡状态，拆去充电电源，将固态电介质快速抽

出，略去静电平衡经历的时间，不计带电小球 P 对电容器极板电荷分布的影响，则 P 将经过多长时间才与电容器的一个极板相碰？

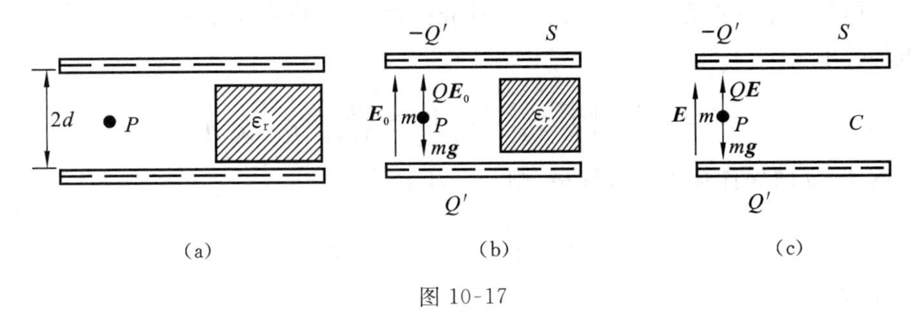

图 10-17

解　设小球的质量为 m，电量为 Q。电容器极板的面积为 S，电量为 Q'。抽出电介质前、后电场强度分别为 E_0、E，电容器电容分别为 C_0、C。电容器中带电小球受力分析如图 10-17(b)、(c)所示。

$$C_0=\frac{Q'}{2dE_0}=\frac{\varepsilon_0\dfrac{S}{2}}{2d}+\frac{\varepsilon_0\varepsilon_r\dfrac{S}{2}}{2d}=\frac{\varepsilon_0 S}{4d}(1+\varepsilon_r)$$

$$E_0=\frac{2Q'}{\varepsilon_0 S(1+\varepsilon_r)},\quad C=\frac{Q'}{2dE}=\frac{\varepsilon_0 S}{2d},\quad E=\frac{Q'}{\varepsilon_0 S}$$

因此

$$E=\frac{(1+\varepsilon_r)E_0}{2}$$

抽出电介质前

$$QE_0=mg$$

即有

$$E=\frac{1+\varepsilon_r}{2}\frac{mg}{Q}$$

抽出电介质后，小球 P 受的合力为

$$F=QE-mg=ma$$

由

$$\frac{1+\varepsilon_r}{2}mg-mg=ma=m\frac{2d}{t^2}$$

得小球 P 做匀加速运动到达极板的时间为

$$t=\sqrt{\frac{4d}{(\varepsilon_r-1)g}}$$

9. 两导体球 A、B，半径分别为 $R_1=0.5$ m，$R_2=1.0$ m，两球由导线连接；两球外分别有内半径为 $R=1.2$ m 的同心导体球壳，球壳接地但与导线绝缘；导体之间的介质均为空气，如图 10-18 所示。已知空气的击穿场强为 3×10^6 V/m，今使 A、B 两球所带电荷逐渐增加。

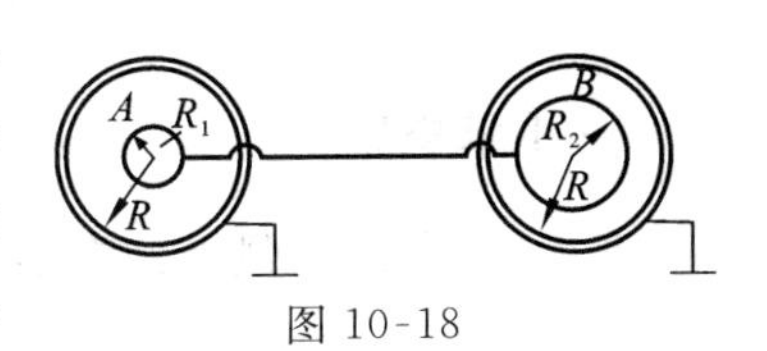

图 10-18

(1) 此系统何处首先被击穿？该处场强为多少？

(2) 击穿时两球所带的总电荷 Q 为何值?(设导线本身不带电,且对电场无影响)

解 (1) 设 A、B 两导体球所带电量分别为 q_1、q_2,静电平衡时两个导体球壳的内表面所带电量分别为 Q_1、Q_2。因导体球壳接地,其电势为零,故可求出导体球 A、B 的电势分别为

$$U_A=\frac{q_1}{4\pi\varepsilon_0}\left(\frac{1}{R}-\frac{1}{R_1}\right),\quad U_B=\frac{q_2}{4\pi\varepsilon_0}\left(\frac{1}{R}-\frac{1}{R_2}\right)$$

因 A、B 两导体球由导线连接,则 $U_A=U_B$,即

$$q_1\left(\frac{1}{R}-\frac{1}{R_1}\right)=q_2\left(\frac{1}{R}-\frac{1}{R_2}\right)$$

将已知数据代入上式,得

$$q_2=7q_1 \quad ①$$

设总带电量为 Q,则

$$q_2+q_1=Q \quad ②$$

由式①、式②得

$$q_2=\frac{7Q}{8},\quad q_1=\frac{Q}{8} \quad ③$$

由此求得 A、B 两导体球面处的场强分别为

$$E_A=\frac{q_1}{4\pi\varepsilon_0 R_1^2}=\frac{\frac{Q}{8}}{4\pi\varepsilon_0(0.5)^2}=\frac{1}{4\pi\varepsilon_0}\frac{Q}{2}=\frac{Q}{8\pi\varepsilon_0}$$

$$E_B=\frac{q_2}{4\pi\varepsilon_0 R_2^2}=\frac{\frac{7Q}{8}}{4\pi\varepsilon_0(1.0)^2}=\frac{1}{4\pi\varepsilon_0}\frac{7Q}{8}=\frac{7Q}{32\pi\varepsilon_0}$$

显然 $E_B>E_A$,故系统必在导体球 B 的表面首先被击穿,场强为 E_B。

(2) 令 $E_B=E_{击}$,即 $\frac{1}{4\pi\varepsilon_0}\frac{7Q}{8}=3\times10^6$,可求出

$$Q=3.8\times10^{-4}\ \text{C}$$

四、习题解答

(一) 填空题

1. 导体内部场强处处为零;$E=\frac{\sigma}{\varepsilon_0}$。

2. $8.85\times10^{-10}\ \text{C/m}^2$;负。

3. $5.4\times10^3\ \text{V}$;$3.6\times10^3\ \text{V}$。

A 球的电势为

$$U_A=\frac{1}{4\pi\varepsilon_0}\left(\frac{q_1}{r_1}+\frac{-q_1}{r_2}+\frac{q_1+Q}{r_3}\right)$$
$$=9\times10^9\times\left(\frac{2\times10^{-8}}{5\times10^{-2}}+\frac{-2\times10^{-8}}{10\times10^{-2}}+\frac{2\times10^{-8}+4\times10^{-8}}{15\times10^{-2}}\right)\ \text{V}$$
$$=5.4\times10^3\ \text{V}$$

B 球的电势为

$$U_B=\frac{1}{4\pi\varepsilon_0}\left(\frac{q_1+(-q_1)}{r_2}+\frac{q_1+Q}{r_3}\right)=3.6\times10^3\ \text{V}$$

4. 电偶极子。

5. $\frac{nqd^2}{\varepsilon_0}$；$\frac{nqd^2}{2\varepsilon_0}$。

由 $\mathrm{d}E=\frac{\sigma}{2\varepsilon_0}=\frac{nq\mathrm{d}x}{2\varepsilon_0}$，得

$$E=\int_{-x}^{x}\frac{nq\mathrm{d}x}{2\varepsilon_0}=\frac{nqx}{\varepsilon_0}$$
$$U=\int_0^d E\mathrm{d}x=\int_0^d\frac{nqx}{\varepsilon_0}\mathrm{d}x=\frac{nqd^2}{2\varepsilon_0}$$

6. $2C_0$。

7. $\frac{C_2C_3}{C_1}$。

8. 不变；减小。

(二) 选择题

1. B。

2. D。

3. B(提示：$C=\frac{Q}{U}=\varepsilon_r\frac{S}{d}$)。

4. B(提示：$\oint_S \boldsymbol{D}\cdot\mathrm{d}\boldsymbol{S}=\sum_i q_i$，只与自由电荷有关)。

5. C(提示：因为电荷分布不变，所以电场不变)。

6. B(提示：$\oint_S \boldsymbol{D}\cdot\mathrm{d}\boldsymbol{S}=\sum_i q_i$，$\nabla\times\boldsymbol{E}=0$)。

7. D(提示：$C=\frac{Q}{U}=\varepsilon_0\frac{S}{d}$)。

8. D(提示：$\oint_S \boldsymbol{D}\cdot\mathrm{d}\boldsymbol{S}=\sum_i q_i$)。

9. B(提示：$F=QE=Q\frac{\sigma}{2\varepsilon_0}$)。

10. C(提示：$W_e=\int_R^{\infty}q\frac{q}{8\pi\varepsilon_0 r^2}\mathrm{d}r=\frac{q^2}{8\pi\varepsilon_0 R}$)。

11. D(提示:$V=\dfrac{q}{4\pi\varepsilon_0 r}$)。

12. C(提示:电场强度的方向总是指向电势降落的方向)。

13. D(提示:$U_e=\int_d^{\infty}\dfrac{q}{4\pi\varepsilon_0 r^2}\mathrm{d}r=\dfrac{q}{4\pi\varepsilon_0 d}$)。

14. C(提示:$C=\dfrac{Q}{U}=\varepsilon\dfrac{S}{d}$)。

15. A(提示:$C=\dfrac{Q}{U}=\varepsilon\dfrac{S}{d}$,$W_e=\dfrac{1}{2}QU$)。

(三) 计算题

1. 解 (1) 设无穷远处电势为零,利用高斯定理可证明:金属腔内表面所带的电量为$-q$。因为电荷守恒,金属腔外表面所带电量为$Q+q$。

(2) 由球壳内表面电荷产生的电势为

$$U_{-q}=\oint_{S_a}\frac{\sigma_a\mathrm{d}S}{4\pi\varepsilon_0 a}=-\frac{q}{4\pi\varepsilon_0 a}$$

(3) 球心O的总电势为

$$\begin{aligned}U_0&=U_q+U_{-q}+U_{q+Q}\\&=\frac{q}{4\pi\varepsilon_0 r}+\oint_{S_a}\frac{\sigma_a\mathrm{d}S}{4\pi\varepsilon_0 a}+\oint_{S_b}\frac{\sigma_b\mathrm{d}S}{4\pi\varepsilon_0 b}\\&=\frac{q}{4\pi\varepsilon_0 r}+\frac{-q}{4\pi\varepsilon_0 a}+\frac{q+Q}{4\pi\varepsilon_0 b}\\&=\frac{q}{4\pi\varepsilon_0}\left(\frac{1}{r}-\frac{1}{a}+\frac{1}{b}\right)+\frac{Q}{4\pi\varepsilon_0 b}\end{aligned}$$

2. 解 (1)电位移矢量$\boldsymbol{D}$在空间的分布为

$$D=\begin{cases}0 & (r<R)\\ \dfrac{Q}{4\pi r^2} & (r>R)\end{cases}$$

(2) 电场强度$\boldsymbol{E}$在空间的分布为

$$E=\begin{cases}0 & (r<R)\\ \dfrac{Q}{4\pi\varepsilon_0 r^2} & (r>2R)\\ \dfrac{Q}{4\pi\varepsilon_0\varepsilon_r r^2} & (R<r<2R)\end{cases}$$

3. 解 (1) 因为$\sigma'=\boldsymbol{P}\cdot\boldsymbol{e}_n$,所以

$$P=\frac{\sigma'}{e_n}=0.5\ \mathrm{C/m^2}$$

由

$$P=\chi_e\varepsilon_0 E\Rightarrow E=\frac{P}{\chi_e\varepsilon_0}$$

$$D_{内}=\varepsilon_r\varepsilon_0 E=\frac{\varepsilon_r P}{\chi_e}=\frac{\varepsilon_r P}{\varepsilon_r-1}$$

$$=\frac{4}{3}\times 0.5\ \mathrm{C/m^2}=0.67\ \mathrm{C/m^2}$$

（2）$D_{外}=D_{内}=D=0.67\ \mathrm{C/m^2}$

4. 解　（1）由于电场分布具有轴对称性，作如图 10-19 所示半径为 $r(R_1<r<R_2)$、高为 h 的封闭圆柱面为高斯面。

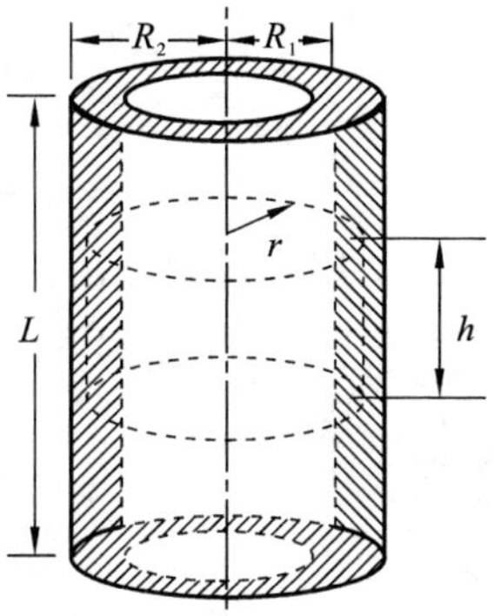

图 10-19

由高斯定理得

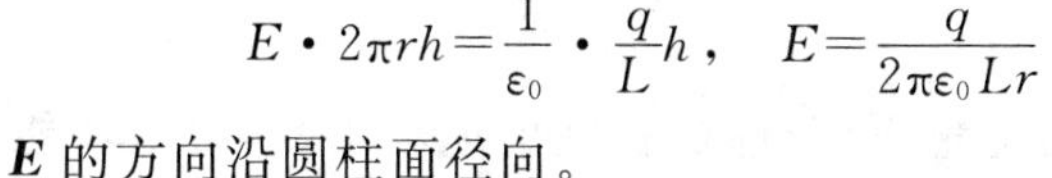

$$E\cdot 2\pi rh=\frac{1}{\varepsilon_0}\cdot\frac{q}{L}h,\quad E=\frac{q}{2\pi\varepsilon_0 Lr}$$

$\boldsymbol{E}$ 的方向沿圆柱面径向。

（2）两筒之间的电势差为

$$\Delta U=\int_{R_1}^{R_2}E\mathrm{d}r=\int_{R_1}^{R_2}\frac{q}{2\pi\varepsilon_0 Lr}\mathrm{d}r=\frac{q}{2\pi\varepsilon_0 L}\ln\frac{R_2}{R_1}$$

（3）此圆柱形电容器的电容为

$$C=\frac{q}{\Delta U}=\frac{2\pi\varepsilon_0 L}{\ln\dfrac{R_2}{R_1}}$$

（4）此电容器所储存的能量为

$$W=\frac{1}{2}C(\Delta U)^2=\frac{q^2}{4\pi\varepsilon_0 L}\ln\frac{R_2}{R_1}$$

或

$$W=\int\frac{1}{2}\varepsilon_0 E^2\mathrm{d}U=\int_{R_1}^{R_2}\frac{1}{2}\varepsilon_0\left(\frac{q}{2\pi\varepsilon_0 Lr}\right)^2 L2\pi r\mathrm{d}r$$

$$=\frac{q^2}{4\pi\varepsilon_0 L}\ln\frac{R_2}{R_1}$$

5. 解　（1）在介质中取长为 L 与圆柱圆筒共轴线的过点 A 的圆柱面作为高斯面，由介质中的高斯定理，有

$$\oint\!\!\!\oint_S \boldsymbol{D}\cdot\mathrm{d}\boldsymbol{S}=\sum_{S内}q_{0i}$$

$$D2\pi RL=\lambda L,\quad D=\frac{\lambda}{2\pi R}$$

$$E=\frac{D}{\varepsilon}=\frac{\lambda}{2\pi R\varepsilon_0\varepsilon_r}$$

又因为

$$\Delta U_1=\int_{R_1}^{R_2}E\mathrm{d}l=\int_{R_1}^{R_2}\frac{\lambda}{2\pi r\varepsilon_0\varepsilon_r}\mathrm{d}r=\frac{\lambda}{2\pi\varepsilon_0\varepsilon_r}\ln\frac{R_2}{R_1}$$

所以

$$\frac{\lambda}{2\pi\varepsilon_0\varepsilon_r}=\frac{\Delta U_1}{\ln\dfrac{R_2}{R_1}}$$

即
$$E=\frac{\lambda}{2\pi R\varepsilon_0\varepsilon_r}=\frac{\Delta U_1}{R\ln\frac{R_2}{R_1}}=\frac{32}{3.5\times10^{-2}\ln\frac{5}{2}}\ \mathrm{V/m}$$
$$=9.98\times10^2\ \mathrm{V/m}=998\ \mathrm{V/m}$$

(2) 用同样的方法得

$$\Delta U_2=\int_R^{R_2}E\,\mathrm{d}l=\int_R^{R_2}\frac{\lambda}{2\pi r\varepsilon_0\varepsilon_r}\mathrm{d}r$$
$$=\frac{\lambda}{2\pi\varepsilon_0\varepsilon_r}\ln\frac{R_2}{R}=\ln\frac{R_2}{R}\cdot\frac{\Delta U_1}{\ln\frac{R_2}{R_1}}=\ln\frac{5}{3.5}\cdot\frac{32}{\ln\frac{5}{2}}\ \mathrm{V}$$
$$=12.5\ \mathrm{V}$$

6. 解　断开电源意味着极板上的电量不变,即极板间的电场不变,由电场能量公式 $W=\frac{1}{2}\varepsilon_0E^2Sd$ 和 $C=\frac{\varepsilon_0S}{d}$,$U=Ed$ 有

$$W_d=\frac{1}{2}\varepsilon_0E^2Sd=\frac{1}{2}CU^2,\quad W_{nd}=\frac{1}{2}\varepsilon_0E^2Snd=\frac{1}{2}CU^2n$$

故电能的改变量为　$$\Delta W=W_{nd}-W_d=\frac{1}{2}CU^2(n-1)$$

由动能定理知,外力对极板所做的功为

$$A=\Delta W=\frac{1}{2}CU^2(n-1)$$

7. 解　(1) 由高斯定理得球内半径为 r 处的场强为

$$\oint\!\!\!\oint_S\boldsymbol{D}\cdot\mathrm{d}\boldsymbol{S}=\sum_{S内}q_{0i}$$

故有
$$D4\pi r^2=q_0,\quad D=\frac{q_0}{4\pi r^2}$$

因此
$$E=\frac{D}{\varepsilon}=\frac{q_0}{4\pi r^2\varepsilon_0\varepsilon_r}$$

$$U_{12}=\int_{R_1}^{R_2}\boldsymbol{E}\cdot\mathrm{d}\boldsymbol{l}=\int_{R_1}^{R_2}\frac{q_0}{4\pi r^2\varepsilon_0\varepsilon_r}\mathrm{d}r=\frac{q_0}{4\pi\varepsilon_0\varepsilon_r}\left(\frac{1}{R_1}-\frac{1}{R_2}\right)$$

$$C=\frac{q_0}{U_{12}}=\frac{4\pi\varepsilon_0\varepsilon_rR_2R_1}{R_2-R_1}$$

(2) 电容器内储存的能量为

$$W=\frac{1}{2}CU_{12}^2=\frac{2\pi\varepsilon_0\varepsilon_rR_2R_1}{R_2-R_1}U_{12}^2$$

第十一章　稳恒电流与稳恒磁场

一、本章要求

(1) 理解电流密度的概念及欧姆定律的积分形式,掌握电流的功和功率的计算。

(2) 理解稳恒电流的条件及电源的必要性,掌握电动势的概念。

(3) 掌握含源电路的欧姆定律,能根据欧姆定律求电路中任意两点的电位差和理解电源的端电压与电源电动势的关系。

(4) 了解金属导电的古典微观解释,能由电导率与微观量的关系式解释一些简单问题,了解电子的逸出功和温差电现象。

(5) 掌握磁感应强度的定义及其物理意义,掌握磁场叠加原理。

(6) 掌握毕奥-萨伐尔定律,能用它计算简单几何形状的载流导体(如载流直导线、圆电流、面电流等)产生的恒定磁场分布。

(7) 理解运动电荷产生的磁场。

(8) 掌握磁感应线和磁通量的物理意义,理解在磁场中的高斯定理,能计算简单非均匀磁场中某回路所包围面积上的磁通量。

(9) 理解安培环路定理的物理意义,掌握用安培环路定律计算某些具有对称性载流导体产生的磁场分布。

二、基本内容

1. 电流密度

$$\boldsymbol{j}=nq\boldsymbol{v}$$

电流
$$I=\oint_S \boldsymbol{j}\cdot \mathrm{d}\boldsymbol{S}$$

电流的连续性方程
$$\oint_S \boldsymbol{j}\cdot \mathrm{d}\boldsymbol{S}=-\frac{\mathrm{d}q_{S_{内}}}{\mathrm{d}t}$$

2. 恒定电流

$$\oint_S \boldsymbol{j}\cdot \mathrm{d}\boldsymbol{S}=0$$

节点电流方程(基尔霍夫第一方程)

$$\sum_i I_i = 0$$

恒定电场,即稳定电荷分布产生的电场

$$\oint_L \boldsymbol{E} \cdot \mathrm{d}\boldsymbol{l} = 0$$

3. 欧姆定律

通过导体的电流 I 与所加在该导体两端的电势差成正比,即

$$I \propto U \quad 或 \quad I = \frac{U}{R}$$

欧姆定律的微分形式 $\boldsymbol{j} = \gamma \boldsymbol{E}$

电阻定律 $R = \rho \dfrac{l}{S}$

4. 电动势

电动势:非静电力把单位正电荷从负极通过电源内部搬移到正极所做的功,用 $\mathscr{E}$ 表示,即

$$\mathscr{E} = \frac{A_\mathrm{k}}{q} = \int_B^A \boldsymbol{E}_\mathrm{k} \cdot \mathrm{d}\boldsymbol{l}$$

式中,$\boldsymbol{E}_\mathrm{k}$ 为作用于单位正电荷上的非静电力。

若一闭合电路 L 上处处有非静电力 $\boldsymbol{E}_\mathrm{k}$ 存在,则整个闭合电路内的总电动势为

$$\mathscr{E} = \oint_L \boldsymbol{E}_\mathrm{k} \cdot \mathrm{d}\boldsymbol{l}$$

回路电压方程(基尔霍夫第二方程)

$$\sum_i (\pm \mathscr{E}_i) + \sum_i (\pm I_i R_i) = 0$$

5. 焦耳定律

焦耳定律的微分形式 $w = \gamma E^2$

焦耳定律的积分形式 $P = \dfrac{A}{t} = I(U_A - U_B) = I^2 R$

6. 磁感应强度

磁感应强度的大小 $B = \dfrac{F_\mathrm{max}}{qv}$

磁感应强度的方向 $\boldsymbol{F}_\mathrm{max} \times \boldsymbol{v}$ 的方向

7. 磁场中的高斯定理

$$\oint_S \boldsymbol{B} \cdot \mathrm{d}\boldsymbol{S} = 0$$

8. 毕奥-萨伐尔定律

$$\mathrm{d}\boldsymbol{B} = \frac{\mu_0}{4\pi} \frac{I \mathrm{d}\boldsymbol{l} \times \boldsymbol{r}}{r^3}$$

式中，$\mu_0=4\pi\times10^{-7}\ \mathrm{N/A^2}$ 为真空中的磁导率。

$$\mathrm{d}B=\frac{\mu_0}{4\pi}\frac{I\mathrm{d}l\sin\theta}{r^3}$$

式中，θ 为电流元 $I\mathrm{d}l$ 与径矢 $\boldsymbol{r}$ 之间的夹角。

$\mathrm{d}\boldsymbol{B}$ 的方向为 $I\mathrm{d}\boldsymbol{l}\times\boldsymbol{r}$ 的方向，即垂直于 $I\mathrm{d}\boldsymbol{l}$ 与 $\boldsymbol{r}$ 组成的平面，方向由右手螺旋法则确定。

稳恒电流在场点产生的磁感应强度为

$$\boldsymbol{B}=\int_L\mathrm{d}\boldsymbol{B}=\int_L\frac{\mu_0}{4\pi}\frac{I\mathrm{d}\boldsymbol{l}\times\boldsymbol{r}}{r^3}$$

以下为几种典型稳恒电流的磁场强度计算式。

（1）载流直导线的磁场强度为

$$B=\frac{\mu_0 I}{4\pi a}(\sin\beta_2-\sin\beta_1)$$

无限长载流直导线的磁场强度为

$$B=\frac{\mu_0 I}{2\pi a}$$

（2）载流圆线圈轴线上的磁场强度为

$$B=\frac{\mu_0 I}{2}\frac{R^2}{(R^2+x^2)^{3/2}}$$

在圆心处的磁场强度为

$$B=\frac{\mu_0 I}{2R}$$

（3）长直载流螺线管的磁场强度为

$$B_{管内}=\mu_0 nI,\quad B_{管外}=0$$

式中，n 为单位长度上的线圈匝数。

9. 运动电荷产生的磁场

一个以速度 $\boldsymbol{v}$ 运动的电荷产生的磁场强度为

$$\boldsymbol{B}=\frac{\mu_0}{4\pi}\frac{q\boldsymbol{v}\times\boldsymbol{r}}{r^3}$$

10. 磁通量和磁场中的高斯定理

磁通量：在磁场中穿过任意曲面 S 的磁场线条数称为穿过该面的磁通量，用 Φ_m 表示，有

$$\Phi_\mathrm{m}=\int_S\boldsymbol{B}\cdot\mathrm{d}\boldsymbol{S}=\int_S B\mathrm{d}S\cos\theta$$

磁场中的高斯定理：通过任意闭合曲面 S 的磁通量恒等于 0，即

$$\oint_S\boldsymbol{B}\cdot\mathrm{d}\boldsymbol{S}=0$$

11. 安培环路定理

安培环路定理：磁感应强度沿任何闭合环路 L 的线积分，等于穿过该环路所有电流强度的代数和的 μ_0 倍，即

$$\oint_L \boldsymbol{B} \cdot \mathrm{d}\boldsymbol{l} = \mu_0 \sum_{L内} I_i$$

式中，电流 I_i 的正、负与 $\mathrm{d}\boldsymbol{l}$ 绕行闭合曲线的方向有关。若遵守右手法则，则 $I>0$；反之，$I<0$。

三、例　　题

（一）填空题

1. 电源路端电压是 $\Delta U=$________（经外电路积分）和电源电动势是 $\mathscr{E}=$________（经内电路积分）。

解　$\int_A^B \boldsymbol{E}_\mathrm{e} \cdot \mathrm{d}\boldsymbol{l}$；$\int_B^A \boldsymbol{E}_\mathrm{k} \cdot \mathrm{d}\boldsymbol{l}$。

路端电压等于静电场强由电源正极经外电路到电源负极的线积分，或将单位正电荷由电源正极经外电路搬到电源负极时，电场力做的功，它是描述静电场或稳恒电场本身性质的物理量，在静电场或稳恒电场中确定的两点电势差是一定的，与电势参考点的选取无关。而电源电动势是非静电场强由电源负极经内电路到电源正极的线积分，或将单位正电荷由电源负极经内电路搬到电源正极时，非静电力做的功，它反映了电源中非静电力做功的本领，是描写电源本身性质的一个物理量，与外电路的性质及电路是否接通都没有关系。所以，尽管它们都是描述移动单位正电荷做功能力，单位也相同，但它们的表达式、物理概念是完全不同的。

2. (1) 电流密度 j 与电流强度 I 的主要区别是________________________；(2) 它们的联系是____。

解　(1) 电流强度 I 是单位时间通过导体某一截面的电量，它描述导体中某一截面电荷流动的总体情况，为标量；而电流密度是描述导体中某一点处电荷流动的情况，它精确地反映电流场中电流分布的细节，是矢量。

(2) $I=\iint_S \boldsymbol{j} \cdot \mathrm{d}\boldsymbol{S}$，即通过曲面 S 的电流强度 I 等于通过该曲面的电流密度的通量。

3. 金属导体中恒定电流的电流线与电场线的方向总是________；这________意味着与电场线就是电子的轨迹。

解　一致的；并非。

因为欧姆定律微分形式 $\boldsymbol{j}=\gamma\boldsymbol{E}$，导体中任一点的电流密度与该点电场强度有着相同方向，而在数值上成一定比例，因此，如果在空间作一族曲线表示恒定电场

的电场线，这一族曲线同样也可以用来表示电流线。所以金属导体中的电流线总是和电场线一致的；电流密度矢量的方向是指正电荷移动方向；导体中的电流密度是指导体中电子的定向漂移运动宏观的总体平均效果。由于电子要与晶格发生碰撞而做热运动，因此电子的实际运动轨迹是极其复杂的，与电场线并不一致。

4. 如图 11-1 所示，三个半径相同的均匀导体圆环两两正交，各交点处彼此连接，每个圆环的电阻均为 R，则 A、B 间的等效电阻 $R_{AB}=$________。

解　$\dfrac{R}{8}$。

如图 11-1 所示，当在 A、B 之间加电压时，由电路的对称性可知图中的 F、D、E、C 四点等电位，所以 $FDEC$ 环中应没有电流流过，因此该环可以取消，这样 A、B 之间的电阻就是 4 个电阻皆为$\dfrac{R}{2}$的半圆环并联，所以 $R_{AB}=\dfrac{R}{2}\times\dfrac{1}{4}=\dfrac{R}{8}$。

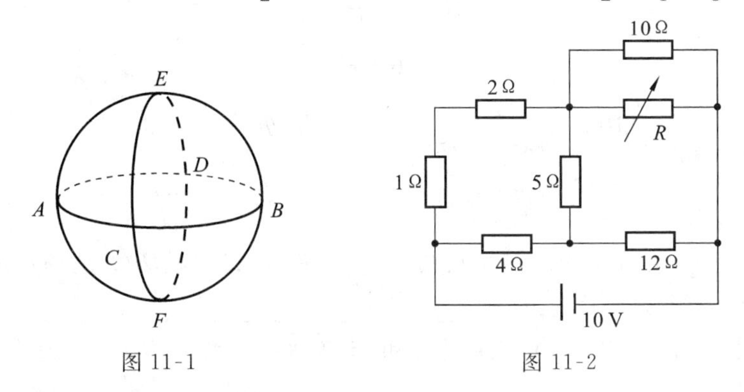

图 11-1　　　　图 11-2

5. 在如图 11-2 所示的电路中，通过调节可变电阻器的 R 值，能将图中5 Ω电阻的消耗功率值降到最低值 $P_{\min}=$________，此时 $R=$________。

解　0；90 Ω。

若要 5 Ω 电阻消耗功率最低，应使 5 Ω 电阻上流过电流为零，故 $P_{\min}=0$。此电路为一桥式平衡电路，当电桥平衡时，相对臂电阻乘积相等，得 $12(1+2)=4R_{并}$，得 $R_{并}=9$，又 $R_{并}=\dfrac{10R}{R+10}$，故$\dfrac{10R}{R+10}=9$，所以 $R=90$ Ω。

6. 图 11-3 所示的为一内半径为 a、外半径为 b 的均匀带电薄绝缘环片，该环片绕过中心 O 并与环片平面垂直的轴以角速度 ω 旋转，环片上总电量为 Q，则环片中心 O 处的磁感应强度 $B_O=$________。

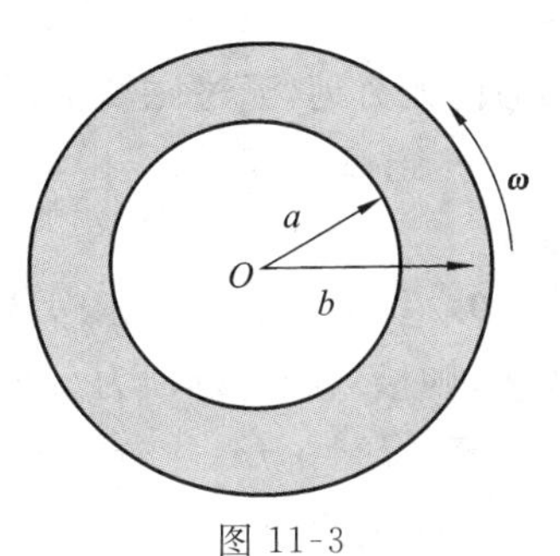

图 11-3

解　$\dfrac{Q\omega\mu_0}{2\pi(b+a)}$。

方法一　因为电荷面密度为 $\sigma=\dfrac{Q}{\pi(b^2-a^2)}$，环

片以角速度 ω 旋转，在圆心处产生的磁场可视为多个半径不同的圆电流产生磁场的叠加。圆电流微元为

$$dI=\sigma\frac{\omega}{2\pi}2\pi r dr=\sigma\omega r dr$$

由半径为 r 的圆电流在环中心产生的磁感应强度为

$$dB_O=\frac{\mu_0 dI}{2r}$$

所以

$$B_O=\int dB_O=\int\frac{\mu_0 dI}{2r}=\int_a^b\frac{\mu_0\sigma\omega r dr}{2r}=\frac{Q\mu_0\omega(b-a)}{2\pi(b^2-a^2)}=\frac{Q\mu_0\omega}{2\pi(b+a)}$$

方法二 根据毕奥-萨伐尔定律，有

$$d\boldsymbol{B}_O=\frac{\mu_0 I d\boldsymbol{l}\times\boldsymbol{r}}{4\pi r^3}$$

因为 $d\boldsymbol{l}\perp\boldsymbol{r}$

所以

$$dB_O=\frac{\mu_0 I dl}{4\pi r^2}=\frac{\mu_0}{4\pi r^2}\delta\frac{\omega}{2\pi}2\pi r dr d\theta=\frac{\delta\omega\mu_0}{4\pi}dr d\theta$$

$$B_O=\int_a^b\int_0^{2\pi}\frac{\delta\omega\mu_0}{4\pi}dr d\theta=\frac{\delta\omega\mu_0}{2}(b-a)=\frac{Q\omega\mu_0}{2\pi(b+a)}$$

7. ________产生一个磁感应强度 $\boldsymbol{B}=f(r)\boldsymbol{r}$ 形式的磁场（$\boldsymbol{r}$ 是场点的位置矢量，$f(r)$ 为 r 的函数），其理由是________________________________。

解 不能；由毕奥-萨伐尔定律可知，电流元 $Id\boldsymbol{l}$ 产生的磁感应强度为 $d\boldsymbol{B}=\frac{\mu_0 Id\boldsymbol{l}\times\boldsymbol{r}}{4\pi r^3}$，整个电流产生的磁感应强度为 $\boldsymbol{B}=\int_L\frac{\mu_0 Id\boldsymbol{l}\times\boldsymbol{r}}{4\pi r^3}$，因为 $d\boldsymbol{l}\times\boldsymbol{r}$ 为 $\boldsymbol{B}$ 的方向，绝不可能在 $\boldsymbol{r}$ 的方向上，即不可能产生一个 $\boldsymbol{B}=f(r)\boldsymbol{r}$ 形式的磁场。

8. 用一个封闭曲面包围磁铁的一个磁极，通过该封闭曲面的磁通量是______。

解 0。

由磁场中的高斯定理，得 $\oint_S\boldsymbol{B}\cdot d\boldsymbol{S}=0$，磁场是无源场，磁感应线闭合成环或两端通向无穷远，通过磁场中任意封闭曲面的磁通量均为零。对磁铁而言，其外部场线由 N 到 S，内部场线由 S 到 N，穿过包围磁铁一个磁极的封闭曲面的磁通量为零。

9. 厚度为 $2d$ 的无限大导体平板，沿与板平行的方向均匀通以电流，电流密度为 $\boldsymbol{j}$，则板内距对称面为 x 处磁感应强度的大小为________。

解 $B=\mu_0 jx\quad(x<d)$。

由于电流分布的对称性，可知电流在 ab、cd 上各点的 $\boldsymbol{B}$ 是等大反向的。在回

路 ab 上的 $\boldsymbol{B}$ 的方向向右，dc 上的 $\boldsymbol{B}$ 的方向向左。

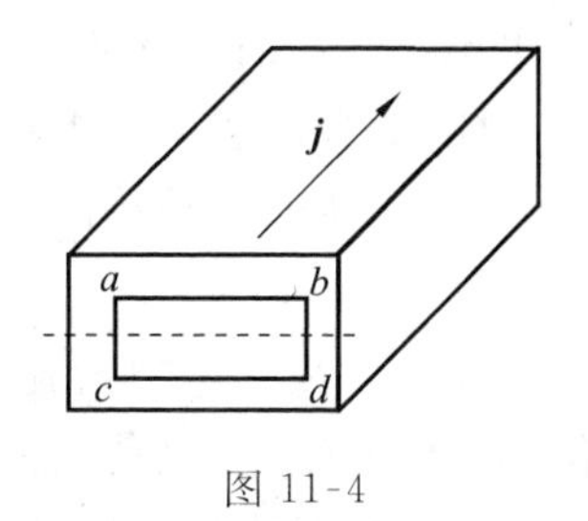

图 11-4

根据以上分析，取相距为 $2x=\overline{bd}$，如图 11-4 所示的回路为安培环路。由安培环路定理有

$$\oint_L \boldsymbol{B}\cdot \mathrm{d}\boldsymbol{l}=2B\,\overline{ab}=\mu_0\sum_{L内}I_i=\mu_0 j\,\overline{ab}2x$$

故
$$B=\mu_0 jx \qquad (x<d)$$

（二）选择题

1. 单位正电荷从电源正极出发，沿闭合回路一周，又回到电源正极时，下列说法正确的是（　　）。

A. 静电力所做总功为零

B. 非静电力所做总功为零

C. 静电力和非静电力所做功代数和为零

D. 在电源内只有非静电力做功，在外电路只有静电力做功

解　A。

静电力是保守力，搬运单位正电荷时在外电路做正功，在内电路做负功，绕闭合回路一周所做总功为零。

2. 下列关于恒定电场与静电场的说法正确的是（　　）。

A. 恒定电场与静电场都是空间电荷分布不随时间变化而变化的电场

B. 高斯定理、场强环路定理对于静电场和稳恒电场均成立，所以稳恒电场也是保守力场，场中照样可以引进电势和电势差的概念

C. 静电场是由静止的电荷激发的，而激发恒定电场则是由运动的电荷激发的

D. 由于静电场中导体内场强为零，所以导体是等势体，导体中无电流；而稳恒电场中导体内场强不为零，所以导体不是等势体，导体表面不是等势面，导体中有电流

E. 静电场的能量不变，不需要提供额外的能量，所以维持稳恒电场也必定不需要提供额外的能量

解　ABCD。

稳恒电场是运动电荷形成的电场，当电荷在介质中运动时，会与介质中的粒子或晶格发生碰撞，而将动能转换为其他形式的能量（如热能等），所以维持稳恒电场也必定需要提供额外的能量，所以 E 是错误的。

3. 下列论述正确的是（　　）。

A. 电流是电荷的流动，在电流密度 $j\neq 0$ 的地方，电荷的体密度不可能等于零

B. 在恒定状态下，导线内部的电场线必定与导线表面平行

C. 焦耳定律可写成 $P=I^2R$ 和 $P=U^2/R$ 两种形式，从前式看，热功率 P 与 R

成正比，从后式看，热功率 P 与 R 成反比，这是一种矛盾的表述

D. 非静电场与静电场的特性与作用均相同

E. 电池的电动势的方向与通过电池的电流方向相同

解 B。

A 错。在导体中电流密度 $j \neq 0$ 的地方虽然有电荷流动，但只要能保证该处单位体积内的正、负电荷数值相等(即无净余电荷)，就可保证电荷体密度等于零。在恒定电流情况下可以做到这一点，条件是导体要均匀，即电导率 γ 为一恒量。

B 对。

C 错。这是由各自的表述前提条件不同所引起的，前式在电流强度 I 一定的条件下成立；后式在电压一定条件下成立，两式前提不一样，结果自然就不同，并不矛盾。

D 错。在电路中电源(非静电场作用的地方)的作用是：迫使正电荷经过电源内部由低电势的电源负极移动到高电势的电源正极，使两极间维持稳定的电势差。而静电场的作用是：在外电路中把正电荷由高电势的地方移到低电势的地方，推动电荷在导体中流动，形成电流；在电源内部，非静电场起推动电流的作用，静电场起抵制电流的作用。两者产生的源也不同。

E 错。电池的电动势方向，通常规定为由电池负极经内电路到电池正极的方向，它并不取决于通过电池的电流方向，而电流强度的方向可以与电池电动势 $\mathscr{E}$ 的方向相同，也可以相反。当电池向负载供电时，I 的方向与 $\mathscr{E}$ 的方向相反；当电池被充电时，I 的方向与 $\mathscr{E}$ 的方向一致。

4. 在没有电流的真空区域中，磁感应强度线互相平行的磁场，必然是均匀磁场。这一表述(　　)。

A. 对　　　　B. 不对

解 A。

如图 11-5 所示，沿磁感应强度线方向，作一细长圆柱形高斯面 S，底面 ΔS 取得足够小，其上各点的磁感应强度可视为大小相等，则由磁场高斯定理可得

$$\oiint_S \boldsymbol{B} \cdot \mathrm{d}\boldsymbol{S} = \int_{侧} \boldsymbol{B} \cdot \mathrm{d}\boldsymbol{S} + \int_{右底} \boldsymbol{B} \cdot \mathrm{d}\boldsymbol{S} + \int_{左底} \boldsymbol{B} \cdot \mathrm{d}\boldsymbol{S} = 0 + (-B_1 \Delta S) + B_2 \Delta S = 0\ , B_1 = B_2,$$

而高斯面长度可伸缩，故磁感应强度线上各点磁感应强度相等。

再取如图 11-5 所示矩形 $abcda$ 为环路 L，设 ab 段和 cd 段上各点的场强分别为 $\boldsymbol{B}'_1$ 和 $\boldsymbol{B}'_2$，则根据安培环路定理，有

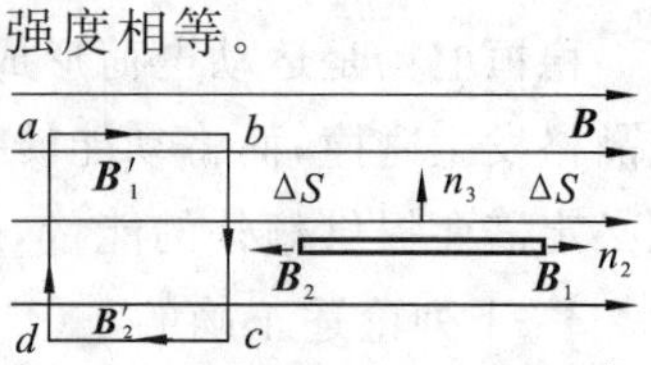

$$\oint_{+L} \boldsymbol{B} \cdot \mathrm{d}l = B'_1 ab + 0 + (-B'_2 cd) + 0 = \mu_0 \sum_{L内} I_i$$

图 11-5

式中，$ab \neq 0$，$cd \neq 0$。

所以 $B'_1=B'_2=0$，而矩形环路 cd 或 bc 边也可伸缩，故选取答案 A。

5. 下列说法正确的是(　　)。

A. 不把运动电荷受的磁力方向定义为磁感应强度 $\boldsymbol{B}$ 的方向，是因为空间任一点的 $\boldsymbol{B}$ 的方向是唯一的

B. 静止的电荷能在周围空间产生电场，但静止的线电荷元绝不能在它周围空间激起磁场

C. 无限长直线电流的磁场公式 $B=\dfrac{\mu_0 I}{2\pi r}$ 在 $r\to 0$ 时没有物理意义是由于误取了 $r\to 0$ 而造成的

D. 一根长为 $2L$、电荷线密度为 λ 的细棒以速度 v_0 从空间垂直穿过一个安培环路正中心，则由安培环路定理 $\oint_L \boldsymbol{B}\cdot \mathrm{d}\boldsymbol{l}=\mu_0\sum_i I$ 可以算出此运动电荷产生的磁场

E. 在一载流螺线管外做一平面闭合回路 L，且其平面垂直于螺线管的轴，圆心在轴上，则环路积分 $\oint_L \boldsymbol{B}\cdot \mathrm{d}\boldsymbol{l}$ 一定等于零

解　AB。

C 错。无限长直线电流的磁场公式 $B=\dfrac{\mu_0 I}{2\pi r}$ 在 $r\to 0$ 时没有物理意义，是因为在 $r\to 0$ 时无限长直线电流就不能再看成细直线，而要看成无限长的载流圆柱体，要用无限长的载流圆柱体在周围空间产生的场强来计算。

D 错。恒定电流磁场的安培环路定理仅适用于恒定电流，而恒定电流必定是闭合的。此处电流并非闭合电流，只能看成闭合电流的一部分，所以此处的磁场只能是闭合电流一部分电流产生的磁场，不满足安培定理中稳恒电流产生磁场的条件，故不能成立。

E 错。载流无限长螺线管常被近似看作紧密排列的封闭圆电流组，因而管内 $B=\mu_0 nI$，管外 $B=0$。在紧密排列的封闭圆电流组产生的磁场中，在管外绕一周，积分 $\oint_L \boldsymbol{B}\cdot \mathrm{d}\boldsymbol{l}=0$，但实际的螺线管并不等同于紧密排列的封闭圆电流组，电流总是从一端输入，从另一端输出，以管外任一闭合回路为边界的曲面总与一根电线相交，因而 $\oint_L \boldsymbol{B}\cdot \mathrm{d}\boldsymbol{l}=\mu_0 I$。

(三) 计算题

1. 如图 11-6 所示，半径为 r 的金属球远离其他物体，通过理想细导线和电阻为 R 的电阻器与大地连接。电子束从远处以速度 v 射向金属球面，稳定后每秒钟落到球上的电子数为 n。不计电子的重力势能，试求金属球每秒钟自身释放的热

量 Q 和金属球上的电量 q（电子质量记为 m，电子电荷量绝对值记为 e）。

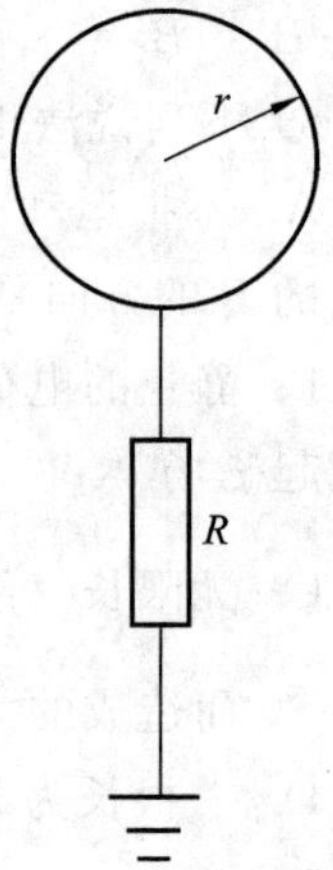

解 稳定后流经电阻 R 的电流为 $I=ne$，R 上的损耗功率为 $P=I^2R=n^2e^2R$，单位时间内 n 个电子带给金属球的动能为

$$E_k=\frac{1}{2}nmv^2$$

金属球自身释放的热量为

$$Q=E_k-P=E_k=\frac{1}{2}nmv^2-n^2e^2R$$

金属球的电势为

$$U=-IR=-neR$$

U 与球面电荷 q 的关系为

图 11-6

$$U=\frac{q}{4\pi\varepsilon_0 r},\quad 即\quad q=-4\pi\varepsilon_0 nerR$$

2. 有两段导线，分别测出它们的电压与电流的关系，如下表所示。

两端的电压/V	3.00	5.00	7.00
导线甲中的电流/A	0.84	1.40	1.96
导线乙中的电流/A	1.45×10^{-2}	3.13×10^{-2}	5.19×10^{-2}

(1) 求这两段导线在表中各电压下的电阻值；

(2) 这两段导线是否遵从欧姆定律？

分析 求电阻应该根据电阻的定义式 $R=\dfrac{U}{I}$。应该注意的是，该式并不是欧姆定律。导体的导电特性是否遵从欧姆定律，要看其伏安特性曲线是否为通过坐标原点的直线，也就是其电阻是否与电压和电流无关。

解 (1) 根据电阻的定义式，可分别求得导线甲在不同电压下的电阻。

当电压为 3.00 V 时，$R_1=\dfrac{U_1}{I_1}=\dfrac{3.00}{0.84}\ \Omega=3.57\ \Omega$

当电压为 5.00 V 时，$R_2=\dfrac{U_2}{I_3}=\dfrac{5.00}{1.40}\ \Omega=3.57\ \Omega$

当电压为 7.00 V 时，$R_3=\dfrac{U_3}{I_3}=\dfrac{7.00}{1.96}\ \Omega=3.57\ \Omega$

可见，导线甲在不同的电压和电流下，电阻值恒定不变。

同样，可以求得导线乙在不同电压下的电阻。

当电压为 3.00 V 时，$R_1'=\dfrac{U_1}{I_1}=\dfrac{3.00}{1.45\times10^{-2}}\ \Omega=2.07\times10^2\ \Omega$

当电压为 5.00 V 时，$R_2'=\dfrac{U_2}{I_2}=\dfrac{5.00}{3.13\times10^{-2}}\ \Omega=1.60\times10^2\ \Omega$

当电压为 7.00 V 时，$R_3'=\dfrac{U_3}{I_3}=\dfrac{7.00}{5.19\times10^{-2}}\ \Omega=1.35\times10^2\ \Omega$

可见，导线乙的电阻不是恒量，而会随电压的升高而下降。

(2) 根据两导线在不同电压下的电阻值，可知导线甲的伏安特性曲线必定是通过原点的直线，因为其电阻为常量，电流与电压成正比关系，所以导线甲是线性电阻，并一定遵从欧姆定律。而导线乙的伏安特性曲线不是直线，电流与电压不满足正比关系，因而不遵从欧姆定律。

3. 两段同心圆弧导线与沿半径方向的导线构成一个闭合的扇形载流回路，如图 11-7 所示。已知圆弧所对应的中心角为 θ，两圆弧的半径分别为 R_1 和 R_2，回路电流为 I，求圆心 O 处的磁感应强度。

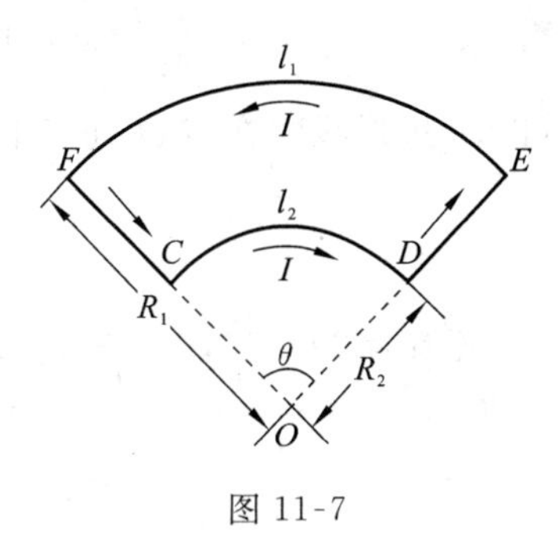

图 11-7

解　由于圆心 O 处于直导线 ED 和 FC 的延长线上，所以这两段直导线在点 O 处产生的磁感应强度为零。这样，扇形载流回路在点 O 处的磁感应强度 $\boldsymbol{B}$ 只是由两段圆弧电流产生。

根据毕奥-萨伐尔定律，圆弧电流 EF 上的任一电流元 $I\mathrm{d}\boldsymbol{l}$ 在点 O 产生的磁感应强度 $\mathrm{d}\boldsymbol{B}_1$，可以表示为

$$\mathrm{d}\boldsymbol{B}_1=\frac{\mu_0 I\mathrm{d}\boldsymbol{l}}{4\pi R_1^3}\times \boldsymbol{R}_1$$

$\mathrm{d}\boldsymbol{B}_1$ 的方向垂直于纸面指向读者，并且无论电流元 $I\mathrm{d}\boldsymbol{l}$ 取在何处，$\mathrm{d}\boldsymbol{B}_1$ 的方向都相同。所以可以直接对上式积分求得整个圆弧电流 EF 在点 O 处产生的磁感应强度 $\boldsymbol{B}_1$ 的大小，即

$$B_1=\frac{\mu_0 I}{4\pi R_1^2}\int_0^l \mathrm{d}l=\frac{\mu_0 I}{4\pi R_1^2}\int_0^\theta R_1\,\mathrm{d}\theta=\frac{\mu_0 I\theta}{4\pi R_1}$$

$\boldsymbol{B}_1$ 的方向与 $\mathrm{d}\boldsymbol{B}_1$ 的方向相同。

同理，可以求得圆弧电流 CD 在点 O 处产生的磁感应强度 $\boldsymbol{B}_2$ 的大小，即

$$B_2=\frac{\mu_0 I}{4\pi R_2^2}\int_0^l \mathrm{d}l=\frac{\mu_0 I}{4\pi R_2^2}\int_0^\theta R_2\,\mathrm{d}\theta=\frac{\mu_0 I\theta}{4\pi R_2}$$

$\boldsymbol{B}_2$ 的方向垂直于纸面向里。

整个扇形载流回路在点 O 处产生的磁感应强度为

$$B=B_2-B_1=\frac{\mu_0 I\theta}{4\pi}\left(\frac{1}{R_2}-\frac{1}{R_1}\right)$$

$\boldsymbol{B}$ 的方向与 $\boldsymbol{B}_2$ 的方向相同。

*4. 将一根导线折成边数为 n 的正多边形，多边形的外接圆半径为 a，设导线载有电流 I，如图 11-8 所示。求证：

(1) 外接中心处磁感应强度的大小为 $B=\frac{\mu_0 nI}{2\pi a}\tan\frac{\pi}{n}$；

(2) 当 $n\to\infty$ 时，上式简化为圆电流回路的结果。

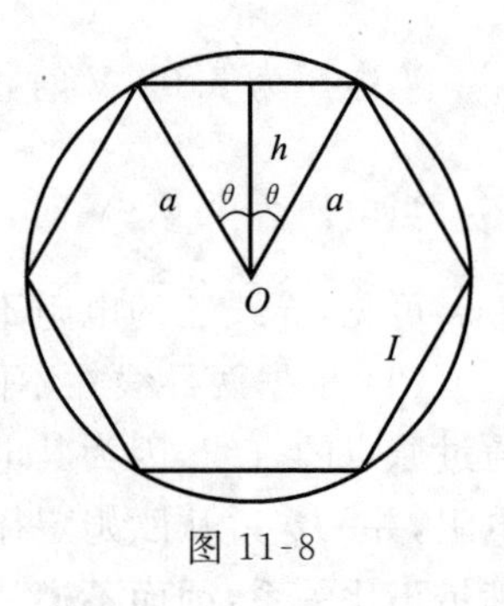

图 11-8

解 (1) 设 n 边正多边形线圈每一边长为 b，各边在圆心处的磁感应强度大小相等、方向相同，即

$$dB=\frac{\mu_0 I}{4\pi h}(\sin\theta+\sin\theta)=\frac{\mu_0 I}{2\pi h}\sin\theta=\frac{\mu_0 I}{2\pi h}\frac{b}{2a}=\frac{\mu_0 I}{2\pi a}\tan\theta$$

所以，n 边形线圈在点 O 处产生的磁场强度为

$$B=\frac{\mu_0 nI}{2\pi a}\tan\theta$$

又因为 $2\theta=\frac{2\pi}{n}$，$\theta=\frac{\pi}{n}$，所以

$$B=\frac{\mu_0 nI}{2\pi a}\tan\frac{\pi}{n}$$

(2) 当 $n\to\infty$ 时，$\tan\frac{\pi}{n}\approx\frac{\pi}{n}$，由此可得

$$B=\frac{\mu_0 nI}{2\pi a}\tan\frac{\pi}{n}\approx\frac{\mu_0 I}{2a}$$

5. 一半径为 R 的球面上均匀分布着电荷，面密度为 σ_0，当它以角速度 ω 绕直径旋转时，试求在球心处的磁感应强度 $\boldsymbol{B}$ 的大小。

分析 沿转轴方向，将球面分为若干带电半圆环（在转动平面内）。当球面转动时，这些带电窄圆环可看成半径不同的圆电流 dI。因此，利用圆电流轴线上一点的磁场公式求出 $d\boldsymbol{B}$，进行矢量积分（场的叠加原理应用）即可求出球心 O 处的磁场 $\boldsymbol{B}$。借助于同样的解法，可求出整个带电球面在转轴上任一点 P 上产生的磁场 $\boldsymbol{B}$。

解 将绕直径旋转的带电球面视为无数个位于球面上的同轴圆电流，如图 11-9所示，位于 (r,θ) 处的圆电流元 dI 在球心 O 处产生的磁感应强度的大小为

$$dB=\frac{\mu_0}{2}\frac{r^2 dI}{R^3}$$

式中，$dI=\sigma_0 dSf$，$dS=2\pi R^2\sin\theta d\theta$，$f=\frac{\omega}{2\pi}$。

代入后得

$$dI=\sigma_0\omega R^2\sin\theta d\theta$$

因为各 d$\boldsymbol{B}$ 方向相同，所以

$$B=\int dB=\frac{\mu_0}{2}R\sigma_0\omega\int_0^{\pi}\sin^3\theta d\theta=\frac{\mu_0}{2}R\sigma_0\omega\frac{4}{3}=\frac{2}{3}\mu_0R\sigma_0\omega$$

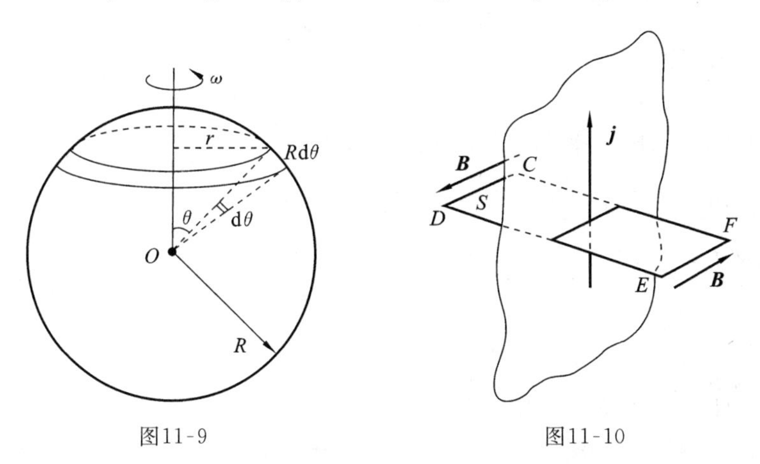

图11-9　　图11-10

6. 电流均匀地流过一无限大的导体薄板，已知单位长度上的电流密度为 $\boldsymbol{j}$，求空间任意一点的磁感应强度。

解　设导体平面上电流密度 $\boldsymbol{j}$ 的方向沿薄板并竖直向上，如图 11-10 所示。作一个垂直于电流密度 $\boldsymbol{j}$ 的平面 S，该平面也必定垂直于导体薄板。由于在这个无限大薄板上的电流密度是均匀分布的，所以电流在空间产生的磁感应线一定是平行于薄板的直线，在薄板两侧磁感应强度 $\boldsymbol{B}$ 的方向正好相反。在所作平面 S 上画一矩形 $CDEF$，其中矩形边 CD 和 EF 平行于薄板，长度为 l，并且到薄板的距离也相等。沿矩形边 $CDEFC$ 求磁感应强度 $\boldsymbol{B}$ 的环路积分，得

$$\oint_L \boldsymbol{B}\cdot d\boldsymbol{l}=\int_{CD}\boldsymbol{B}\cdot d\boldsymbol{l}+\int_{DE}\boldsymbol{B}\cdot d\boldsymbol{l}+\int_{EF}\boldsymbol{B}\cdot d\boldsymbol{l}+\int_{FC}\boldsymbol{B}\cdot d\boldsymbol{l}$$

在 DE 段和 FC 段上，$\boldsymbol{B}$ 与 d$\boldsymbol{l}$ 垂直，因而上式中的第二项和第四项等于零。在 CD 段和 EF 段上，$\boldsymbol{B}$ 与 d$\boldsymbol{l}$ 同方向，上式中第一项和第三项都等于 Bl。

根据安培环路定理，应有

$$\oint_L \boldsymbol{B}\cdot d\boldsymbol{l}=2Bl=\mu_0 jl$$

由此式即可求出

$$B=\frac{\mu_0 j}{2}$$

由此结果可见，无限大均匀导电薄板两侧的磁感应强度 $\boldsymbol{B}$ 与空间任一点到薄板的距离无关，所以，该薄板两侧的磁场是匀强磁场，而两侧磁场的方向却是相反的。

本题也可以直接从毕奥-萨伐尔定律出发求出电流元在某点产生的磁感应强度，然后根据叠加原理得到整个电流在该点产生的磁感应强度。原则上说，用这种

方法可以求解任何载流导体在空间产生的磁场。

四、习题解答

(一) 填空题

1. 1∶1;4∶1;2∶1。

2. 电流密度、电导率、电阻率、热功率密度。

3. $\frac{\mu_0 I}{2\pi}a\ln 2$。

4. $\frac{\pi R^2 B}{2}$。

5. 0。

6. $-\left(\frac{\mu_0 I}{4\pi R}\boldsymbol{i}+\frac{\mu_0 I}{4\pi R}\boldsymbol{j}+\frac{3\mu_0 I}{8R}\boldsymbol{k}\right)$。

7. 0.67×10^{-5} T;$qvR/2=7.2\times 10^{-21}$ A·m^2。

8. $\mu_0 I$;0;$2\mu_0 I$。

9. $U=Ir+\mathscr{E}$;$U=\mathscr{E}-Ir$。

10. 电流。

(二) 选择题

1. D(提示:由 $\boldsymbol{j}=\gamma\boldsymbol{E}$ 可知)。

2. C(提示:$P=I_L^2 R_L$,当$\frac{\partial P}{\partial R_L}=0$时,有 $P=P_{\max}$)。

3. D(提示:半球面元全部投影在平面上,即为通过平面圆的通量)。

4. C(提示:可据载流直导线的磁场公式 $B=\frac{\mu_0 I}{4\pi d}(\sin\beta_2-\sin\beta_1)$及叠加原理求得)。

5. C(提示:据圆环磁场公式 $B=\frac{\mu_0}{2\pi}\frac{IS}{(R^2+x^2)^{3/2}}$判别)。

6. D(提示:$B_1=\frac{\mu_0 I}{2R}=B_2=\frac{2\sqrt{2}\mu_0 I}{\pi l}$)。

7. B(提示:$B=\int_{a+b}^{b}\frac{\mu_0 \mathrm{d}I}{2\pi x}$,$\mathrm{d}I=\frac{I}{a}\mathrm{d}x$)。

8. D(提示:电压相等,电阻与长度成正比,电流与长度成反比,ab∶cd=2∶1)。

9. B(提示:$U_A-U_B=\mathscr{E}-IR$)。

10. C(提示:由安培环路定理的应用条件进行判别)。

(三) 计算题

1. 解 $j=\frac{I}{S}=\frac{I}{2\pi rL}=1.33\times 10^{-5}$ A/m^2

2. 解　(1) $U=\dfrac{\mathscr{E}}{R+R_{内}}R=\dfrac{12}{6.2}\times 6\ \text{V}=11.6\ \text{V}$

(2) $U=\dfrac{\mathscr{E}}{R/4+R_{内}}\dfrac{R}{4}=\dfrac{12}{1.7}\times 1.5\ \text{V}=10.6\ \text{V}$

3. 解　$R=\dfrac{220-110}{0.7}\ \Omega=\dfrac{1100}{7}\ \Omega=157.1\ \Omega$

4. 解　$I=\dfrac{\mathscr{E}_1+\mathscr{E}_2}{R_1+R_2+R_{i_1}+R_{i_2}}=\dfrac{2.5}{10}\ \text{A}=0.25\ \text{A}$

$P=I^2(R_1+R_2+R_{i_1}+R_{i_2})=0.625\ \text{W}$

$U_{\mathscr{E}_1}=-IR_{i_1}+\mathscr{E}_1=(-0.25\times 0.1+2)\ \text{V}=1.975\ \text{V}$

$U_{\mathscr{E}_2}=-IR_{i_2}+\mathscr{E}_2=1.75\ \text{V}$

5. 解　设原电阻为 R_0，则有

$$I_0R_0=I(R_0+R)$$

$$5R_0=4(R_0+2)\Rightarrow R_0=8\ \Omega$$

6. 解　设电流方向为逆时针方向，有

$$I=\frac{\mathscr{E}_1-\mathscr{E}_2}{R_1+R_2+R_3+R_{i_1}+R_{i_2}}=2\ \text{A}$$

故

$$U_a=U_{a地}=IR_1=4\ \text{V}$$

$$U_b=U_{b地}=I(R_{i_1}+R_1)-\mathscr{E}_1=-16\ \text{V}$$

$$U_c=U_{c地}=-I(R_{i_2}+R_2)-\mathscr{E}_2=-10\ \text{V}$$

$$U_d=U_{d地}=-IR_2=-2\ \text{V}$$

7. 解　(1) 如图 11-11(a)所示，$d=\dfrac{\sqrt{3}}{6}a$，则

$$B=\frac{3\mu_0 I}{4\pi d}(\cos\theta_1-\cos\theta_2)=\frac{3\mu_0 I}{4\pi\sqrt{3}a/6}(\cos 30^\circ+\cos 150^\circ)=\frac{9\mu_0 I}{2\pi a}$$

$\boldsymbol{B}$ 的方向垂直纸面向外。

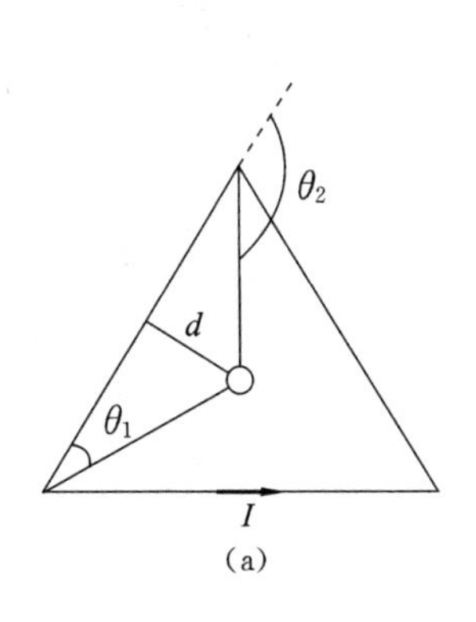

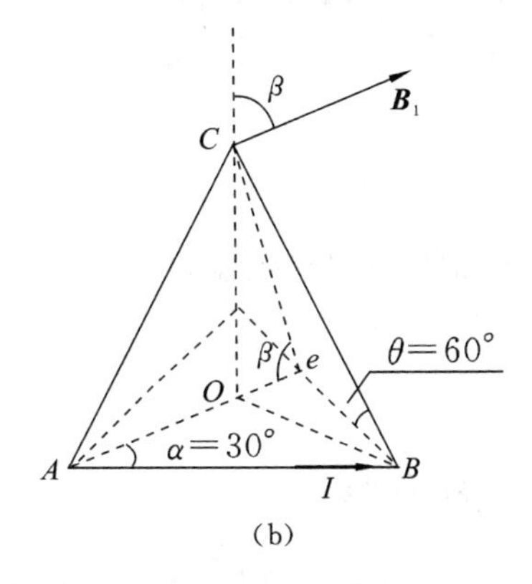

图 11-11

(2) 由图 11-11(b)可见，点 C 的合场强是沿$\overline{OC}$的分量，即

$$B_C=3B_1\sin\beta \quad ①$$

$$\sin\beta=\frac{\overline{OC}}{\overline{Oe}} \quad ②$$

$$B_1=2\frac{\mu_0 I}{4\pi\,\overline{Ce}}\cos60^\circ=\frac{\mu_0 I}{4\pi\,\overline{Ce}} \quad ③$$

$$\overline{OC}=\sqrt{\overline{CA}^2-\overline{OA}^2}=\sqrt{a^2-\left(\frac{a}{2\cos30^\circ}\right)^2}=\sqrt{\frac{2}{3}}a \quad ④$$

$$\overline{Oe}=\overline{OA}\sin30^\circ=\frac{a}{2\sqrt{3}} \quad ⑤$$

由式①～式⑤可得

$$B_C=\frac{\sqrt{6}\mu_0 I}{3\pi a}$$

其方向沿$\overline{OC}$向上。

8. 解　两个圆电流在圆心处激发的磁感应强度方向如图 11-12 所示，大小分别为

$$B_1=B_2=\frac{\mu_0 I}{2R}$$

则圆心处的磁感应强度为

$$B_合=\sqrt{2}B_1=\frac{\sqrt{2}\mu_0 I}{2R}$$

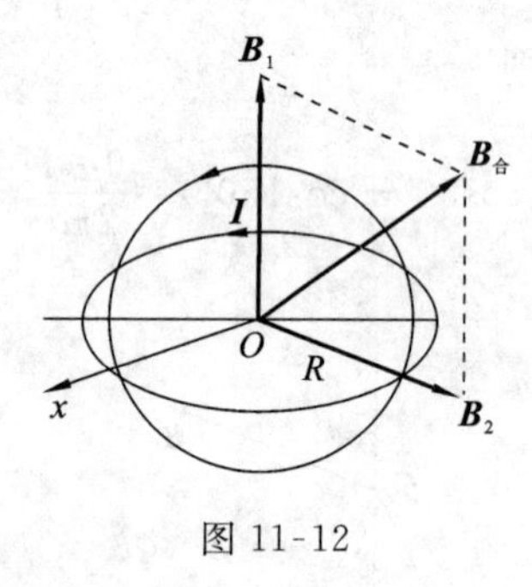

图 11-12

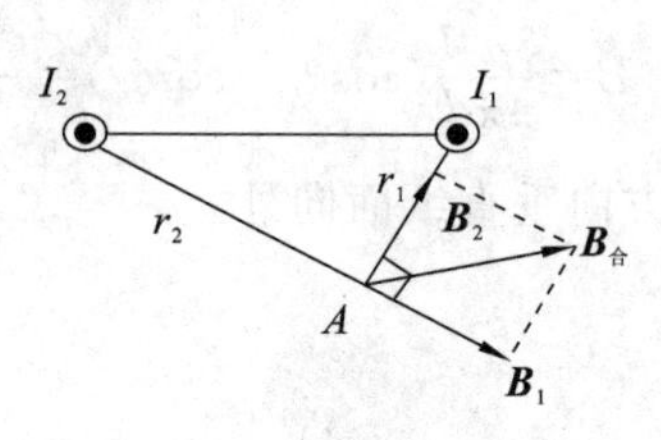

图 11-13

9. 解　如图 11-13 所示，$\boldsymbol{B}_1$、$\boldsymbol{B}_2$分别为电流 I_1、I_2所激发的磁感应强度，其大小分别为

$$B_1=\frac{\mu_0 I_1}{2\pi r_1},\quad B_2=\frac{\mu_0 I_2}{2\pi r_2}$$

则点 A 的磁感应强度为

$$B_合=\sqrt{B_1^2+B_2^2}=\frac{\mu_0}{2\pi}\sqrt{\frac{I_1^2}{r_1^2}+\frac{I_2^2}{r_2^2}}=4.72\times10^{-5}\ \mathrm{T}$$

10. 解　$\oint_L \boldsymbol{B} \cdot \mathrm{d}\boldsymbol{l} = \mu_0 I$ 中的 $\boldsymbol{B}$ 不完全由式中的 I 产生，如果 $I=0$,不一定有 $B=0$;如果环路上的 $B=0$,则一定有 $I=0$。

11. 证明　(1) 由环路定理知

$$\oint_L \boldsymbol{B} \cdot \mathrm{d}\boldsymbol{l} = \mu_0 I$$

即
$$\oint_L \boldsymbol{B}' \cdot \mathrm{d}\boldsymbol{l} = \oint_L (\boldsymbol{B}' + \boldsymbol{B}'') \cdot \mathrm{d}\boldsymbol{l} = \oint_L \boldsymbol{B}' \cdot \mathrm{d}\boldsymbol{l} + \oint_L \boldsymbol{B}'' \cdot \mathrm{d}\boldsymbol{l} = \mu_0 I$$

(2) 由环路定理知
$$\oint_L \boldsymbol{B}' \cdot \mathrm{d}\boldsymbol{l} = \mu_0 I$$

所以有
$$\oint_L \boldsymbol{B}'' \cdot \mathrm{d}\boldsymbol{l} = 0$$

12. 解　选取半径为 r 的圆形环路(圆心在圆柱导体的轴线上,环面垂直于轴线),由对称性可知环路上各点 $\boldsymbol{B}$ 的大小相等,方向沿回路各点的切向方向,于是由安培环路定理可得

$$\oint B \mathrm{d}l \cos\theta = \mu_0 \sum I$$

即
$$B\oint \mathrm{d}l = B2\pi r = \mu_0 I' \Rightarrow B = \frac{\mu_0 I'}{2\pi r}$$

空心处

$$I'=0$$

所以
$$B=0$$

导体内部
$$I'=\frac{r^2}{R_2^2-R_1^2}I$$

所以
$$B=\frac{\mu_0 r I}{2\pi(R_2^2-R_1^2)}$$

导体外部

$$I'=I$$

所以
$$B=\frac{\mu_0 I}{2\pi r}$$

第十二章　磁场对电流的作用与磁介质中的磁场

一、本章要求

(1) 掌握洛伦兹力公式及其物理意义，掌握运动电荷在磁场中受力的计算方法，并能分析在匀强磁场中电荷运动的规律。

(2) 理解霍尔效应的机理及其应用。

(3) 掌握安培定律的物理意义，掌握应用安培定律分析和计算简单几何形状的载流导体在磁场中所受安培力的方法。

(4) 掌握载流平面线圈的磁矩的概念，掌握载流平面线圈在匀强磁场中所受磁力矩的计算方法。

(5) 理解磁力和磁力矩做功的计算方法。

(6) 了解磁介质的分类，了解顺磁质和抗磁质磁化过程中的宏观特征，并能用微观分子电流理论定性地解释顺磁质和抗磁质的磁化现象。

(7) 了解磁化强度的物理意义，理解磁感应强度、磁场强度和磁化强度三者之间的关系。

(8) 理解含磁介质时的毕奥-萨伐尔定律、高斯定理和安培环路定理，掌握应用含磁介质时的安培环路定理计算某些具有对称性的电流产生的磁场分布的方法。

(9) 了解磁畴的概念，理解铁磁质磁化过程中的宏观特点和规律（如剩磁现象、磁滞回线等），了解铁磁质的实际应用。

二、基本内容

1. 洛伦兹力

在磁感应强度为 $\boldsymbol{B}$ 的磁场中，以速度 $\boldsymbol{v}$ 运动的电量为 q 的带电粒子所受的力称为洛伦兹力，即

$$\boldsymbol{f}=q\boldsymbol{v}\times\boldsymbol{B}$$

f 的大小为

$$f=|q|vB\sin\theta$$

式中，θ 为电荷运动速度 $\boldsymbol{v}$ 与 $\boldsymbol{B}$ 之间的夹角。

$\boldsymbol{f}$ 的方向始终垂直于$\boldsymbol{v}$ 与 $\boldsymbol{B}$ 组成的平面，由于 $\boldsymbol{f}$ 始终垂直于$\boldsymbol{v}$，所以洛伦兹力永远不对运动电荷做功。

2. 带电粒子在匀强磁场中的运动

（1）粒子的初速度$\boldsymbol{v}$ 的方向垂直于 $\boldsymbol{B}$ 的方向，粒子做平面圆周运动。

圆周运动半径 $$R=\frac{mv}{qB}$$

圆周运动周期 $$T=\frac{2\pi R}{v}=\frac{2\pi m}{qB}$$

圆周运动频率 $$\nu=\frac{1}{T}=\frac{qB}{2\pi m}$$

（2）粒子的初速度$\boldsymbol{v}$ 与 $\boldsymbol{B}$ 的夹角为 θ，粒子做空间螺旋运动。

螺旋运动的螺距 $$h=\frac{v}{T}=\frac{2\pi mv}{qB}$$

3. 带电粒子在电、磁场中的运动

当空间同时存在电场 $\boldsymbol{E}$ 和磁场 $\boldsymbol{B}$ 时，运动电荷所受的合力为

$$\boldsymbol{F}=q(\boldsymbol{E}+\boldsymbol{v}\times\boldsymbol{B})$$

4. 霍尔效应

霍尔效应：导体板放在垂直于它的磁场中，当有电流通过它时，在导电板的两侧产生一个横向电势差。

霍尔电势差为 $$U_{\mathrm{H}}=R_{\mathrm{H}}BI/d$$

式中，$R_{\mathrm{H}}=1/nq$（n 为单位体积内的载流子数）为霍尔系数，由导电材料的性质所决定。

5. 安培定律

电流元 $I\mathrm{d}\boldsymbol{l}$ 在磁场$\boldsymbol{B}$ 中所受的磁场力为

$$\mathrm{d}\boldsymbol{F}=I\mathrm{d}\boldsymbol{l}\times\boldsymbol{B}$$

磁场对载流导线的作用力（又称为安培力）为

$$\boldsymbol{F}=\int_L I\mathrm{d}\boldsymbol{l}\times\boldsymbol{B}$$

两平行无限长载流直导线间单位长度的相互作用的大小为

$$f=\frac{\mu_0 I_1 I_2}{2\pi r}$$

式中，r 为两导线间的距离。

6. 载流线圈在磁场中所受的力矩

载流线圈的磁矩为 $$\boldsymbol{p}_{\mathrm{m}}=IS\boldsymbol{n}$$

式中，S 为线圈所围面积，$\boldsymbol{n}$ 为线圈中由电流流向用右手螺旋法则确定的法线单位矢量。

载流线圈在磁场中所受的力矩为

$$\boldsymbol{M}=\boldsymbol{p}_{\mathrm{m}}\times\boldsymbol{B}$$

$\boldsymbol{M}$ 的大小为 $$M=p_{\mathrm{m}}B\sin\theta$$

式中,θ 为线圈磁矩 p_m 与 B 之间的夹角。当 $\theta=\pi/2$ 时,M 的数值最大;当 $\theta=0$ 或 π 时,$M=0$,线圈处于平衡状态。

7. 磁场力的功

$$A=\int_{\phi_{m_1}}^{\phi_{m_2}} I\mathrm{d}\phi = I(\phi_{m_2}-\phi_{m_1}) = I\Delta\phi$$

式中,I 为稳恒电流,$\Delta\phi$ 为磁通量的增量。

8. 磁介质及其分类

磁介质:放在磁场中经磁化后能反过来影响原来磁场的物质。磁介质可分为顺磁质、抗磁质、铁磁质。

顺磁质:磁化后具有微弱的与外磁场同向的附加磁场。

抗磁质:磁化后具有微弱的与外磁场反向的附加磁场。

铁磁质:磁化后具有很强的与外磁场同向的附加磁场。

9. 非铁磁介质的磁化与磁化强度

宏观表现:磁介质内或磁介质表面出现磁化电流。

微观机理:顺磁质分子磁矩趋向磁化,抗磁质分子感应磁化。

磁化强度为
$$\boldsymbol{M}=\frac{\sum\limits_{\Delta V内}\boldsymbol{p}_m}{\Delta V}$$

式中,$\boldsymbol{p}_m$ 为分子磁矩。

10. 磁介质中的磁感应强度

$$\boldsymbol{B}=\boldsymbol{B}_0+\boldsymbol{B}'$$

式中,$\boldsymbol{B}$ 为磁介质中的磁感应强度,$\boldsymbol{B}_0$ 为传导电流产生的磁感应强度,$\boldsymbol{B}'$为磁化电流产生的附加磁感应强度。

相对磁导率为
$$\mu_r=\frac{B}{B_0}$$

磁化率为
$$\chi_m=\mu_r-1$$

顺磁质 $\mu_r>1,\chi_m>0$;抗磁质 $\mu_r<1,\chi_m<0$;铁磁质 $\mu_r\gg1,\chi_m\gg0$,且不为常量。

11. 含磁介质时的磁高斯定理

$$\oint_S\boldsymbol{B}\cdot\mathrm{d}\boldsymbol{S}=0$$

12. 含磁介质时的安培环路定理

含磁介质时的安培环路定理:磁介质内磁场强度 $\boldsymbol{H}$ 沿所选闭合路径的线积分,等于该闭合路径所包围传导电流的代数和,与束缚电流及闭合路径之外的传导电流无关。

$$\oint_L\boldsymbol{H}\cdot\mathrm{d}\boldsymbol{l}=\sum_{L内}I$$

磁场强度为
$$\boldsymbol{H}=\frac{\boldsymbol{B}}{\mu_0}-\boldsymbol{M}$$

或
$$\boldsymbol{B}=\mu_0(\boldsymbol{H}+\boldsymbol{M})$$

在各向同性的非铁磁介质中，$\boldsymbol{B}=\mu_0\mu_r\boldsymbol{H}=\mu\boldsymbol{H}$。

13. 铁磁质

(1) 铁磁质特征：$\mu_r\gg1$，且随磁场变化。

(2) 磁滞：铁磁质磁化状态的变化总是落后于外加磁场的变化。

磁滞回线：反映铁磁质磁化状态的一条具有方向性的闭合曲线。

(3) 居里点：当铁磁质的温度高于一定温度时，铁磁质成为顺磁质，此时对应的温度值称为磁介质的居里点。

(4) 磁畴：电子自旋磁矩取向相同的小区域，每一磁畴内部都有确定的自发磁化方向，有很强的磁性。

三、例　　题

(一) 填空题

1. 如图 12-1 所示，1/4 圆弧电流(其电流为 I)置于磁感应强度为 $\boldsymbol{B}$ 的匀强磁场中，则圆弧所受的安培力的大小 $f=$________，方向________。

解　BIR；垂直纸面向内。

由安培环路定理得 $\boldsymbol{f}=\int I\mathrm{d}\boldsymbol{l}\times\boldsymbol{B}$，可知

f 的大小为　$$f=\int IB\,\mathrm{d}l\sin\theta=\int_0^R IB\,\mathrm{d}h=IBR$$

f 的方向：由右手螺旋法则确定，易知垂直纸面向内。

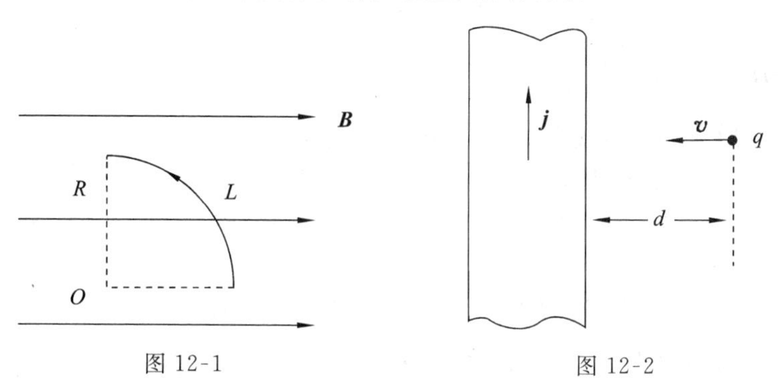

图 12-1　　图 12-2

2. 如图 12-2 所示，有一无限大平面导体薄板(板面垂直于纸面)自下而上均匀通有电流，已知其单位宽度的电流强度为 j，有一质量为 m，带电量为 q 的粒子，以速度 $\boldsymbol{v}$ 沿平板法线方向向着平板运动，若要粒子不与大平板碰撞，其最初位置与平板的距离 d 最少应大于________。

解　$\dfrac{2mv}{\mu_0 jq}$。

因为无限大平面导体薄板在周围空间产生的磁场强度为 $B=\frac{\mu_0 j}{2}$，方向垂直纸面向内，距离 d 至少要保证粒子的半径小于 d，即 $d\geqslant R=\frac{mv}{qB}=\frac{2mv}{\mu_0 jq}$。

3. 一个匝数 $N=100$ 的圆形线圈，其有效半径为 $R=5\ \text{cm}$，通过的电流为 $I=0.1\ \text{A}$，线圈在磁感应强度 $B=1.5\ \text{T}$ 的外磁场中，线圈的磁矩与外磁场方向之间的夹角为 θ，当 θ 由 0 的位置转到 π 时，外磁场所做的功为________。

解　0.24 J。

由力矩做功的表达式 $A=\int_0^\theta M\mathrm{d}\theta$，得

$$A=\int_0^\pi M\mathrm{d}\theta=\int_0^\pi p_{\mathrm{m}}B\sin\theta\mathrm{d}\theta=2p_{\mathrm{m}}B=2\times N\times I\times\pi\times R^2\times B$$

$$=2\times100\times0.1\times3.14\times(5\times10^{-2})^2\times1.5\ \text{J}=0.24\ \text{J}$$

4. 螺线环中心半径为 10 cm，环上均匀密绕线圈为 1256 匝，线圈中通有电流为 $I=0.1\ \text{A}$。若螺线环内充满相对磁导率 $\mu_{\mathrm{r}}=4.2\times10^3$ 的磁介质时，管内磁场强度 $H=$________A/m；磁介质内由导线电流产生的磁感应强度 $B_0=$________T，由磁化电流产生的 $B'=$________T。

解　200；2.5×10^{-4}；1.06。

由磁介质中的安培环路定理 $\oint_L \boldsymbol{H}\cdot\mathrm{d}\boldsymbol{l}=\sum_{L内}I$，易得

$$H=\frac{NI}{2\pi r}=\frac{1256\times0.1}{0.628}\ \text{A/m}=200\ \text{A/m}$$

$$B_0=\mu_0\frac{NI}{2\pi r}=200\times4\times\pi\times10^{-7}\ \text{T}=2.5\times10^{-4}\ \text{T}$$

$$B'=B-B_0=\mu_0\frac{NI}{2\pi r}(\mu_{\mathrm{r}}-1)=200\times4\times\pi\times10^{-7}\times4.2\times10^3\ \text{T}=1.06\ \text{T}$$

5. 一矩形线圈边长分别为 10 cm 和 5 cm，导线中的电流为 $I=2\ \text{A}$，此线圈可绕它的一边 OO' 转动，如图 12-3 所示，当加上均匀磁场 $B=0.5\ \text{T}$，且与线圈平面成 30°时，线圈的角加速度为 $\beta=2\ \text{rad/s}^2$，则线圈对 OO' 的转动惯量为________；当线圈平面由初始位置转到与 $\boldsymbol{B}$ 垂直时，磁力矩所做的功为________。

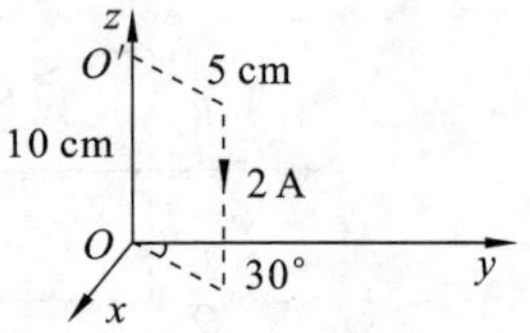

z
O'
5 cm
10 cm
2 A
O
30°
y
x

图 12-3

解　$2.16\times10^{-3}\ \text{kg}\cdot\text{m}^2$；$2.5\times10^{-3}\ \text{J}$。

由图 12-3 和题意可知，$\boldsymbol{B}$ 的方向沿 y 轴正方向，即 $\boldsymbol{B}$ 与 $\boldsymbol{p}_{\mathrm{m}}$ 的夹角为 60°，线圈所受的磁力矩大小为

$$M=p_{\mathrm{m}}B\sin\theta=2\times0.05\times0.1\times0.5\times\sin60^\circ=4.33\times10^{-3}\ \text{N}\cdot\text{m}$$

再由转动定律，有 $M=J\beta$，得

$$J=2.16\times10^{-3}\ \text{kg}\cdot\text{m}^2$$

又由 $A=I(\phi_2-\phi_1)$，得

$$A=2BS(1-\cos60^\circ)=2\times0.5\times0.05\times0.1\times0.5\ \text{J}=2.5\times10^{-3}\ \text{J}$$

6. 在同一平面上有三根等距离放置的长直通电导线，如图 12-4 所示，导线 1 、2 、3 所载电流分别为 1 A 、2 A 、3 A，导线 1 和导线 2 所受之力分别为 F_1 和 F_2，则 $F_1/F_2=$________。

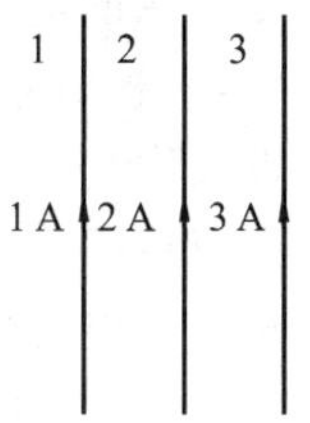

图 12-4

解　7/8。

先求一根导线所在处由其他电流产生的磁感应强度。

$$B_1=\frac{\overset{2}{\mu_0}}{2\pi d}+\frac{\overset{3}{\mu_0}}{2\pi 2d}=\frac{7\mu_0}{4\pi d}$$

$$B_2=\frac{\overset{1}{\mu_0}}{2\pi d}+\frac{\overset{3}{\mu_0}}{2\pi d}=\frac{2\mu_0}{\pi d}$$

取单位长度上受力 $F=ILB$，经计算得两导线所受力 F_1/F_2 比值为 7/8。

7. 半径为 r 的导线圆环中载有电流为 I，置于磁感应强度为 B 的均匀磁场中，若磁场方向与环面垂直，则圆环所受的合力为________，导线所受的张力为________。

解　0；$T=IrB$。

在均匀磁场中，闭合载流导线所受合磁场力为零。

圆环所受张力由载流导线在磁场中受力可知，左半圆受力等效为图 12-5 中载有电流为 I 的直导线 AB 段的受力，方向向左，大小为 $IB2r$，右半圆受力等效为载有电流为 I，方向从 B' 流向 A' 的 $B'A'$ 段的受力，方向向右，大小为 $IB2r$，故 A、B 处端面承受的张力均为 $T=\frac{IB2r}{2}=IBr$。

8. 如图 12-6 所示形状的导线，所载电流为 I，放在一个与均匀磁场 $\boldsymbol{B}$ 垂直的平面上，则此导线受到磁场力的大小为________，方向为________。

解　$IB(l+2R)$；在纸面平面内，竖直向上。

设想添加如图 12-6 中虚线所示的长为 $l+2R$ 的直导线，形成闭合回路，则由在均匀磁场中闭合电流回路所受磁场力之和为零的结论可知，原载流导线的受力与直导线受力 $F=IB(l+2R)$（方向向上）等大、反向。

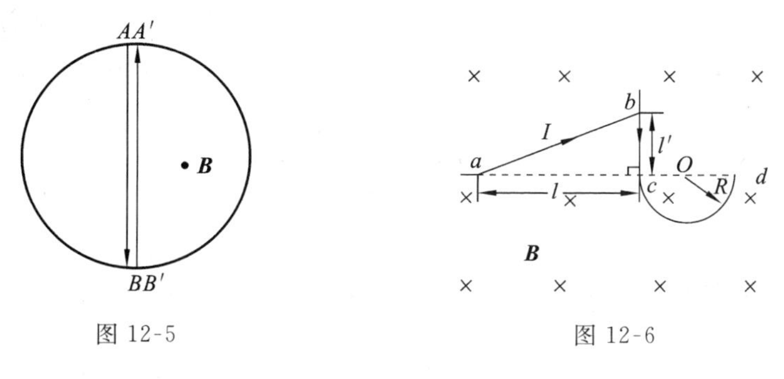

图 12-5　　　　图 12-6

9. 如图 12-7 所示为用磁聚焦法测定电子荷质比的实验装置,从阴极 K 发射出来的电子被加速电压为U 的电压加速,穿过阳极 A 上的小孔,得到沿轴线运动、速度相同的电子束,再经平行板电容器 C 到达荧光屏,平板电容器至荧光屏的距离为 l(l 远大于平板线度)。在电容器两极板间加一交变电压,使电子获得不大的横向分速度,电子将以不同的发散角离开电容器。今在轴线方向加一磁感应强度为 B 的均匀磁场,调节 B 的大小,可使所有电子汇聚于荧光屏的同一点(磁聚焦)。令 B 从零开始连续增大,记下出现第一次聚焦的 B 值,根据 U、B 和 l 的数值可测得电子荷质比为________。

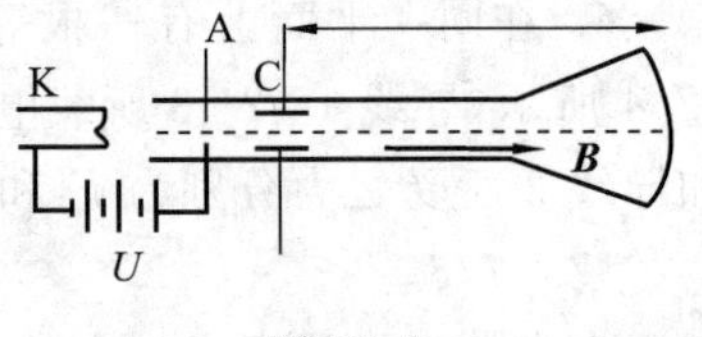

图 12-7

解 $\dfrac{8\pi^2 U}{B^2 l^2}$。

电子被加速电压加速后获得速度为 $v=\sqrt{\dfrac{2eU}{m}}$,各电子经过电容器会获得横向速度,在磁场的作用下将做螺旋运动,其螺距为 $h=\dfrac{2\pi m}{eB}$,第一次磁聚集时 $h=l$,故 $l=\dfrac{2\pi m}{eB}\sqrt{\dfrac{2eU}{m}}$,由此得出电子荷质比为$\dfrac{e}{m}=\dfrac{8\pi^2 U}{B^2 l^2}$。

10. 设在讨论的空间范围内有匀强磁场 B,如图 12-8 所示,方向垂直纸面朝里,在纸平面上有一长为 h 的光滑绝缘空心细管 MN,管的 M 端内有一质量为m、带电量 $q>0$ 的小球 P。开始时,P 相对于管静止,而后管带着 P 朝垂直于管的长度方向始终以速度 u 匀速运动,那么,小球 P 从 N 端离开管后,在磁场中做圆周运动的半径为 $R=$________(在此不必考虑重力及各种阻力)。

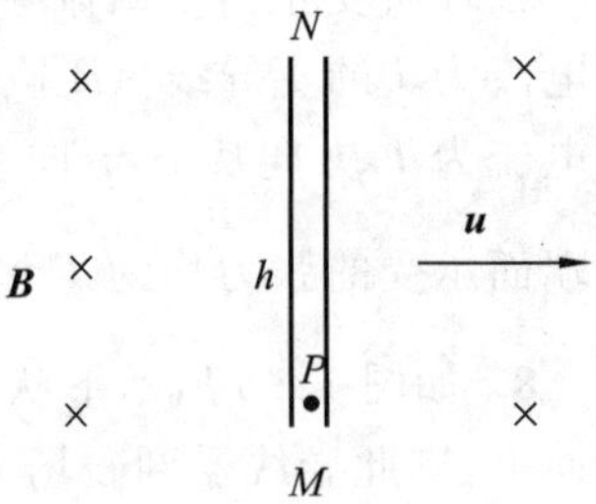

图 12-8

解 $\dfrac{mu}{qB}\sqrt{1+\dfrac{2qBh}{mu}}$。

带电小球 P 随管以 $\boldsymbol{u}$ 匀速运动,受与 $\boldsymbol{u}$、$\boldsymbol{B}$ 垂直、方向由 M 指向 N 的洛伦兹力的作用。设小球 P 在管中加速 h 距离相对于管以速度$\boldsymbol{v}$ 离开 N 端,有 $\boldsymbol{f}=q\boldsymbol{u}\times\boldsymbol{B}$,$\boldsymbol{a}=\boldsymbol{f}/m=q\boldsymbol{u}\times\boldsymbol{B}/m$,$v^2=2ah=2hquB/m$,小球相对磁场的速度的大小为 $v'=\sqrt{v^2+u^2}=u\sqrt{1+\dfrac{2qBh}{mu}}$,半径 $R=\dfrac{mv'}{qB}=\dfrac{mu}{qB}\sqrt{1+\dfrac{2qBh}{mu}}$。

(二) 选择题

1. 下列说法正确的是(　　)。

A. 空间任意两个电流元的相互作用力必然遵从牛顿第三定律

B. $B=\frac{\mu_0 I}{2\pi r}$表示在载流长直导线附近各点有磁场存在，既然有电流 $I\mathrm{d}\boldsymbol{l}$ 和磁场 $\boldsymbol{B}$，就一定有相应的力 $\mathrm{d}\boldsymbol{F}=I\mathrm{d}\boldsymbol{l}\times\boldsymbol{B}$ 作用于导线上

C. 当位于均匀磁场中的载流线圈磁矩 $\boldsymbol{p}_{\mathrm{m}}$ 与 $\boldsymbol{B}$ 的夹角为 π 时，线圈处于稳定平衡状态

D. 载流导线中的电流是绝对不能使附近放置的静止电子运动的

解　D。

由毕奥-萨伐尔定律，$I_1\mathrm{d}\boldsymbol{l}_1$ 在 $I_2\mathrm{d}\boldsymbol{l}_2$ 处产生的磁感应强度大小为 $B_{12}=\frac{\mu_0 I_1\mathrm{d}l_1}{4\pi r^2}$，方向垂直纸面向里，如图 12-9 所示。由安培定律知，$I_2\mathrm{d}\boldsymbol{l}_2$ 所受作用力的大小为 $F_{12}=I_2\mathrm{d}l_2B_{12}$，方向如图 12-9 所示。同理，$I_2\mathrm{d}\boldsymbol{l}_2$ 在 $I_1\mathrm{d}\boldsymbol{l}_1$ 处产生的磁场大小为 $B_{21}=\frac{\mu_0 I_2\mathrm{d}l_2}{4\pi r^2}$，方向与 $I_1\mathrm{d}\boldsymbol{l}_1$ 恰好相反，$I_1\mathrm{d}\boldsymbol{l}_1$ 所受作用力的大小为 $F_{21}=0$。由此可见，这两个电流元之间的作用力不等，不违反牛顿第三定律。这是由于两者并不是一对作用力与反作用力。实际上，电流元 $I_2\mathrm{d}\boldsymbol{l}_2$ 受到该处磁场的力，施力者是磁场，受力者是电流元 $I_2\mathrm{d}\boldsymbol{l}_2$，$\mathrm{d}\boldsymbol{F}_{12}$的反作用力是电流元 $I_2\mathrm{d}\boldsymbol{l}_2$ 给磁场的力 $\mathrm{d}\boldsymbol{F}'_{12}$，$\mathrm{d}\boldsymbol{F}_{12}$与 $\mathrm{d}\boldsymbol{F}'_{12}$才是一对作用力和反作用力。因为 $\mathrm{d}\boldsymbol{F}_{12}$ 和 $\mathrm{d}\boldsymbol{F}_{21}$ 不是一对作用力和反作用力，两者大小是否相等，方向是否相同，与牛顿第三定律无关，所以 A 错。

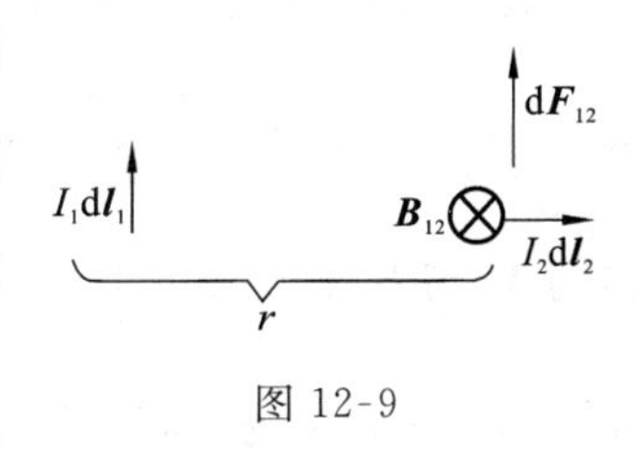

图 12-9

公式 $\mathrm{d}\boldsymbol{F}=I\mathrm{d}\boldsymbol{l}\times\boldsymbol{B}$ 中的 $\boldsymbol{B}$ 是除电流元 $I\mathrm{d}\boldsymbol{l}$ 以外的所有其他电流在 $I\mathrm{d}\boldsymbol{l}$ 处产生的磁场。由毕奥-萨伐尔定律知，载流长导线上任一电流元 $I\mathrm{d}\boldsymbol{l}'$（电流元 $I\mathrm{d}\boldsymbol{l}$ 除外）产生的元磁场为 $\mathrm{d}\boldsymbol{B}'=\frac{\mu_0 I\mathrm{d}\boldsymbol{l}'\times\boldsymbol{r}}{4\pi r^2}$。式中，$\boldsymbol{r}$ 为从 $\mathrm{d}\boldsymbol{l}'$到 $\mathrm{d}\boldsymbol{l}$ 的矢量。因为 $\mathrm{d}\boldsymbol{l}'$与 $\mathrm{d}\boldsymbol{l}$ 的夹角要么等于 0，要么等于 π，$\mathrm{d}\boldsymbol{l}'\times\boldsymbol{r}=\boldsymbol{0}$，所以 $\mathrm{d}\boldsymbol{B}'=\boldsymbol{0}$，由此得到载流长直导线其他部分 $I\mathrm{d}\boldsymbol{l}$ 处的总磁场 $\boldsymbol{B}=\boldsymbol{0}$，故 $\mathrm{d}\boldsymbol{F}=I\mathrm{d}\boldsymbol{l}\times\boldsymbol{B}=\boldsymbol{0}$，所以导线不应受到作用，B 错。

当载流线圈磁矩 $\boldsymbol{p}_{\mathrm{m}}$ 与 $\boldsymbol{B}$ 的夹角为 π 时，载流线圈磁矩处于非稳定平衡状态，只有 $\boldsymbol{p}_{\mathrm{m}}$ 与 $\boldsymbol{B}$ 的夹角为 0 时，载流线圈磁矩才处于稳定平衡状态，所以 C 错。

载流导线附近的静止电子不发生运动，因为载流导线内部没有净余电荷（假定导线的电导率 γ 为常数，可得电荷体密度 $\rho=0$），所以在附近空间没有电场而只有磁场，而磁场对静止电子无作用，因而它仍保持静止状态。若要使附近放置的静止电子运动起来，可以用一束电子射线来代替载流导线。这是因为电子射线是一束运动的电子，它既具有电流的性质，又具有负电荷的性质。故在它周围的空间既有磁场存在又有电场存在，因而静止电子受到电场力的作用而发生离开电子射线的运动，所以 D 对。

2. 以 $\boldsymbol{B}_0$ 表示在真空中的磁感应强度，$\boldsymbol{B}$ 表示在介质中的磁感应强度，$\boldsymbol{H}$ 表示磁场强度，采用国际单位制，下列表示了各向异性介质中 $\boldsymbol{H}$ 与 $\boldsymbol{B}$ 的关系的方程

是(　　)。

A. $\boldsymbol{H}=\dfrac{\boldsymbol{B}_0}{\mu_0}$　　　B. $\boldsymbol{H}=\dfrac{\boldsymbol{B}}{\mu}$

C. $\boldsymbol{H}\neq\dfrac{\boldsymbol{B}}{\mu}$ 且 $\boldsymbol{H}\neq\dfrac{\boldsymbol{B}_0}{\mu_0}$　　　D. 以上都不是

解　C。

在国际单位制中,$\boldsymbol{H}$ 和 $\boldsymbol{B}$ 的一般关系为 $\boldsymbol{H}=\dfrac{\boldsymbol{B}}{\mu_0}-\boldsymbol{M}$。在没有介质的真空中,因为 $\boldsymbol{M}=\boldsymbol{0}$,故 $\boldsymbol{H}=\dfrac{\boldsymbol{B}_0}{\mu_0}$表示真空中 $\boldsymbol{H}$ 与 $\boldsymbol{B}$ 的关系。在各向同性的非铁磁介质中,因为 $\boldsymbol{M}$ 与 $\boldsymbol{H}$ 成正比,即 $\boldsymbol{M}=\chi_m\boldsymbol{H}$($\chi_m$ 为磁化率),故 $\boldsymbol{H}=\dfrac{\boldsymbol{B}}{\mu}$。若各向同性的非铁磁介质均匀充满磁场空间,因为此时 $\boldsymbol{B}=\mu_r\boldsymbol{B}_0$,所以 $\boldsymbol{H}=\dfrac{\boldsymbol{B}_0}{\mu_0}$,即 $\boldsymbol{H}=\dfrac{\boldsymbol{B}}{\mu}$表示各向同性的非铁磁介质中的 $\boldsymbol{H}$ 与 $\boldsymbol{B}$ 的关系。在各向异性的介质中或者在铁磁质中,$\boldsymbol{M}$ 与 $\boldsymbol{H}$ 成正比的关系不成立,即 $\boldsymbol{H}\neq\dfrac{\boldsymbol{B}}{\mu}$,当然 $\boldsymbol{H}\neq\dfrac{\boldsymbol{B}_0}{\mu_0}$,此时只有普遍关系 $\boldsymbol{H}=\dfrac{\boldsymbol{B}}{\mu_0}-\boldsymbol{M}$成立。

3. 下列论述正确的是(　　)。

A. 在恒定磁场中,穿过空间任意曲面 B 的通量与穿过同一曲面 H 的通量一定都等于 0

B. 介质中安培环路定理$\oint_L\boldsymbol{H}\cdot\mathrm{d}\boldsymbol{l}=\sum\limits_{L内}I_i$,$\sum\limits_{L内}I_i$ 为穿过闭合回路的传导电流的代数和,即 $\boldsymbol{H}$ 只与传导电流有关,与分子电流无关

C. 只要电流的分布具有高度对称性,就可以用安培环路定理求出磁感应强度 $\boldsymbol{B}$

D. 顺磁质和铁磁质的磁导率易受温度的影响,抗磁质的磁导率几乎与温度无关

解　D。

根据高斯定理,对任意闭合曲面均有$\oint_S\boldsymbol{B}\cdot\mathrm{d}\boldsymbol{S}=0$,或者说磁感应线是闭合的,不能中断,因此穿入曲面的磁感应线的数目与穿出曲面的磁感应线的数目相同。但将 $\boldsymbol{B}=\mu\boldsymbol{H}=\mu_0\mu_r\boldsymbol{H}$ 代入磁场中的高斯定理中,得

$$\oint_S\boldsymbol{B}\cdot\mathrm{d}\boldsymbol{S}=\mu_0\oint\mu_r\boldsymbol{H}\cdot\mathrm{d}\boldsymbol{S}=0$$

此时,只有在任何闭合曲面上各点的 μ_r 相等时,才能将 μ_r 移到积分号外,得到$\oint_S\boldsymbol{H}\cdot\mathrm{d}\boldsymbol{S}=0$。因此,一般来说,不能得出通过闭合曲面 $\boldsymbol{H}$ 的通量均与 $\boldsymbol{B}$ 的通量相等的结论。例如,一条形磁铁通过以一闭合曲线 L 为边界,存在这样两曲面 S_1、S_2,如图 12-10 所示,显然右半曲面 S_1 面上各处$\boldsymbol{M}=\boldsymbol{0}$,左半曲面 S_1 面上各处 $\boldsymbol{M}\neq$

$\mathbf{0}$，因为

$$\int_{S_1}\mu_r \boldsymbol{H}\cdot \mathrm{d}\boldsymbol{S} \neq \int_{S_2}\mu_r \boldsymbol{H}\cdot \mathrm{d}\boldsymbol{S}$$

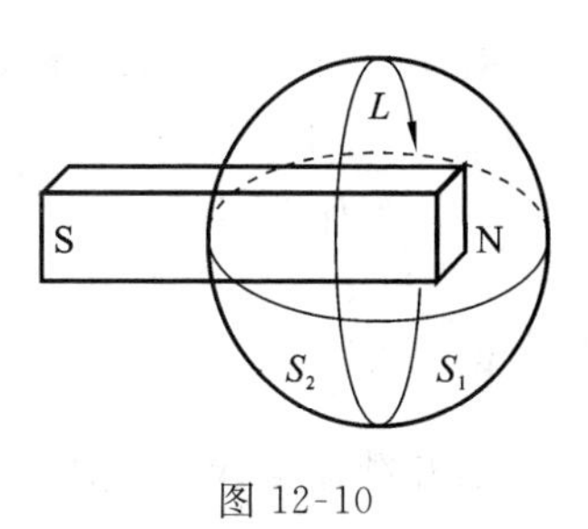

图 12-10

所以穿过 S_1、S_2 分别与 L 所围平面组成的闭合曲面 S' 与 S、$\boldsymbol{H}$ 的通量是不相等的，即

$$\oint_{S'}\mu_r \boldsymbol{H}\cdot \mathrm{d}\boldsymbol{S} \neq \oint_{S}\mu_r \boldsymbol{H}\cdot \mathrm{d}\boldsymbol{S}$$

所以 A 错。

介质中的安培环路定理说明磁场强度 $\boldsymbol{H}$ 的环路积分只与穿过环路的传导电流有关，与分子电流无关，但不能由此得出 $\boldsymbol{H}$ 本身与分子电流无关或与磁介无关的结论。一般情况下，$\boldsymbol{H}$ 是与分子电流有关的，因为介质磁化产生的分子电流也激发一个附加磁场，此时磁场中某点的 $\boldsymbol{H}$ 为 $\boldsymbol{H}=\dfrac{\boldsymbol{B}}{\mu_0}-\boldsymbol{M}$ 或在各向同性的非铁磁介质中，$\boldsymbol{H}=\dfrac{\boldsymbol{B}}{\mu}$。当然，在一些特殊条件下，$\boldsymbol{H}$ 可能只取决于传导电流，而与分子电流无关。例如，当传导电流具有某种高度对称性，而各向同性非铁磁介质均匀充满磁场空间，或各向同性的磁介质的分布也具有某种高度对称性，这样磁介质因磁化而产生的分子电流也同样具有高度对称性，从而使由传导电流和分子电流共同产生的磁场具有高度对称性，这时可由介质中的安培环路定理唯一地确定 $\boldsymbol{H}$，且表达式中只含有传导电流，而与分子电流无关。我们不可不分条件地认为 $\boldsymbol{H}$ 只与传导电流有关，而与分子电流无关，所以 B 错。

因为只有各向同性的非铁磁介质，介质中的磁感应强度 $\boldsymbol{B}$ 和磁场强度 $\boldsymbol{H}$ 才有正比关系 $\boldsymbol{B}=\mu_0\mu_r\boldsymbol{H}$，并且方向一致。这时，只要用环路定理 $\oint_L \boldsymbol{H}\cdot \mathrm{d}\boldsymbol{l}=\sum_{L内} I_i$ 求出 $\boldsymbol{H}$，就可以得到 $\boldsymbol{B}$。单靠环路定理计算 $\boldsymbol{H}$，$\boldsymbol{H}$ 的分布必须是对称的，也就是说 $\boldsymbol{B}$ 的分布要对称。$\boldsymbol{B}$ 由两部分组成（$\boldsymbol{B}=\boldsymbol{B}'+\boldsymbol{B}_0$），若已知传导电流分布对称，也就是说 $\boldsymbol{B}_0$ 的分布是对称的，这时要使 $\boldsymbol{B}$ 对称，$\boldsymbol{B}'$ 必须也是对称的，即磁化电流分布也必须对称。要使磁化电流分布对称，其介质表面形状必须对称（介质均匀充满磁场所在空间只是它的一种特殊情况）。

以无限长均匀载流的圆柱形导线为例，其磁力线是一系列以轴线为中心的同心圆，若介质表面是同轴圆筒，磁化电流的分布就具有轴对称性，$\boldsymbol{B}$、$\boldsymbol{B}'$ 和 $\boldsymbol{H}$ 都是对称的。若介质表面不是同轴圆筒，磁化电流的分布不对称，那么 $\boldsymbol{B}$、$\boldsymbol{B}'$ 和 $\boldsymbol{H}$ 的对称性也被破坏，不能用环路定理计算介质中的磁感应强度 $\boldsymbol{B}$，所以 C 错。

物质的磁化与它们的物理机制有关，顺磁质与铁磁质中分子都有固有磁矩，其取向的混乱程度与温度有关，而抗磁质的磁化机制是分子在外磁场作用下，由于电子产生与外磁场方向相反的附加磁矩，其方向与温度无关，所以 D 对。

4. 一半径为 r 的细导线圆环中通有稳恒电流 I，在远离该环的点 P 处的磁感应强度(　　)。

A. 与 Ir 成正比　　　　　　　　　B. 与 Ir^2 成正比

C. 与 I/r 成正比　　　　　　　　　D. 与 I/r^2 成正比

解　B。

已知载流圆线圈轴线上一点的磁感应强度的大小为 $B=\dfrac{\mu_0 Ir^2}{2(r^2+x^2)^{\frac{3}{2}}}$，圆环电流磁矩的大小为 πIr^2。当 $x\gg r$ 时，有 $B\approx\dfrac{\mu_0 I\pi r^2}{2x^3}$，在远处给定地点的 B 正比于磁矩，即 B 与 Ir^2 成正比。

5. 如图 12-11 所示，Ⅰ、Ⅱ、Ⅲ线分别表示不同磁介质的 B-H 关系曲线，虚线是 $B=\mu_0 H$ 关系曲线，则表示顺磁质的线是(　　)。

A. Ⅰ　　　　　　B. Ⅱ

C. Ⅲ　　　　　　D. 没有画出

解　B。

图 12-11

对顺磁质而言，$\mu_r>1$ 但非远大于 1，所以选 B。

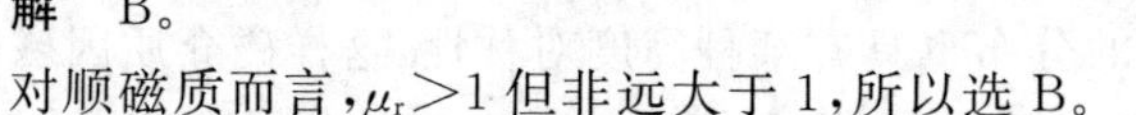

(三) 计算题

1. 如图 12-12 所示，半径为 R、质量为 m 的匀质细圆环上均匀地分布着相对圆环固定不动的正电荷，总电量为 Q，圆环具有沿正东方向的平动速度 $\boldsymbol{v}_0$，且无滚动，假设圆环与地面之间的摩擦系数为 μ，在圆环周围只有沿水平面指向北方的匀强磁场 $\boldsymbol{B}$。

(1) 为了使圆环在以后的运动过程中始终不会离开地面，试求 v_0 的取值范围；

(2) 若 v_0 在第一问的取值范围内，假设圆环最后能达到纯滚状态，试导出在达到纯滚前，圆环的平动速度 v 与时间 t 的关系。

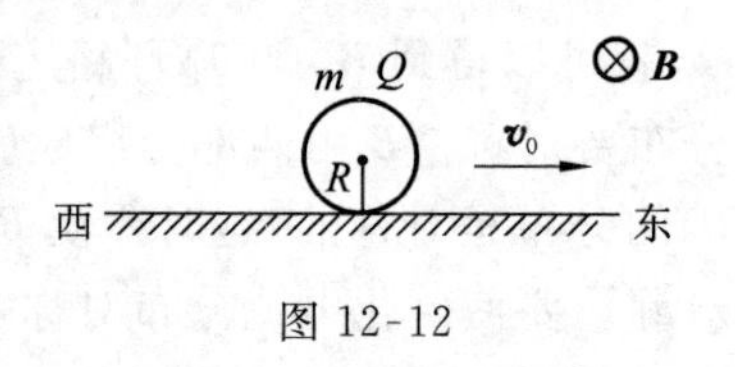

图 12-12

解　(1) 初始时刻圆环所受洛伦兹力 $\boldsymbol{F}$ 竖直向上，其大小为 $F=Qv_0B$，圆环不离开地面的条件是 $F\leqslant mg$，所以 v_0 的取值范围为 $v_0\leqslant\dfrac{mg}{QB}$。

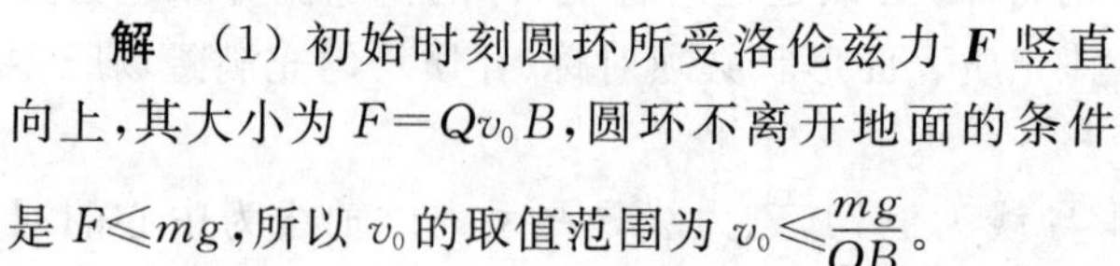

(2) 若 $v_0\leqslant\dfrac{mg}{QB}$，圆环受到的摩擦力为 $f=\mu N$，而 $N=mg-QvB$。对于圆环，其平动方程为

$$m\frac{\mathrm{d}v}{\mathrm{d}t}=-f=-\mu(mg-QvB)$$

积分得
$$\int_0^t \mu \mathrm{d}t = \int_{v_0}^{v} \frac{m\mathrm{d}v}{QvB - mg}$$

即
$$\mu t = \frac{mg}{QB} \ln \frac{mg - QvB}{mg - Qv_0 B}$$

所以
$$v = \frac{mg}{QB} - \left(\frac{mg}{QB} - v_0\right) \mathrm{e}^{\frac{QB}{m}\mu t}$$

2. 边长为 a 的正方形线圈载有电流 I，处在均匀外磁场中，磁感应强度为 $\boldsymbol{B}$，如图 12-13 所示，线圈可绕通过中心的竖直轴 OO' 转动，转动惯量为 J，试求线圈在如图 12-13 所示的平衡位置附近做微小摆动的周期 T。

解　设线圈从平衡位置转过 θ，则两侧边受力方向如图 12-13 所示，大小均为 $F = IaB$。

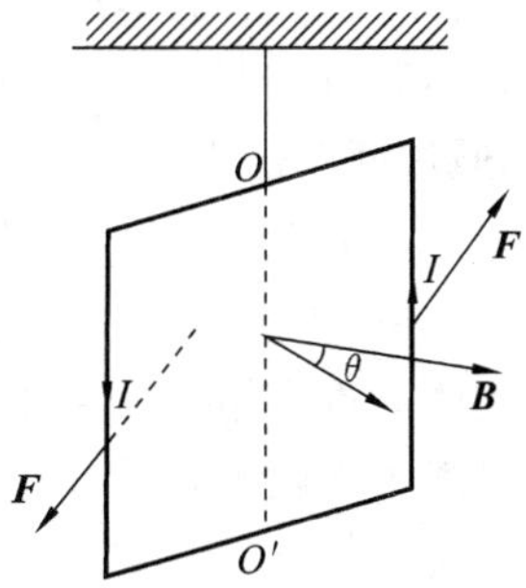

此对力偶相对转轴的力矩为
$$M = -Fa\sin\theta = -Ia^2 B\sin\theta$$

由刚体转动定理，有
$$M = J\beta = J\frac{\mathrm{d}^2\theta}{\mathrm{d}t^2}$$

得
$$\frac{\mathrm{d}^2\theta}{\mathrm{d}t^2} + \frac{Ia^2 B}{J}\sin\theta = 0$$

图 12-13

当正方形线圈做微小摆动时，$\sin\theta \approx \theta$，有
$$\frac{\mathrm{d}^2\theta}{\mathrm{d}t^2} + \frac{Ia^2 B}{J}\theta = 0$$

这是简谐振动方程，其振动周期为
$$T = 2\pi\sqrt{\frac{J}{Ia^2 B}}$$

3. 电阻丝连成的二端网络如图 12-14(a)所示，电流 I 从网络的 A 端流入，C 端流出。设周围有匀强磁场，磁感应强度为 $\boldsymbol{B}$(图中未画出)，试证该网络各部位所受磁场安培力的合力为 $\boldsymbol{F} = I\boldsymbol{L}_{AC} \times \boldsymbol{B}$，其中 $\boldsymbol{L}_{AC}$ 为 C 端相对 A 端的位置矢量。

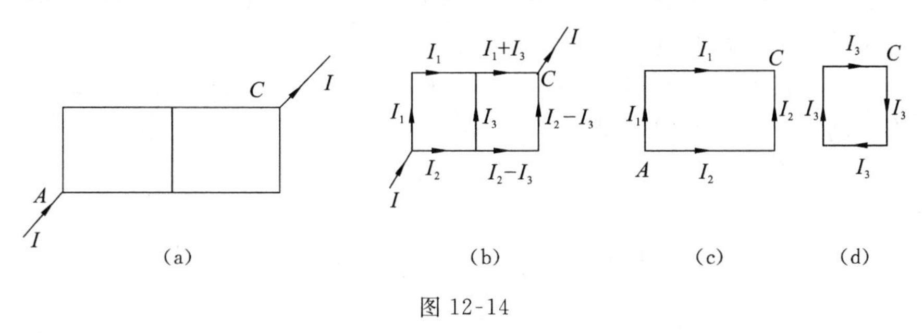

图 12-14

解　设网络各支路电流如图 12-14(b)所示，这一电流分布可等效为图 12-14

中的(c)与(d)的闭合电流分布的叠加。任一闭合电流在匀强磁场中所受安培力的合力为零，故 I_3 闭合电流所受安培力为零。图 12-14(c)中电流 I_1 和 I_2 各自所受安培力分别为 $\boldsymbol{F}_1=I_1\boldsymbol{L}_{AC}\times\boldsymbol{B}$，$\boldsymbol{F}_2=I_2\boldsymbol{L}_{AC}\times\boldsymbol{B}$，$I_1+I_2=I$，所以原网络电流所受安培力的合力为 $\boldsymbol{F}=\boldsymbol{F}_1+\boldsymbol{F}_2=I\boldsymbol{L}_{AC}\times\boldsymbol{B}$，方向垂直纸面向外。

4. 如图 12-15 所示，在一个与水平方向成 θ 的斜面上放一木制圆柱，圆柱的质量 $m=0.25$ kg，半径为 R，长 $L=0.1$ m，在该圆柱上，顺着圆柱缠绕 10 匝的导线，而这个圆柱体的轴线位于导线回路的平面内，斜面处于均匀磁场中，磁感应强度的大小为 $B=0.5$ T，其方向竖直朝上。如果绕组的平面与斜面平行，通过回路的电流至少要有多大，圆柱体才不会沿斜面向下滚动?

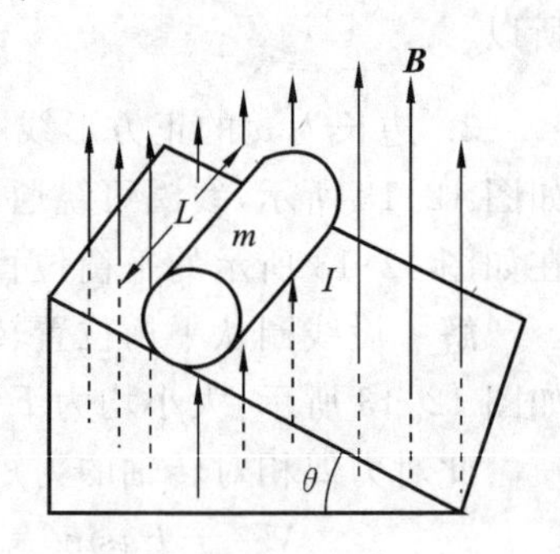

图 12-15

分析 本题是力学与电学的综合题。一方面，圆柱体受重力矩作用要沿着斜面向下滚动；另一方面，处于圆柱体轴线平面内的载流线圈受到磁力矩的作用被阻止向下滚动。当两种力矩相等时，圆柱体保持平衡不再滚动。

解 假设摩擦力足够大，圆柱体没有滑动，由于圆柱体受到重力矩 M，只能沿斜面向下滚动。当回路通有电流时，线圈要受到磁力矩 M 的作用，根据楞次定律，其结果是阻止圆柱体向下滚动。如果 $M_{磁}=M_{重}$，则圆柱体将保持平衡。

圆柱体受到重力矩为 $$M_{重}=mgR\sin\theta$$

线圈受到的磁力矩为 $$M_{磁}=p_{\mathrm{m}}B\sin\theta=NBSI\sin\theta$$

平衡时，有 $$mgR\sin\theta=NBSI\sin\theta$$

解得 $$I=\frac{mgR}{NBS}=\frac{mg}{2NBL}=\frac{0.25\times9.8}{2\times10\times0.5\times0.1}\ \mathrm{A}=2.45\ \mathrm{A}$$

5. 将一半径为 10 cm 的薄铁圆盘放在 $B_0=0.4\times10^{-4}$ T 的均匀磁场中，使磁感线垂直于盘面，如图 12-16 所示，已知盘中心的磁感应强度为 $B=0.1$ T，假设盘被均匀磁化，磁化面电流可视为沿圆盘边缘流动的一圆弧电流。求：(1) 磁化面电流大小；(2) 盘的轴线上距盘心 0.44 m 处的磁感应强度。

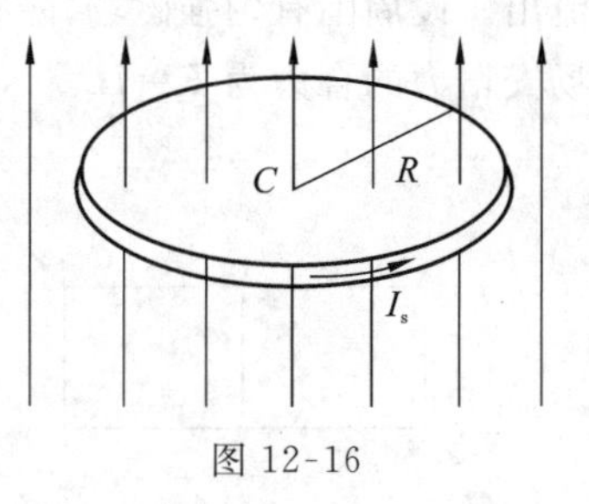

图 12-16

解 (1) 磁化面电流 I_s 在环心 C 处产生的附加磁场的磁感应强度为

$$B'=\frac{\mu_0 I_s}{2R}$$

盘中心的总磁感应强度为 $$B=B_0+B'$$

由题目有 $B_0 \ll B'$，所以 $B=B'$，易求得

$$I_s=\frac{2RB'}{\mu_0}=\frac{2RB}{\mu_0}=\frac{2\times0.1\times0.1}{4\times\pi\times10^{-7}}\ \text{A}=1.6\times10^4\ \text{A}$$

（2）轴线上距点 C 为 x 处的磁场为外磁场 $\boldsymbol{B}_0$ 与磁化面电流磁场 $\boldsymbol{B}'$ 的叠加，

因为
$$B'=\frac{\mu_0 I_s R^2}{2(R^2+x^2)^{\frac{3}{2}}}=3.31\times10^{-4}\ \text{T}$$

所以
$$B=B_0+B'=3.74\times10^{-4}\ \text{T}$$

四、习题解答

（一）填空题

1. 1/2。

因为 $qvB=m\dfrac{v^2}{R}\Rightarrow v=\dfrac{qRB}{m}$，所以 $\dfrac{v_b}{v_c}=\dfrac{q\dfrac{\overline{ab}}{2}B}{m}\Big/\dfrac{q\,\overline{bc}B}{m}=\dfrac{1}{2}$。

2. $R=\dfrac{mv}{qB}$；$\pi R^2-S=\pi\left(\dfrac{mv}{qB}\right)^2-S$。

3. $\sqrt{2}aBI$。

4. $\mu_r\gg1$ 的铁磁质；$\mu_r>1$ 的顺磁质；$\mu_r<1$ 的抗磁质。

5. $H=\dfrac{I}{2\pi r}$；$B=\dfrac{\mu I}{2\pi r}$。

（二）选择题

1. C（提示：$B_1=0$，$B_2=\dfrac{\mu_0 I}{2\pi r}$）。

2. A（提示：$B=\dfrac{\mu_0 I}{2\pi r}$）。

3. D（提示：无独立的电流元）。

4. C（提示：$B=\dfrac{\mu_0 I}{2\pi r}$，矩形线圈内侧受力矩大，外侧受力矩小）。

5. CD（提示：$\oint_L \boldsymbol{H}\cdot d\boldsymbol{l}=\sum I$ 判别）。

6. B（提示：$\oint_L \boldsymbol{H}\cdot d\boldsymbol{l}=\sum I$ 判别）。

7. A（提示：$\boldsymbol{F}=q\boldsymbol{v}\times\boldsymbol{B}$ 判别）。

8. B（提示：$\boldsymbol{F}=q\boldsymbol{v}\times\boldsymbol{B}$ 判别）。

9. B（提示：$\Phi=BS=B\pi r^2=\dfrac{\pi m v^2}{q^2 B}$）。

10. A(提示:$F=BIL$,根据两力不在同一直线上产生力矩进行判别)。

11. A(提示:是非匀强磁场,一方面受磁力作用发生平动,另一方面受磁力矩作用发生转动)。

(三)计算题

1. 解 (1) $F=\sqrt{2}IRB\approx 0.28\ \text{N}$

(2) $M=p_{\text{m}}B\sin\theta=\frac{1}{4}\pi R^2 I\times 0.5\sin 30^\circ$

$$=\frac{1}{4}\pi\times 0.2^2\times 0.5\times\frac{1}{2}\ \text{N}\cdot\text{m}=7.85\times 10^{-3}\ \text{N}\cdot\text{m}$$

2. 解 $F_{\overline{DF}}=\frac{\mu_0 I_1}{2\pi r}I_2 b=\frac{4\pi\times 10^{-7}\times 20}{2\pi\times 1.0\times 10^{-2}}\times 10\times 0.2\ \text{N}=8\times 10^{-4}\ \text{N}$

方向垂直指向 I_1;

$$F_{\overline{CE}}=\frac{\mu_0 I_1}{2\pi r}I_2 b=\frac{4\pi\times 10^{-7}\times 20}{2\pi\times 1.9\times 10^{-2}}\times 10\times 0.2\ \text{N}=4.2\times 10^{-4}\ \text{N}$$

方向垂直背离 I_1;

$$F_{\overline{DC}}=\int_d^{d+a}\frac{\mu_0 I_1}{2\pi r}I_2\text{d}r=\frac{\mu_0 I_1}{2\pi}I_2\ln\frac{d+a}{a}=\frac{4\pi\times 10^{-7}\times 20\times 10}{2\pi}\ln\frac{1.9}{1}\ \text{N}$$
$$=2.57\times 10^{-5}\ \text{N}$$

方向与 I_1 指向相同;

$F_{\overline{FE}}=\int_d^{d+a}\frac{\mu_0 I_1}{2\pi r}I_2\text{d}r=2.57\times 10^{-5}\ \text{N}$,方向与 I_1 指向相反。

3. 解 $F=2\pi RIB\sin 60^\circ=2\pi\times 0.04\times 15.8\times 0.1\times\frac{\sqrt{3}}{2}\ \text{N}=0.3433\ \text{N}$,方向垂直圆环向上。

4. 解 由 $F\text{d}t=m\text{d}v$,有

$$IlB\text{d}t=\frac{\text{d}q}{\text{d}t}lB\,\text{d}t=lB\text{d}q=m\text{d}v$$

对 $lB\text{d}q=m\text{d}v$ 两边积分后得 $lBq=mv$

又由$\frac{1}{2}mv^2=mgh$,得

$$q=\frac{\sqrt{2gh}}{lB}m=\frac{\sqrt{2\times 10\times 0.3}}{0.2\times 0.1}\times 10\times 10^{-3}\ \text{C}=1.2\ \text{C}$$

5. 解 $p_{\text{m}}B\sin\left(\frac{\pi}{2}-15^\circ\right)=\overline{BC}\times S\rho g\,\overline{DC}\sin 15^\circ+2\times\frac{1}{2}\overline{DC}^2 Sg\rho\sin 15^\circ$

所以 $$B=\frac{2g\rho\sin 15^\circ}{I}=9.5\times 10^{-3}\ \text{T}$$

6. 证明

$$qU=\frac{1}{2}Mv^2 \quad ①$$

$$qvB=M\frac{v^2}{\frac{x}{2}} \quad ②$$

由式①、式②可得

$$M=\frac{qB^2}{8U}x^2$$

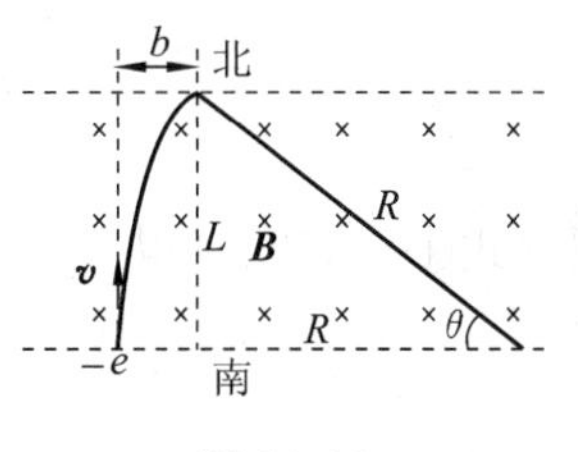

图 12-17

7. 解　(1) 运动电子受到地磁场的作用将发生偏转。因所受的洛伦兹力为 $\boldsymbol{F}=-e\boldsymbol{v}\times\boldsymbol{B}$,故力的方向为 $\boldsymbol{v}\times\boldsymbol{B}$ 的反方向,即电子向东偏转,如图 12-17 所示。

(2) $evB=ma, a=\frac{evB}{m}, E_k=\frac{1}{2}mv^2$

$$a=\sqrt{\frac{2E_k}{m^3}}eB=\sqrt{\frac{2\times1.2\times10^4\times1.6\times10^{-19}}{(9.1\times10^{-31})^3}}\times1.6\times10^{-19}\times5.5\times10^{-5}\ \text{m/s}^2$$
$$=6.2\times10^{14}\ \text{m/s}^2$$

(3) 电子在洛伦兹力的作用下,沿圆弧运动的轨道半径为

$$R=\frac{mv}{eB}=\frac{m}{eB}\sqrt{\frac{2E_k}{m}}$$
$$=\frac{9.1\times10^{-31}}{1.6\times10^{-19}\times5.5\times10^{-5}}\times\sqrt{\frac{2\times1.2\times10^4\times1.6\times10^{-19}}{9.1\times10^{-31}}}\ \text{m}$$
$$=6.72\ \text{m}$$

由图 12-17 可见,电子偏转的距离为

$$b=R-R\cos\theta=R(1-\cos\theta)=R\left(1-\cos\frac{\sqrt{R^2-L^2}}{R}\right)$$
$$=6.72\left(1-\cos\frac{\sqrt{6.72^2-0.2^2}}{6.72}\right)\ \text{m}=2.98\times10^{-3}\ \text{m}=2.98\ \text{mm}$$

8. 解　如图 12-18 所示。

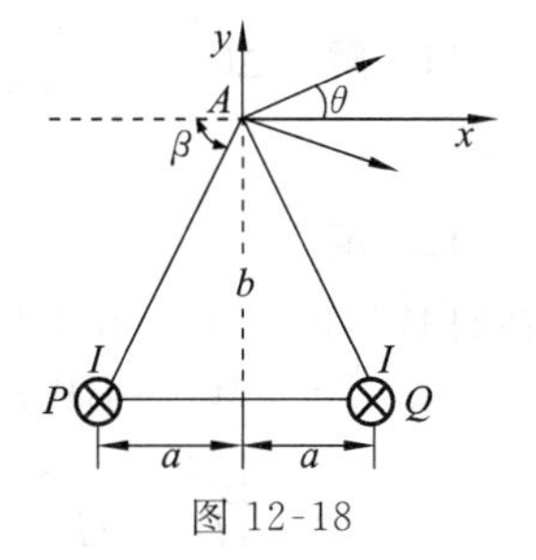

图 12-18

$$B_x=2\times\frac{\mu_0 I\cos\theta}{2\pi\,\overline{PA}}=\frac{\mu_0 I\cos(90^\circ-\beta)}{\pi\,\overline{PA}}$$
$$=\frac{\mu_0 I\sin\beta}{\pi\sqrt{a^2+b^2}}=\frac{\mu_0 Ib}{\pi(a^2+b^2)}$$

$f=quB_x=\frac{eu\mu_0 Ib}{\pi(a^2+b^2)}$,其方向沿 y 轴负方向。

9. 证明　电子进入磁场后,在水平方向做匀速直线运动,在竖直方向做加速度为 $a=\frac{eE}{m}$ 的匀加速运动,由图 12-19 可知

$$y=y_1+y_2=\frac{1}{2}at_1^2+v_{竖}t_2 \quad ①$$

$$t_1 = \frac{l}{v_0} \quad ②$$

$$t_2 = \frac{L}{v_0} \quad ③$$

$$v_{竖} = at_1 \quad ④$$

$$a = \frac{eE}{m} \quad ⑤$$

联立式①～式⑤可得

$$\frac{e}{m} = \frac{v_0^2}{E} y \left(lL + \frac{l^2}{2} \right)^{-1}$$

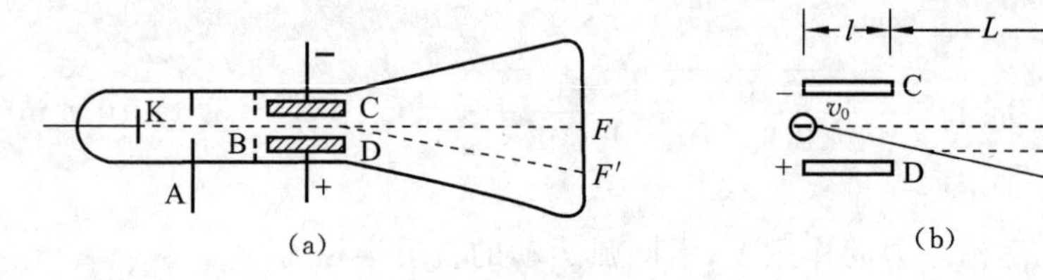

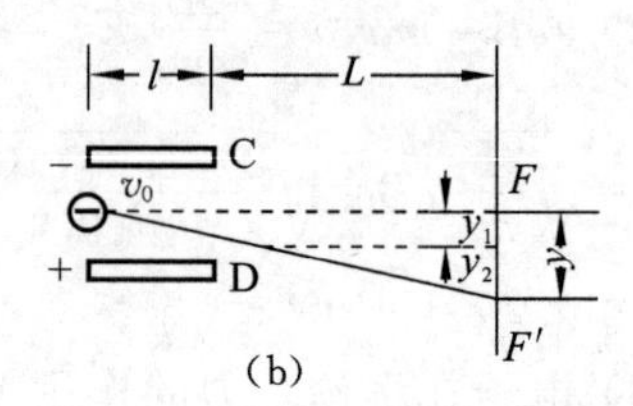

图 12-19

10. 解 由

$$ev_{水平}B = m\frac{v_{水平}^2}{R} \quad ①$$

$$h = v_{竖直}T = v_{竖直}\frac{2\pi R}{v_{水平}} \quad ②$$

$$v = \sqrt{v_{水平}^2 + v_{竖直}^2} \quad ③$$

联立解式①、式②、式③得

$$v = \frac{eB}{m}\sqrt{R^2 + \frac{h^2}{4\pi^2}} = \frac{1.6\times10^{-19}\times20\times10^{-4}}{9.1\times10^{-31}}\sqrt{0.02^2 + \frac{0.05^2}{4\pi^2}}\ \text{m/s}$$

$$= 5.7\times10^6\ \text{m/s}$$

11. 解 $\Delta U = \frac{IB}{-end} = \frac{200\times1.5}{-1.6\times10^{-19}\times8.4\times10^{22}\times10^{-6}\times1\times10^{-3}}\ \text{V}$

$= -2.23\times10^{-5}\ \text{V}$

12. 解 (1) 电荷在电场和磁场中运动，当两反向的力等大时，两板电荷堆积达到稳定，即 $qvB = qE$，所以 $E = vB$。

(2) $U = EW = vBW$，a 边的电势高。

(3) $R_H = \frac{ES}{IB} = \frac{vBS}{IB} = \frac{vS}{I} = \frac{vSqn}{Iqn} = \frac{1}{qn}$。

(4) 在样品中取长为 L、截面为 S 的样品(与 I 平行)，则

$$R = \frac{U}{I} = \frac{E_1 L}{SLnq} = \rho\frac{L}{S}$$

两边比较，有
$$\rho=\frac{E_1}{Lnq}=\frac{1}{\frac{L}{E_1}nq}=\frac{1}{v_m nq}=\frac{R_H}{v_m}=\frac{1}{\delta}$$

$$R_{\mathrm{H}}=\frac{v_m}{\delta}$$

13. 解　(1) $\mathrm{d}F_1=I\mathrm{d}l_1B\sin 60^\circ=20\times 0.1\times 10^{-3}\times 8\times 10^{-2}\times\sqrt{3}/2\ \mathrm{N}=1.38\times 10^{-4}\ \mathrm{N}$，方向向外；

$\mathrm{d}F_2=I\mathrm{d}l_2B\sin 135^\circ=20\times 0.1\times 10^{-3}\times 8\times 10^{-2}\times\sqrt{2}/2\ \mathrm{N}=1.13\times 10^{-4}\ \mathrm{N}$，方向向内。

(2) $F_{\overline{ab}}=I\sqrt{2}RB\sin 45^\circ=20\times\sqrt{2}\times 0.2\times 8\times 10^{-2}\times\sqrt{2}/2\ \mathrm{N}=0.32\ \mathrm{N}$，方向向内，作用点为$\overline{ab}$的中点；

$F_{\overline{cd}}=I\sqrt{2}RB\sin 135^\circ=20\times\sqrt{2}\times 0.2\times 8\times 10^{-2}\times\sqrt{2}/2\ \mathrm{N}=0.32\ \mathrm{N}$，方向向外，作用点为$\overline{ab}$的中点。

(3) $F_{\widehat{bc}}=F_{\overline{bc}}=I\sqrt{2}RB\sin 45^\circ=20\times\sqrt{2}\times 0.2\times 8\times 10^{-2}\times\sqrt{2}/2\ \mathrm{N}=0.32\ \mathrm{N}$，方向向内，作用点为$\widehat{bc}$的中点；

$F_{\widehat{da}}=F_{\overline{da}}=I\sqrt{2}RB\sin 135^\circ=20\times\sqrt{2}\times 0.2\times 8\times 10^{-2}\times\sqrt{2}/2\ \mathrm{N}=0.32\ \mathrm{N}$，方向向内，作用点为$\widehat{da}$的中点。

若 $\boldsymbol{B}$ 与$\overline{ab}$段平行，与 x 轴夹角为 45°，则

(1) $\mathrm{d}F_1=I\mathrm{d}l_1B\sin 115^\circ=20\times 0.1\times 10^{-3}\times 8\times 10^{-2}\times 0.9\ \mathrm{N}=1.44\times 10^{-4}\ \mathrm{N}$，方向向外；

$\mathrm{d}F_2=I\mathrm{d}l_2B\sin 90^\circ=20\times 0.1\times 10^{-3}\times 8\times 10^{-2}\ \mathrm{N}=1.6\times 10^{-4}\ \mathrm{N}$，方向向内。

(2) $F_{\overline{ab}}=0$，$F_{\overline{cd}}=0$。

(3) $F_{\widehat{bc}}=F_{\overline{bc}}=I\sqrt{2}RB\sin 90^\circ=20\times\sqrt{2}\times 0.2\times 8\times 10^{-2}\ \mathrm{N}=0.45\ \mathrm{N}$，方向向内，作用点为$\widehat{bc}$的中点；

$F_{\widehat{da}}=F_{\overline{da}}=I\sqrt{2}RB\sin 90^\circ=20\times\sqrt{2}\times 0.2\times 8\times 10^{-2}\ \mathrm{N}=0.45\ \mathrm{N}$，方向向内，作用点为$\widehat{da}$的中点。

14. 解　不计所有导体的电阻，则由转动定律有
$$M=IlB\frac{l}{2}-klv=IlB\frac{l}{2}-k\omega l^2=\frac{1}{3}ml^2\frac{\mathrm{d}\omega}{\mathrm{d}t}$$

整理后有
$$\frac{\mathrm{d}\omega}{\frac{IB}{2}-k\omega}=\frac{3}{m}\mathrm{d}t$$

即
$$\int_0^\omega\frac{\mathrm{d}\omega}{\frac{IB}{2}-k\omega}=\int_0^t\frac{3}{m}\mathrm{d}t\Rightarrow\omega=\frac{\mathscr{E}B}{2kR}\left(1-\mathrm{e}^{-\frac{3kt}{m}}\right)$$

(2) $F=\frac{\mathscr{E}Bl}{2R}$。

15. 分析 一般可由安培环路定理得到螺绕环内的磁感应强度与电流的关系式，但也可以直接应用螺绕环内磁感应强度的公式。

解 密绕螺绕环内的磁感应强度为

$$B=\mu_0\mu_r nI$$

(1) 需要在导线中通以电流为

$$I=\frac{B}{\mu_0\mu_r n}=\frac{0.350}{4\pi\times10^{-7}\times1400\times\frac{400}{2\pi\times0.029}}\ \text{A}=0.091\ \text{A}$$

(2) 同理，可得

$$I=\frac{B}{\mu_0\mu_r n}=\frac{0.350}{4\pi\times10^{-7}\times5200\times\frac{400}{2\pi\times0.029}}\ \text{A}=0.024\ \text{A}$$

16. 解 (1) 在环内任取一点，过该点作一个半径为 r 与环同心的圆环，由对称性可知，环上各点的 H 大小都相等，方向沿圆周的切向。根据安培环路定律，有

$$\oint_L \boldsymbol{H}\cdot \mathrm{d}\boldsymbol{l}=\sum_i I_i$$

可得

$$2\pi rH=NI$$

所以

$$H=\frac{NI}{2\pi r}=\frac{200\times0.1}{0.1}\ \text{A/m}=200\ \text{A/m}$$

$$B=\mu_0 H=2.5\times10^{-4}\ \text{T}$$

(2) 当环内充满磁介质后，同样可求得

$$H=\frac{NI}{2\pi r}=\frac{200\times0.1}{0.1}\ \text{A/m}=200\ \text{A/m}$$

$$B=\mu_0\mu_r H=4\times3.14\times10^{-7}\times4200\times200\ \text{T}=1.06\ \text{T}$$

(3) 磁介质内的磁场 $\boldsymbol{B}$ 应为传导电流产生的磁场 $\boldsymbol{B}_0$ 和磁化电流产生的磁场 $\boldsymbol{B}'$ 的叠加，即 $\boldsymbol{B}=\boldsymbol{B}_0+\boldsymbol{B}'$。

只有传导电流存在时，磁感应强度为

$$B_0=\mu_0 H=4\times3.14\times10^{-7}\times200\ \text{T}=2.51\times10^{-4}\ \text{T}$$

所以磁化电流产生的磁感应强度为

$$B'=B-B_0=(1.06-2.51\times10^{-4})\ \text{T}=1.06\ \text{T}$$

可见磁场中加入磁介质后，磁感应强度大大增强了。

第十三章　电磁感应

一、本章要求

（1）掌握法拉第电磁感应定律及其物理意义，熟练地应用法拉第电磁感应定律计算感应电动势，并能应用楞次定理准确判断感应电动势的方向。

（2）理解动生电动势，掌握利用动生电动势计算简单几何形状的导体在匀强磁场或对称分布的非匀强磁场中运动时产生的动生电动势的方法。

（3）理解感生电动势和感生电场的概念，了解感生电场的基本性质及它与静电场的区别。掌握简单的感生电场强度及感应电动势的计算方法，并会判断感生电场的方向。

（4）理解自感现象，掌握简单回路的自感系数和自感电动势的计算方法。

（5）理解互感现象，能够计算简单回路的互感系数及互感电动势。

（6）理解磁场能量及能量密度的概念，掌握自感磁能、互感磁能和磁场能量的计算方法。

（7）理解位移电流和全电流的概念，了解位移电流的特性及位移电流与传导电流的区别，掌握位移电流密度和位移电流强度的简单计算方法。

（8）理解麦克斯韦电磁场理论的基本概念及麦克斯韦方程组的积分形式，了解麦克斯韦方程组的微分形式。

（9）了解电磁场的物质性。

二、基本内容

1. 法拉第电磁感应定律

法拉第电磁感应定律：导体回路中产生的感应电动势 $\mathscr{E}$ 的大小与穿过回路的磁通量的变化率 $\mathrm{d}\Phi/\mathrm{d}t$ 成正比。

$$\mathscr{E}=-\frac{\mathrm{d}\Phi}{\mathrm{d}t}=-\frac{\mathrm{d}}{\mathrm{d}t}\int_S \boldsymbol{B}\cdot\mathrm{d}\boldsymbol{S}$$

式中，负号为楞次定律的数学表示。

若回路由 N 匝线圈串联组成，则

$$\mathscr{E}=-\frac{\mathrm{d}\Psi}{\mathrm{d}t}=-\frac{\mathrm{d}(\Phi_1+\Phi_2+\cdots+\Phi_N)}{\mathrm{d}t}=-\frac{\mathrm{d}\left(\sum\limits_{i=1}^{N}\Phi_i\right)}{\mathrm{d}t}$$

式中，$\Psi=\sum\limits_{i=1}^{N}\Phi_i$ 称为磁通链。

感应电流为

$$I=\frac{\mathscr{E}}{R}=\frac{1}{R}\frac{\mathrm{d}\Phi}{\mathrm{d}t}$$

感应电荷为

$$q=\frac{1}{R}|\Phi_2-\Phi_1|$$

2. 动生电动势

$$\mathscr{E}_{动}=\int_a^b\boldsymbol{E}_{\mathrm{k}}\cdot\mathrm{d}\boldsymbol{l}=\int_a^b(\boldsymbol{v}\times\boldsymbol{B})\cdot\mathrm{d}\boldsymbol{l}$$

3. 感生电动势

$$\mathscr{E}_{感}=-\frac{\mathrm{d}\Phi}{\mathrm{d}t}=\oint_L\boldsymbol{E}_{涡}\cdot\mathrm{d}\boldsymbol{l}=-\int_S\frac{\partial\boldsymbol{B}}{\partial t}\cdot\mathrm{d}\boldsymbol{S}$$

式中，S 为 L 边界所包围的面积，$E_{涡}$ 为感生电场（涡旋电场）强度。

当导体在变化磁场中运动时，总的感应电动势为

$$\mathscr{E}=\mathscr{E}_{感}+\mathscr{E}_{动}=\int_a^b(\boldsymbol{v}\times\boldsymbol{B})\cdot\mathrm{d}\boldsymbol{l}-\int_S\frac{\partial\boldsymbol{B}}{\partial t}\cdot\mathrm{d}\boldsymbol{S}$$

4. 自感与互感

自感现象：导体回路中由于自身电流的变化，而在自己回路中产生感应电动势的现象，自感电动势用 $\mathscr{E}_L$ 表示。

$$\mathscr{E}_L=-L\frac{\mathrm{d}I}{\mathrm{d}t}$$

式中，$L=\dfrac{\Phi}{I}$ 为自感系数，是一个与电流无关，仅与回路的匝数、几何形状和大小及周围介质的磁导率相关的物理量。

自感系数也可以定义为

$$L=-\frac{\mathscr{E}_L}{\mathrm{d}I/\mathrm{d}t}$$

互感现象：由于某一个导体回路中的电流发生变化，而在邻近导体回路内产生感应电动势的现象，互感电动势用 $\mathscr{E}_{\mathrm{M}}$ 表示。

$$\mathscr{E}_{\mathrm{M}_1}=-M_{12}\frac{\mathrm{d}I_2}{\mathrm{d}t}=-M\frac{\mathrm{d}I_2}{\mathrm{d}t}$$

$$\mathscr{E}_{\mathrm{M}_2}=-M_{21}\frac{\mathrm{d}I_1}{\mathrm{d}t}=-M\frac{\mathrm{d}I_1}{\mathrm{d}t}$$

式中，$M=M_{12}=M_{21}$为互感系数，其值由回路的几何形状、尺寸、匝数、周围介质的磁导率及两回路的相对位置决定，与回路中的电流无关。但如果回路周围有铁磁质存在，那么互感系数与回路中的电流有关。

5. 自感磁能和互感磁能

$$W_{自}=\frac{1}{2}LI^2$$

$$W_{互}=MI_1I_2$$

两个相互作用线圈的总磁能为

$$W=W_{自}+W_{互}=\frac{1}{2}L_1I_1^2+\frac{1}{2}L_2I_2^2\pm MI_1I_2$$

6. 暂态过程

1）RL 电路

电流增长过程

$$I=\frac{\mathscr{E}}{R}(1-e^{-\frac{R}{L}t})=\frac{\mathscr{E}}{R}(1-e^{-\frac{t}{\tau}})$$

电流减小过程

$$I=\frac{\mathscr{E}}{R}e^{-\frac{R}{L}t}=I_0e^{-\frac{t}{\tau}}$$

式中，$\tau=\frac{L}{R}$为 RL 电路的时间常数。

2）RC 电路

充电过程

$$q=C\mathscr{E}(1-e^{-\frac{t}{RC}})=C\mathscr{E}(1-e^{-\frac{t}{\tau}}),\quad I=\frac{\mathscr{E}}{R}e^{-\frac{t}{RC}}$$

放电过程

$$q=Qe^{-\frac{t}{\tau}},\quad I=\frac{Q}{RC}e^{-\frac{t}{\tau}}$$

式中，$\tau=RC$ 为 RC 电路的时间常数。

7. 磁场能量密度和磁场能量

磁场能量密度

$$w_m=\frac{1}{2}BH=\frac{1}{2}\mu H^2=\frac{1}{2\mu}B^2$$

磁场能量

$$W_m=\int_V w_m dV=\int_V\frac{1}{2}BH\,dV$$

8. 位移电流

位移电流：穿过曲面 S 的电位移通量的变化率。

$$I_d=\frac{d\Phi_d}{dt}=\int_S \frac{\partial}{\partial t}\boldsymbol{D}\cdot d\boldsymbol{S}$$

式中，$\boldsymbol{D}$ 为电位移矢量。

位移电流密度

$$\boldsymbol{j}_d=\frac{\partial \boldsymbol{D}}{\partial t}$$

9. 全电流和全电流安培环路定理

$$I_{全}=I_0+I_d=I_0+\int_S \frac{\partial \boldsymbol{D}}{\partial t}\cdot d\boldsymbol{S}$$

式中，I_0 为传导电流。全电流在任何情况下都是连续的。

全电流安培环路定理：磁场强度 $\boldsymbol{H}$ 沿所选闭合路径的线积分，等于该闭合路径所包围传导电流和位移电流的代数和，即

$$\oint_L \boldsymbol{H}\cdot d\boldsymbol{l}=I_{全}=I_0+I_d=\int_S \boldsymbol{j}\cdot d\boldsymbol{S}+\int_S \frac{\partial}{\partial t}\boldsymbol{D}\cdot d\boldsymbol{S}$$

式中，$\boldsymbol{j}$ 称为传导电流密度。

10. 麦克斯韦方程组

1）通量公式

$$\oint_S \boldsymbol{D}\cdot d\boldsymbol{S}=\sum_{S内} q_{0i},\quad \rho_0=\nabla\cdot\boldsymbol{D}$$

式中，ρ_0 为自由电荷密度。

$$\oint_S \boldsymbol{B}\cdot d\boldsymbol{S}=0,\quad \nabla\cdot\boldsymbol{B}=0$$

2）环流公式

$$\oint_L \boldsymbol{E}\cdot d\boldsymbol{l}=-\int_S \frac{\partial \boldsymbol{B}}{\partial t}\cdot d\boldsymbol{S},\quad \nabla\times\boldsymbol{E}=-\frac{\partial \boldsymbol{B}}{\partial t}$$

$$\oint_L \boldsymbol{H}\cdot d\boldsymbol{l}=I_0+\int_S \frac{\partial \boldsymbol{D}}{\partial t}\cdot d\boldsymbol{S},\quad \nabla\times\boldsymbol{H}=\boldsymbol{j}+\frac{\partial \boldsymbol{D}}{\partial t}$$

11. 各向同性介质中的物质方程

$$\boldsymbol{D}=\varepsilon\boldsymbol{E},\quad \boldsymbol{B}=\mu\boldsymbol{H}$$

$$\boldsymbol{j}=\gamma\boldsymbol{E}$$

式中，γ 为电导率。

12. 电磁波

电磁波速 $u=\frac{1}{\sqrt{\mu_0\varepsilon_0\mu_r\varepsilon_r}}$，真空中 $c=\frac{1}{\sqrt{\mu_0\varepsilon_0}}=2.9979\times10^8$ m/s。

平面电磁波有以下两种性质。

(1) 电磁波是横波，令 $\boldsymbol{k}$ 为电磁波传播方向的单位矢量，则

$$\boldsymbol{E}\perp\boldsymbol{k},\quad \boldsymbol{H}\perp\boldsymbol{k},\quad \boldsymbol{E}\perp\boldsymbol{H}$$

(2) $\boldsymbol{E}$ 和 $\boldsymbol{H}$ 同相位,并且在任何时刻、任何地点,$\boldsymbol{E}$、$\boldsymbol{H}$、$\boldsymbol{k}$ 三个矢量构成右旋系,即 $\boldsymbol{E}\times\boldsymbol{H}$ 的方向为 $\boldsymbol{k}$ 的方向。

电磁波能量密度

$$w=\frac{1}{2}ED+\frac{1}{2}BH$$

电磁波能流密度(波印廷矢量)

$$\boldsymbol{S}=w\boldsymbol{u}$$

$$\boldsymbol{S}=\boldsymbol{E}\times\boldsymbol{H}$$

三、例 题

(一) 填空题

1. 反映电磁场基本性质和规律的积分形式的麦克斯韦方程组为以下各式。

$$\oint_S \boldsymbol{D}\cdot \mathrm{d}\boldsymbol{S}=\sum_{S内} q_i \tag{A}$$

$$\oint_L \boldsymbol{E}\cdot \mathrm{d}\boldsymbol{l}=-\int_S \frac{\partial \boldsymbol{B}}{\partial t}\cdot \mathrm{d}\boldsymbol{S} \tag{B}$$

$$\oint_S \boldsymbol{B}\cdot \mathrm{d}\boldsymbol{S}=0 \tag{C}$$

$$\oint_L \boldsymbol{H}\cdot \mathrm{d}\boldsymbol{l}=\sum_i I_{i0}+I_d \tag{D}$$

试判断下列结论包含于或等效于哪一个麦克斯韦方程式,将你确定的方程式用代号填在相应结论后的空白处。

(1) 变化的磁场一定伴随有电场________;

(2) 磁感应线是无头无尾的________;

(3) 电荷总伴随着电场________。

解 (B);(C);(A)。

2. 判断在如图 13-1 所示的各种情况中 AC 导线段内或运动的导线框(线圈)内的感应电动势的方向。

(a) ____________________;

(b) ____________________;

(c) ____________________;

(d) ____________________;

(e) ____________________;

(f) ____________________。

解　(a)由 $q\boldsymbol{v}\times\boldsymbol{B}$ 知,电动势的方向分别从点 O 指向 A、C 两端。(b)导线不横向切割磁力线,所以无电动势。(c)因为 $\frac{\mathrm{d}\Phi}{\mathrm{d}t}<0$,所以感应电动势方向为顺方向。(d)因为涡旋电场为逆时针方向,所以感应电动势方向从 A 到 C。(e)因为穿过回路的磁通量在任何时刻都等于零,所以无感应电流。(f)感应电动势是周期性变化的,方向与感应电流方向相同,在图示的时刻感应电流是由点 O 进,由点 O' 出。

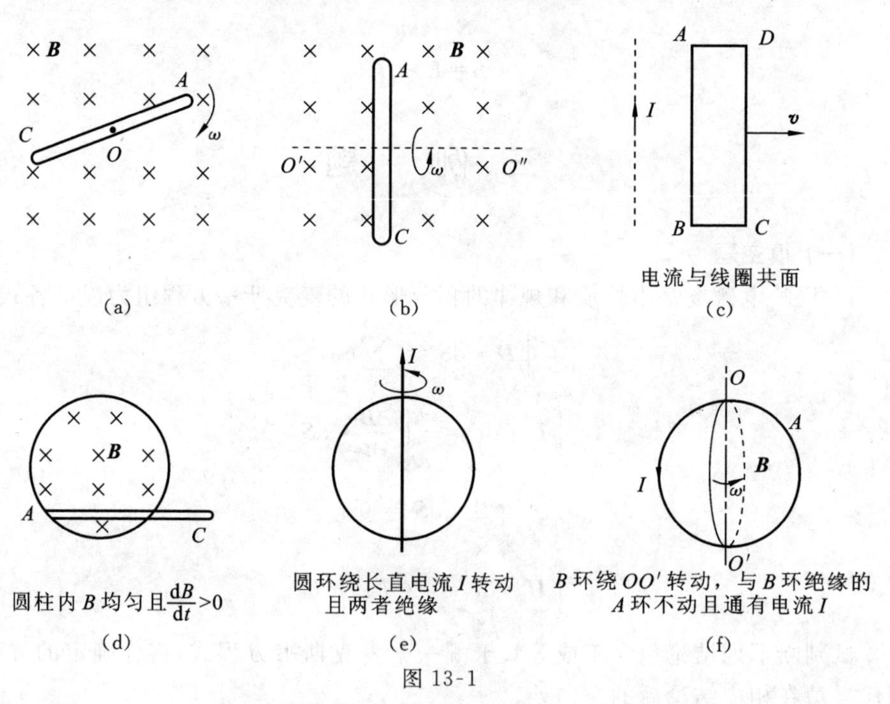

图 13-1

3. 如图 13-2(a)所示,导线框 A 以恒定速度 v 进入均匀磁场再出来,则在图 13-2(b)～(g)的 6 个图中线框 A 中电流与时间的函数关系是______图。(规定导线框中顺时针方向的量为正方向。)

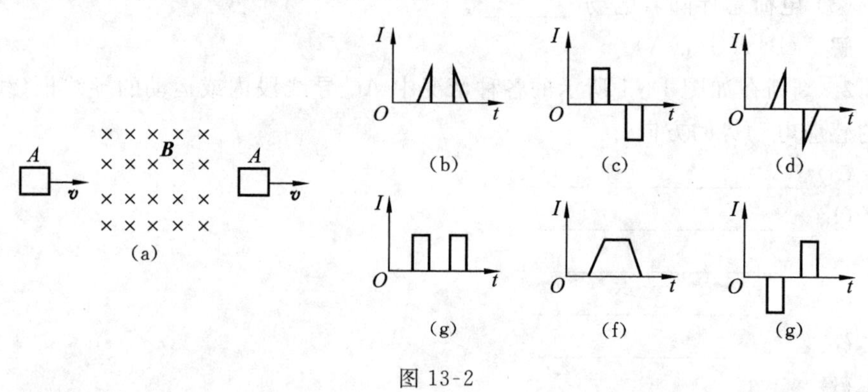

图 13-2

解　(g)。

导线框在刚进入磁场到刚全部进入磁场的过程中，穿过线框的磁通量是增加的，所以感生电流的方向是逆时针的，根据题意，电流的符号为负，电流的大小为

$$I=\frac{\mathscr{E}}{R}=\frac{BLv}{R}$$

式中，L 是导线框垂直于 v 方向的长度，R 是回路电阻。由此可知，电流是均匀的。同理，导线框在刚穿出磁场到刚全部穿出磁场的过程中，穿过线框的磁通量是减少的，所以由楞次定律知，感生电流的方向是顺时针的，根据题意，电流的符号为正，电流的大小也是恒定的，即只有(g)图符合实际。(b)、(d)、(f)图表示的电流的大小、方向均不对。(c)、(e)图中虽然电流大小恒定，但方向错了。

4. 一无限长密绕螺线管的半径为 R，单位长度内的匝数为 n，通以随时间变化的电流 $i=i(t)$，且 $\frac{\mathrm{d}i}{\mathrm{d}t}=C$(常量)，则管内的感生电场强度 $E_{内}=$________，管外的感生电场强度 $E_{外}=$________。

解　$\frac{1}{2}\mu_0 nCr$；$-\frac{1}{2r}\mu_0 nCR^2$。

密绕螺线管内 $B=\mu_0 ni(t)$，B 为空间均匀分布场，且轴对称。

由公式 $\oint_L \boldsymbol{E}\cdot\mathrm{d}\boldsymbol{l}=-\frac{\mathrm{d}\Psi}{\mathrm{d}t}$，则对于 $r<R$ 的区域，有

$$\oint_L \boldsymbol{E}_{内}\cdot\mathrm{d}\boldsymbol{l}=\boldsymbol{E}_{内}\cdot 2\pi r=-\frac{\mathrm{d}B}{\mathrm{d}t}\cdot\pi r^2=-\mu_0 n\frac{\mathrm{d}i}{\mathrm{d}t}\pi r^2$$

所以

$$E_{内}=\frac{1}{2}\mu_0 nCr$$

对于 $r>R$ 的区域，有

$$\oint_L \boldsymbol{E}_{外}\cdot\mathrm{d}\boldsymbol{l}=\boldsymbol{E}_{外}\cdot 2\pi r=-\frac{\mathrm{d}B}{\mathrm{d}t}\cdot\pi R^2=-\mu_0 n\frac{\mathrm{d}i}{\mathrm{d}t}\pi R$$

所以

$$E_{外}=-\frac{1}{2r}\mu_0 nCR^2$$

5. 图 13-3(a)、(b)、(c)中除导体棒可动外，其余部分均固定。不计摩擦，导体棒、导轨和直流电源的电阻均可忽略不计，各装置都在水平面内，匀强磁场 $\boldsymbol{B}$ 的方向已在图中标出。设导体棒的初始运动方向如图所示，有可能在一直向右运动过程中最终达到匀速(不包括静止)状态的是图________中的导体棒。

解　(a)。

导体棒做水平运动只受安培力作用，欲使导体棒在终态时做匀速运动，则要求此时回路电流为零，即安培力为零。在图 13-3(b)电路中，导体棒为电源，相应回路中必有电流存在，故不可能；在图 13-3(c)电路中，导体棒电源电动势 $\mathscr{E}_i$ 与 $\mathscr{E}_0$ 同

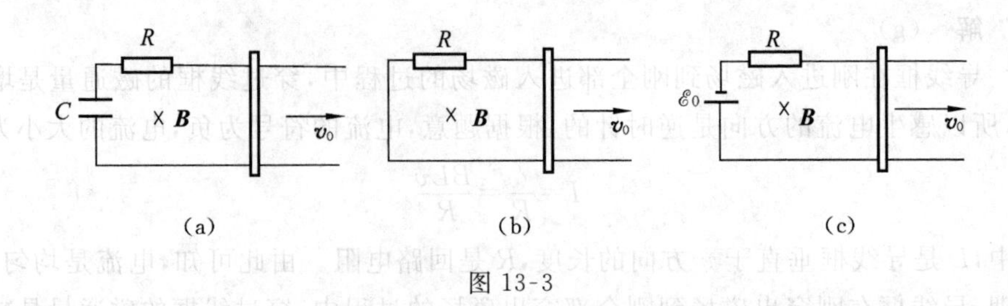

图 13-3

向串联，其中电流也不可能为零；在图 13-3(a)电路中，若使电容器充电到电压等于导体棒电源电动势 $\mathscr{E}_i$，则回路中无电流，导体棒将做匀速运动。

6. 由长为 l 的细金属丝 OP 和绝缘摆球构成一个圆锥摆，当摆球做水平匀速圆周运动时，金属丝与竖直线的夹角为 θ，如图 13-4(a)所示，其中 O 为悬挂点。设在讨论的空间范围内有水平方向的匀强磁场，磁感应强度为 $\boldsymbol{B}$，在摆球的运动过程中，金属丝上点 P 与点 O 间的最小电势差为________，点 P 与点 O 的最大电势差为________。

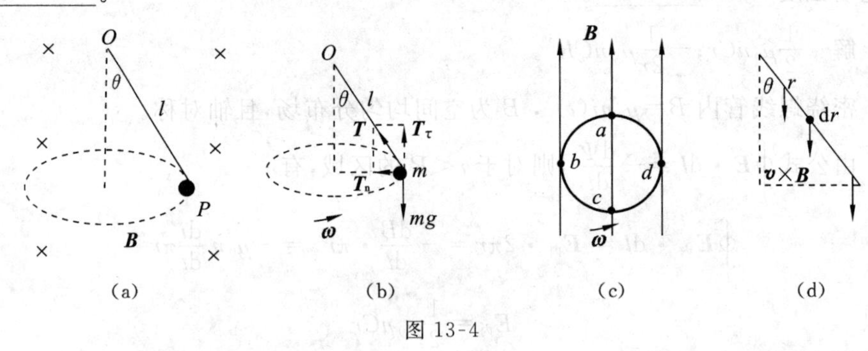

图 13-4

解　0；$\dfrac{1}{2}Bl\sin\theta\sqrt{gl\cos\theta}$。

设摆球的质量为 m，以角速度 ω 匀速转动。如图 13-4(b)所示，进行受力分析得

$$T_n = T_\tau\tan\theta = mg\tan\theta$$

由牛顿定律知

$$T_n = m\omega^2 l\sin\theta = mg\tan\theta$$

得

$$\omega = \sqrt{\frac{g}{l\cos\theta}}$$

如图 13-4(c)所示，当小球转动到 b、d 位置时，金属丝上各点的 $\boldsymbol{v}\times\boldsymbol{B}=\boldsymbol{0}$，其上的电势差为零，即电势差的最小值为零；当小球转动到 a、c 位置时金属丝上各点的 $\boldsymbol{v}\times\boldsymbol{B}$ 的方向竖直向下或向上，且其数值最大，$|\boldsymbol{v}\times\boldsymbol{B}|=\omega rB\sin\theta$，此时电势差最大。

由图 13-4(d)知，

$$\Delta U = \int_0^l |\boldsymbol{v}\times\boldsymbol{B}|\cos\theta \mathrm{d}r = \int_0^l \omega r B\sin\theta \mathrm{d}r = \frac{1}{2}\omega l^2 B\sin\theta\cos\theta$$

$$= \frac{1}{2}\sqrt{\frac{g}{l\cos\theta}}\, l^2 B\sin\theta\cos\theta = \frac{1}{2} lB\sin\theta\sqrt{gl\cos\theta}$$

7. 图 13-5(a)中半径为 R 的圆形区域内有垂直朝里的匀强磁场 $\boldsymbol{B}$，它随时间的变化率为 $\mathrm{d}B/\mathrm{d}t=k$，此处 k 是一个正的常量，导体棒 MN 的长度为 $2R$，其中一半在圆内，因电磁感应，棒的________端为正极，棒的感应电动势大小 $\mathscr{E}=$________。

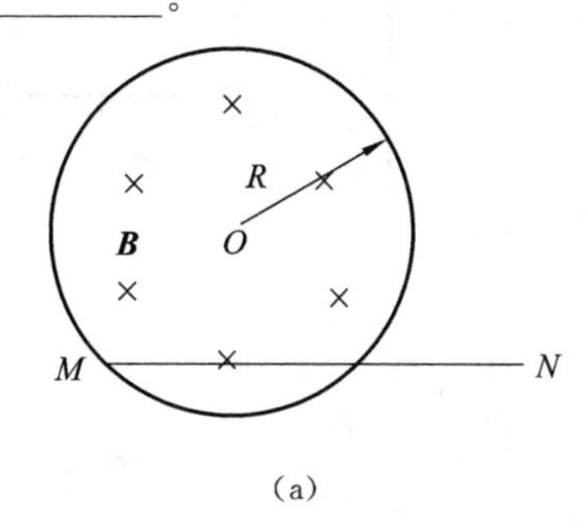

(a)

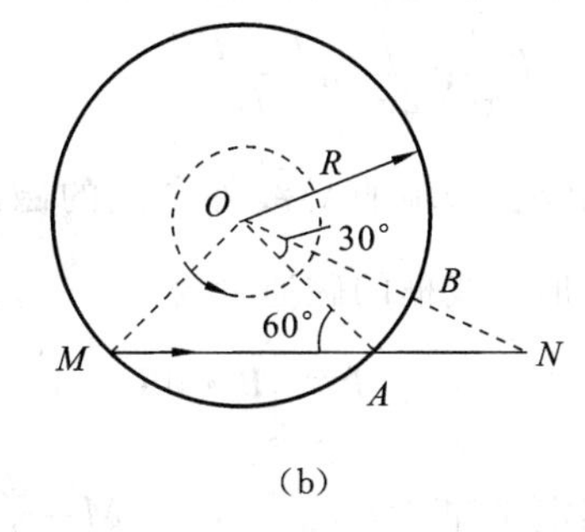

(b)

图 13-5

解　N；$\frac{1}{4}\left(\sqrt{3}+\frac{\pi}{3}\right)R^2 k$。

变化的磁场所激发的感应电场的电场线为逆时针同心圆，由此可知，棒的 N 端为正极。作辅助线 OM 和 ON，这样 $OMNO$ 便构成了一闭合曲线，如图 13-5(b)所示。因 OM 和 ON 皆垂直于感应电场 $\boldsymbol{E}$，其上无感应电动势，故 MN 上的感应电动势便是闭合曲线 $OMNO$ 上的感应电动势。由法拉第电磁感应定律 $\mathscr{E}=-\frac{\mathrm{d}\Phi}{\mathrm{d}t}$ 知，MN 上的感应电动势

$$\mathscr{E}=\left(\frac{1}{2}R^2\sin60°+\frac{1}{2}R^2\ \frac{30°}{360°/2n}\pi\right)k=\frac{1}{4}\left(\sqrt{3}+\frac{\pi}{3}\right)R^2 k$$

8. 如图 13-6 所示，截面积为 A、单位长度上匝数为 n 的螺绕环上套一边长为 l 的正方形线圈，今在线圈中通以交流电流 $I=I_0\sin\omega t$，螺绕环两端为开端，则其间电动势的大小为________。

解　$|\mu_0 nA\omega I_0\cos\omega t|$。

螺绕环与套在其上的线圈构成一个互感系统。设螺绕环中通过的电流为 I_1，环内有均匀磁感应强度 $B=\mu_0 nI_1$，在正方形线圈中产生的磁通链为 $\Psi=BS=\mu_0 nAI_1$。根据 $M_{12}=M_{21}$，互感系数 $M=\frac{\Psi}{I_1}=\mu_0 nA$。

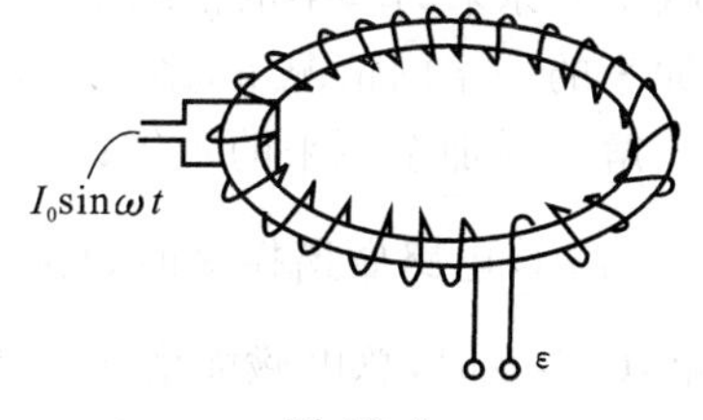

图 13-6

当在正方形线圈中通以交流电流 $I=I_0\sin\omega t$ 时，螺绕环两端产生感应电动势的大小为

$$\mathscr{E}=\left|-M\frac{\mathrm{d}I}{\mathrm{d}t}\right|=\left|\mu_0 nA\frac{\mathrm{d}(I_0\sin\omega t)}{\mathrm{d}t}\right|=|\mu_0 n\omega AI_0\cos\omega t|$$

9. 如图 13-7 所示，无限长直导线 MN 与两边长分别为 l_1、l_2 的矩形导线框架 $abcd$ 共面，导线 MN 与导线框的 da 边平行，两者相距 l_0。当 MN 中通有电流 I 时，与 MN 相距 r 处的磁感应强度大小为 $B=$________；长导线与导线框之间的互感系数为 $M=$________。

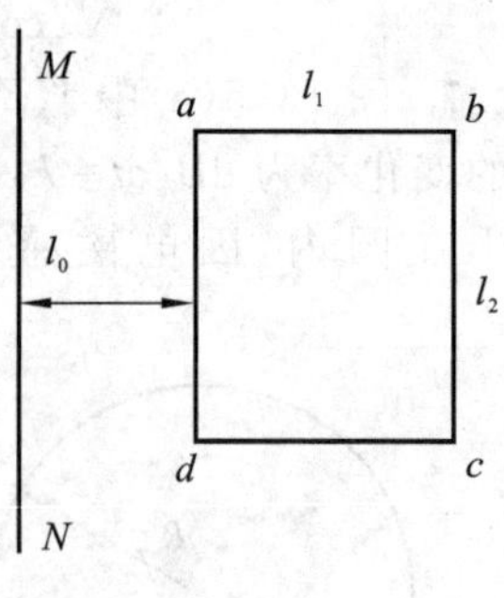

图 13-7

解 $\dfrac{\mu_0 I}{2\pi r}$；$\dfrac{\mu_0 l_2}{2\pi}\ln\dfrac{l_0+l_1}{l_0}$。

无限长载流直导线外一点的磁感应强度 $B=\dfrac{\mu_0 I}{2\pi r}$，通过矩形导线框的磁通量为

$$\Phi=\int_S \boldsymbol{B}\cdot\mathrm{d}\boldsymbol{S}=\int_{l_0}^{l_0+l_1}\frac{\mu_0 I}{2\pi r}l_2\,\mathrm{d}r=\frac{\mu_0 Il_2}{2\pi}\ln\frac{l_0+l_1}{l_0}$$

由互感定义知
$$M=\frac{\Phi}{I}=\frac{\mu_0 l_2}{2\pi}\ln\frac{l_0+l_1}{l_0}$$

10. 在如图 13-8 所示的电路中，直流电源的电动势为 $\mathscr{E}$，内阻可忽略不计，L 为纯电感，C 为纯电容，R_1 和 R_2 为纯电阻。在闭合开关 S 接通电路的瞬间，通过电源的电流强度为________；经过足够长时间后，通过电源的电流强度为________。

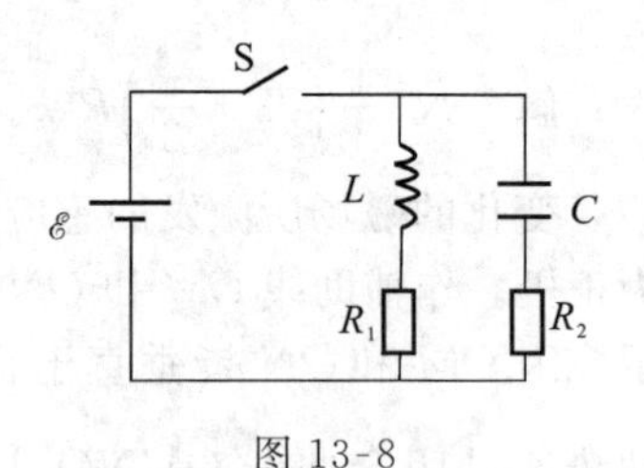

图 13-8

解 $\dfrac{\mathscr{E}}{R_2}$；$\dfrac{\mathscr{E}}{R_1}$。

闭合开关 S 接通电路瞬时，L 中电流不能突变，C 上电压不能突变，于是 R_1L 支路中电流为零，C 上没有压降，通过电源的瞬时电流强度为 $\dfrac{\mathscr{E}}{R_2}$。经过足够长时间后，按直流电路处理，电流为 $\dfrac{\mathscr{E}}{R_1}$。

11. 当 LC 电路做谐振荡时，如果电量振幅 Q_0 增大为原来的 2 倍，在 C 不变、L 减小为原来的一半的情况下，系统的总电磁能将__________；在 L 不变、C 减小为原来的一半的情况下，系统的总电磁能将__________。

解 增加至原来的 4 倍；增加至原来的 8 倍。

当 LC 电路做谐振荡时，总电磁能为 $W=\dfrac{Q_0^2}{2C}$。由此可见，当 Q_0 增大为原来的 2 倍，C 不变时，总电磁能增加至原来的 4 倍；当 Q_0 增大为原来的 2 倍，C 减小为原来的一半时，总电磁能增加至原来的 8 倍。

12. 如图 13-9 所示，半径为 R、两板相距为 d 的平行板电容器，从轴线接入圆频率为 ω 的交流电，板间的电场 $\boldsymbol{E}$ 与磁场 $\boldsymbol{H}$ 的相位差为________，从电容器两板间流入的电磁场的平均能流为________。

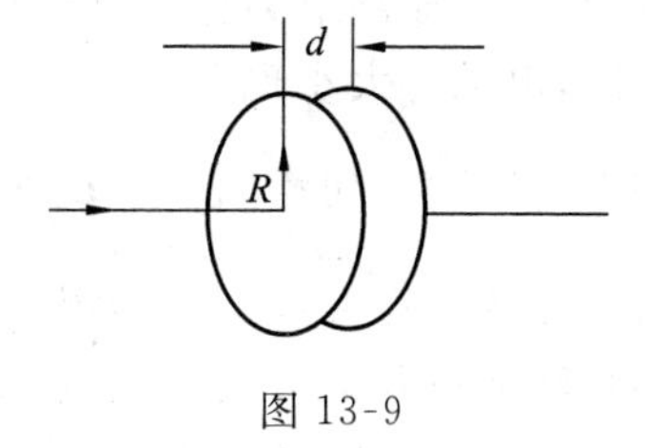

图 13-9

解　$\frac{\pi}{2}$；0。

设轴线接入交流电为 $i=i_0\cos(\omega t+\varphi)$，极板上自由电荷均匀分布，则极板上自由电荷密度为 $\delta_0=\frac{Q_0}{\pi R^2}$，极板间位移电流密度为 $j_d=\frac{i}{\pi R^2}$。因 $Q=\int_0^t i\mathrm{d}t=\frac{i_0}{\omega}\sin(\omega t+\varphi)$，极板间电场为

$$E=\frac{\delta_0}{\varepsilon_0}=\frac{Q_0}{\pi\varepsilon_0 R^2}=\frac{i_0}{\omega\pi\varepsilon_0 R^2}\sin(\omega t+\varphi)=\frac{i_0}{\omega\pi\varepsilon_0 R^2}\cos\left(\omega t+\varphi+\frac{\pi}{2}\right)$$

由安培环路定理及 $\boldsymbol{B}$ 的轴对称性知，板内距轴线为 r 的点 P 的磁场为

$$B2\pi r=\mu_0 j_d \pi r^2$$

所以 $B=\frac{\mu_0 r i_0}{2\pi R^2}\cos(\omega t+\varphi)$。因此，板内电场与磁场的相位差为 $\frac{\pi}{2}$。

P 处波印廷矢量 $\boldsymbol{S}=\boldsymbol{E}\times\boldsymbol{H}$，由于 $\boldsymbol{E}\perp\boldsymbol{H}$，所以

$$S=EH=E\frac{B}{\mu_0}=\frac{r_0^2}{2\omega\varepsilon_0(\pi R)^2}\sin(\omega t+\varphi)\cos(\omega t+\varphi)$$

则 $S=\frac{1}{T}\int_0^T S\mathrm{d}t=0$，即从两板间流入的电磁场的平均能流为零。

（二）选择题

1. 下列说法正确的是（　　）。

A. 当穿过回路的磁通量为零时，回路一定没有感应电流

B. 感应电动势与回路是否闭合及导体是否运动无关

C. 恒定无限长直螺线管外 $B=0$，$\frac{\mathrm{d}B}{\mathrm{d}t}=0$，所以管外的感生电场也等于零

D. 所有的恒定电流不能产生辐射电磁波，但以恒定速率做圆周运动的电荷却能产生辐射电磁波

解　BD。

磁通量取决于磁通的变化，而不是磁通的大小；关键是看磁通是否变化，而不管这种变化是外界磁场引起的，还是回路本身运动、形变或回路自身电流变化引起的；只有在磁通变化的过程中才有感应电流，变化一旦停止，感应电流也就随之消失，所以 A 错。

在讨论感应电流和法拉第电磁感应定律时，经常涉及对磁通量的分析，而磁通的概念又只对一个闭合回路才有意义。电动势表示非静电力移动电荷做功的本

领，只要有非静电力存在，就可以有相应的电动势。沿着不同路径，非静电力做功不同，电动势大小也不一样。在感生电场分布一定的情况下，只要积分路径一定，相应的感生电功势 $\mathscr{E}_k=\oint_L \boldsymbol{E}_k\cdot \mathrm{d}\boldsymbol{l}$ 也就唯一地确定了，导体回路的存在只能为电荷沿导体的流动形成一个确定的路径，在导体两端形成稳定的电势差，将非静电力做的功转换成其他形式的能量（如导体中的焦耳热），所以 B 对。

由于涡旋电场是由变化的磁场激发的，经过管外某点作回路 L，对此积分回路，有

$$\oint_L \boldsymbol{E}\cdot \mathrm{d}\boldsymbol{l}=-\int_S \frac{\partial \boldsymbol{B}}{\partial t}\cdot \mathrm{d}\boldsymbol{S}\quad (S\text{ 是以 }L\text{ 为边界的任一曲面})$$

若回路 L 不包围螺线管的磁场空间，即管外 $B=0$，则 $\int_S \boldsymbol{B}\cdot \mathrm{d}\boldsymbol{S}=0$，只能得出 $\oint_L \boldsymbol{E}\cdot \mathrm{d}\boldsymbol{l}=0$，而不能得出管外 $E=0$ 的结论；若回路 L 包围螺线管磁场空间，则 $\int_S \boldsymbol{B}\cdot \mathrm{d}\boldsymbol{S}\neq 0$，且随时间变化，有

$$\int_L \boldsymbol{E}\cdot \mathrm{d}\boldsymbol{l}=-\int_S \frac{\partial \boldsymbol{B}}{\partial t}\cdot \mathrm{d}\boldsymbol{S}\neq 0$$

所以 $\boldsymbol{E}\neq \boldsymbol{0}$，故 C 错。

因为只有变化的电场和变化的磁场相互激发才能产生辐射电磁波，而稳定的圆电流只能在其周围激发稳定的磁场，因而不能产生辐射电磁波。带电粒子做匀速圆周运动，在其中心轴线上各点产生稳定的磁场，而其他各点磁场都在不断变化，再激发电场。因而，带电粒子做匀速圆周运动可以产生辐射电磁波，所以 D 对。

2. 在长直载流导线附近平行放置两根金属导轨，三者在同一平面内，在导轨上有两根可沿导轨平行滑动的金属棒 ab 和 cd。今以力 F 拉 cd 棒向右运动，如图 13-10(a)所示，则 ab 棒将（　　）。

A. 不动　　B. 向右运动　　C. 向左运动　　D. 转动

解　B。

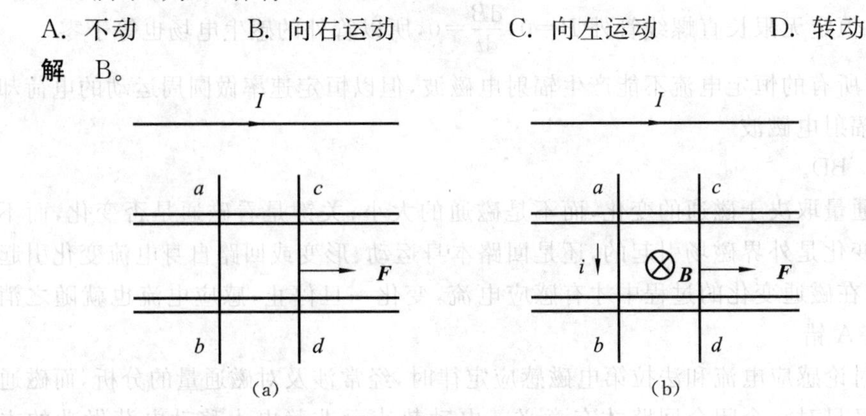

图 13-10

长直载流导线产生的磁场为 $\boldsymbol{B}$,方向如图 13-10(b)所示。力 $\boldsymbol{F}$ 使得 cd 棒向右运动,则处于长直载流导线磁场中的回路 $abdc$ 有磁通变化,由楞次定律可知,感应电流 i 从 a 流向 b,载流导线 ab 在外磁场 B 的作用下,由安培力 $\boldsymbol{F}=i\boldsymbol{l}\times\boldsymbol{B}$ 可判断棒向右运动。

3. 无限长密绕螺线管半径为 r,其中通有电流,在螺线管内部产生一均匀磁场 B,在螺线管外同轴地套一粗细均匀的金属圆环,金属圆环由两个半环组成,a、b 为其分界面,半环电阻分别为 R_1 和 R_2,且 $R_1>R_2$,如图 13-11(a)所示(图中螺线管垂直纸面放置)。当螺线管内部磁感应强度 B 增大时,(　　)。

A. a、b 两点电势相等　　　　B. 点 a 的电势比点 b 的高

C. 点 b 的电势比点 a 的高　　D. 此问题中谈 a、b 两处的电势无意义

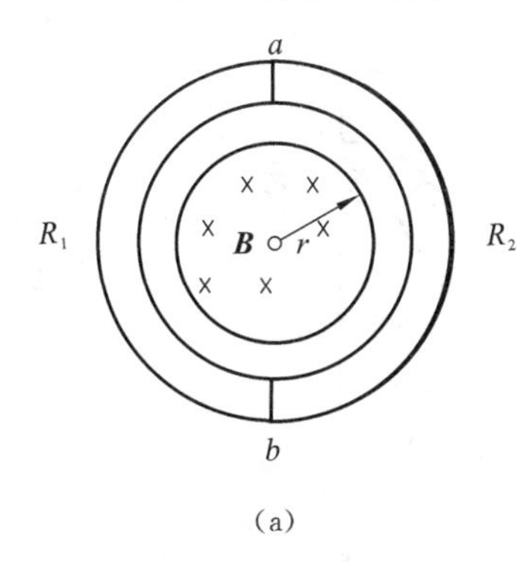

(a)

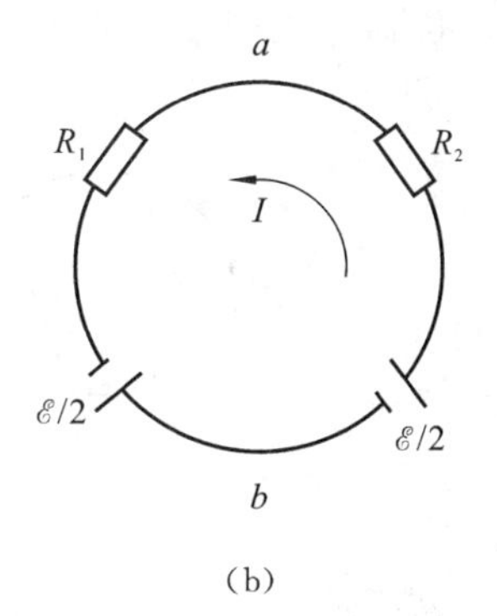

(b)

图 13-11

解　B。

当螺线管内磁场增强时,将激发出涡旋电场 $E_{感}$,其电场线为沿逆时针方向的同心圆。整个回路上的感生电动势为 $\mathscr{E}=\oint_L \boldsymbol{E}_{感}\cdot \mathrm{d}\boldsymbol{l}$。由对称性可知,$E_{感}$ 在 R_1 和 R_2 两段半圆上会产生大小相等的感生电动势 $\frac{\mathscr{E}}{2}$,如图 13-11(b)所示。

感生电流为
$$I=\frac{\mathscr{E}}{R_1+R_2}$$

在金属圆环上各处 $E_{感}$ 大小相等,对电荷作用相同,但由于两半环的电阻不同,且 $R_1>R_2$,则在分界面 a 处有正电荷积累,b 处有负电荷积累。积累的电荷在圆环内产生静电场,则由欧姆定律得 a、b 两点之间的电势差为

$$U_a-U_b=R_1I-\frac{\mathscr{E}}{2}=R_1\frac{\mathscr{E}}{R_1+R_2}-\frac{\mathscr{E}}{2}=\frac{(R_1-R_2)\mathscr{E}}{2(R_1+R_2)}$$

因 $R_1>R_2$,故 $U_a-U_b>0$,即点 a 的电势比点 b 的高。

4. 一球形电容器中间充有均匀介质,该介质缓慢漏电,在漏电过程中,传导电

流产生的磁场为 B_c，位移电流产生的磁场为 B_d，则（　　）。

A. $B_c=0, B_d=0$　　B. $B_c=0, B_d\neq0$

C. $B_c\neq0, B_d=0$　　D. $B_c\neq0, B_d\neq0$

解　A。

在球形电容器中传导电流密度 $\boldsymbol{j}_c=\gamma\boldsymbol{E}$。$\boldsymbol{j}_c$ 方向为径向，$\boldsymbol{j}_c$ 具有球对称性。如图 13-12 所示，任意选取两个元电流 i_A、i_B，OO' 为其对称轴，i_A 和 i_B 在点 P 产生的 $\boldsymbol{B}_A$ 和 $\boldsymbol{B}_B$ 叠加的总效果为零。依此类推，对 OO' 对称的所有元电流在点 P 产生的总磁场 B 为零。点 P 为球形电容器中的任意一点，结果都是一样的，所以传导电流产生的磁场 $B_c=0$。位移电流密度 $\boldsymbol{j}_d=\dfrac{\partial \boldsymbol{D}}{\partial t}$，$\boldsymbol{j}_d$ 方向也为径向，$\boldsymbol{j}_d$ 也具有球对称性，同理，位移电流产生的 $B_d=0$，因此，$B_c=B_d=0$。

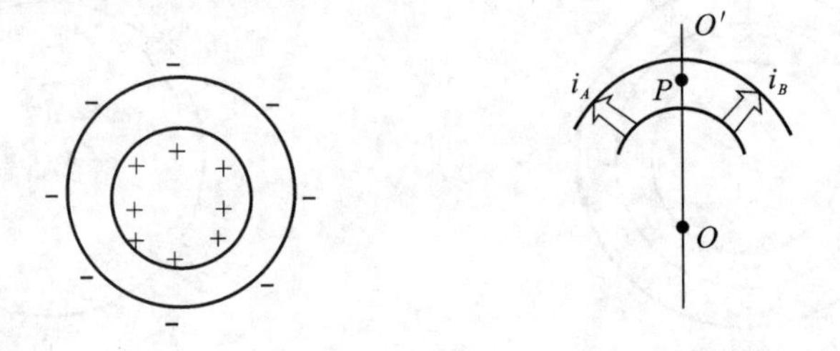

图 13-12

5. 关于按图 13-13(a)、(b)、(c)所示绕制或放置线圈的说法中，正确的是（　　）。

A. 线圈如图 13-13(a)所示的方式绕制，可以使线圈的自感为零

B. 线圈如图 13-13(b)所示的方式绕制，可以使线圈的互感最大

C. 两线圈如图 13-13(c)所示的方式放置，可以使线圈的互感为零

D. 上述三种说法都不对

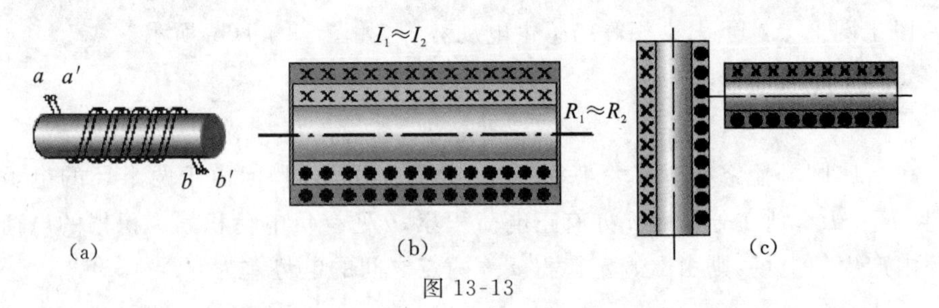

图 13-13

解　ABC。

（三）计算题

*1. 同轴线终端接一平行板电容器，极板是半径为 R 的圆形板，两板间距离

为 b，上板接于同轴线外导体，下板接于内导体的延伸部分，如图 13-14 所示。已知内导体的半径为 $r_0(r_0 \ll R)$，电容器两端电压与时间的关系为 $U=U_0\sin\omega t$，求极板间内导体外任一点磁场强度的大小。

解　因平板电容器两极板间的电场是均匀的，则电场强度为 $E=\dfrac{U}{b}$，电位移矢量的大小为 $D=\varepsilon_0 E=\dfrac{\varepsilon_0 U}{b}$，位移电流密度大小为 $j_d=\dfrac{dD}{dt}=\dfrac{\varepsilon_0}{b}\dfrac{dU}{dt}$。

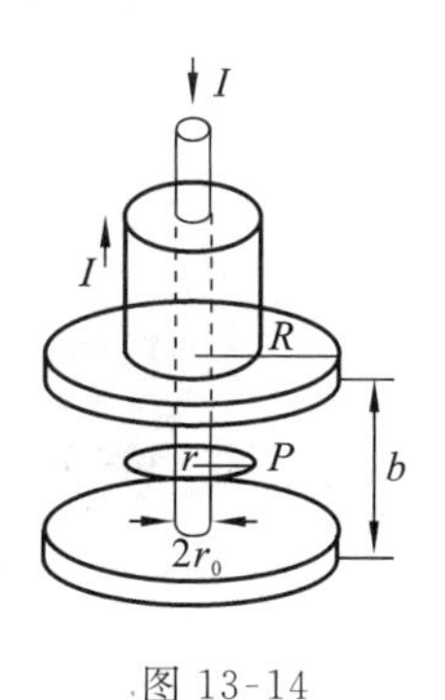

图 13-14

设极板间任一点 P 的磁场强度为 $\boldsymbol{H}_P$，由于位移电流 $\boldsymbol{j}_d$ 沿轴向，且各点量值相同，因此位移电流和传导电流所产生的磁场均具有轴对称性质，以点 P 到中心轴的距离 $r(r>r_0)$ 为半径作一平行极板平面的闭合圆形路径，应用全电流安培环路定理得

$$\oint_L \boldsymbol{H}_P \cdot d\boldsymbol{l} = 2\pi r H_P = I_c - I_d$$

式中，I_c、I_d 分别表示穿过闭合回路所围面积的传导电流和位移电流，负号表示两者方向相反。

$$I_c=\frac{dq}{dt}=C\frac{dU}{dt}=\frac{\varepsilon_0\pi R^2}{b}\frac{dU}{dt}$$

$$I_d=\int \boldsymbol{j}_d \cdot d\boldsymbol{S}=\int \frac{\varepsilon_0}{b}\frac{dU}{dt}dS=\frac{\varepsilon_0\pi r^2}{b}\frac{dU}{dt}$$

$$H_P=\frac{I_c-I_d}{2\pi r}=\frac{\varepsilon_0\pi}{2\pi b}\left(\frac{R^2}{r}-r\right)\omega U_0\cos\omega t=\frac{\varepsilon_0}{2b}\left(\frac{R^2}{r}-r\right)\omega U_0\cos\omega t$$

2. 如图 13-15 所示，半径为 R 的长直圆筒，表面均匀带电，面密度为 δ，在外力矩的作用下，从 $\omega=0$ 开始以匀角加速度 β 绕轴转动。(1) 求筒内磁感应强度；(2) 求筒内接近表面处场强 $\boldsymbol{E}$ 和波印廷矢量 $\boldsymbol{S}$；(3) 证明：进入圆筒长为 l 的一段的 $\boldsymbol{S}$ 通量(能流)等于 $P=\dfrac{dW_m}{dt}$，其中 W_m 为长为 l 的圆筒内的磁场能量。

解　(1) 圆筒转动时，相当于载流长直螺线管

$$B=\mu_0 nI=\mu_0 j$$

式中，j 为单位长度电流，且 $j=\dfrac{2\pi R\delta}{T}=\omega\delta R$。

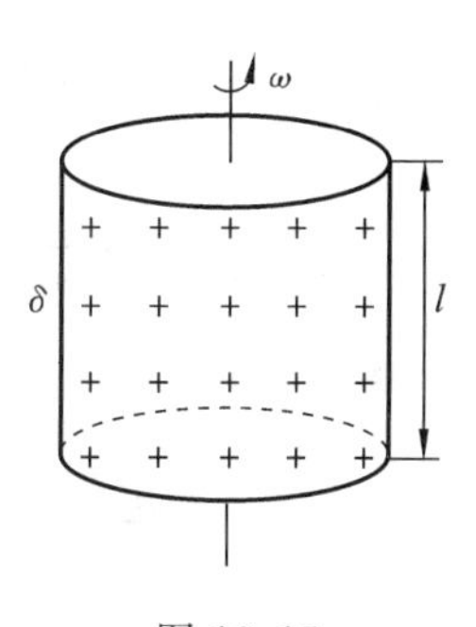

图 13-15

故

$$B=\mu_0\omega\delta R=\mu_0\beta\delta R t$$

方向沿轴线向上。

(2)

$$\frac{dB}{dt}=\mu_0\beta\delta R$$

$$\int \boldsymbol{E} \cdot \mathrm{d}\boldsymbol{l} = -\frac{\mathrm{d}\Phi_{\mathrm{m}}}{\mathrm{d}t}$$

$$2\pi RE = -\pi R^2 \frac{\mathrm{d}B}{\mathrm{d}t} = -\pi R^2 \mu_0 \beta\delta R$$

$$|\boldsymbol{E}| = \frac{R^2 \mu_0 \beta\delta}{2}$$

$$\boldsymbol{S} = \boldsymbol{E} \times \boldsymbol{B}$$

$$S = \frac{EB}{\mu_0} = \frac{\mu_0 R^3 \delta^2 \omega\beta}{2}$$

方向垂直筒面指向轴线。

(3) $$P = (2\pi Rl)S = 2\pi Rl \cdot \frac{EB}{\mu_0} = \pi\mu_0 R^4 l\delta^2 \omega\beta$$

$$W_{\mathrm{m}} = \frac{1}{2}\frac{B^2}{\mu_0}V = \frac{1}{2}\frac{B^2}{\mu_0}\pi R^2 l$$

$$\frac{\mathrm{d}W_{\mathrm{m}}}{\mathrm{d}t} = \frac{B}{\mu_0}\pi R^2 l \frac{\mathrm{d}B}{\mathrm{d}t} = \frac{\pi R^2 l}{\mu_0}(\mu_0 \omega\delta R)(\mu_0 \beta\delta R) = \pi\mu_0 R^4 l\omega\beta\delta^2$$

因此 $$P = \frac{\mathrm{d}W_{\mathrm{m}}}{\mathrm{d}t}$$

可见,圆筒内部磁场能量的增加率等于单位时间内通过圆筒侧面流入的能量(能流),这正是能量守恒定律的具体体现。

四、习题解答

(一) 填空题

1. $\omega abB\cos\omega t$(利用法拉第电磁感应定律)。

2. $k\frac{\pi R^2}{4}$;$c \rightarrow b$。

3. $\frac{1}{2}B\omega a^2$; $\mathscr{E}_2 = \frac{1}{2}B\omega a^2$; $\mathscr{E} = 0$。

4. $\frac{\mu_0 Iv}{2\pi}\ln\frac{a+b}{a-b}$。

5. $\frac{l}{4}\frac{\mathrm{d}B}{\mathrm{d}t}$;$\frac{\sqrt{5}l}{4}\frac{\mathrm{d}B}{\mathrm{d}t}$;等于;相反;$\frac{l^2}{2}\frac{\mathrm{d}B}{\mathrm{d}t}$;$\frac{\mathrm{d}B}{\mathrm{d}t}l^2$。

6. 洛伦滋力;电场力。

7. $\frac{1}{2}kltv$;$\frac{1}{2}kl\,\overline{ad}$;$\frac{1}{2}(\overline{ad}+2tv)lk$。

8. $\frac{1}{2\pi}N\mu_0 a\ln 2$;0。

9. $i=10(1-e^{-5t})$;10 A;100 J。

10. $U_m C\omega\cos\omega t$。

11. $-\iint \frac{\partial \boldsymbol{B}}{\partial t}\cdot d\boldsymbol{S}$;$\iint \frac{\partial \boldsymbol{D}}{\partial t}\cdot d\boldsymbol{S}$。

(二)选择题

1. B。

2. A。

3. C(提示:$\mathscr{E}_i=-\frac{d\Phi}{dt}$及$F=BI_iL$)。

4. D(提示:$\mathscr{E}_i=\int_0^{\frac{2}{3}L}Bl\omega dl-\int_0^{\frac{1}{3}L}Bl\omega dl$)。

5. (1)C;(2)B(提示:$\mathscr{E}_i=-\frac{d\Phi}{dt}$,选取合适的回路,使其两边垂直于感生电场,由回路感生电动势得电势差)。

6. D(提示:感生电场为有旋场$\nabla\times\boldsymbol{E}=-\frac{\partial \boldsymbol{B}}{\partial t}$)。

7. D(提示:$\mathscr{E}_i=-\frac{d\Phi}{dt}$,选取合适回路)。

8. B(提示:根据麦克斯韦方程组解得)。

9. A(提示:合上S时,由于L的自感电动势“抵抗”原磁场的变化,与电源电动势方向相反,因而S_2灯不会立刻亮)。

10. B(提示:$\mathscr{E}_i=-\frac{d\Phi}{dt}$,选取合适回路)。

11. A(提示:$\mathscr{E}_i=-\frac{d\Phi}{dt}$,选取合适回路)。

12. C(提示:$M_{12}=M_{21}$,$\Phi_{12}=M_{12}I=\Phi_{21}=M_{21}I$)。

13. C(提示:$\oint_L \boldsymbol{H}\cdot d\boldsymbol{l}=\int_S\left(\frac{\partial \boldsymbol{D}}{\partial t}+\boldsymbol{j}\right)\cdot d\boldsymbol{S}$)。

14. C。

15. B。

16. D(提示:$\oint_L \boldsymbol{H}\cdot d\boldsymbol{l}=\int_S\left(\frac{\partial \boldsymbol{D}}{\partial t}+\boldsymbol{j}\right)\cdot d\boldsymbol{S}$)。

(三)计算题

1. 解 设θ为线框法线方向和B的夹角,由题意知,当$t=0$时,$\theta=0$,则任意时刻通过线圈的磁通量为

$$\Phi=BS\cos\theta=BS\cos\omega t$$

线圈中感应电动势为 $\mathscr{E}=-\frac{d\Phi}{dt}=BS\sin\omega t$

(1) 当线圈垂直于磁场(即 $\theta=0$)时,磁通量最大,此时

$$\Phi=BS=0.5\times 400\times 10^{-4}\ \text{Wb}=0.02\ \text{Wb}$$

(2) 当线圈平行于磁场时,感应电动势达到最大值,即

$$\mathscr{E}=\omega BS=10\times 400\times 0.5\times 10^{-4}\ \text{V}=0.2\ \text{V}$$

(3) 磁场对线圈的力矩为

$$M=IBS\sin\theta=\frac{\mathscr{E}}{R}BS\sin\theta=\frac{BS\omega\sin\theta}{R}BS\sin\theta=\frac{\omega}{R}(BS\sin\theta)^2$$

当 $\theta=90°$时,M 取得最大值,其值为

$$M_{\max}=\frac{\omega}{R}(BS)^2=(0.5\times 400\times 10^{-4})^2\times 10\times\frac{1}{2}\ \text{N}\cdot\text{m}=2\times 10^{-3}\ \text{N}\cdot\text{m}$$

(4) 力矩 M 所做的功为(导线环绕一圈的过程中)

$$A=\int_0^{2\pi}M\mathrm{d}\theta=\int_0^{2\pi}(BS\sin\theta)^2\ \frac{\omega}{R}\mathrm{d}\theta=\frac{\pi\omega(BS)^2}{R}$$

线圈环绕一圈的过程中放出的热量(即导线所消耗的电能)为

$$Q=\int_0^{\frac{2\pi}{\omega}}I^2R\mathrm{d}t=\int_0^{\frac{2\pi}{\omega}}\frac{\varepsilon^2}{R}\mathrm{d}t=\int_0^{\frac{2\pi}{\omega}}\frac{(\omega BS)^2}{R}\cos^2\omega t\,\mathrm{d}t=\pi\omega\frac{(BS)^2}{R}$$

结论:线圈在旋转一周过程中外力矩做的功等于环内消耗的电能,满足能量守恒定律。

2. 解 (1) 当导体棒在磁场中运动时,棒内产生动生电动势,有

$$\mathscr{E}=\int_A^B(\boldsymbol{v}\times\boldsymbol{B})\cdot\mathrm{d}\boldsymbol{l}=Bvl=-0.5\times 4\times 0.5\ \text{V}=-1\ \text{V}$$

负号表明感应电动势的方向与约定的正方向相反,即由点 B 指向点 A。

(2) 回路中电流为

$$I=\frac{\mathscr{E}}{R}=\frac{1}{0.2}\ \text{A}=5\ \text{A}$$

导体棒 AB 所受安培力大小为

$$F=IlB=5\times 0.5\times 0.5\ \text{N}=1.25\ \text{N}$$

方向水平向左。要使导体棒保持匀速运动,所需施加的外力大小应为 1.25 N,方向水平向右。

(3) 外力做的机械功率为

$$Fv=1.25\times 4\ \text{W}=5\ \text{W}$$

回路的发热功率为

$$P=I^2R=5^2\times 0.2\ \text{W}=5\ \text{W}$$

外力所做的功率和回路的发热功率相等,满足能量守恒定律。

3. 解 (1) 接通电路的一瞬间,铜棒中的电流强度为

$$I=\frac{\mathscr{E}}{R}=\frac{1.5}{0.5}\ \text{A}=3\ \text{A}$$

磁场对铜棒的作用力为

$$F=BIl=0.5\times 3\times 0.2\ \text{N}=0.3\ \text{N}$$

由牛顿运动定律知铜棒的起始加速度为

$$a=\frac{F-\mu mg}{m}=\frac{0.3-0.1\times 0.2\times 10}{0.2}\ \text{m/s}^2=0.5\ \text{m/s}^2$$

方向水平向右。

(2) 铜棒开始运动后，由于切割磁感应线而产生动生电动势 $\mathscr{E}_1$，且它的方向与电源电动势的方向相反，故通过铜棒的电流强度 $I=\dfrac{\mathscr{E}-\mathscr{E}_1}{R}$ 减少，磁场对电流的作用力 $F=BIl$ 也逐渐减小。当 F 和摩擦力 f 相等时，铜棒的加速度为零，速度达到最大，此时满足

$$BlI=Bl\,\frac{\mathscr{E}-\mathscr{E}_1}{R}=\mu mg$$

代入数值，解得

$$v=5\ \text{m/s}$$

(3) 突然撤去磁场，铜棒中的动生电动势为零，铜棒仅受到摩擦力的作用，故铜棒中的电流强度为

$$I=\frac{\mathscr{E}}{R}=\frac{1.5}{0.5}\ \text{A}=3\ \text{A}$$

最终的运动速度为 $v=0$。

4. 解　(1) 金属棒切割磁感应线产生动生电动势为

$$\mathscr{E}=\int(\boldsymbol{v}\times\boldsymbol{B})\cdot \mathrm{d}\boldsymbol{l}=\int_0^L Bvl\,\mathrm{d}l=\frac{1}{2}B\omega L^2$$

注意：动生电动势的大小随转动角速度的改变而改变。

金属棒中有感应电流，在磁场中运动会受到磁力矩的作用，任意时刻磁力矩的大小为

$$M=\int_0^L l\mathrm{d}F=\int_0^L lBI\,\mathrm{d}l=\frac{B^2\omega L^2}{mR}\int_0^L l\mathrm{d}l=\frac{B^2\omega L^4}{4R}$$

方向与角速度方向相反。

根据刚体定轴转动定理有

$$-M=J\,\frac{\mathrm{d}\omega}{\mathrm{d}t}$$

式中，$J=\dfrac{mL^2}{3}$ 为金属棒的转动惯量，将 M 及 J 代入上式并整理得

$$\frac{\mathrm{d}\omega}{\omega}=-\frac{3B^2L^2}{4mR}\mathrm{d}t$$

经积分后解得

$$\ln\frac{\omega}{\omega_0}=-\frac{3B^2L^2}{4mR}t$$

$$\omega=\omega_0 e^{-\frac{3B^2L^2}{4mR}t}$$

（2）由角速度的定义得

$$\int_0^\theta d\theta=\int_0^t \omega_0 e^{-\frac{3B^2L^2}{4mR}t}dt$$

经积分后解得

$$\theta=-\omega_0\frac{4mR}{3B^2L^2}(e^{-\frac{3B^2L^2}{4mR}t}-1)$$

当金属棒最后停下来时，绕中心转过的角度为

$$\int_0^\theta d\theta=\int_0^t \omega_0 e^{-\frac{3B^2L^2}{4mR}t}dt$$

经积分后解得

$$\theta=\frac{4mR\omega_0}{3B^2L^2}(1-e^{-\frac{3B^2L^2}{4mR}t})$$

$$\theta_0=\lim_{t\to\infty}\theta=\frac{4mR\omega_0}{3B^2L^2}$$

5. 解 （1）在线圈平面转至与 B 平行的过程中，通过回路的磁通量在减小，根据楞次定律可知，线圈中感应电流的方向为 $D\to C\to A\to O\to D$。

（2）线圈在绕 OO' 轴转动过程中，$\overline{AOD}$ 边不切割磁感应线，故 $\mathscr{E}_{\overline{AOD}}=0$；$\widehat{DCA}$ 切割磁感应线，产生动生电动势，可用下面两种方法求出。

方法一 用 $\mathscr{E}=\int(\boldsymbol{v}\times\boldsymbol{B})\cdot d\boldsymbol{l}$ 求。

在圆弧上任取一线元 dl，它对圆心的张角为 $d\theta$，如图 13-16 所示时刻，$d\boldsymbol{l}$ 的线速度方向垂直纸面向里，$\boldsymbol{v}\times\boldsymbol{B}$ 的方向平行纸面向下，则 $d\boldsymbol{l}$ 与 $\boldsymbol{v}\times\boldsymbol{B}$ 的夹角为 $\frac{\pi}{2}+\left(\frac{\pi}{2}-\theta\right)$，于是

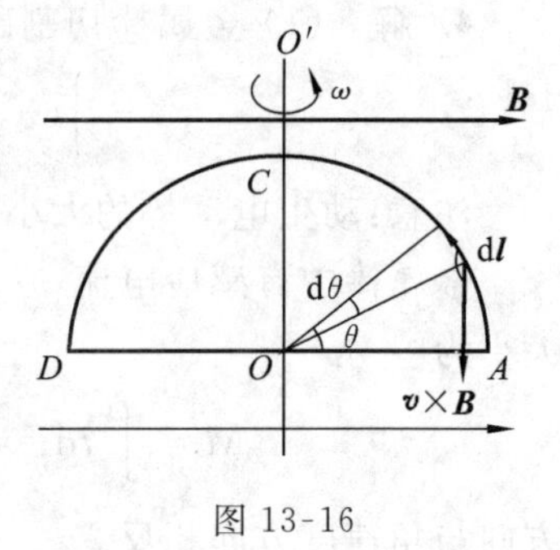

图 13-16

$$\begin{aligned}\mathscr{E}_{\widehat{ACD}}&=\int_{\widehat{ACD}}(\boldsymbol{v}\times\boldsymbol{B})\cdot d\boldsymbol{l}\\&=\int_0^{\pi a}Bv\cos\left[\frac{\pi}{2}+\left(\frac{\pi}{2}-\theta\right)\right]dl\\&=\int_0^{\pi}-a^2\omega B\cos^2\theta d\theta=-\frac{\pi a^2\omega B}{2}\end{aligned}$$

负号表明感应电动势的方向为 $D\to C\to A$。

方法二 用 $|\mathscr{E}_i|=\frac{|d\Phi|}{dt}$ 求。

假设起始时刻刚性线圈平面与磁场垂直，则任一时刻通过线圈的磁通量为

$$\Phi=BS\cos\omega t$$

任一时刻线圈中感应电动势的大小为

$$|\mathscr{E}_{\mathrm{i}}|=\frac{|\mathrm{d}\Phi|}{\mathrm{d}t}=BS\omega|\sin\omega t|=\frac{1}{2}B\pi a^2\omega|\sin\omega t|$$

当线圈平面转至与 $\boldsymbol{B}$ 平行时，$\sin\omega t=1$，因 AOD 不切割磁感应线，故回路产生的感应电动势即为$\overset{\frown}{DCA}$产生的动生电动势。

(3) 线圈所受的磁力矩为

$$\boldsymbol{M}=\boldsymbol{p}_{\mathrm{m}}\times\boldsymbol{B}$$

当线圈平面转至与 $\boldsymbol{B}$ 平行时，力矩的大小为

$$M=ISB=\frac{|\mathscr{E}|}{R}\frac{1}{2}\pi a^2B=\frac{\omega(\pi Ba^2)^2}{4R}$$

方向竖直向上，即与 OO' 轴平行。

6. 解　变化的磁场在其周围空间激发感生电场，从而使金属棒中产生感生电动势，用以下两种方法求解感生电动势。

方法一　先求出涡旋电场 $\boldsymbol{E}_{感}$，再利用 $\mathscr{E}_{ab}=\int_a^b\boldsymbol{E}_{感}\cdot\mathrm{d}\boldsymbol{l}$ 求出感生电动势。

取一半径为 $r(r<R)$ 且与圆柱同心的环路，规定其绕行正方向为逆时针方向，由磁场分布的对称性可知环路上各点 $\boldsymbol{E}_{感}$ 的数值相等，方向均在环的切线方向上，如图 13-17(a)所示。由感生电场的性质有

$$\oint_L\boldsymbol{E}_{感}\cdot\mathrm{d}\boldsymbol{l}=E_{感}\,2\pi r=-\iint_S\frac{\partial\boldsymbol{B}}{\partial t}\cdot\mathrm{d}\boldsymbol{S}=\frac{\mathrm{d}B}{\mathrm{d}t}\pi r^2$$

解得

$$E_{感}=\frac{r}{2}\frac{\mathrm{d}B}{\mathrm{d}t}$$

式中，$\frac{\mathrm{d}B}{\mathrm{d}t}>0$，$E_{感}>0$，表明环路上各点 $\boldsymbol{E}_{感}$ 的方向组成逆时针绕向。

对金属棒 ab 而言，各点 $\boldsymbol{E}_{感}$ 的大小和方向均不同，整个金属棒上的电动势为

$$\mathscr{E}_{ab}=\int_a^b\boldsymbol{E}_{感}\cdot\mathrm{d}\boldsymbol{l}=\int_a^bE_{感}\cos\theta\mathrm{d}l=\int_a^b\frac{r}{2}\frac{\mathrm{d}B}{\mathrm{d}t}\frac{h}{r}\mathrm{d}l=\frac{\mathrm{d}B}{\mathrm{d}t}\frac{h}{2}\int_a^b\mathrm{d}l=hl\frac{\mathrm{d}B}{\mathrm{d}t}$$

式中，$h=\sqrt{R^2-l^2}$。电动势的方向从 a 指向 b。

方法二　利用法拉第电磁感应定律求解。

法拉第电磁感应定律是对回路而言的，连接 Oa、Ob 与棒形成三角形闭合回路，规定回路绕行正方向为逆时针方向，如图 13-17(b)所示，则有

$$\mathscr{E}_{abOa}=-\frac{\mathrm{d}\Phi}{\mathrm{d}t}=\frac{1}{2}(2l\sqrt{R^2-l^2})\frac{\mathrm{d}B}{\mathrm{d}t}=l\sqrt{R^2-l^2}\frac{\mathrm{d}B}{\mathrm{d}t}$$

注意：这里求出的 $\mathscr{E}$ 是指整个三角形回路中的感应电动势，它包括棒上及 Oa、Ob 上三部分的电动势，由于 Oa、Ob 上各点 $\boldsymbol{E}_{感}$ 的方向均与该处 $\mathrm{d}l$ 垂直，则

$$\mathscr{E}_{Oa}=\int_0^a\boldsymbol{E}_{感}\cdot\mathrm{d}\boldsymbol{l}=\mathscr{E}_{Ob}=\int_0^b\boldsymbol{E}_{感}\cdot\mathrm{d}\boldsymbol{l}=0$$

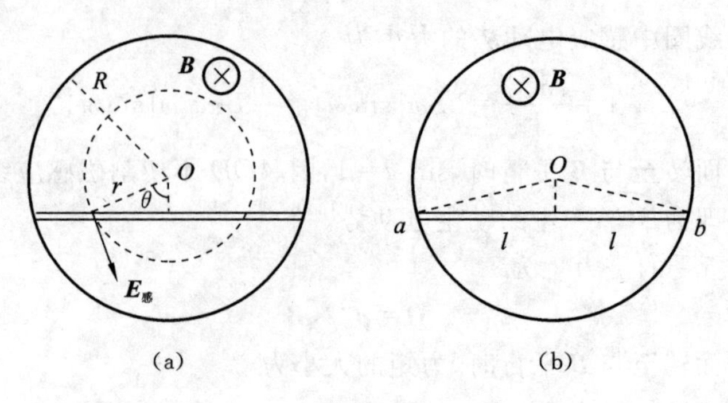

图 13-17

所以，棒中感生电动势即为 ΔOab 闭合回路的感生电动势：

$$\mathscr{E}_{Oa}=\mathscr{E}_{abOa}=l\sqrt{R^2-l^2}\frac{\mathrm{d}B}{\mathrm{d}t}$$

$\mathscr{E}_{ab}>0$，表明感生电动势的方向是由 a 指向 b 的。

7. 解　带电圆筒以角速度 ω 绕中心轴线旋转，形成一系列圆电流，电流分布与载流螺线管类似，单位长度上的电流为 $nI=\dfrac{\omega Q}{2\pi L}$，产生的磁感应强度为 $B=\mu_0 nI$。规定回路环绕正方向为逆时针方向，计算通过单匝圆形线圈的磁通量，有

$$\Phi=BS=\mu_0\pi a^2\ \frac{\omega Q}{2\pi L}=\frac{\mu_0 a^2\omega Q}{2L}$$

线圈中感应电流为　　$i=\dfrac{\mathscr{E}_{\mathrm{i}}}{R}=-\dfrac{\mathrm{d}\Phi}{R\,\mathrm{d}t}=\dfrac{\mu_0 a^2\omega Q}{2RL}$

正号表明感应电流的方向与环绕正方向一致，即为逆时针方向。

8. 解　设环路绕行正方向为逆时针方向，则载流 I 的无限长直导线在与其相距为 r 处产生的磁场为

$$B=\frac{\mu_0 I}{2\pi r}$$

则与线圈相距较远的导线对线圈的磁通量为

$$\Phi_1=-\int_{2d}^{3d}d\ \frac{\mu_0 I}{2\pi r}\mathrm{d}r=\frac{\mu_0 Id}{2\pi}\ln\frac{2}{3}$$

与线圈较近的导线对线圈的磁通量为

$$\Phi_2=\int_{d}^{2d}d\ \frac{\mu_0 I}{2\pi r}\mathrm{d}r=\frac{\mu_0 Id}{2\pi}\ln 2$$

所以，穿过正方形线圈的总磁通量为

$$\Phi=\Phi_2+\Phi_1=\frac{\mu_0 Id}{2\pi}\ln\frac{4}{3}$$

(1) 由互感系数的定义得

$$M=\frac{\Phi}{I}=\frac{\mu_0 d}{2\pi}\ln\frac{4}{3}$$

（2）感生电动势为

$$\mathscr{E}=-\frac{\mathrm{d}\Phi}{\mathrm{d}t}=-\frac{\mu_0 d}{2\pi}\ln\frac{4\mathrm{d}I}{3\mathrm{d}t}$$

（3）负号表明感生电流的方向与环绕正方向相反，即为顺时针方向。

9. 解　（1）因 $r'\gg r$，可认为小环在大环圆心的匀强磁场中做匀速转动。任一时刻通过小环的磁通量为

$$\Phi=\int \boldsymbol{B}\cdot\mathrm{d}\boldsymbol{S}=BS\cos\omega t=-\frac{\mu_0 I'}{2r'}\pi r^2\cos\omega t$$

故小环转动时所产生的感生电动势为

$$\mathscr{E}=-\frac{\mathrm{d}\Phi}{\mathrm{d}t}=-\frac{\omega\mu_0 I'}{2r'}\pi r^2\sin\omega t$$

其感应电流为

$$I=\frac{\mathscr{E}}{R}=-\frac{\omega\mu_0 I'}{2r'R}\pi r^2\sin\omega t$$

（2）为使小环匀角速度转动，须使其所受合力矩为零。小环在磁场中转动，所受磁力矩大小为

$$|\boldsymbol{M}_1|=|\boldsymbol{p}_{\mathrm{m}}\times\boldsymbol{B}|=ISB\sin\omega t$$

故作用其上的外力矩大小为

$$|M_1|=|M_2|=\frac{\omega}{4R}\left(\frac{\mu_0 I'\pi r^2\sin\omega t}{r'}\right)^2$$

（3）当小环静止不动时，由于大环中通有电流，则穿过小环的磁通量为

$$\Phi=\boldsymbol{B}\cdot\boldsymbol{S}=BS=\frac{\omega\mu_0 I'\pi r^2}{2r'}=MI'$$

由此得两环间的互感系数为

$$M=\frac{\omega\mu_0\pi r^2}{2r'}$$

则小环中的变化电流 i 在大圆环中产生的互感电动势为

$$\mathscr{E}=-M\frac{\mathrm{d}i}{\mathrm{d}t}=\frac{-\mu_0 I_0\pi r^2}{2r'}\cos\omega t$$

10. 解　导线 AB 切割磁感应线产生动生电动势 Blv，且为逆时针方向。当回路中电流增长时，电感线圈 L 产生自感电动势，且为顺时针方向。根据全电路欧姆定律，有

$$Blv-L\frac{\mathrm{d}i}{\mathrm{d}t}-iR=0$$

整理得

$$\frac{\mathrm{d}i}{Blv-iR}=\frac{\mathrm{d}t}{L}$$

利用初始条件 $t=0,i=0$ 积分得

$$i=\frac{Blv}{R}(1-\mathrm{e}^{-\frac{Rt}{L}})$$

当 $t \to \infty$ 时，电流有极大值，$i_{\max}=Blv/R$。

11. 解 设 $a>b$，线框沿 a 边方向运动，当其从磁场为零的区域进入另一个磁感应强度为 B_0 的匀强磁场中时，边长为 b 的一边会产生动生电动势，同时会受到安培力的作用，因此线圈运动方程为

$$m\frac{\mathrm{d}v}{\mathrm{d}t}=-B_0bI$$

式中，I 为矩形金属框中的感生电流，其微分方程（完全导电的金属框可忽略电阻）满足

$$L\frac{\mathrm{d}I}{\mathrm{d}t}=B_0bv$$

联立上述两个微分方程得

$$\frac{\mathrm{d}^2v}{\mathrm{d}t^2}+\frac{(B_0b)^2}{Lm}v=\frac{\mathrm{d}^2v}{\mathrm{d}t^2}+\omega^2v=0$$

式中，$\omega=\dfrac{B_0b}{\sqrt{Lm}}$，解得线框的速度为

$$v=C_1\sin\omega t+C_2\cos\omega t$$

当 $t=0$ 时，$v=v_0$，得 $C_2=v_0$，并且当 $t=0$ 时，$I=0$，所以 $C_1=0$，即得

$$v=v_0\cos\omega t=v_0\cos\frac{B_0b}{\sqrt{Lm}}t=\frac{\mathrm{d}s}{\mathrm{d}t}$$

由此得把矩形线框的移动距离作为时间的函数（初始条件为 $t=0$ 时，$s=0$）为

$$S=\frac{v_0}{\omega}\sin\omega t=\frac{v_0\sqrt{Lm}}{B_0b}\sin\frac{B_0b}{\sqrt{Lm}}t$$

12. 解 （1）先计算通过单位长度两导线间的磁通量。如图 13-18 所示，在两导线间坐标为 x 处取长为 l、宽为 $\mathrm{d}x$ 的面积元。由安培环路定理求得两电流在该处产生的磁感应强度分别为

$$B_1=\frac{\mu_0I}{2\pi x},\quad B_2=\frac{\mu_0I}{2\pi(d-x)}$$

方向都是垂直纸面向内，故通过该面积元的磁通量为

$$\mathrm{d}\Phi=B_1\mathrm{d}s+B_2\mathrm{d}s=\frac{\mu_0I}{2\pi x}\mathrm{d}x+\frac{\mu_0I}{2\pi(d-x)}\mathrm{d}x$$

总磁通量为

$$\Phi=\int\mathrm{d}\Phi=\int_a^{d-a}\frac{\mu_0I}{2\pi}\left(\frac{1}{x}-\frac{1}{d-x}\right)\mathrm{d}x=\frac{\mu_0I}{\pi}\ln\frac{d-a}{a}$$

单位长度上的自感系数为

$$L=\frac{\Phi}{I}=\frac{\mu_0}{\pi}\ln\frac{d-a}{a}$$

（2）分开两导线时，不妨设想左边导线不动，将右边导线拉开。由于右边导线处于左边载流导线的磁场中，将受到磁场力 $\boldsymbol{F}$ 的作用，由安培力公式可知，单位长

度导线所受磁场力的大小为

$$F=IB=\frac{\mu_0 I^2}{2\pi x}$$

F 的方向沿 x 轴的正方向，当右边导线移动时，磁场力 **F** 将做功，即有

$$A=\int F\mathrm{d}x=\int_d^{d+x}\frac{\mu_0 I^2}{2\pi x}\mathrm{d}x=\frac{\mu_0 I^2}{2\pi}\ln\frac{d+x}{d}$$

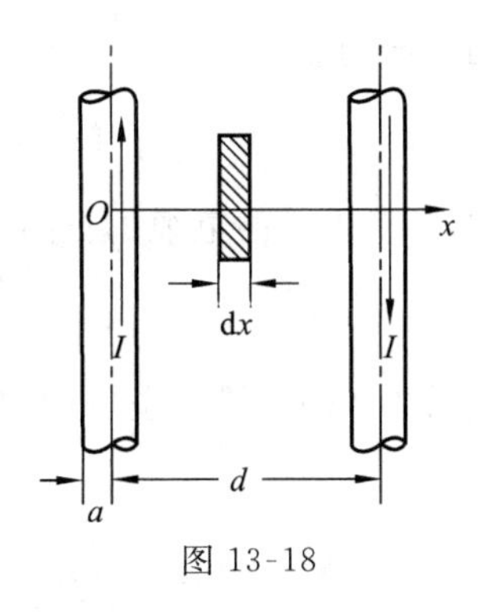

图 13-18

13. 解 （1）在任一时刻，回路的电压方程为

$$\mathscr{E}-L\frac{\mathrm{d}i}{\mathrm{d}t}-iR=0$$

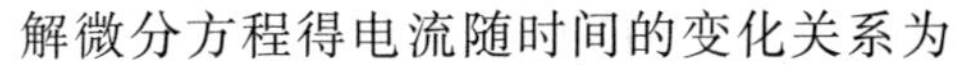
解微分方程得电流随时间的变化关系为

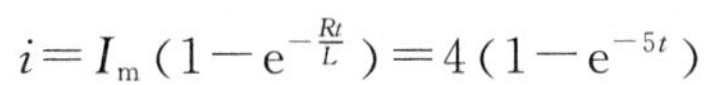

$$i=I_\mathrm{m}(1-\mathrm{e}^{-\frac{Rt}{L}})=4(1-\mathrm{e}^{-5t})$$

当 $t\to\infty$ 时，电流达到稳定值，其大小为

$$I_\mathrm{m}=\varepsilon/R=4\ \mathrm{A}$$

对应线圈中所储存的磁能为

$$W_\mathrm{m}=\frac{1}{2}LI_\mathrm{m}^2=40\ \mathrm{J}$$

（2）从开始加电压起，在 t 时刻，线圈中储存的磁能为 $\frac{W_\mathrm{m}}{2}$，对应回路中的电流为

$$I=\frac{\sqrt{2}}{2}I_\mathrm{m}=I_\mathrm{m}(1-\mathrm{e}^{-5t})$$

由上式解得

$$t=-\frac{1}{5}\ln\frac{\sqrt{2}-1}{\sqrt{2}}\ \mathrm{s}$$

14. 解　方法一　求出磁场分布，利用磁能的公式进行计算。

由无限长载流圆柱面的磁场分布及磁场叠加原理得电缆的磁场分布为

$$B=\frac{\mu_0 I}{2\pi r}(R_1<r<R_2)$$

$$B=0(r<R_1\ 或\ r>R_2)$$

磁场非均匀分布，取体积元 $\mathrm{d}V$，长为 l，半径为 r，厚度为 $\mathrm{d}r$，其内所储存的磁能为

$$W_\mathrm{m}=\int_{R_1}^{R_2}\frac{1}{2}\cdot\frac{B^2 I}{\mu_0}2\pi rl\,\mathrm{d}r=l\frac{\mu_0 I^2}{4\pi}\int_{R_1}^{R_2}\frac{\mathrm{d}r}{r}=\frac{\mu_0 lI^2}{4\pi}\ln\frac{R_2}{R_1}$$

方法二　先求出自感系数 L，再利用公式 $W_\mathrm{m}=\frac{1}{2}LI^2$ 计算磁能。

这种电缆可视为单匝回路，其磁通量即为通过任一纵截面的磁通量。当电缆中通有电流 I 时，两管壁间距轴 r 的磁感应强度为 $B=\frac{\mu_0 I}{2\pi r}$，通过长度为 l 的纵截

面的磁通量为

$$\Phi=\int \boldsymbol{B}\cdot \mathrm{d}\boldsymbol{S}=\int_{R_1}^{R_2}\frac{\mu_0 I}{2\pi r}l\,\mathrm{d}r=\frac{\mu_0 I}{2\pi}l\ln\frac{R_2}{R_1}$$

所以,长为 l 的电缆的自感系数为

$$L=\frac{\Phi}{I}=\frac{\mu_0}{2\pi}l\ln\frac{R_2}{R_1}$$

故长为 l 的一段电缆内的磁场所储存的磁能为

$$W_{\mathrm{m}}=\frac{1}{2}LI^2=\frac{\mu_0 lI^2}{4\pi}\ln\frac{R_2}{R_1}$$

15. 解 (1) 由位移电流的定义式知

$$I_{\mathrm{d}}=\varepsilon_0\iint_S\frac{\partial \boldsymbol{E}}{\partial t}\cdot \mathrm{d}\boldsymbol{S}=\varepsilon_0\frac{\mathrm{d}E}{\mathrm{d}t}S=\varepsilon_0\frac{\mathrm{d}E}{\mathrm{d}t}\pi r^2$$

代入已知数据,得

$$I_{\mathrm{d}}=8.85\times10^{-12}\times1.0\times10^{12}\times\pi\times0.05^2\ \mathrm{A}=7.0\times10^{-2}\ \mathrm{A}$$

(2) 平行板电容器极板间的位移电流是均匀分布的,由此所激发的磁场分布也有一定的对称性,由环路定理得磁场强度沿极板边缘线积分为

$$\oint \boldsymbol{H}\cdot \mathrm{d}\boldsymbol{l}=H\cdot 2\pi r=\frac{B}{\mu_0}2\pi r=I_{\mathrm{d}}$$

所以
$$B=\frac{\mu_0 I_{\mathrm{d}}}{2\pi r}=\frac{4\pi\times10^{-7}\times7.0\times10^{-2}}{2\pi\times5\times10^{-2}}\ \mathrm{T}=2.8\times10^{-7}\ \mathrm{T}$$

16. 解
$$E_z=\sqrt{\frac{\mu}{\varepsilon}}H_y=\sqrt{\frac{\varepsilon_0}{\mu_0}}\times1.5\cos\left[2\pi\left(vt-\frac{x}{\lambda}\right)\right]$$

$$=\sqrt{\frac{8.85\times10^{-12}}{4\pi\times10^{-7}}}\times1.5\cos\left[2\pi\left(vt-\frac{x}{\lambda}\right)\right]$$

$$=3.9\times10^{-4}\cos\left[2\pi\left(vt-\frac{x}{\lambda}\right)\right]\ (\mathrm{A/m})$$

17. 解 由于天线的线度远小于 100 km,所以将天线看成点发射源。波印廷矢量即为能流密度,它与发射功率之间的关系为

$$P=S\times4\pi r^2$$

又由 $S=EH=\frac{E_0}{\sqrt{2}}\frac{H_0}{\sqrt{2}}=\frac{1}{2}E_0H_0$ 和 $\sqrt{\varepsilon_0}E_0=\sqrt{\mu_0}H_0$,有

$$E_0=\sqrt{\frac{2S}{\sqrt{\mu_0/\varepsilon_0}}}=\sqrt{\frac{2}{\sqrt{\mu_0/\varepsilon_0}}\cdot\frac{P}{4\pi r^2}}=0.017\ \mathrm{V/m}$$

$$B_0=\mu_0H_0=\sqrt{\mu_0\varepsilon_0}E_0=\frac{E_0}{c}=5.77\times10^{-11}\ \mathrm{T}$$

第五篇 光学

第十四章　几何光学

一、本章要求

（1）掌握几何光学中的三条基本定律。

（2）掌握平面反射和平面折射、球面反射和球面折射成像的基本规律，掌握分析和计算一般的光反射和折射问题的方法。

（3）掌握薄透镜成像的基本规律，能够绘制一般透镜成像的光路图。

（4）了解各种光学仪器的基本构造及其放大原理。

二、基本内容

1. 几何光学的三条基本定律

（1）光的直线传播定律：光在均匀介质中沿直线传播。

（2）光的反射定律：反射光线总是位于入射面内，并且与入射光线分居在法线的两侧，入射角 i 等于反射角 i'，即

$$i=i'$$

（3）光的折射定律：折射光线总是位于入射面内，并且与入射光线分居在法线的两侧；入射角 i 的正弦与折射角 r 的正弦之比为一个常数，即

$$\frac{\sin i}{\sin\gamma}=\frac{n_2}{n_1}$$

式中，n_1、n_2 分别为入射方介质的折射率与折射面介质的折射率。

2. 平面反射和平面折射的成像规律

（1）物体在平面镜反射中所成的虚像与物体本身的大小相等，并且物与像对称于平面镜。

（2）物体在平面折射中成虚像（见图 14-1），其视深为

$$y'=y\,\frac{n_2\sin\theta_1\cos\theta_2}{n_1\sin\theta_2\cos\theta_1}=\frac{yn_2\sqrt{1-\left(\frac{n_1}{n_2}\right)^2\sin^2\theta_1}}{n_1\cos\theta_1}$$

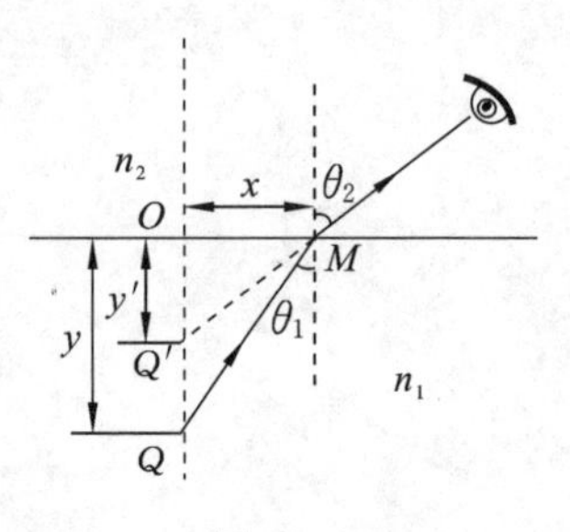

图 14-1

当光线垂直入射时，$\theta_1=0$，所以

$$y'=\frac{n_2}{n_1}y$$

式中，y 为物体的实际深度。

由此可知，测出 y、y'、n_2 就可以得出 n_1。

3. 球面反射的成像规律

(1)
$$\frac{1}{p}+\frac{1}{p'}=\frac{1}{f}\left(f=\frac{R}{2}\right)$$

式中，p 为物距，p' 为像距，f 为焦距，R 为球面镜的曲率半径。

(2) 球面镜反射物像关系中的符号法则

物点 P 在镜前时呈实物，物距 p 为正；物点 P 在镜后时呈虚物，物距 p 为负；像点 P' 在镜前时呈实像，像距 p' 为正；像点 P' 在镜后时呈虚像，像距 p' 为负，归纳为"实正虚负"。凹面镜的曲率半径 R 取正，凸面镜的曲率半径 R 取负。

(3) 球面镜的横向放大率为

$$m=\frac{h_0}{h}=-\frac{n_1p'}{n_2p}$$

式中，h_0 为物体的高度，h 为像的高度。当 $m<0$ 时，成倒立像；当 $m>0$ 时，成正立像。

4. 球面折射成像规律

(1) 球面折射成像公式　$\frac{n_1}{p}+\frac{n_2}{p'}=\frac{n_2-n_1}{R}$

式中，n_1 和 n_2 分别为两种不同介质的折射率。

(2) 球面折射成像的横向放大率

$$m=\frac{h_1}{h_0}=-\frac{n_1p'}{n_2p}$$

(3) 球面折射成像的符号法则仍为"实正虚负"。当物体面对凸面时，曲率半径 R 为正；当物体面对凹面时，曲率半径 R 为负；当 $m<0$ 时，成倒立像；当 $m>0$ 时，成正立像。

5. 薄透镜成像规律

(1) 薄透镜的成像公式　$\frac{1}{p}+\frac{1}{p'}=\frac{1}{f}$

(2) 薄透镜的焦距计算式　$\frac{1}{f}=\frac{1}{f'}=\frac{n_2-n_1}{n_1}\left(\frac{1}{R_1}-\frac{1}{R_2}\right)$

(3) 空气中薄透镜的焦距计算式　$\frac{1}{f}=\frac{1}{f'}=(n-1)\left(\frac{1}{R_1}-\frac{1}{R_2}\right)$

式中，$\frac{1}{R_1}-\frac{1}{R_2}>0$ 的透镜为凸透镜，$\frac{1}{R_1}-\frac{1}{R_2}<0$ 的透镜为凹透镜。

(4) 薄透镜的横向放大率 $m=-\dfrac{p'}{p}$

(5) 物像作图法

在用作图法确定像的位置和性质时，常常用的是以下三条主光线，如图 14-2 所示。

① 平行于光轴的光线。

② 通过物方焦点 f_0 或其延长线通过物方焦点的光线。

③ 通过光心的光线。

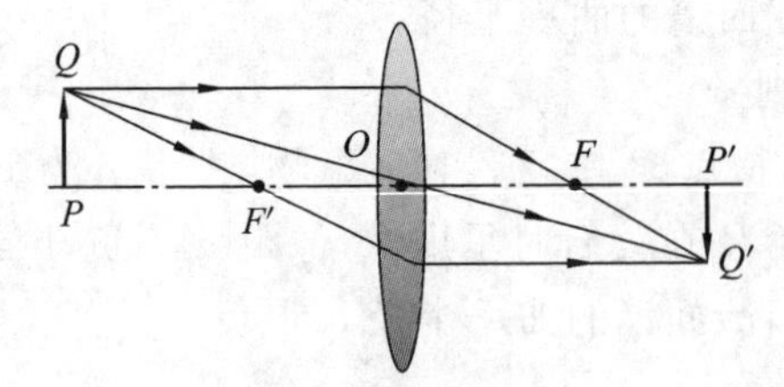

(a) 物体位于凸透镜的2倍焦距以外，成缩小倒立的实像

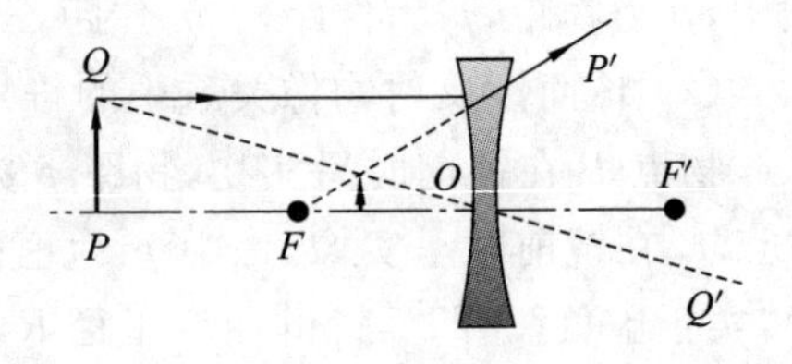

(b) 物体光线经凹透镜折射后，成缩小正立的虚像

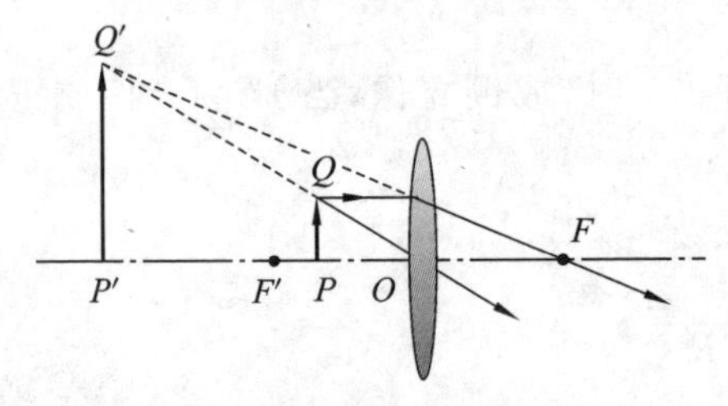

(c) 物距小于焦距，经凸透镜折射后成正立的实像

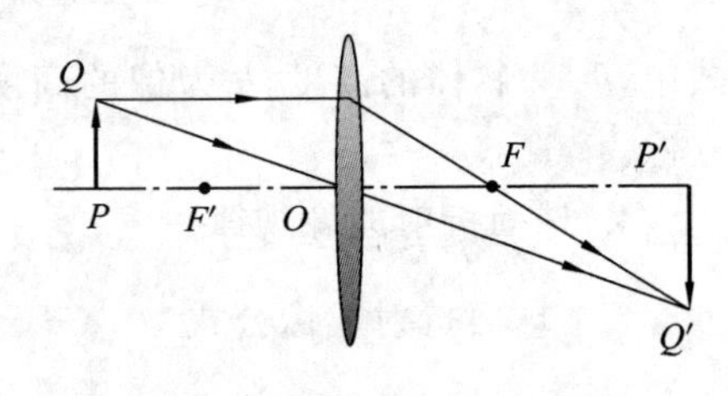

(d) 物距在1到2倍焦距之间，经凸透镜折射后成放大倒立的实像

图 14-2

6. 光学仪器的放大率

(1) 显微镜的放大率 $m=\dfrac{\omega'}{\omega}=-\dfrac{S_0\Delta}{f'_e f'_0}=-\dfrac{S_0\Delta}{f_e f_0}$

(2) 望远镜的放大率 $m=\dfrac{\omega'}{\omega}=-\dfrac{f'_0}{f'_e}$

三、例　　题

1. 一支蜡烛位于一凹面镜前 12.00 cm 处，其像位于距镜顶 4.00 m 远处的屏上。求：

(1) 凹面镜的半径和焦距；

(2) 如果蜡烛火焰的高度为 3.00 mm，则屏上火焰的像高为多少？

分析　题目已经给出了物距和像距，这就不难从球面镜的物像公式和横向放大率公式分别计算出凹面镜的半径、焦距及放大率，进而求出像高。

解　(1) 已知物距 $p=12.00\ \text{cm}$，像距 $p'=4.00\ \text{m}$，根据球面镜的物像公式

$$\frac{1}{p}+\frac{1}{p'}=\frac{1}{f}$$

解得凹面镜的焦距为　$f=\dfrac{p'p}{p+p'}=\dfrac{0.120\times4.00}{0.120+4.00}\ \text{m}=0.117\ \text{m}$

凹面镜的半径为　$R=2f=2\times0.117\ \text{m}=0.234\ \text{m}$

(2) 凹面镜的横向放大率为

$$m=\frac{y'}{y}=-\frac{p'}{p}=-\frac{4.00}{0.12}$$

已知火焰高度为 $y=3.00\ \text{mm}$，由上式解得火焰的像高为

$$y'=my=-\frac{4.00}{0.12}\times3.00\ \text{mm}=-100\ \text{mm}$$

为倒立像。

2. 一束光在某种透明介质中的波长为 400 nm，传播速度为 $2.00\times10^8\ \text{m/s}$。

(1) 试确定这种透明介质对这一光束的折射率；

(2) 同一束光在空气中的波长为多少？

分析　可以根据折射率的定义式及光在真空中的波长与在介质中波长的关系直接求解得到。

解　(1)

$$n=\frac{c}{v}=\frac{3.00\times10^8}{2.00\times10^8}=1.5$$

(2) 已知光在介质中的波长 $\lambda_n=400\ \text{nm}$，则在空气中的波长为

$$\lambda=n\lambda_n=1.50\times400\ \text{nm}=600\ \text{nm}$$

3. 如图 14-3 所示，一长方体透明固体的折射率为 $n=1.35$，一束光从空气中以入射角 θ 进入透明固体。要使入射光刚好在固体的垂直表面上发生全反射，则入射角 θ 应为多少？

解　在透明固体的上表面处，根据折射定律有

$$n_{空气}\sin\theta=n\sin\gamma$$

设空气折射率为 $n_{空气}=1$，则有

$$\sin\gamma=\frac{\sin\theta}{1.35}$$

在透明固体的侧面，由于发生全反射，根据折射定律，有

$$n_{空气}\sin90^\circ=n\sin i，即\ n\sin i=1$$

根据图中的几何关系，应有 $i=90^\circ-\gamma$，因此

$$n\sin i=1.35\sin(90^\circ-\gamma)=1.35\cos\gamma$$

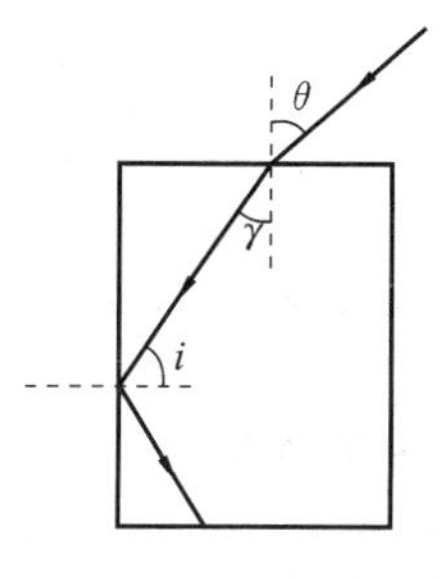

图 14-3

即
$$\cos\gamma=\frac{1}{1.35}$$

因为 $\sin^2\gamma+\cos^2\gamma=1$，所以有
$$\frac{\sin^2\theta}{1.35^2}+\frac{1}{1.35^2}=1$$

解得
$$\sin\theta=1.35\sqrt{1-\frac{1}{1.35^2}}=0.907$$
$$\theta=\arcsin 0.907=65.1°$$

4. 一物体的高度为 6.0 mm，位于凸面镜前 15.0 cm 处，已知凸面镜的半径为 20.0 cm。

(1) 试画出成像光路图；

(2) 确定像的位置、大小及性质，即是正立还是倒立，实像还是虚像。

分析 由凸面镜的半径可确定其焦距，根据已知的物距，由球面镜的物像公式和横向放大率公式可求解。

解 因为凸面镜的半径 R 为负，所以其焦距为
$$f=\frac{R}{2}=-\frac{20.0}{2}\ \text{cm}=-10.0\ \text{cm}$$

(1) 从物体顶点引一条平行于光轴的入射光线，其反射光线的延长线通过焦点 F；又沿凸面镜半径方向作入射光线，其反射光线沿入射方向返回，反射线的延长线过凸面镜的曲率中心 O，两条延长线的交点即为像的顶点，如图 14-4 所示。

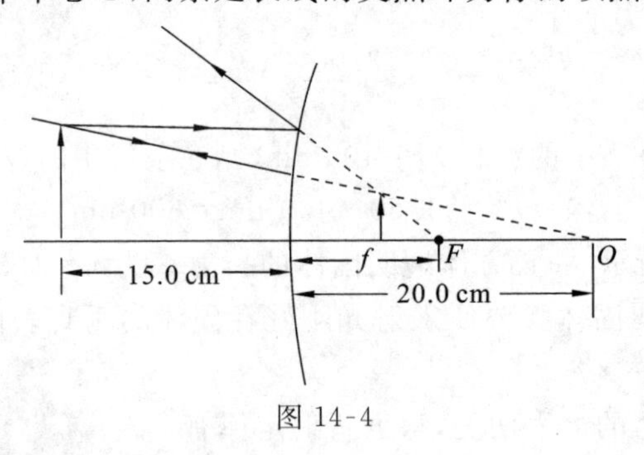

图 14-4

(2) 球面镜的物像公式为 $\frac{1}{p}+\frac{1}{p'}=\frac{1}{f}$

解得像距为 $p'=\frac{fp}{p-f}=\frac{-10.0\times15.0}{15.0+10.0}\ \text{cm}=-6\ \text{cm}$ （成虚像）

横向放大率公式表示为 $m=\frac{y'}{y}=-\frac{p'}{p}$

解得像高为 $y'=-\frac{p'}{p}y=\frac{6.0}{15.0}\times6.00\ \text{mm}=2.4\ \text{mm}$ （成正立像）

5. 点光源 P 位于一玻璃球心点左侧 25 cm 处。已知玻璃球半径是10 cm，折

射率为 1.5,空气折射率近似为 1,求像点的位置。

解　根据题意作图 14-5,已知 $p_1=15\ \text{cm}$,$R=10\ \text{cm}$,$n_1=1$,$n_2=1.5$,则对左侧球面而言,由球面折射物像公式

$$\frac{n_1}{p_1}+\frac{n_2}{p_1'}=\frac{n_2-n_1}{R}$$

有

$$\frac{1.5}{p_1'}=\frac{1.5-1.0}{10}-\frac{1.0}{15}$$

解得

$$p_1'=-90\ \text{cm}$$

即从点光源发出的一条光束对球面介质成虚像,像距为 90 cm。

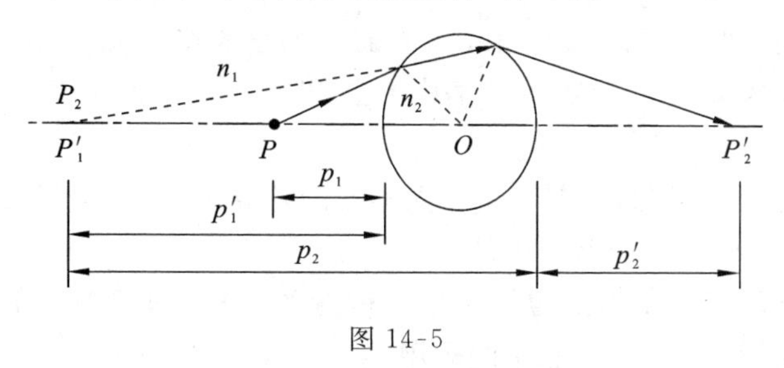

图 14-5

折射光从球内右侧凹面处透射出,成像于点 P_1'。对右侧凹面而言,虚像 P_1' 即为物点 P_2,物距 $p_2=(90+20)\ \text{cm}=110\ \text{cm}$。故有

$$\frac{n_2}{p_2}+\frac{n_1}{p_2'}=\frac{n_1-n_2}{R}$$

解得

$$p_2'=27.5\ \text{cm}$$

最终的像点位于玻璃球右侧距球面右顶点 27.5 cm 处。

6. 一凸透镜的焦距为 10.0 cm,已知物距分别为(1) 30.0 cm;(2) 5.00 cm。试计算这两种情况下的像距,并确定成像性质。

解　(1)由薄透镜的物像公式 $\frac{1}{p}+\frac{1}{p'}=\frac{1}{f}$ 得

$$\frac{1}{30.0}+\frac{1}{p'}=\frac{1}{10.0},\quad p'=15.0\ \text{cm}\quad \text{(成实像)}$$

故

$$m=-\frac{p'}{p}=-\frac{15.0}{30.0}=-0.5\quad \text{(成缩小倒立像)}$$

(2) 由公式 $\frac{1}{p}+\frac{1}{p'}=\frac{1}{f}$ 得

$$\frac{1}{5.0}+\frac{1}{p'}=\frac{1}{10.0}$$

$$p'=-10.0\ \text{cm}\quad \text{(成虚像)}$$

故

$$m=-\frac{p'}{p}=\frac{10.0}{5.0}=2.0\quad \text{(成放大正立像)}$$

第十五章　光的干涉

一、本章要求

（1）理解光的相干条件及获得相干光的基本原理和方法。

（2）掌握杨氏双缝干涉实验的基本装置和实验规律及干涉条纹位置的计算方法。

（3）理解光程的概念，掌握光程和光程差的计算方法，熟悉光程差和相位差之间的关系，理解半波损失的产生条件。

（4）掌握薄膜等厚干涉的规律及干涉位置的计算，理解等倾干涉条纹产生的原理，掌握薄膜干涉原理在实际中的应用。

（5）了解迈克耳逊干涉仪的工作原理和应用。

二、基本内容

1. 光的相干条件

同频率、同振动方向、相位差恒定。

2. 获得相干光的方法

把光源上同一点发出的光分成两部分，具体方法有分波振面法和分振幅法。

3. 杨氏双缝干涉实验

杨氏双缝干涉实验是一种利用分波阵面法获得相干光的典型实验，其干涉条纹是等间距的明暗相间直条纹。

明纹位置

$$x_k=\pm 2k\frac{D\lambda}{2d},\quad k=0,1,2,\cdots$$

暗纹位置

$$x_k=\pm(2k-1)\frac{D\lambda}{2d},\quad k=1,2,3,\cdots$$

干涉条纹间距

$$\Delta x=\frac{D\lambda}{d}$$

式中,D 为双缝到屏的距离,d 为双缝间距,λ 为入射光波的波长。

4. 光程与光程差

光程是把光在介质中传播的路程折合为光在真空中传播的相应路程,在数值上等于介质折射率乘以光在介质中传播的路程,即

$$光程=nr$$

相位差与光程差的关系

$$\Delta\varphi=\frac{2\pi}{\lambda}\Delta \quad (\Delta=n_2r_2-n_1r_1\ 为光程差)$$

半波损失:当光从光疏介质向光密介质入射时,反射光的相位有 π 的突变,相当于光程增加或减少$\frac{\lambda}{2}$,故称为半波损失。

5. 薄膜干涉

薄膜干涉是利用分振幅法获得相干光产生干涉的。

光程差

$$\delta=2d\sqrt{n_2^2-n_1^2\sin^2 i}+\frac{\lambda}{2}=\begin{cases}\pm k\lambda, & k=1,2,3,\cdots(明纹)\\ \pm(2k+1)\frac{\lambda}{2}, & k=0,1,2,\cdots(暗纹)\end{cases}$$

式中,n_2 为薄膜折射率,n_1 为薄膜外入射方介质的折射率。

当 $d=$常量,$\delta=\delta(i)$时,条纹亮度分布的光程差只与入射光的倾角有关,产生的条纹称为等倾干涉条纹。等倾干涉条纹通常是一组明暗相间、疏密不均匀的同心圆环,等倾干涉条纹的中心干涉级次最高。

当 $i=$常量,$\delta=\delta(d)$,入射角 i 一定时,干涉条纹是薄膜上厚度相同点的轨迹,称为等厚干涉条纹。

要注意判断方程左边是否有$\frac{\lambda}{2}$。

6. 劈尖干涉

干涉条纹是一组与棱边平行的等间距的明暗相间的直条纹。

当光线垂直薄膜入射,即 $i=0$ 时,则

$$\delta=2dn_2+\frac{\lambda}{2}=\begin{cases}\pm k\lambda, & k=1,2,3,\cdots(明纹)\\ \pm(2k+1)\frac{\lambda}{2}, & k=0,1,2,\cdots(暗纹)\end{cases}$$

显然,薄膜厚度相同的地方对应于同一级次的条纹,这种干涉称为等厚干涉。劈尖干涉和牛顿环都是等厚干涉。相邻条纹对应的光程差为 λ,薄膜厚度相差为

$$\Delta d=\frac{\lambda}{2n}$$

劈尖干涉的条纹为平行于劈尖棱边的等间隔平行条纹。

相邻明、暗条纹的厚度差为

$$\Delta x=d_{k+1}-d_k=\frac{\lambda}{2n}$$

相邻明、暗条纹的间距为

$$l=\frac{\lambda}{2n\sin\theta}\approx\frac{\lambda}{2n\theta}$$

劈尖棱边的明暗取决于有无半波损失。由劈尖干涉方法可检测平面的平整度等。

牛顿环为同心圆形条纹，第 k 级明纹的半径为

$$r=\sqrt{\frac{(2k-1)R\lambda}{2n}},\quad k=1,2,3,\cdots(\text{明环})$$

第 k 级暗纹的半径为

$$r=\sqrt{k\frac{R\lambda}{n}},\quad k=1,2,3,\cdots(\text{暗环})$$

常用牛顿环检测透镜的质量等。

7. 迈克耳逊干涉仪

迈克耳逊干涉仪是利用分振幅法制成的一种干涉仪器。它是利用分振幅的方法使两个相互垂直的平面镜形成一等效的空气薄膜，产生双光束干涉。干涉条纹可以是等倾干涉条纹也可以是等厚干涉条纹，这由实验条件决定。

干涉条纹每移动一条，对应 M_1 移动引起的空气膜厚度改变为 $\frac{\lambda}{2}$，若在视场中共移动了 N 个条纹，对应平面镜 M_1 的移动距离为

$$d=N\frac{\lambda}{2}$$

用迈克耳逊干涉仪可以做许多精密测量工作，如测量光波波长、测量微小位移和测量材料的折射率等。

三、例　　题

(一) 填空题

1. 在杨氏双缝干涉实验中，若入射光的波长发生变化，对干涉条纹的影响是________。

解　入射光的波长变长，对某级条纹来说，Δx 值变大，即该条纹向外(远离屏幕中心)平移，且相邻条纹间距变大，反之亦然。

2. 在杨氏双缝干涉实验中，若波长不变，将屏幕移近双缝，对干涉条纹的影响是________。

解　x、Δx 都变小，条纹向中心靠近，条纹变密。

3. 在杨氏双缝干涉实验中，若波长不变，将双缝间距变小，对干涉条纹的影响是________。

解　条纹间距 Δx 变大，干涉条纹变宽。

4. 在杨氏双缝干涉实验中，若用玻璃盖住上缝 S_1，对干涉条纹的影响是______。

解　光路中介质折射率变化时，将引起条纹的移动。如将均匀厚度为 e，折射率为 n 的透明介质片盖住上缝 S_1，由 S_1 发出的射向屏幕的光线的光程增加了。由于屏幕上的任一级条纹，都对应确定的光程差，对某一级干涉条纹来说，就要向上平移一定位置，因此在缝 S_1 被介质片盖住后，屏幕上所有干涉条纹同时向上平移。

5. 借助于滤光片从白光中取得蓝绿色光作为杨氏双缝干涉实验装置的光源，其波长范围 $\Delta\lambda=100$ nm，平均波长 $\lambda=490$ nm，其杨氏双缝干涉条纹大约从第________级开始将变得模糊不清。

解　5。

已知蓝绿光的波长下限 $\lambda_1=\lambda-\dfrac{\Delta\lambda}{2}=440$ nm，波长上限 $\lambda_2=\lambda+\dfrac{\Delta\lambda}{2}=540$ nm。设从第 k 级开始条纹变得模糊不清，则有 $k\lambda_2\geqslant\lambda_1(k+1)$，由此得出 $k\geqslant\dfrac{\lambda_1}{\lambda_2-\lambda_1}=4.4$，取整数，所以 $k=5$。

6. 在折射率 $n'=1.66$ 的平面厚玻璃板上贴一片厚为 $d=0.40\ \mu$m、折射率 $n=1.50$ 的薄膜。将可见光（波长为 400～760 nm）从空气中垂直入射，反射光中增强极大的光波波长为________，减弱极大的光波波长为________。

解　400 nm，600 nm；480 nm。

反射光增强条件为 $2nd=k\lambda$，所以 $\lambda=\dfrac{2nd}{k}$。当 $k=2$ 时，$\lambda=400$ nm；当 $k=3$ 时，$\lambda=600$ nm。反射光减弱的条件为 $2nd=(2k+1)\dfrac{\lambda}{2}$，所以 $\lambda=\dfrac{4nd}{2k+1}$。当 $k=2$ 时，$\lambda=480$ nm。

7. 使用不同波长的光观察牛顿环，发现波长为 600 nm 的第 10 个暗环恰与另一未知波长的第 11 个暗环重合，据此可知后者的波长应为________ nm。

解　545.5。

暗环半径公式为 $r=\sqrt{k\dfrac{R\lambda}{n}}=\sqrt{kR\lambda}$，由题意知 $\sqrt{10\times R\times 600}=\sqrt{11\times R\times\lambda}$，$\lambda=\dfrac{10\times 600}{11}$ nm$=545.5$ nm。

8. 用钠黄光（$\lambda=589.3$ nm）观察迈克耳逊干涉仪的等倾圆条纹，开始时中心为亮斑。移动干涉仪一臂的平面镜，观察到共有 10 个亮环缩进中央，视场中心仍为亮斑，平面镜移动的距离为________ nm。若开始时中心亮斑的干涉级次为 k，则最后中心亮斑的干涉级次为________。

解 2946.5；$k-10$。

平面镜移动的距离为 $d=N\dfrac{\lambda}{2}=10\times\dfrac{589.3}{2}$ nm$=2946.5$ nm；亮环缩进时，条纹级次减小，故移动后干涉级次为 $k-10$。

(二) 选择题

1. 关于劈尖干涉，下列说法正确的是(　　)。

A. 若增加劈尖的角度 θ，则干涉条纹间距将向棱边移动

B. 若形成劈尖的上方玻璃向上平移，则干涉条纹将向棱边移动

C. 当劈尖的薄膜的折射率 n 增大时，条纹变密

D. 当劈尖下表面玻璃有垂直棱边下凹的刻痕时，干涉条纹向劈尖棱边的方向弯曲

解 ABC。

干涉条纹间距随 θ 的减小而增大，此时所有条纹向棱边的方向平移(向高级次平移)，所以 A 对。

劈尖下表面玻璃有垂直棱边下凹的刻痕时，相当于该处的介质厚度增加，因为等厚干涉条纹是介质的等厚线，因此干涉条纹向远离劈尖棱边的方向凸起，呈局部弯曲状，所以 D 错。

2. 关于杨氏双缝干涉实验，下列说法正确的是(　　)。

A. 如果用两个灯泡分别代替 S_1、S_2 窄缝，能看到干涉条纹

B. 在 S_1 缝后贴一红色薄玻璃纸，在 S_2 缝后贴一黄色薄玻璃纸，能看到干涉条纹

C. 若两缝的宽度稍微有点不等，能看到干涉条纹，但条纹清晰度降低

D. 在 S_1 缝上覆盖上 1 mm 厚的玻璃片，用可见光照射，仍能看到清晰的干涉条纹

解 C。

由于两个灯泡发出的光是非相干光，即不能满足频率相同、振动方向相同、相位差恒定的条件，所以看不到干涉条纹，所以 A 错。

红光与黄光的频率不同，光波相干三条件中的频率相同这一条件得不到满足，所以看不到干涉条纹，所以 B 错。

干涉条纹的位置不变，但原极小值处的光强不再为零，极大值和极小值的光强差减小，即反差减小，因此条纹不如原来清晰，所以 C 对。

要产生干涉条纹，除了满足相干的三个条件以外，还要满足两束光的光程差小于相干长度的条件。在一条缝上覆盖此介质片，双缝干涉光在屏上的光程差会接近或超出光的相干长度，造成干涉条纹模糊甚至消失，所以 D 错。

（三）计算题

1. 在杨氏双缝干涉实验中，设两缝之间的距离为 0.2 mm。在距双缝 1 m 远的屏上观察干涉条纹，若入射光的波长为 400～800 nm 的白光，问屏上离零级明纹20 mm处，哪些波长的光会最大限度地加强？

解　加强条件为

$$\delta=\frac{dx}{D}=k\lambda$$

已知 $d=0.2$ mm，$D=1$ m，$x=20$ mm，则

$$k\lambda=\frac{dx}{D}=4000 \text{ nm}$$

因而得出如下结论：当 $k=5$ 时，$\lambda=800$ nm；当 $k=6$ 时，$\lambda=666.7$ nm；当 $k=7$ 时，$\lambda=571.4$ nm；当 $k=8$ 时，$\lambda=500$ nm；当 $k=9$ 时，$\lambda=444.4$ nm；当 $k=10$ 时，$\lambda=400$ nm。以上波长的光会最大限度地加强。

2. 激光器的谐振腔主要由两块反射镜组成，射出激光的一端为部分反射镜，另一端为全反射镜。为提高其反射能力，常在全反射镜的玻璃面上镀一层膜，为了加强反射，氦氖激光器全反射镜上镀膜层的厚度应满足什么条件？膜的最小厚度为多少？（设激光器发射的激光波长 $\lambda=632.8$ nm，玻璃的折射率为 $n_1=1.50$，膜的折射率为 $n_2=1.65$。）

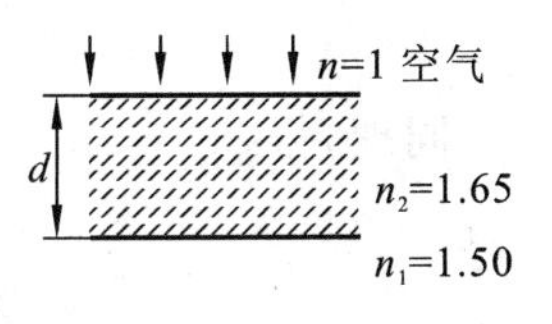

图 15-1

解　如图 15-1 所示，由于 $n<n_1<n_2$，因此只有上表面反射的反射光有半波损失。反射加强的条件是

$$\delta=2dn_2+\frac{\lambda}{2}=k\lambda,\quad k=1,2,3,\cdots$$

解出

$$d=(2k-1)\frac{\lambda}{4n_2}=(2k-1)\frac{632.8}{4\times1.65}=95.9(2k-1)$$

当 $k=1$ 时膜最薄，最小厚度为

$$d_{\min}=95.9 \text{ nm}$$

结论　解此类问题时要考虑 n、n_2、n_1 之间的关系，以确定界面处是否存在半波损失。

3. 在牛顿环实验中，两平凸透镜按如图 15-2(a)所示配置，上面一块是标准件，曲率半径为 $R_1=550.0$ cm，下面一块是待测件。入射光是波长为 632.8 nm 的氦氖激光，测得第 40 级暗环的半径为 1.0 cm，求待测样品的曲率半径。

解　牛顿环第 k 级暗环出现的条件为

$$2d+\frac{\lambda}{2}=(2k+1)\frac{\lambda}{2}\text{，即 }2d=k\lambda$$

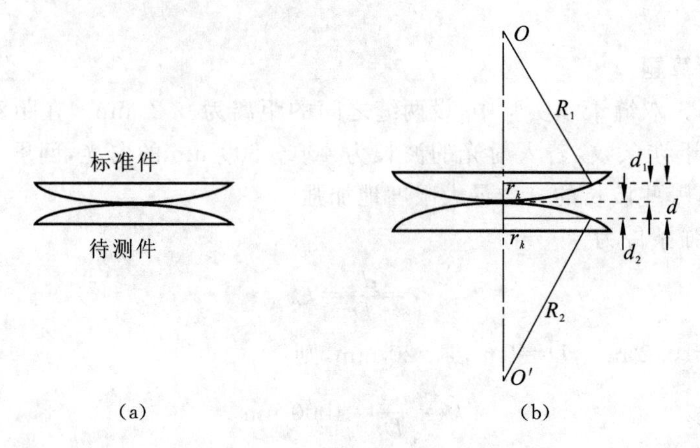

图 15-2

由图 15-2(b)可知 $R_1^2=(R_1-d_1)^2+r_k^2$,近似得到

$$d_1=\frac{r_k^2}{2R_1}$$

同理,得

$$d_2=\frac{r_k^2}{2R_2}$$

于是

$$d=d_1+d_2=\frac{r_k^2}{2}\left(\frac{1}{R_1}+\frac{1}{R_2}\right)$$

所以

$$r_k^2\left(\frac{1}{R_1}+\frac{1}{R_2}\right)=k\lambda$$

待测件的曲率半径为

$$R_2=\frac{1}{\frac{k\lambda}{r_k^2}-\frac{1}{R_1}}=\frac{1}{\frac{40\times632.8\times10^{-9}}{(1\times10^{-2})^2}-\frac{1}{550\times10^{-2}}}\ \text{m}=5.838\ \text{m}$$

4. 若迈克耳逊干涉仪中的反射镜 M_1 以匀速 v 平移,用透镜将干涉条纹汇聚到光电元件上,把光强的变化转换为电信号。若测得电信号的变化频率为 ν,求入射光的波长 λ。

解 由于干涉仪中一臂的平移,使得从迈克耳逊干涉仪中射出的两相干光之间的光程差发生变化,从时刻 t 到时刻 $t+\Delta t$,其变化量为 $\delta_2-\delta_1=2v\Delta t$。由干涉相长条件 $\delta_2=k_2\lambda$ 和 $\delta_1=k_1\lambda$,可得

$$2v\Delta t=(k_2-k_1)\lambda$$

式中,k_2-k_1 可理解为在 Δt 时间内光电元件上感受的干涉相长的变化次数,转变为电信号后,$\frac{k_2-k_1}{\Delta t}$即为电信号的变化频率 ν,所以入射光波长为

$$\lambda=\frac{2v\Delta t}{k_2-k_1}=\frac{2v}{\nu}$$

第十六章 光的衍射

一、本章要求

（1）理解惠更斯-菲涅耳原理及其在光衍射现象中的应用。

（2）了解菲涅耳衍射与夫琅和费衍射的区别，理解夫琅和费衍射的规律，掌握半波带法在夫琅和费衍射中的应用。

（3）理解瑞利判据，能定性分析衍射对光学仪器分辨能力的影响。

（4）理解光栅衍射条纹的成因和特点，掌握光栅方程和暗纹形成条件及它们的应用。

（5）理解X射线衍射的原理，了解布喇格公式在晶格常数和X射线波长测量方面的应用。

二、基本内容

1. 惠更斯-菲涅耳原理

波阵面上各点都可看作是发射相干子波的波源，子波波源发出的波在空间各点相遇时，其强度分布是相干叠加的结果。

2. 单缝夫琅和费衍射

当波长为 λ 的单色光垂直入射时，衍射暗纹中心的位置为

$$a\sin\theta=\begin{cases}\pm k\lambda, & k=1,2,3,\cdots(\text{暗纹})\\ \pm(2k+1)\dfrac{\lambda}{2}, & k=0,1,2,\cdots(\text{明纹})\end{cases}$$

式中，a 为单缝宽度，θ 为衍射角。

中央明纹的半角宽度为

$$\theta\approx\sin\theta=\frac{\lambda}{a}$$

以 f 表示透镜 L 的焦距，中央明纹的线宽度为

$$\Delta x=2f\tan\theta\approx 2f\sin\theta=2f\frac{\lambda}{a}$$

3. 圆孔夫琅和费衍射

中央衍射的角半径为

$$\sin\theta = 1.22\,\frac{\lambda}{D}$$

当 θ 很小时，有

$$\theta \approx \sin\theta = 1.22\,\frac{\lambda}{D}$$

式中，D 为圆孔直径，λ 为入射光的波长。

4. 光学仪器的分辨本领

瑞利判据：如果一个像点的爱里斑的中心刚好与另一像点衍射图样的第一级暗纹相重合，那么这两个物点恰好能为光学仪器所分辨。

最小分辨角为

$$\theta = 1.22\,\frac{\lambda}{D}$$

光学仪器的分辨本领：最小分辨角的倒数称为仪器的分辨本领，即

$$R = \frac{1}{\theta} = \frac{D}{1.22\lambda}$$

5. 光栅衍射

光栅常数

$$d = a + b$$

光栅方程

$$(a+b)(\sin\theta \pm \sin\theta') = \pm k\lambda, \quad k = 0,1,2,\cdots$$

式中，θ 为衍射角，θ' 为入射光与光栅平面的夹角。

当光垂直光栅入射，$\theta' = 0$ 时，光栅方程为

$$(a+b)\sin\theta = \pm k\lambda, \quad k = 0,1,2,\cdots$$

缺级

$$k = \pm\frac{(a+b)}{a}k' = \pm\frac{d}{a}k', \quad k' = 1,2,\cdots$$

光栅的分辨本领

$$R = \frac{\lambda}{\Delta\lambda} = kN$$

式中，k 是衍射级次，N 是光栅的缝数。

6. X 射线的衍射

布喇格公式

$$2d\sin\phi = k\lambda, \quad k = 1,2,\cdots$$

式中，d 为相邻晶面的间距，ϕ 为掠射角。

三、例　　题

(一) 填空题

1. 在单缝衍射的暗纹和明纹条件中，k 的取值不能为零是因为________。

解　单缝衍射的暗纹条件是 $\Delta = a\sin\theta = \pm k\lambda$。若 $k=0$，则 $\theta=0$，对应于屏上中央明纹的中心；若 $k=1,2,3,\cdots$，则对应于屏上各级暗纹。单缝衍射的明纹条件是 $\Delta = a\sin\theta = \pm(2k+1)\dfrac{\lambda}{2}$。若 $k=0$，则 $\Delta=\dfrac{\lambda}{2}$，光束为一个"半波带"，衍射条纹处在中央明纹区内，不是明纹中心。

由以上分析可知，无论暗纹条件还是明纹条件，k 值都有不能取零。

2. 单缝衍射的暗纹条件在形式上与双缝干涉的明纹条件相同，两者不矛盾的理由是________。

解　双缝干涉是两条光线的干涉，当光程差 $\Delta = \pm k\lambda$ 时出现明条纹。而单缝衍射可以看成是由许多条光线干涉的结果。当单缝两边缘处两束光的光程差，即衍射角为 θ 的光束的最大光程差满足 $\Delta_{\max} = \pm k\lambda$ 时，根据半波带法，整个光束可以分成偶数个半波带，每两个相邻半波带的相应两条光线的光程差都是 $\dfrac{\lambda}{2}$，产生相消干涉，屏上出现暗纹。因此，单缝衍射暗纹条件和双缝干涉明纹条件虽然在形式上相同，但光程差 Δ 的含义不同，如图 16-1 所示，两者并不矛盾。

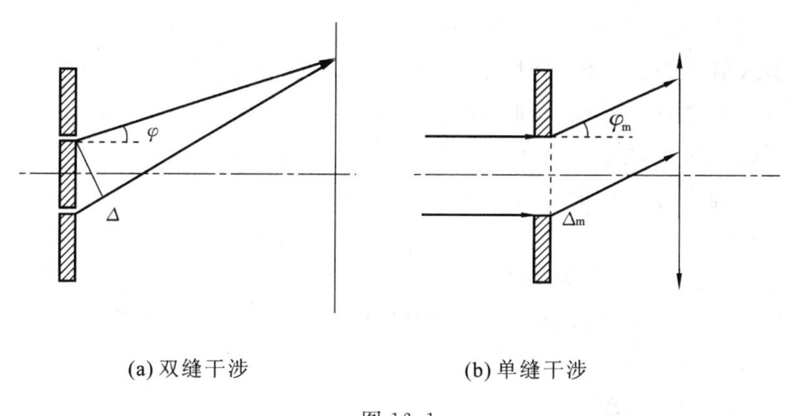

图 16-1

3. 用波长为 400～760 nm 的白光垂直照射衍射光栅，其衍射光谱的第 2 级和第 3 级重合，则第 2 级光谱被重叠部分的波长范围为________。

解　600～760 nm。

由第 3 级光谱的紫光 $d\sin\theta = 3\lambda_{紫} = 1200\ \text{nm} > 2\lambda$ 与第 2 级红光就可以确定第

2 级光谱重叠部分的波长范围，即只要计算出第 3 级紫光的波长即可。

$$d\sin\theta=3\lambda_{紫}=2\lambda_x$$

$$\lambda_x=\frac{3\lambda_{紫}}{2}=\frac{3\times 400}{2}\ \text{nm}=600\ \text{nm}$$

即第 2 级光谱被重叠区光谱范围是 600～760 nm。

4. 波长 $\lambda=500$ nm 的单色光垂直入射到宽 $a=0.25$ mm 的单缝上，单缝后面放置一凸透镜，透镜焦平面上放置一屏幕。测得屏幕上中央明条纹一侧第 3 个暗条纹到另一侧第 3 个暗条纹之间的距离为 12 mm，则中央明条纹的线宽度为________，透镜焦距为________。

解　4 mm；1 m。

相邻暗条纹之间的角宽度为$\dfrac{\lambda}{a}$，6 个角宽度对应的线宽度为 12 mm，故中央的角宽度为 $2\dfrac{\lambda}{a}$，对应的线宽度为 4 mm。

由 $6\times\dfrac{\lambda}{a}\times f=12$ mm，得

$$f=\frac{12a}{6\lambda}=\frac{12\times10^{-3}\times0.25\times10^{-3}}{6\times500\times10^{-9}}\ \text{m}=1\ \text{m}$$

（二）选择题

1. 若改变单缝夫琅和费衍射装置，则下列关于衍射条纹变化论述正确的是（　　）。

A. 狭缝不论变窄或变宽，衍射条纹都不变

B. 当入射光的波长增大时，中央条纹位置不变，但衍射现象更明显

C. 将单缝垂直于透镜光轴上下平移，条纹位置不变

D. 将线光源 S 垂直于透射光轴上下平移，条纹位置不变

E. 将单缝沿透镜光轴背向观察屏平移，条纹位置不变

解　BCE。

当入射光与狭缝平面的法线平行入射时，单缝衍射条纹以衍射角为零的最亮的中央明纹为中心，其他级明纹等距离对称地向两侧排开，中央明纹处于缝后透镜焦点处（光程差为零处）。中央明纹的位置和宽度可以反映条纹分布，而影响条纹的主要因素是缝宽和波长。

中央明纹及其他级明纹的角宽和线宽是与缝宽 a 成反比的，因此，当 a 变小时，光程差为零的位置并不改变。中央明纹中心位置不变，但其宽度变大；而 $a<\lambda$ 时，全屏幕不再出现光强极小，没有条纹出现，但这时缝透过的光强很弱。当 a 变大时，中央明纹变窄，其他级明纹也变窄，而且同时向中央明纹靠拢；而当 $a\gg\lambda$ 时，条纹变窄，所有条纹几乎全部缩并在一起，在焦平面 L 形成一条亮线。如果不放

汇聚透镜，屏幕上得到的是一条和单缝等宽的亮带，即缝在幕上的投影，当 $a \gg \lambda$ 时，衍射现象消失，光直线传播服从几何光学规律。由此可知，通常所说的光的直线传播现象，只是光的波长比障碍物的线度要更短，亦即衍射现象不显著时的情况，所以 A 的表述是错的。

中央明纹及其他级明纹的角宽度和线宽度与入射光波波长 λ 成正比，因此，当波长 λ 增大时，光程差为零的位置并不改变，中央明纹中心位置不变，但各级明纹的衍射角变大、宽度变宽，衍射现象更明显，所以 B 对。

单缝垂直于透镜光轴上下平移时，由于入射光是与狭缝平面的法线平行的平行光，光程差为零的位置并不改变，只要缝仍处于入射光范围之内。衍射角为零的衍射光仍然会聚于透镜焦点上，形成中央明纹，这是因为平行于主铀的光线通过透镜后过焦点与入射光线的高度(离光轴的距离)无关，平行光束经过透镜后在焦平面上聚然的角位置也不变，且仍为零，因此衍射条纹的整体不发生任何变化，所以 C 对。

线光源 S 垂直于透射光轴向下平移，即相当于光线斜入射，此时，由光程差为零的子波构成的中央明纹出现在入射光线的方向上的条纹结构不变，整体向上平移，所以 D 错。

当单缝沿透镜光轴背向观察屏平移时，缝后透镜位置不变，则衍射条纹的角宽度、线宽度均不变，条纹整体不发生变化，所以 E 对。

2. 图 16-2 中所示为多缝衍射的光强分布曲线，入射光的波长相同，下列说法正确的是(　　)。

A. 图(b)对应的缝宽 a 最大

B. 图(c)对应的 $d/a=3$，± 3 缺级

C. 图(d)是 3 缝衍射图样

D. 在图(a)、(b)、(c)、(d)四图中，图(b)所示的衍射屏最适合用来测量入射光波的波长

解　CD。

图(a)中单缝衍射第 1 级暗纹 $\sin\theta=\dfrac{\lambda}{a}$，当 λ 一定时，$\sin\theta$ 最小而对应的 a 最大，所以图(c)中 a 最大。A 错。

单缝衍射中央明纹区内主极大的条数与 $\dfrac{\lambda}{d}$ 有关，$2\dfrac{\lambda}{d}-1=$ 主极大条数。图(a)中 $\dfrac{\lambda}{d}-1=3$，$\dfrac{\lambda}{d}=2$，± 2 缺级；图(b)中 $2\dfrac{\lambda}{d}-1=7$，$\dfrac{\lambda}{d}=4$，± 4 缺级；图(c)中 $2\dfrac{\lambda}{d}-1=1$，$\dfrac{\lambda}{d}=1$；图(d)中 $\dfrac{\lambda}{d}-1=5$，$\dfrac{\lambda}{d}=3$，± 3，缺级。B 错。

两个主极大之间有 $N-1$ 条暗纹，N 为缝数。图(a)中 $N-1=1$，$N=2$；图(b)

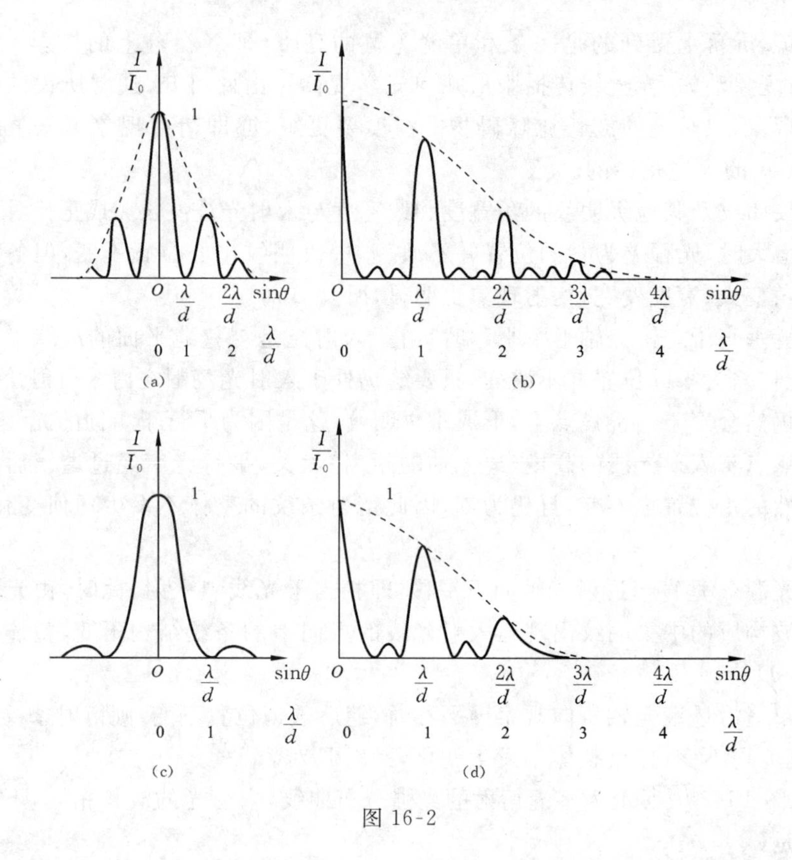

图 16-2

中 $N-1=3, N=4$；图(c)中，是单缝，$N=1$；图(d)中 $N-1=2, N=3$。C对。

从测量光波波长的原理来看，运用光栅衍射和单缝衍射都可求得波长，但是在选择测量方法时，先要考虑怎样减小误差。单色光在入射时，单缝衍射条纹光强连续而平缓，光强最大处或光强最小处的准确位置很难确定，中央明纹宽度或条纹间距都难以准确测量，所求得的波长值误差较大。而光栅衍射条纹是在黑暗的背景下等间距地、分立地分布着的，且条纹又窄又亮，光栅上的刻痕条数越多，明纹越细越亮、背景越暗，条纹中心位置的确定比较准确；又因为光栅的主极大的强度与光栅缝数的平方成正比，所以利用光栅衍射获得的条纹亮度大大高于单缝衍射条纹的光强，因此利用光栅条纹能比较精确地测得条纹间距离 Δx。再运用公式 $\Delta x = f\dfrac{\lambda}{d}$ 求得波长，所以常常选用多缝光栅测量光波波长。由此类比可知，D正确。

3. 一台光谱仪备有三块光栅，每毫米刻痕分别为 1400 条、600 条和 100 条。若用它们测定光谱范围为 0.4～0.7 μm 的可见光，最适合的光栅条数是(　　)。

A. 1400 条　　B. 600 条　　C. 700 条　　D. 无法确定

解　B。

由光栅常数 $d=\frac{1}{N}$ 得三块光栅的光栅常数分别为 $d_1=0.71\ \mu m$，$d_2=1.7\ \mu m$，$d_3=10\ \mu m$。根据光栅公式 $d\sin\theta=k\lambda$，主要考虑谱线的光较强，且没有重级现象的第 1 级衍射，令 $k=1$。

当用第一块光栅测定 0.7 μm 的红光时，$\sin\theta=\frac{\lambda}{d}\approx1$，$\theta\approx90°$，不能完整地观察到第 1 级衍射谱，所以不能选用它。A 错。

用第二块光栅，第 1 级衍射谱的衍射角 θ 在 14°～24°范围内，因此可以选用。B 对。

用第三块光栅，第 1 级衍射角不大于 4°，衍射角范围太小，不同波长的光不易区分，所以也不宜选用。C 错。

由此可见，光栅常数并非越小越好，应根据所测光谱的波长范围选用适当的光栅。

（三）计算题

1. 有一单缝，宽为 $a=0.1$ mm，在缝后放焦距为 50 cm 的汇聚透镜，用平行绿光($\lambda=546$ nm)垂直照射单缝，试求位于透镜焦平面处的屏幕上中央明条纹的宽度和中央明条纹同侧任意相邻两暗条纹之间的距离。如果把此装置浸入水中，上述结果将如何变化？（设透镜的折射率 $n'=1.54$，水的折射率 $n=1.33$。）

解 利用单缝衍射的明、暗条纹公式，有

$$a\sin\theta=k\lambda$$

又由近似条件，有

$$\sin\theta\approx\tan\theta=\frac{x}{f}$$

当 $k=\pm1$ 时，对应中央明条纹的宽度为

$$x=k\frac{\lambda f}{a}$$

$$\Delta x_0=x_1-x_{-1}=2\frac{\lambda f}{a}=2\times\frac{500\times546\times10^{-6}}{0.1}\ \text{mm}=5.46\ \text{mm}$$

第 k 级和第 $k+1$ 级暗条纹之间的距离为

$$\Delta x=x_{k+1}-x_k=\frac{\lambda f}{a}=\frac{500\times546\times10^{-6}}{0.1}\ \text{mm}=2.73\ \text{mm}$$

当透镜浸入水中时，透镜在水中的焦距为

$$f_{水}=\frac{n(n'-1)}{n'-n}f=\frac{1.33\times(1.54-1)}{1.54-1.33}\times0.5\ \text{m}=1.71\ \text{m}$$

为了得到夫琅和费衍射图样，屏幕应置于透镜的焦平面处，故应将屏幕由 50 cm处移到 171 cm 处。在水中衍射角为 θ 的单缝两边缘处衍射线间的光程差为 $na\sin\theta$，故水中单缝衍暗纹公式为

$$na\sin\theta=k\lambda$$

当 $k=\pm1$ 时,对应中央明条纹的宽度为

$$x=k\frac{\lambda f_{水}}{a}$$

$$\Delta x'_0=x'_1-x'_{-1}=2\frac{\lambda f_{水}}{na}=2\times\frac{1710\times546\times10^{-6}}{0.1\times1.33}\ \text{mm}=14.04\ \text{mm}$$

第 k 级和第 $k+1$ 级暗条纹之间的距离

$$\Delta x'=x'_{k+1}-x'_k=\frac{\lambda f_{水}}{na}=\frac{1710\times546\times10^{-6}}{0.1\times1.33}\ \text{mm}=7.02\ \text{mm}$$

2. 一单缝用波长为 λ_1 和 λ_2 的光照明,若 λ_1 的第 1 级衍射极小与 λ_2 的第二级衍射极少重合。问:(1) 这两种波长的关系;(2) 所形成的衍射图样中,还有哪些极少重合?

解 (1) 单缝衍射产生极小值的条件是

$$a\sin\theta=k\lambda,\quad k=1,2,3,\cdots$$

设重合时衍射角为 θ,则

$$a\sin\theta=\lambda_1,\quad a\sin\theta=2\lambda_2$$

得

$$\lambda_1=2\lambda_2$$

(2) 设当衍射角为 θ' 时,λ_1 的 k_1级衍射极小与 λ_2 的 k_2级衍射极小重合,则

$$a\sin\theta'=k_1\lambda_1,\quad a\sin\theta'=k_2\lambda_2$$

将 $\lambda_1=2\lambda_2$ 代入上两式,得 $2k_1\lambda_2=k_2\lambda_2$,故 $2k_1=k_2$,即当 $2k_1=k_2$ 时两种光的衍射极小重合。

3. 据说间谍卫星上的照相机能清楚识别地面上汽车的牌照号码。

(1) 如果需要识别的牌照上的字划间的距离为 0.5 cm,则在 160 km 高空的卫星上的照相机的角分辨率应为多大?

(2) 此照相机的孔径需要多大?光的波长按 500 nm 计算。

解 (1) 角分辨率应为

$$\Delta\theta=\frac{\Delta x}{L}=\frac{5\times10^{-3}}{160\times10^{3}}\ \text{rad}=3.125\times10^{-8}\ \text{rad}$$

(2) 由中心衍射角半径 $\theta\approx\sin\theta=1.22\dfrac{\lambda}{D}$,照相机孔径应为

$$D=1.22\frac{\lambda}{\theta}=1.22\times\frac{500\times10^{-9}}{3.125\times10^{-8}}\ \text{m}=19.52\ \text{m}$$

4. 波长为 500 nm 的单色光,以 30°入射角入射到光栅上,发现正入射时的中央明条纹位置变为第 2 级光谱的位置。若光栅刻痕间距为 1.0×10^{-3} mm,(1) 求光栅每毫米内有多少条刻痕?(2) 最多可能看到几级光谱?(3) 由于缺级,实际又看到哪几条光谱线?

解 (1) 当入射光与衍射光位于同侧时,能看到的级次最大。由斜入射时的光栅方程的光程差$(a+b)(\sin\theta\pm\sin\theta')$知,符号应该取"+",所以,当入射角为 30°

时，光栅相邻两缝对应光线到达屏的光程差为$(a+b)(\sin\theta+\sin30^\circ)$。

对于第2级光谱，有

$$(a+b)(\sin\theta+\sin30^\circ)=2\lambda$$

因该光谱位置为原正入射时中央明纹位置，则$\theta=0$，故

$$a+b=\frac{2\lambda}{\sin30^\circ}$$

光栅刻痕数为

$$N=\frac{1}{a+b}=\frac{\sin30^\circ}{2\lambda}=\frac{0.5}{2\times5\times10^{-4}}\text{ 条/mm}=500\text{ 条/mm}$$

(2) 最高级次衍射角为90°，设最高级次为$k_{\max}$，则

$$(a+b)(\sin\theta+\sin90^\circ)=k_{\max}\lambda$$

$$k_{\max}=\frac{(a+b)(\sin\theta+\sin90^\circ)}{\lambda}=\frac{\sin\theta+\sin90^\circ}{\lambda N}$$

$$=\frac{\sin30^\circ+\sin90^\circ}{500\times5\times10^{-4}}=6$$

因此，最多可能看到6级光谱。

(3) 光栅常数为

$$d=a+b=\frac{1\times10^{-3}}{500}\text{ m}=2\times10^{-6}\text{ m}$$

k满足下式为缺级

$$k=\frac{a+b}{a}k',\quad k'=\pm1,\pm2,\cdots$$

而$\frac{a+b}{a}=\frac{2\times10^{-6}}{1\times10^{-6}}=2$，则$k=2k'$，于是$k=\pm2,\pm4,\pm6$为缺级。故实际可以看到光谱线是0、±1、±3、±5共7条。

5. 以波长为0.11 nm的X射线照射岩盐晶面，测得在X射线与晶面的夹角（掠射角）为11°30′时获得第1级极大的反射光。问：(1) 岩盐晶体原子平面之间的间距d为多大？(2) 如果以另一束待测的X射线照射岩盐晶面，测得在X射线与晶面的夹角为17°30′时获得第1级极大反射光，则待测的X射线的波长为多少？

解　由布喇格公式可知

$$2d\sin\varphi=k\lambda,\quad k=1,2,\cdots$$

(1) 当$\varphi=11^\circ30'$，$k=1$时，岩盐晶体原子平面之间的间距为

$$d=\frac{k\lambda}{2\sin\varphi}=\frac{1.1\times10^{-8}}{2\sin11^\circ30'}\text{ cm}=2.759\times10^{-8}\text{ cm}$$

(2) 当$\varphi'=17^\circ30'$，$k'=1$时，待测的X射线的波长为

$$\lambda'=2d\sin\varphi'=2\times2.759\times10^{-8}\times\sin17^\circ30'\text{ cm}=0.1659\text{ nm}$$

第十七章　光的偏振

一、本章要求

(1) 理解自然光和线偏振光的概念，掌握用偏振片起偏和检偏的方法。

(2) 理解产生偏振光的几种方法，熟练地掌握马吕斯定律的应用。

(3) 理解反射光、折射光的偏振特性，掌握布儒斯特定律。

(4) 理解光的双折射现象，理解光轴和主平面的概念，了解单轴晶体中 o 光和 e 光的传播特点。

二、基本内容

1. 线偏振光的获得

可以用多种方法产生线偏振光，最常用的是让自然光透过偏振片产生线偏振光。当用光强为 I_0 的自然光照射偏振片时，出射光的光强为

$$I=\frac{I_0}{2}$$

用偏振片可以检验一束光是自然光、线偏振光或部分偏振光，称为检偏。

2. 马吕斯定律

$$I=I_0\cos^2\alpha$$

式中，I_0 为入射线偏振光的强度，α 为线偏振光的偏振方向与偏振片的偏振化方向间的夹角。

3. 布儒斯特定律

自然光入射到介质的分界面上，在一般情况下，反射光和折射光都是部分偏振光。当入射角 i_0 满足 $\tan i_0=\frac{n_2}{n_1}$时，反射光为完全线偏振光，折射光仍然是部分偏振光，并且反射光与折射光之间的夹角满足 $i_0+\gamma=\frac{\pi}{2}$，反射光为振动方向垂直入射面的偏振光，这一结果称为布儒斯特定律。

4. 双折射现象

自然光和偏振光入射各向异性的晶体时，晶体内将分出o、e两条折射偏振光。o光遵守折射定律，称为寻常光。e光不遵守折射定律，称为非常光。

光轴方向：晶体内沿某一方向的o光与e光的折射率相同，不产生双折射现象，该方向称为晶体的光轴方向。

主平面：晶体中任一已知光线和光轴组成的平面称为该光线的主平面。

寻常光(o光)振动方向垂直于其主平面，沿各个方向的传播速度相同，子波的波阵面是球面。非常光(e光)振动方向平行于其主平面(在通常的实验条件下，o光和e光的振动方向互相垂直)，o光和e光沿各个方向传播速度不同，子波的波阵面是旋转椭球面。

5. 波片

光轴平行于晶面的单轴晶片称为波片。当入射线偏振光的振动方向与光轴有一夹角α时，在晶体内发生双折射，产生o光和e光。当光线垂直入射面时，o光和e光通过波片后的光程差为

$$\Delta=(n_o-n_e)d$$

$\Delta=\frac{\lambda}{4}$的波片称为四分之一波片。当$\alpha=\frac{\pi}{4}$时，线偏振光通过四分之一波片后将变为圆偏振光；当$\alpha\neq\frac{\pi}{4}$时，线偏振光通过四分之一波片后将变为椭圆偏振光。

若通过波片时，o光和e光的光程差为$\frac{\lambda}{2}$，则该波片称为二分之一波片。线偏振光通过二分之一波片后仍为线偏振光，但其振动面转过2α角。

6. 偏振光的干涉

偏振光的干涉是利用波片(或人工双折射材料)和检偏器可使偏振光分成振动方向相同、相位差恒定的相干光而产生干涉。

若通过波片以后的两束光经过检偏器后光振动方向相反，则它们干涉加强与减弱的条件为

$$\Delta\varphi=\frac{2\pi d}{\lambda}(n_o-n_e)+\pi=\begin{cases}2k\pi, & k=1,2,3,\cdots(\text{明纹})\\(2k+1)\pi, & k=0,1,2,\cdots(\text{暗纹})\end{cases}$$

7. 旋光现象

线偏振光通过物质时振动面发生旋转现象，该物质称为旋光物质。

三、例　　题

(一) 填空题

1. 一束光由光强均为I的自然光和线偏振光混合而成，该光通过一偏振片，

当以光的传播方向为轴转动偏振片时，从偏振片出射的最大光强为 I 的________倍，最小光强为 I 的________倍。当偏振片的偏振化方向与入射光中线偏振光的振动方向的夹角为________时，出射光强恰为 I。（不考虑偏振片对光的吸收。）

解　1.5;0.5;45°。

无论偏振片的偏振化方向处于何种方位，自然光通过偏振片的光强均为0.5I。根据马吕斯定律 $I=I_0\cos^2\alpha$ 可知，光强为 I 的线偏振光通过偏振片，当偏振片的偏振化方向与线偏振光振动方向的夹角为零时，出射光强最大，即为 I；当夹角为 90°时，出射光强最小，为零；当夹角为 45°时，出射光强为 0.5I。所以从偏振片出射最大光强为 $I+\frac{I}{2}=\frac{3I}{2}$，是 I 的 1.5 倍；从偏振片出射的最小光强为 $0+\frac{I}{2}=\frac{I}{2}$，是 I 的 0.5 倍；当夹角为 45°时，出射光强恰为 $\frac{I}{2}+I\cos^2 45°=I$。

2. 如图 17-1(a)所示，偏振片 P_1、P_2 互相平行地放置，它们各自的透光方向与图 17-1(a)中 y 轴方向的夹角分别为 α 和 β。光强为 I_0，沿 y 轴方向振动的线偏振光从 P_1 左侧正入射，最后通过 P_2 出射的光，其光强记为 I_1。若将原线偏振光改从 P_2 右侧正入射，最后通过 P_1 出射的光，其光强记为 I_2，那么 $I_2:I_1=$________。若用自然光代替原线偏振光，则 $I_2:I_1=$________。

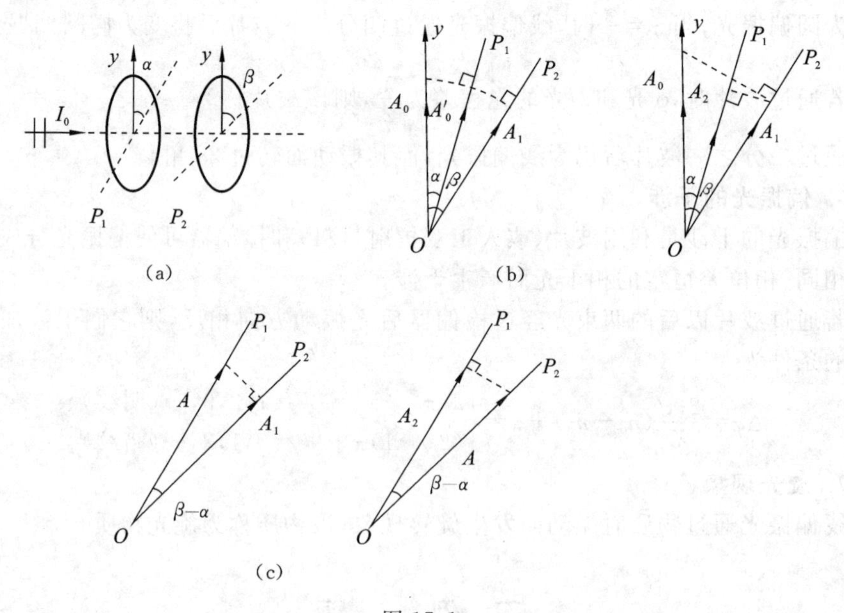

图 17-1

解　$\frac{\cos^2\beta}{\cos^2\alpha}$；1。

如图 17-1(b)所示，因为 $A_1=A_0'\cos(\beta-\alpha)$，$A_2=A_0'\cos(\beta-\alpha)$，所以

$$\frac{I_2}{I_1}=\frac{A_2^2}{A_1^2}=\frac{\cos^2\beta}{\cos^2\alpha}$$

如图 17-1(c)所示，因为 $A_1=A_0\cos(\beta-\alpha)$，$A_2=A_0\cos(\beta-\alpha)$，所以

$$\frac{I_2}{I_1}=\frac{A_2^2}{A_1^2}=1$$

3. 一束光强为 I_0 的自然光连续通过三个偏振片，它们的偏振化方向分别为 P_1 与 P_3 垂直，P_2 与 P_3 夹角为 θ，当出射光强 I 为 $\frac{3I_0}{32}$ 时，θ 角的大小为________。

解　30°或 60°。

偏振片安放位置如图 17-2 所示。依次通过偏振片的光振幅大小为

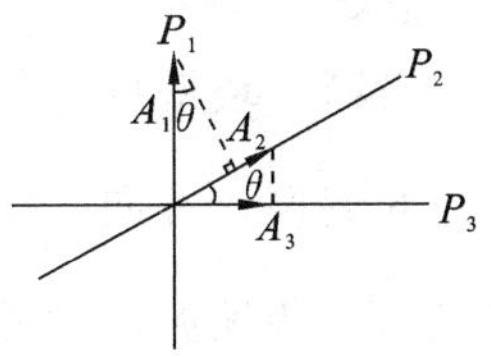

$$A_3=A_2\cos\theta=A_1\sin\theta\cos\theta=\frac{A_1\sin 2\theta}{2}$$

$$\frac{I}{I_1}=\frac{A_3^2}{A_1^2}=\frac{(\sin 2\theta)^2}{4}$$

图 17-2

而
$$I_1=\frac{I_0}{2},\quad I=\frac{3I_0}{32}$$

故
$$(\sin 2\theta)^2=\frac{4I}{I_1}=\frac{4\times\frac{3I_0}{32}}{\frac{I_0}{2}}=\frac{3}{4},\quad \sin 2\theta=\frac{\sqrt{3}}{2}$$

即
$$2\theta=60^\circ\quad 或\quad 120^\circ,\quad \theta=30^\circ\quad 或\quad 60^\circ$$

4. 在偏振化方向相互正交的两偏振片之间放一块四分之一波片，其光轴与两偏振片的偏振化方向均成 45°，强度为 I_0 的单色自然光在相继通过三者后，出射光的强度为________。

解　$\frac{I_0}{4}$。

单色自然光通过偏振片后，成为线偏振光，强度为原光强的一半，即 $\frac{I_0}{2}$。线偏振光通过与其偏振方向成 45°的四分之一波片后成为圆偏振光，光强不变。

圆偏振光通过第 3 个偏振片，强度又减小一半，即出射光强为 $\frac{I_0}{4}$。

5. 测定不透明电介质的折射率可以采用测量________的方法进行测定。

解　布儒斯特定律确定的临界角。

根据布儒斯特定律 $\tan i_0=\frac{n_2}{n_1}$，当入射角为布儒斯特角 i_0 时，反射光变成垂直于入射面振动的线偏振光，此时反射光与折射光互相垂直。因此，可利用反射光变为线偏振光的条件及布儒斯特定律测定不透明介质的折射率。

(二) 选择题

1. 要使线偏振光的光振动方向改变 90°，最少需要(　　)。

A. 两块偏振片　　B. 三块偏振片

C. 一块二分之一波片　　D. 四块偏振片

解　AC。

如果用偏振片，则至少要用两块偏振片相互平行、重叠放置。但若要使透射的光强最大，应使两个偏振片偏振化方向的夹角为 45°，且第一块偏振片的偏振方向与入射线偏振光的振动方向的夹角也是 45°。

其理由如下。

设第一块偏振片的偏振化方向与垂直入射的线偏振光的振动方向成 α 角，第二片的偏振化方向与第一片的偏振化方向成 β 角，若 $\alpha+\beta=\dfrac{\pi}{2}$，入射光光强为 I_0，穿过第二块偏振片后的透射光光强为 I，根据马吕斯定律有

$$I=I_0\cos^2\alpha\cos^2\beta=I_0\sin^2(2\alpha)$$

当 $\alpha=45°$ 时，I 有极大值。以上分析说明，要使线偏振光的振动方向旋转 90°，至少需要两块偏振片，当这两块偏振片的偏振化方向与线偏振光的振动方向相继相差 45°放置时，透射光光强最大，所以 A 对。

另外，也可利用与线偏振光波长相应的二分之一波片，当其光轴方向与线偏振光的振动方向成 45°时，出射的线偏振光的振动方向改变 90°。

2. 如图 17-3 所示，S、S_1、S_2 为狭缝，P_1、P_2、P、P' 为线偏振片（P 及 P' 可以撤去），其中 P_1 和 P_2 的偏振化方向互相垂直，P 和 P' 的偏振化方向互相平行，且与 P_1、P_2 的偏振化方向皆成 45°角。在下列四种情况下，屏上无干涉条纹的是(　　)。

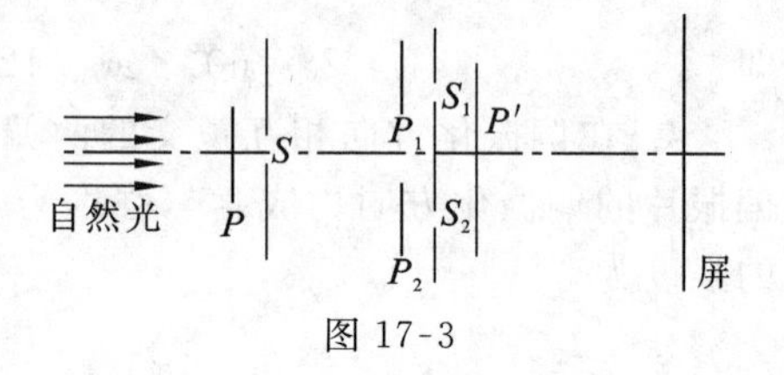

图 17-3

A. 撤掉 P、P'，保留 P_1、P_2，屏上无干涉条纹

B. 撤掉 P'，保留 P、P_1、P_2，屏上无干涉条纹

C. 撤掉 P，保留 P_1、P_2、P'，屏上无干涉条纹

D. P_1、P_2、P、P'同时存在，屏上无干涉条纹

解　ABC。

由于通过 S 出来的自然光，P_1、P_2 分解成相互垂直振动且无固定相位关系的两束光，故不能形成干涉条纹，屏上呈现的是均匀照明，所以 A 对。

由于通过 S 出来的偏振光，经 P_1、P_2 出射的两束光偏振方向仍相互垂直，所以屏上仍看不见干涉条纹，呈现均匀照明，强度为情况 A 的二分之一，所以 B 对。

自然光经 P_1、P_2 分解成振动方向垂直、无固定相位关系的两束光，它们虽经

P'投影成同方向的振动，但仍无固定相位关系，故不能产生干涉条纹，光屏呈现均匀照明，强度与情况 B 相同，所以 C 对。

从 P 出射的线偏振光，经 P_1、P_2 后虽然偏振方向改变了，但两束光仍有固定的相位关系。而这两束振动方向相垂直的光再经 P' 投影后，振动方向即相互平行，故满足相干条件，能产生干涉条纹，所以 D 错。

3. 下列关于双折射晶体的说法正确的是(　　)。

A. 双折射晶体的光轴是一条线，不是空间的一个方向

B. 一束自然光通过方解石后，透射光有两束，若将方解石沿垂直光传播方向对截成两块后平移分开，此时通过这两块方解石后有四束透射光

C. 在 B 中若将其中一块方解石绕光线转过一角度，此时有四束透射光

D. 在双折射晶体中，o 光和 e 光的传播速度是各向同性的

解　C。

因为光在晶体内存在一个特殊的方向，当光沿此方向传播时，不发生双折射，这个特殊的方向称为光轴，所以双折射晶体的光轴是空间的一个方向，不是一条线，所以 A 错。

如果把方解石沿垂直光传播方向对截成两块后平移分开，那么由于光轴方向未变且入射光方向未变，在第一块方解石中是寻常光，在第二块方解石中仍是寻常光，所以透射光仍然是两束，所以 B 错。

若将其中一块方解石绕光线转过一个角度，由于光轴方向改变，这时从第一块方解石中透射出来的两束光，在第二块方解石中又各自分成两束寻常光，从而透射光变为四束，所以 C 对。

在双折射晶体中寻常光和非常光的传播速度只有在光轴方向才是相同的，其他方向都不相同，故双折射晶体对传播速度而言是各向异性的，其晶体中沿各个方向原子排列的密度不相同，晶体的物理特性是各向异性的，所以 D 错。

（三）计算题

1. 在两个正交的偏振片之间有一个偏振片以匀角速 ω 绕光传播的方向为轴旋转，如图 17-4 所示。试证明自然光通过这一装置射出后，光强的变化频率为角速度的 4 倍，而最大光强为$\frac{I_0}{8}$，其中 I_0 为入射光强。

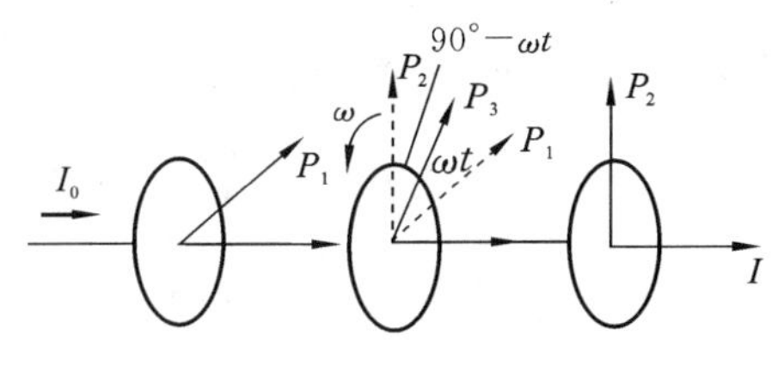

图 17-4

证明 设三个偏振片的透光轴依次为 P_1、P_2 和 P_3，P_1 和 P_2 的夹角为 ωt，P_2 和 P_3 的夹角为 $90°-\omega t$，如图 17-4 所示。由马吕斯定律，可知透射光强 I 为

$$I=\frac{I_0}{2}\cos^2(\omega t)\cos^2(90°-\omega t)=\frac{I_0}{2}\cos^2(\omega t)\sin^2(\omega t)$$
$$=\frac{I_0}{8}\frac{1-\cos(4\omega t)}{2}=\frac{I_0}{16}[1-\cos(4\omega t)]$$

由此可知，透射光强随频率变化为 4ω，当 $\cos(4\omega t)=-1$ 时，即当 ωt 为 $\frac{\pi}{4}$ 的奇数倍时，I 有最大值 $\frac{I_0}{8}$；当 $\cos(4\omega t)=1$ 时，即 $\omega t=k\frac{\pi}{2}(k=0,1,2,\cdots)$ 时，I 有最小值零。

2. 自然光入射到水面上，当入射角为 i 时，反射光变成线偏振光。今有一块玻璃浸于水中，光由玻璃面反射后也变成线偏振光，如图 17-5 所示，试求水面与玻璃面之间的夹角。（已知 $n_{玻}=1.5$，$n_{水}=1.33$。）

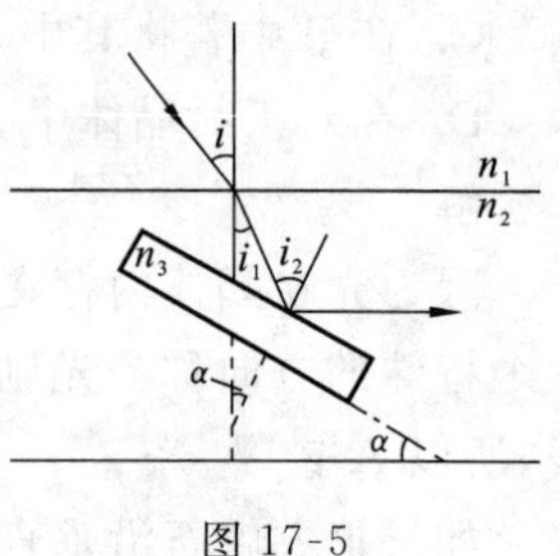

图 17-5

解 依题意，入射角 i 为起偏振角，故有 $i_1=90°-i$，题中所求的水面与玻璃面的夹角 α，也是水面法线与玻璃面法线的夹角 α，显然有 $\alpha=i_2-i_1$，式中，i_1 和 i_2 均可用布儒斯特定律求出。

根据布儒斯特定律，由 $\tan i=\frac{n_2}{n_1}=1.33$ 可得 $i=53°4'$。

因为 $i_1+i=90°$ 所以 $i_1=90°-i=36°56'$。

同理，可得 $\tan i_2=\frac{n_3}{n_2}=\frac{1.5}{1.33}$，即 $i_2=48°26'16''$。

所以，水面与玻璃面之间的夹角为

$$\alpha=i_2-i_1=48°26'16''-36°56'=11°30'16''$$

3. 已知方解石晶体的 o 光和 e 光的折射率分别为 $n_o=1.658$，$n_e=1.486$，今将该晶体做成波晶片，使光轴与晶面平行，用波长为 $\lambda=589.3$ nm 的单色偏振光入射，光的振动方向与光轴成角度为 $\alpha=45°$，若使出射光是圆偏振光，则此镜片的最小厚度是多少？

解 要使透过波晶片的光是圆偏振光，除需满足题中给的条件 $\alpha=45°$，使 $A_o=A_e$ 外，还要求晶片有特定的厚度 d，从而使 o 光和 e 光的相位差为 $\pi/2$，光程差为 $\lambda/4$，即对于波长为 $\lambda=589.3$ nm 的光而言是四分之一波片。

$$\Delta=(n_o-n_e)d=\frac{\lambda}{4}$$

$$d=\frac{\lambda}{4(n_o-n_e)}=0.86\ \mu\text{m}$$

所以晶片的最小厚度为 0.86 μm。

光学部分习题解答

(一) 填空题

1. 1.5d。

2. 60°。

由折射定律，有 $n_1\sin\theta=n_2\sin\gamma$ 和 $n_1=1,n_2=\sqrt{3},\theta+\gamma=\frac{\pi}{2}$，故有

$$\sin\theta=\sqrt{3}\sin\gamma,\quad \tan\theta=\sqrt{3},\quad \theta=60^\circ$$

3. 9.6 mm。

由光在介质中的速度 $u=\frac{c}{n}$ 和 $t=\frac{d}{u}$ 得 $t=\frac{nd}{c}$，即

$$n_{玻}\ d_{玻}=n_{水晶}d_{水晶}$$

所以
$$d_{水晶}=\frac{n_{玻}\ d_{玻}}{n_{水晶}}=\frac{1.5\times10}{1.55}\ \text{mm}=9.6\ \text{mm}$$

4. 30°;60°。

5. 距球心小于 $R/2$。

6. 偏小(提示:测量得到的折射角比光的真实值大)。

7. $(n-1)e$。

8. $3\lambda;\frac{4}{3}$(提示:$\delta=n(r_2-r_1)=k\lambda=3\lambda,\delta=n(r_2-r_1)=n3\lambda=4\lambda,n=\frac{4}{3}$)。

9. 900 nm。

由 $2d+\frac{\lambda}{2}=(2k+1)\frac{\lambda}{2}$ 有

$$2(d_5-d_2)=(5-2)\lambda,\quad d_5-d_2=1.5\lambda=900\ \text{nm}$$

10. 114 nm。

$d=\frac{\lambda}{4n}=\frac{650}{4\times1.42}\ \text{nm}=114.44\ \text{nm}$。

11. $\frac{\lambda}{2\sqrt{n_2^2-n_1^2\sin^2 i}}$。

12. 第一;暗。

13. 一;三。

由缺级公式 $k=\frac{a+b}{a}k''=2k''$ 得，2、4 级缺级，所以看到的是 1、3 级条纹。

14. 同心圆环；$1.22\dfrac{\lambda}{D}$；$1.22\dfrac{\lambda}{D}$；$\dfrac{D}{1.22\lambda}$。

15. 线偏振光；垂直入射面；部分偏振光。

16. 自然；线偏振；部分偏振。

17. 两；1/4。

18. 30°；1.73。

19. $\dfrac{1}{2}I_0\cos^2\alpha$；$\left|\dfrac{\pi}{2}-(\alpha+\theta)\right|$。

（二）选择题

1. C。 **2.** A。 **3.** D。 **4.** B。 **5.** C。

6. D（提示：由凸透镜成像的规律可以证明，物体在 $2f$ 成像时，物距与像距的距离最短）。

7. B（提示：透镜的成像实质上是由光的折射造成的，光通过透镜的规律与通过三棱镜的规律一致）。

8. A。

9. ACD。

10. ABCD（提示：光垂直入射时入射角与折射角都等于零）。

11. AC（提示：镜子有两种旋转方式，即顺时针和逆时针）。

12. BD。

13. AC（提示：研究透镜成像规律是将光密介质（玻璃）放入光疏介质（空气）中进行的；若环境介质是光密介质，则得到的一些光学规律正好相反）。

14. B（提示：由 $n_1<n_2$ 且 $n_2>n_3$ 可知，光线在薄膜上、下两表面反射时有半波损失）。

15. B。

16. D（提示：普通的独立光源是非相干光源）。

17. C（提示：光程就是在相同的时间内光在真空中走过的路程）。

18. B（提示：由条纹间距公式 $\Delta x=\dfrac{2f\lambda}{a}$ 可知）。

19. D（提示：不同频率（颜色）的光是不相干的）。

20. C（提示：由于光经反射镜 M 反射后有半波损失，明、暗条纹位置对调）。

21. B（提示：相邻明条纹和暗条纹光程差为 $\lambda/2$）。

22. B（提示：$\delta=2en+\lambda/2=k\lambda$ 反射加强，最小厚度 $k=1$，从而 $e=\lambda/(4n)$）。

23. A（提示：由 $l\theta=\lambda/2$ 知，θ 增大，条纹间隔 l 变小，并向棱边方向平移）。

24. A（提示：由 $2en_2=\left(k+\dfrac{1}{2}\right)\lambda$，对第 5 条暗纹，$k=4$，$e=\dfrac{9\lambda}{4n_2}$）。

25. B（提示：等厚处内移，条纹向中心收缩）。

26. C(提示:因为 $2en_2+\lambda_{1/2}=k\lambda$,明纹;$2en_2+\lambda_{1/2}=\left(k+\frac{1}{2}\right)\lambda$,暗纹。左边:无半波损失,$\lambda_{1/2}=0$,$e=o$ 处为明纹";右边:有半波损失,$\lambda_{1/2}=\frac{\lambda}{2}$;$e$ 处为暗纹)。

27. D。

28. D(提示:由惠更斯-菲涅耳原理知,波所传到的各点的光强,是各个子波干涉的结果)。

29. C(提示:由 $a\sin\theta=5\lambda\sin30^\circ=5\cdot\frac{\lambda}{2}$知,$n=5$)。

30. B(提示:因为光线斜入射时,中央明条纹向垂直于光轴的斜入射的一方移动,所以视场中与斜入射光线所在的相反方向干涉级次增大,沿斜入射光线所在的方向干涉级次减小,总条纹数仍然不变)。

31. D(提示:由光栅方程$(a+b)\sin\theta=k\lambda$ 知,同级光谱中,波长越短的对应的衍射角越小,而同级光谱中,紫光的波长最短)。

32. D(提示:在入射光为光振动方向平等于入射面的线偏振时,在入射角为布儒斯特角的情况下,反射光只有垂直入射面的光振动的分量)。

33. C(提示:由马吕斯定律知,出射偏振片 P_2 的光强 $I=I_0\cos^2\alpha\cos^2(90^\circ-\alpha)=\frac{1}{4}I_0\sin^2(2\alpha)$)。

34. B(提示:当 $I=\frac{I_0}{8}$时,P_1 与 P_2 的夹角为 $\alpha=\frac{\pi}{4}$,当 P_2 再转到 P_1 方向时,可使 P_3与 P_2的夹角为$\frac{\pi}{2}$,此时出射光强为零,所以应该转过的角度为 $\alpha=45^\circ$)。

35. C。

(三)作图题

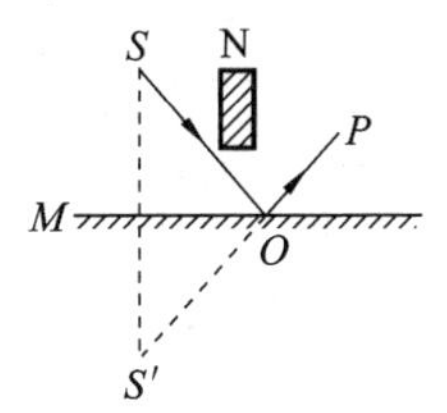

2.

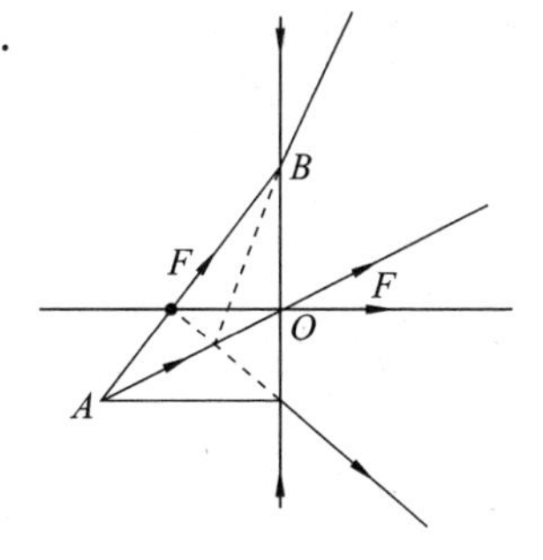

3.

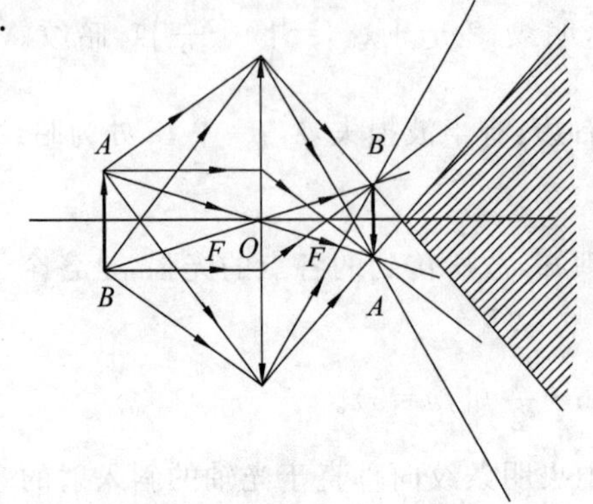

4.

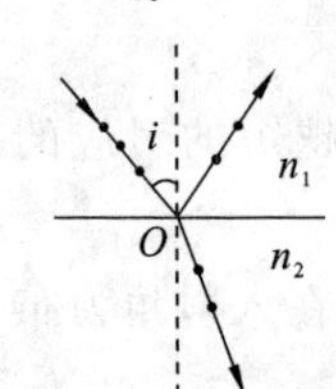

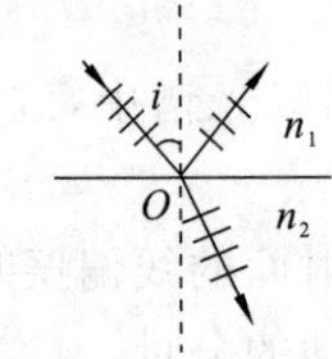

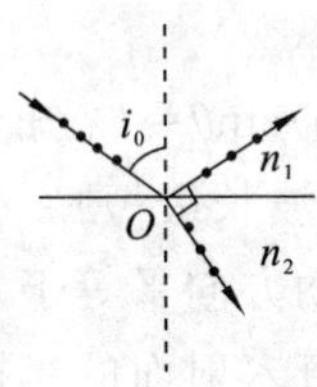

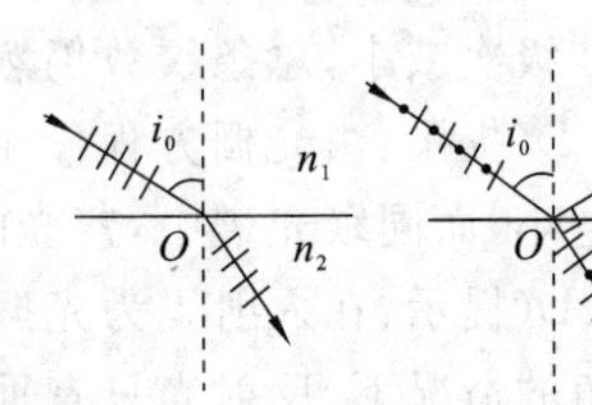

（四）计算题

1. 解　　$S=\pi R^2=\pi(a\tan\theta)^2=\pi a^2\tan^2\theta$

2. 解　由　　$(n-1)e=3\lambda$

解得

$$n=\frac{3\lambda}{e}+1=\frac{3\times550}{2.85\times10^3}+1=1.58$$

3. 解　(1) 由双缝衍射条纹间距公式 $\Delta x=\dfrac{D}{a}\lambda$，得

$$D=\frac{a\Delta x}{\lambda}=\frac{0.45\times1.2\times10^{-6}}{540\times10^{-9}}\ \mathrm{m}=1\ \mathrm{m}$$

(2) 条纹向上移动，则有

$$(n-1)e=k\lambda,\quad k=\frac{(n-1)e}{\lambda}=\frac{(1.5-1)\times9.0\times10^{-6}}{540\times10^{-9}}=8.3\approx8$$

即中央明纹将移到原第八级明纹处。

4. 解

$$\alpha=\frac{\lambda}{2nl}=\frac{700\times10^{-9}}{2\times1\times0.25\times10^{-2}}\ \mathrm{rad}=1.4\times10^{-4}\ \mathrm{rad}$$

5. 解　由 $\tan\alpha=\dfrac{d}{L}=\dfrac{\frac{\lambda}{2}\times(n-1)}{4.295\times10^{-3}}$得

$$d=\frac{\frac{\lambda}{2}\times(N-1)}{4.295\times10^{-3}}L=\frac{\frac{289.3}{2}\times(30-1)\times10^{-9}}{4.295\times10^{-3}}\ \mathrm{mm}=9.8\times10^{-4}\ \mathrm{mm}$$

6. 解　当光线垂直入射时，反射光线也与油膜表面垂直（为便于分辨，图中没

有画成垂直入射)。计算从油膜上表面及下表面反射光①与②的光程差 δ。因为 $n_{气}<n_{油}<n_{玻}$,所以光线①与②在界面上反射时都存在半波损失,于是

$$\delta=2en_{油}$$

当光线①和②两束反射光干涉相消时,应满足

$$\delta=2n_{油}e=(2k_1+1)\frac{\lambda_1}{2}(对\ \lambda_1) \quad ①$$

$$\delta=2n_{油}e=(2k_2+1)\frac{\lambda_2}{2}(对\ \lambda_2) \quad ②$$

由题意知
$$k_2=k_1-1 \quad ③$$

由式①、式②可得
$$k_1\lambda_1+\frac{\lambda_1}{2}=k_2\lambda_2+\frac{\lambda_2}{2} \quad ④$$

由式③、式④可得
$$k_1=3$$

又由 $k_1=3$,得
$$e=\frac{k_1\lambda_1+\frac{\lambda_1}{2}}{2n_{油}}=\frac{3\times500+\frac{500}{2}}{2\times1.30}\ \text{nm}=673\ \text{nm}$$

7. 解 (1)在油膜上、下两表面的反射光均有半波损失,因此明条纹满足

$$2n_2e=k\lambda,\quad k=0,1,2,\cdots$$

当 $k=0$ 时,$e=0$;当 $k=1$ 时,$e_1=250$ nm;当 $k=2$ 时,$e_2=500$ nm;当 $k=3$ 时,$e_3=750$ nm;当 $k=4$ 时,$e_4=1000$ nm。

因为薄膜的等厚线为一组同心圆,故看到的干涉条纹是以油膜中心为圆心的明暗相间的同心圆环;由上面的计算可知,只能看到 5 条明条纹,中心处膜厚 1200 nm($e_5=1250$ nm),因此中心点的亮度介于明和暗之间。

由上述明纹公式可看出,零级明纹($k=0$)对应膜厚 $e=0$ 处,故在油膜的边缘处。

(2)当油膜向外扩张时,油膜半径扩大,油膜厚度变薄,干涉圆环间距变大,级数减少,中心点由半明半暗向暗、明、暗、明……依次变化,直至整个油膜呈现一片明亮区域。

8. 解 (1)设第 k 级明纹对应膜厚 e_k,则有

$$2e_k+\lambda/2=k\lambda$$

当将上面玻璃向上平移时,第 k 级明纹所对应的确定厚度的位置就向棱边平移。由于劈尖角 θ 不变,所以条纹宽度也不变。

(2)相邻条纹之间的厚度差是 $\Delta e=\lambda/2$,而间距为

$$l=\frac{\Delta e}{\sin\theta}=\frac{\lambda}{2\sin\theta}$$

因此,θ 增大,间距变小,条纹向棱密集。

(3)相邻条纹之间光程差之差是一个真空中的波长,对应的膜的厚度差是膜

中的半波长，即

$$\delta_{k+1}-\delta_k=2n\Delta e=\lambda,\quad \Delta e=\frac{\lambda}{2n}$$

因此，保持劈尖角不变，向板间注水，条纹间距变小。

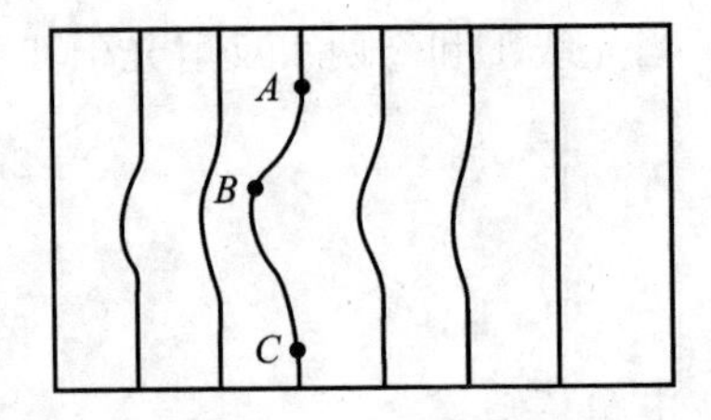

(4) 下面玻璃有凹坑时，干涉条纹向劈尖棱方向弯曲，如图所示。因为等厚干涉条纹是膜的等厚线，故图中同一条纹上的 A、B、C 三点下方的空气膜厚度相等。点 B 离棱近，若劈尖无缺陷，点 B 处的膜厚应该比点 A、C 处小，现令这三点处的膜厚相等，说明点 B 处的缺陷是下凹的。如果条纹朝棱的反方向弯曲，表明缺陷是上凸的。用这种方法可检查光学平面的平整度。

9. 解 (1) 对应衍射角 θ 方向的一组平行光，贴近狭缝下缘的光线与上缘的光线的光程差为 $a\sin\theta$。因此，可分的半波带数为

$$N=\frac{a\sin\theta}{\lambda/2}=10\sin 23.5^\circ=4$$

因为相邻两个半波带的对应点的作用正好完全抵消，所以当衍射方向满足狭缝可分为偶数个半波带($N=2k$)时，该方向对应第 k 级暗条纹。本题中 θ 角对应第 2 级暗条纹。

(2) 中央明纹是两个第一级暗条纹所夹区域，根据衍射暗条纹公式，有

$$a\sin\theta_k=k\lambda,\quad k=\pm1,\pm2,\cdots$$

$$\sin\theta_1=\frac{\lambda}{a}=0.2$$

第一级暗纹中心到中央明纹中心的距离为

$$x_1=f\tan\theta_1\approx f\sin\theta_1=\frac{f\lambda}{a}=12\text{ cm}$$

中央明纹宽
$$\Delta x_0=2x_1=24\text{ cm}$$

10. 解 (1) 由单缝衍射明纹公式可知，

$$a\sin\theta_1=(2k+1)\frac{\lambda_1}{2}=\frac{3}{2}\lambda_1,\quad k=1$$

$$a\sin\theta_2=(2k+1)\frac{\lambda_2}{2}=\frac{3}{2}\lambda_2,\quad k=1$$

$$\tan\theta_1=\frac{x_1}{f},\quad \tan\theta_2=\frac{x_2}{f}$$

由于 θ_1、θ_2 很小，则有
$$\sin\theta_1\approx\tan\theta_1,\quad \sin\theta_2\approx\tan\theta_2$$

所以
$$x_1\approx f\frac{3}{2a}\lambda_1,\quad x_2\approx f\frac{3}{2a}\lambda_2$$

设两个第一级明条纹的间距为 Δx，则

$$\Delta x = x_2 - x_1 \approx f\,\frac{3}{2a}(\lambda_2 - \lambda_1)$$

$$= 50 \times \frac{3}{2\times 10^{-2}} \times (7.6\times 10^{-7} - 4\times 10^{-7}) \times 10^2\ \text{cm} = 0.27\ \text{cm}$$

(2) 由光栅衍射主极大的公式

$$d\sin\theta_1 = k\lambda_1 = \lambda_1,\quad k=1$$

$$d\sin\theta_2 = k\lambda_2 = \lambda_2,\quad k=1$$

由于 θ_1、θ_2 很小，则有 $\sin\theta \approx \tan\theta = \dfrac{x}{f}$

同理，求得两个第 1 级主极大之间的距离

$$\Delta x = x_2 - x_1 = f\,\frac{\lambda_2 - \lambda_1}{d}$$

$$= 50 \times \frac{(7.6\times 10^{-7} - 4\times 10^{-7})\times 10^2}{1\times 10^{-2}}\ \text{cm} = 0.18\ \text{cm}$$

11. 解　在 θ 很小的情况下，由单缝衍射公式有

$$a\sin\theta = k\lambda \approx a\tan\theta = a\,\frac{x_k}{f}$$

即 $x_k = \dfrac{k\lambda f}{a}$，两边取微分得 $\mathrm{d}x_k = -\dfrac{2k\lambda f}{a^2}\mathrm{d}a$

12. 解　由 $d\sin\theta = k\lambda$ 有

$$k = \frac{d\sin\theta}{\lambda} = \frac{d\sin 90^\circ}{\lambda} = \frac{1\times 10^{-3}}{500\times 600\times 10^{-9}} = \frac{10}{3} \approx 3$$

又由 $k = \dfrac{a+b}{a}k'' = \dfrac{3}{2}k''$ 知，$k=3$ 缺级，所以当 $k=1,2$ 时，只能出现 5 条明条纹（即 $0,\pm 1,\pm 2$）。

$$\sin\theta_1 = \frac{k\lambda}{d} = \pm\frac{600\times 10^{-9}\times 500}{1\times 10^{-3}} = \pm 0.3$$

$$\theta_1 = 17.5^\circ,\quad \theta_2 = \arcsin(\pm 0.6) = \pm 37^\circ$$

13. 解　(1) 由光栅衍射主极大公式得

$$d = \frac{k\lambda}{\sin\theta} = \frac{2\times 6\times 10^{-5}}{\sin 30^\circ}\ \text{cm} = 2.4\times 10^{-4}\ \text{cm}$$

(2) 由光栅公式知，第三级主极大的衍射角 θ' 满足关系式

$$d\sin\theta' = 3\lambda$$

由于第三级缺级，对应于可能的最小 a，θ' 的方向应是单缝衍射第一级暗纹的方向，即

$$a\sin\theta' = \lambda$$

比较上述两式，得 $a=\frac{d}{3}=\frac{2.4\times10^{-4}}{3}\text{ cm}=0.8\times10^{-4}\text{ cm}$

(3) 由 $d\sin\theta=k\lambda$，则

$$k_{\max}=\frac{d\sin\frac{\pi}{2}}{\lambda}=\frac{2.4\times10^{-4}\times1}{6\times10^{-5}}=4$$

因为第三级缺级，第四级在 $\theta=\frac{\pi}{2}$ 的方向，在屏上也不可能显示，所以实际上呈现 $k=0,\pm1,\pm2$ 级主极大。

14. 解 (1) 按光栅的分辨本领

$$R=\frac{\bar{\lambda}}{k\Delta\lambda}=kN$$

得
$$N=\frac{\bar{\lambda}}{k\Delta\lambda}=\frac{589.0\times10^{-9}}{2\times(589.6-589.0)\times10^{-9}}=491$$

即此光栅必须满足 $N\geqslant491$。

(2) 由光栅公式 $(a+b)\sin\theta=k\lambda$ 得光栅常数

$$d=a+b=\frac{k\lambda}{\sin\theta}=\frac{2\times589.0\times10^{-9}}{\sin30^\circ}\text{ m}=2.36\times10^{-3}\text{ mm}$$

因为 $\theta\leqslant30^\circ$，所以 $a+b\geqslant2.36\times10^{-3}$ mm。

(3) 由缺级条件 $\frac{a+b}{a}=\frac{k}{k'},\quad k'=1$

得
$$a=\frac{a+b}{3}=\frac{2.36\times10^{-3}}{3}\text{ mm}=0.79\times10^{-3}\text{ mm}$$

$$b=2.36\times10^{-3}-0.79\times10^{-3}\text{ mm}=1.57\times10^{-3}\text{ mm}$$

这样，光栅的条数 N、缝宽 a 及不透光部分 b 都被确定。

15. 解 (1) 由于缝数为 N 的光栅的衍射条纹图样是两相邻主极大之间有 $N-2$ 个次极大和 $N-1$ 个极小，所以图(a)是两个主极大之间仅有 1 个极小，而无次极大，故 $N=2$，这是双缝衍射；图(b)中在两个主极大之间有 3 个极小并有 2 个次极大，即 $N=4$，是四缝衍射；图(c)是单缝衍射；图(d)在两个主极大之间有 2 个极小，并有 1 个次极大，故为三缝衍射。

(2) 由单缝衍射的包络线可知，图(c)对应的缝宽 a 最大，图(b)对应的缝宽 a 最小。

(3) 在图(a)中，第 g 次缺级发生在第二级，且 $\sin\theta=\frac{\lambda}{a}$，所以 $\frac{d}{a}=2$，$k=\pm2$，±4，±6，…为缺级，中央包络线内 3 个主极大。在图(b)中，第一次缺级发生在第四级，且 $\sin\theta=\frac{\lambda}{a}$，$\frac{d}{a}=4$，则 $k=\pm4$，±8，±12，…为缺级，中央络线内 7 个主极大。

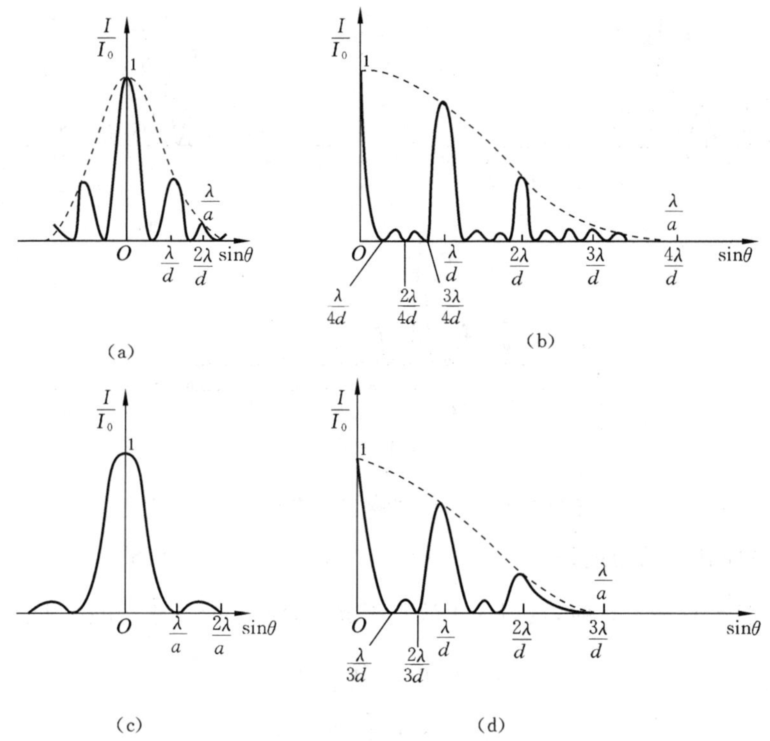

(a) (b)

(c) (d)

图(c)为单缝衍射,无缺级。在图(d)中第一次缺级发生在第三级,且 $\sin\theta=\frac{\lambda}{a}$,所以$\frac{d}{a}=3$,$k=\pm3,\pm6,\pm9,\cdots$为缺级,中央包络线内 5 个主极大。

16. 解 (1) 关闭缝 3 和 4 时,四缝光栅变为双缝,且$\frac{d}{a}=2$,所以在单缝的中央极大包络线内共有 3 条谱线。

(2) 关闭缝 2 和 4 时,仍为双缝,但光栅常数 d 变为 $d'=4a$,即$\frac{d'}{a}=4$。因而在中央极大包络线内共有 7 条谱线。

(3) 四条缝全开时,$\frac{d}{a}=2$,中央极大包络线内共有 3 条谱线,与(1)不同的是主极大明纹的宽度和相邻两主极大之间光强分布不同,有 2 个次极大的明纹。

在以上三种情况下,光栅衍射的相对光强分布曲线分别如图(a)、(b)、(c)所示,此三种情况都有缺级现象。

17. 解 根据马吕斯定律,自然光通过两个偏振片后,透射光的强度与入射光的强度的关系为 $I=\frac{I_0}{2}\cos^2\theta$。根据题意,得

$$I_1=\frac{I_0}{2}\cos^2\theta_1=\frac{I_0}{4}\Rightarrow\cos\theta_1=\frac{\sqrt{2}}{2}\Rightarrow\theta_1=45^\circ$$

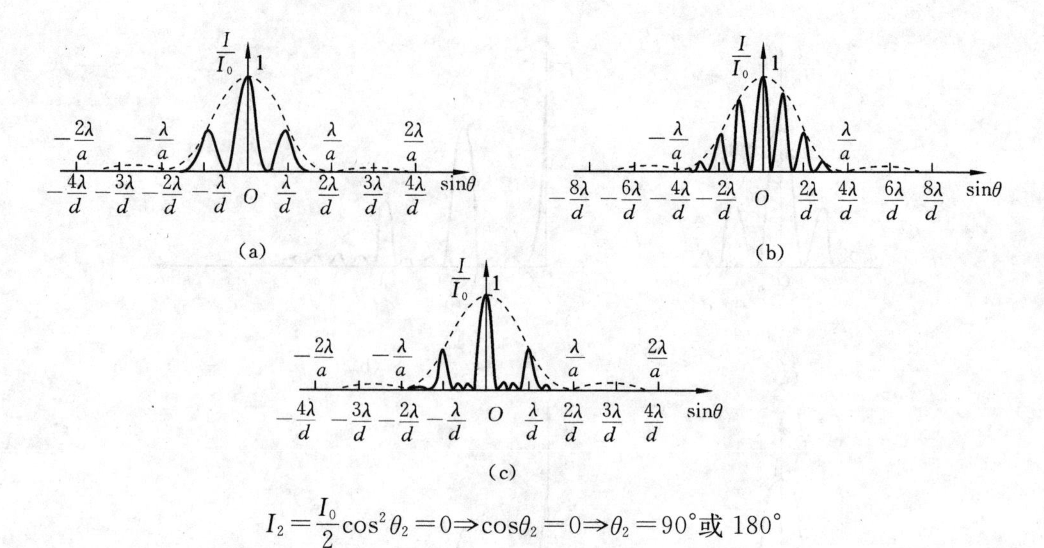

$$I_2=\frac{I_0}{2}\cos^2\theta_2=0\Rightarrow\cos\theta_2=0\Rightarrow\theta_2=90^\circ\text{或}180^\circ$$

则 P_2 至少应转过的角度是 $$\Delta\theta=\theta_2-\theta_1=90^\circ-45^\circ=45^\circ$$

18. 解　当 $\gamma=30^\circ$ 时，反射光为线偏振光，这时 $i_0+\gamma=\frac{\pi}{2}$，由折射定律知

$$n_0\sin i_0=n\sin\gamma$$

于是 $$n=n_0\frac{\sin i_0}{\sin\gamma}=\frac{\sin\left(\frac{\pi}{2}-30^\circ\right)}{\sin30^\circ}=1.732$$

反射光光矢量的振动方向垂直于入射面。

19. 解　由题意知全反射临界角 $i_c=45^\circ$，只有当 $n_2>n_1$ 时才会有全反射。

由折射定律知，$n_2\sin i_c=n_1\sin\frac{\pi}{2}$，得

$$\frac{n_2}{n_1}=\frac{\sin\frac{\pi}{2}}{\sin i_c}=\frac{1}{\sin i_c}$$

设布儒斯特角为 i_0，由布儒斯特定律知

$$\tan i_0=\frac{n_2}{n_1}=\frac{1}{\sin i_c}$$

于是 $$i_0=\arctan\left(\frac{1}{\sin i_c}\right)=\arctan\left(\frac{1}{\sin45^\circ}\right)=54.7^\circ$$

第六篇 量子物理学

第十八章　量子物理基础

一、本章要求

(1) 了解热辐射及黑体的概念,了解黑体单色辐出度与波长的关系,了解普朗克公式并理解其物理意义。

(2) 理解光电效应和康普顿散射效应;理解光子概念,会利用光子概念解释光电效应和康普顿效应;理解光的波粒二象性及与波粒二象性相关的基本公式。

(3) 理解氢原子光谱的形成及玻尔经典氢原子理论。

(4) 理解实物粒子的波粒二象性,理解不确定关系及其物理意义。

(5) 理解物质波波函数(概率波)的概念及其统计意义。

(6) 理解定态薛定谔方程及解波函数一般必须满足的条件,理解一维无限深势阱中粒子的波函数及能量特征和粒子分布特征。

(7) 理解电子自旋概念及斯忒恩-盖拉赫实验,理解描述原子中电子运动状态的 4 个量子数及其物理意义。

(8) 理解泡利不相容原理和能量最小原理,理解原子的壳层结构。

二、基本内容

1. 普朗克公式

热辐射:热辐射是由物体温度所决定的电磁辐射。

单色辐出度:物体单位表面在单位时间内发射的波长在 λ 附近单位波长间隔内的辐射能。

黑体:能够全部吸收各种波长的辐射能而完全不发生反射和透射的物体。黑体的辐射本领最大。

普朗克公式
$$e(\lambda,T)=\frac{2\pi hc^2\lambda^{-5}}{e^{\frac{hc}{k\lambda T}}-1}$$

式中,$h=6.63\times10^{-34}$ J·s 称为普朗克常量。

斯特藩-玻耳兹曼定律(黑体)

$$M(\mathrm{T})=\sigma T^4$$

式中，$\sigma=5.67\times10^{-8}\ \mathrm{J/(s\cdot m^2\cdot K^4)}$称为斯特藩-玻耳兹曼常量。

维恩位移定律　　$T\lambda_m=b$

式中，$b=2.897\times10^{-3}\ \mathrm{m\cdot K}$ 称为维恩常量。

2. 光电效应和光的波粒二象性

光电效应方程为　　$h\nu=\frac{1}{2}mv^2+A$

式中，A 为逸出功，$\frac{1}{2}mv^2$ 为初动能，$h\nu$ 为入射光子的能量。

红限频率：恰好能产生光电效应的频率，即 $\nu_0=\frac{A}{h}$。

遏止电压　　$eU_a=\frac{1}{2}mv_m^2$

光子的能量　　$E=m_0c^2=h\nu$

光子的动量　　$p=m_0c=\frac{h}{\lambda}$

3. 康普顿效应

康普顿散射公式

$$\Delta\lambda=\lambda-\lambda_0=\frac{h}{m_0c}(1-\cos\varphi)=\lambda_c\sin^2\frac{\varphi}{2}$$

式中，$\lambda_c=\frac{h}{m_0c}=2.43\times10^{-12}$ m 称为电子的康普顿波长，θ 为散射角。

4. 氢原子光谱

里德伯-里兹并合原则

$$\tilde{\nu}=\frac{1}{\lambda}=T(k)-T(n)=R_H\left(\frac{1}{k^2}-\frac{1}{n^2}\right)$$

式中，$R_H=1.093\times10^7\ \mathrm{m^{-1}}$为里德伯常数，$k$ 和 n 均为常数，且 $n>k$。$k=1$ 的谱线系称为赖曼系，$k=2$ 的谱线系称为巴耳末系。对于每一谱线系都有一个线系极限，对应于 $n\to\infty$的情形。

氢原子能级　　$E_n=-\frac{1}{n^2}\left(\frac{me^4}{8h^2\varepsilon_0^2}\right)=\frac{E_1}{n^2}$

式中，$E_1=-\frac{me^4}{8h^2\varepsilon_0^2}=13.6$ eV。

5. 实物粒子的波粒二象性

粒子的能量：$\mathscr{E}=mc^2=h\nu$；粒子的动量：$p=mc=\frac{h}{\lambda}$。

6. 不确定关系

微观粒子的波粒二象性表现为 $\Delta x\Delta p_x\geqslant\frac{h}{2}$，估算时，常用 $\Delta x\Delta p_x\sim h$。

7. 波函数

$\mathrm{d}V$ 空间内发现粒子的概率为

$$\mathrm{d}\omega = |\boldsymbol{\psi}(\boldsymbol{r},t)|^2 \mathrm{d}V = \boldsymbol{\psi}(\boldsymbol{r},t)\boldsymbol{\psi}^*(\boldsymbol{r},t)\mathrm{d}V$$

式中，$|\boldsymbol{\psi}(\boldsymbol{r},t)|^2$ 称为概率密度。

归一化条件

$$\int_V |\boldsymbol{\psi}(\boldsymbol{r},t)|^2 \mathrm{d}V = 1$$

波函数必须满足单值、有限和连续等条件。

8. 定态薛定谔方程

$$\frac{\partial^2 \psi(x,y,z)}{\partial x^2} + \frac{\partial^2 \psi(x,y,z)}{\partial y^2} + \frac{\partial^2 \psi(x,y,z)}{\partial z^2} + \frac{8\pi^2 m}{h^2}[E - E_{\mathrm{p}}(x,y,z)]\psi = 0$$

9. 一维无限深势阱中的粒子

势能

$$E_{\mathrm{p}}(x,y,z) = \begin{cases} 0, & 0 < x < a \\ \infty, & x < 0 \text{ 或 } x > a \end{cases}$$

定态波函数

$$\psi_n(x) = \pm\sqrt{\frac{2}{a}}\sin\frac{n\pi x}{a}, \quad n = 1,2,3,\cdots$$

能量

$$E_n = \frac{h^2}{8ma^2}n^2$$

10. 角动量

$$L = \sqrt{l(l+1)}\,\hbar, \quad l = 0,1,2,\cdots,n-1$$

11. 电子自旋

角动量 L 在外磁场方向上的投影为

$$L_z = m_l \hbar, \quad m_l = 0, \pm 1, \pm 2, \cdots, \pm l$$

12. 四个量子数

主量子数：$n = 1,2,3,\cdots$；　　副量子数(角量子数)：$l = 0,1,2,\cdots,n-1$；

磁量子数：$m_l = 0,\pm 1,\pm 2,\cdots,\pm l$；　　自旋量子数：$m_s = \pm\frac{1}{2}$。

三、例　　题

(一) 填空题

1. 有两个完全相同的物体 A 和 B 具有相同的温度，但 A 周围物体的温度低于 A，而 B 周围物体的温度高于 B，物体 A 和 B 在温度相同的一瞬间，两者单位时间内辐射的能量________，单位时间内两者吸收的能量________。(填"相等"或"不相等")

解　相等;不相等。

对于给定物体,在单位时间内从物体辐射的能量只是温度 T 的函数。当两个完全相同的物体 A、B 在温度相同的一瞬间,它们在单位时间内辐射的能量是相等的,与周围环境无关。但物体 A 处于发射大于吸收的状态,而物体 B 处于吸收大于发射状态,因此物体 B 在单位时间内吸收的能量大于物体 A 吸收的能量。

2. 有两个同样的物体,一个是黑色的,一个是白色的,且温度也相同,把它们放在高温的环境中,________物体温度升高得较快;如果把它们放在低温环境中,________物体温度降得较快。(填"黑色"或"白色")

解　黑色;黑色。

物体向周围发射辐射能的同时,也吸收周围物体发射的辐射能。当把两个物体放在高温的环境中时,由于周围的环境温度高于物体的温度,两个物体均处于吸收大于发射的状态,即单位时间吸收外来的辐射能大于物体本身向外辐射的能量。又由于黑色的物体吸收系数大,因此黑色物体的温度升高得比白色物体的快。

若把它们放置在温度较低的环境中,两个物体均处于发射大于吸收的状态,即单位时间向外辐射的能量大于吸收外来的辐射能量,由于黑色物体辐射本领大,因此它的温度仍比白色物体温度降低得快。

3. 光电效应和康普顿效应所研究的都是个别光子与个别电子之间的相互作用过程,两者的差别是________________________________。

解　首先是入射光的波长不同,入射光是可见光或紫外光时,光子的能量与电子的束缚能同数量级,此时主要表现为光电效应,当入射光的波长很短,光子能量远大于电子的束缚能时,此时电子可看作是完全自由的,主要表现为康普顿效应;另外,光子和电子相互作用的微观机制不同,在光电效应中,参与光电效应的金属电子是金属中的自由电子,它不是完全自由的,而是被束缚在金属表面以内。光电效应通常是一个电子吸收一个光子的过程,电子吸收了光子的全部能量,电子与光子的相互作用是非弹性碰撞,金属材料要取走部分动量,在碰撞过程中,电子与光子组成的系统,能量、动量不守恒。而康普顿散射是高能的光子和处于低能的自由态的电子做弹性碰撞,光子把一部分能量传递给电子后散射出去,此时不仅能量守恒,而且动量也守恒,所以散射光波长比入射光波长要长。

4. 不宜用可见光来观察康普顿效应的原因是________________________。

解　要观察康普顿效应,散射光子的波长就要有较显著的增大,即在光子和电子作用的过程中光子传递给电子的能量要多,所以只有当入射光子的能量可与电子的静止能量相比拟时,才能明显地观察到康普顿效应。而对于可见光,光子的能量 $h\nu_0 \ll m_e c^2$,因此,可见光入射时几乎观察不到康普顿效应,这一点也可由康普顿效应波长的改变来说明。康普顿散射公式为 $\Delta\lambda = \lambda - \lambda_0 = 2\lambda_e \sin^2 \dfrac{\varphi}{2}$。当散射角 $\varphi = \pi$ 时,波长的改变仅为 $\Delta\lambda = 0.48\ \text{nm}$,在可见光中波长最短,$\lambda = 400\ \text{nm}$,波长的相对改变为$\frac{\Delta\lambda}{\lambda}=10^{-3}$，在实验中难以观察出来。

5. 说“不确定关系”是微观粒子波粒二象性的体现，是因为________。

解 波粒二象性是微观世界最基本的特征，但是这里所指的粒子不是经典的粒子，所指的波不是经典的波。坐标和动量是经典物理量，它们只能精确地描述经典粒子的运动状态，而不能精确地描述具有波粒二象性的微观粒子的运动状态。轨道的概念是建立在有同时确定的位置和动量的基础上的，对于微观粒子没有意义，若我们仍用坐标和动量去描述它，在精确度上必受到限制。在不确定关系中，普朗克常量h起了关键作用。由于h很小，在宏观世界中产生不了可观察到的效应，而微观世界本身线度很小，h再也不能忽略。不确定关系就是给出用经典物理量来描述微观粒子的限度，超出这种限度，经典理论会失效，必须用量子力学方法来处理，所以说，不确定关系是微观粒子波粒二象性的体现。

6. 氢原子电子的量子状态需要________、________、________、________四个量子数才能完全确定，这几个量子数的取值范围分别是________、________、________、________，各自作用分别是________、________、________、________。

解 主量子数n；角量子数l；磁量子数m_l；自旋量子数m_s；主量子数n可取1，2，3，…；角量子数l在n给定后，可取0，1，2，…，$n-1$；磁量子数m_l在l给定后，可取0，±1，±2，…；自旋量子数m_s取$\pm\frac{1}{2}$；主量子数n确定电子能量的主要部分，即确定原子的能量，能量是量子化的，形成了原子能级；角量子数l确定电子角动量，对能量有微弱的影响；磁量子数m_l确定电子角动量在外磁场方向上的投影大小，即轨道角动量空间量子化条件；自旋量子数m_s确定电子自旋角动量的空间取向。

7. 一个做圆周运动的微观粒子，其角动量为L，角位置为θ，则ΔL、$\Delta\theta$满足的不确定的关系是________。

解 $\Delta L\Delta\theta>\frac{h}{4\pi}$。

由能量、时间的不确定关系式$\Delta E\Delta t\geqslant\frac{h}{2}$、能量与角动量的关系、角位置和角速度与时间的关系有

$$E=\frac{L^2}{2mr^2},\quad \Delta E=\frac{L\Delta L}{mr^2},\quad \theta=t\omega$$

得

$$\Delta\theta=\omega\Delta t=\frac{v}{r}\Delta t=\frac{L}{mr^2}\Delta t,\quad \Delta t=\frac{mr^2}{L}\Delta\theta$$

$$\Delta E\Delta t=\frac{L\Delta L}{mr^2}\frac{mr^2}{L}\Delta\theta=\Delta L\Delta\theta\geqslant\frac{h}{2}>\frac{h}{4\pi}$$

（二）选择题

1. 下列说法正确的是（　　）。

A. 黑色的物体都是黑体

B. 黑体总是呈黑色

C. 黑体是指能全部吸收入射的电磁辐射能量而不反射入射电磁波的物体

D. 在太阳光照射下绝对黑体的温度不能无限制地升高

解　CD。

黑体是单色吸收率恒等于 1 的物体，它的单色反射率恒为零，是一个理想模型。至于呈黑色的实际物体，由于它的单色吸收率并不等于 1，或者说它的单色反射率并不是恒为零，一般不能称为黑体，所以 A 错。

对于黑体，由于它不反射来自外来的辐射，因此黑体的颜色取决于它本身辐射的频率，而辐射频率与温度有关。通常在室温下，黑体发射不可见的红外光，即它辐射的峰值波长大于可见光波长，则呈现黑色。如果黑体温度较高，辐射的能量大，峰值波长处于可见光波段范围内，就会呈现各种颜色，绝对黑体并不总是呈现黑色，所以 B 错。

由黑体的定义知，C 的说法是正确的。

在太阳光照射下的黑体的温度也不会无限制地升高。这是由于黑体虽然不能反射任何光线，但是却能以电磁波的形式向外辐射能量，从而使本身的温度降低。由基尔霍夫定律可知，好的吸收体既是好的辐射体，又是理想的辐射体。在太阳光照射下的黑体吸收辐射能量使其温度升高的同时，向外辐射的能量也在增大，当黑体的温度上升到某一值时，在相同的时间内吸收的能量与辐射的能量相等，即吸收的辐射能量与发射的辐射能量处在动态平衡时，温度就不再上升，所以 D 对。

2. 某种金属在一束绿光的照射下刚好有电子逸出，则下述说法中正确的是(　　)。

A. 逸出的电子随入射角不同而不同

B. 用一束强度相同的紫光代替绿光，逸出光电子数增多

C. 在入射角不变的情况下，再多用一束绿光照射，逸出光电子数增多

D. 用一束强度相同的红光代替绿光，逸出光电子数增多

解　AC。

当入射光强度不变但入射角不同时，反射的光电子数会随之改变，所以在相同时间内被金属表面吸收的光电子数目也不同，因而从金属板逸出的光电子数目也就不同，故 A 对。

用紫光照射，由于 $\nu_{紫}>\nu_{绿}$，由爱因斯坦方程 $h\nu=\frac{1}{2}mv^2+A$ 可知，逸出光电子的初动能增大。另外，由于紫光和绿光的强度相同，但 $\nu_{紫}>\nu_{绿}$，因此紫光在单位时间内通过单位垂直截面的光电子数较少，即在相同时间内落在金属上的光电子较少，所以此时逸出的光电子数减少，所以 B 错。

在入射光入射角、频率都不变的情况下，再多用一束绿光照射，使光的强度增加，则逸出光电子的初动能不变，但逸出的光电子数增多，所以 C 对。

由于 $\nu_{红}<\nu_{绿}$，不能产生光电效应，所以没有逸出光电子数增多这一说法，所以D错。

3. 下列说法正确的是(　　)。

A. 由氢原子理论得出的公式 $E_n=-\frac{1}{n^2}\frac{me^4}{8h^2\varepsilon_0^2}$ 中，E_n 是氢原子的能量

B. E_n 是氢原子中电子的能量

C. 微观粒子的波粒二象性让我们无法判别微观粒子到底是波还是粒子

D. 微观粒子与光子的主要区别是静止质量与运动速度

解　ABD。

$E_n=-\frac{1}{n^2}\frac{me^4}{8h^2\varepsilon_0^2}$ 包括电子在量子数为 n 的轨道运动的动能与电子和原子核这一系统的势能的总和，电子的能量实际上也包括电子的动能和电子与原子核这一系统的相互作用势能，因此对氢原子来说，A、B两种说法等价，故A、B均对。

微观粒子的波粒二象性是指微观粒子既表现出波动的特性，又表现出粒子的特性，不能完全用经典物理学中关于波动和粒子的图像去理解微观粒子的波粒二象性。微观粒子的波动性是指其能产生干涉和衍射现象，并不与某实际物理量的时空周期分布联系在一起；而粒子性是指其具有确定的质量、电荷等集中的不可分割的内禀属性，并不意味着其和经典物理中粒子一样在空间运动时具有确定的轨道等。粒子是否在空间某处出现是不确定的，确定的是粒子在空间某处出现的概率，正是这种概率分布使微观粒子的波动性和粒子性辩证地统一起来，即微观粒子的波还是一种概率波。可见，微观粒子是一种具有概率波特性的微观粒子，故C错。

微观粒子与光子的主要区别是：光子的速度是光速。一切实物粒子的速度都小于光速，不论用什么方法去加速它，都不可能超过光速；光子的静止质量为零，微观粒子的静止质量不为零，微观粒子不运动(相对静止)时，只显示出粒子性，不能显示出波动性，所以D对。

4. 在下列各式中，表示处于平衡状态下在空间某点出现的稳定的不随时间变化的概率密度的表达式是(　　)。

A. $|\boldsymbol{\psi}(r,t)|^2$　　　　B. $|\boldsymbol{\psi}(r)|^2$

C. $|\boldsymbol{\psi}(r,t)|^2\mathrm{d}x\mathrm{d}z\mathrm{d}y$　　　　D. $\iiint_V|\boldsymbol{\psi}|^2\mathrm{d}x\mathrm{d}z\mathrm{d}y=\iiint_V\boldsymbol{\psi}\cdot\boldsymbol{\psi}^*\mathrm{d}x\mathrm{d}z\mathrm{d}y=1$

解　B。

$|\boldsymbol{\psi}(r,t)|^2$ 为概率密度，即表示粒子在 t 时刻，在 (x,y,z) 处单位体积内出现的概率；$|\boldsymbol{\psi}(r)|^2$ 表示粒子处于定态下在空间某点出现的概率密度，是稳定且不随时间变化的。$|\boldsymbol{\psi}(r,t)|^2\mathrm{d}x\mathrm{d}z\mathrm{d}y$ 表示粒子在 t 时刻，在 (x,y,z) 处的体积元 $\mathrm{d}x\mathrm{d}y\mathrm{d}z$ 中出现的概率。$\iiint_V|\boldsymbol{\psi}|^2\mathrm{d}x\mathrm{d}z\mathrm{d}y=\iiint_V\boldsymbol{\psi}\cdot\boldsymbol{\psi}^*\mathrm{d}x\mathrm{d}z\mathrm{d}y=1$，表示粒子在任一时刻在整个空间出现的总概率等于1，这是波函数的归一化条件，即在整个空间不

存在粒子的产生和湮灭现象。

(三) 计算题

1. 证明:在康普顿散射实验中,波长为 λ_0 的一个光子与质量为 m_0 的静止电子碰撞后,电子的反冲角 θ 与光子散射角 ϕ 的关系为

$$\tan\theta=\left[\left(1+\frac{h}{m_0c}\right)\tan\frac{\phi}{2}\right]^{-1}。$$

证明　将动量守恒关系式写成分量形式,即

$$mv\sin\theta-\frac{h}{\lambda}\sin\phi=0,\quad mv\cos\theta+\frac{h}{\lambda}\cos\phi=\frac{h}{\lambda_0}$$

得

$$\tan\theta=\frac{\sin\phi}{\dfrac{\lambda}{\lambda_0}-\cos\phi}$$

式中,$\sin\phi=2\sin\dfrac{\phi}{2}\cos\dfrac{\phi}{2}$,$\dfrac{\lambda}{\lambda_0}-\cos\phi=\dfrac{\lambda_0+(\lambda-\lambda_0)}{\lambda_0}-\cos\phi$。

由康普顿效应知

$$\lambda-\lambda_0=\frac{2h}{m_0c}\sin^2\frac{\phi}{2}$$

故

$$\frac{\lambda}{\lambda_0}-\cos\phi=2\sin^2\frac{\phi}{2}+\frac{2h}{m_0c}\sin^2\frac{\phi}{2}=2\left(1+\frac{h}{m_0c}\right)\sin^2\frac{\phi}{2}$$

所以

$$\tan\theta=\left[\tan\frac{\phi}{2}\left(1+\frac{h}{m_0c}\right)\right]^{-1}$$

2. 在氢原子光谱的巴耳末线系中,有一光谱线的波长为 434 nm。

(1) 与这一光谱线相应的光子能量是多少 eV?

(2) 该光谱线是氢原子由能级 E_n 跃迁到能级 E_k 产生的,E_n 和 E_k 各是多少?

(3) 最高能级为 n 的大量氢原子,最多可以发射几个线系?共几条谱线?

解　(1) $h\nu=\dfrac{hc}{\lambda}=2.86\ \text{eV}$

(2) 由于此光谱线是巴耳末线系,其中 $k=2$,则有

$$E_k=\frac{E_1}{2^2}=-3.4\ \text{eV},\quad E_1=-13.6\ \text{eV}$$

$$E_n=\frac{E_1}{n^2}=E_k+h\nu n=\sqrt{\frac{E_1}{E_k+h\nu}}=5\ \text{eV}$$

(3) 可发射 4 个线系,共有 10 条谱线。

3. 考察一个由带电质点构成的宏观谐振子,质量为 0.4 kg,弹性系数为 4.0 N/m,初始振幅为 0.01 m。

(1) 用经典理论求出振子的能量和频率;

(2) 假定振子能量按 $E=nh\nu$ 量子化,试确定初态能量对应的量子数 n;

(3) 设振子发射一个能量子 ε,问振子能量变化的比例多大?

解　(1) 按经典理论计算

$$E=\frac{1}{2}kA^2=\frac{1}{2}\times 4.0\times 0.01^2\ \text{J}=2\times 10^{-4}\ \text{J}$$

$$\nu=\frac{1}{2\pi}\sqrt{\frac{k}{m}}=\frac{1}{2\pi}\sqrt{\frac{4.0}{0.4}}\ \text{s}^{-1}=0.5\ \text{s}^{-1}$$

(2) 能量子 $\varepsilon=h\nu=6.63\times 10^{-34}\times 0.5\ \text{J}=3.3\times 10^{-34}\ \text{J}$

量子数为　$$n=\frac{E}{\varepsilon}=\frac{2\times 10^{-4}}{3.3\times 10^{-34}}=6.0\times 10^{29}$$

(3) 振子能量变化的比例为$\frac{\Delta E}{E}=\frac{\varepsilon}{E}=\frac{1}{n}=1.7\times 10^{-30}$。

结论：以上计算结果说明宏观振子的能量子($\varepsilon=3.3\times 10^{-34}$ J)是如此之小，相对于振子能量的百分比(1.7×10^{-30})也是如此之小，所以在宏观实验中很难观察到能量的量子化效应，只有微观谐振子才需要考虑能量的量子化。

4. 设恒星表面为黑体，若测得太阳辐射谱的峰值波长为 $\lambda_m=510$ nm。(1) 试估算其表面温度及单位面积上所辐射的功率；(2) 设地球半径为 R_e，太阳半径为 R_s，地球到太阳的距离为 r，试求地球表面每平方米吸收太阳能的功率。

解　(1) 将太阳表面视作黑体，则得太阳表面温度约为

$$T_s=\frac{b}{\lambda_m}=\frac{2.897\times 10^{-3}}{510\times 10^{-9}}\ \text{K}=5700\ \text{K}$$

太阳单位表面所辐射的功率(即辐射出射度)为

$$M=\delta T^4=5.67\times 10^{-8}\times 5700^4\ \text{W/m}^2=6\times 10^7\ \text{W/m}^2$$

(2) 因地球半径为 R_e，故地球对太阳中心所张立体角为

$$\Delta\Omega=\frac{\Delta S_e}{r^2}=\frac{\pi R_e^2}{r^2}$$

则太阳表面向地球辐射部分面积为 $\Delta S_s=R_e^2\Delta\Omega=\frac{\pi R_e^2R_s^2}{r^2}$。

地球接收到太阳辐射的电磁波的功率为

$$P=M\Delta S_s=\frac{\pi R_e^2R_s^2\delta b^4\lambda_m^4}{r^2}$$

由于地球自转，上述功率实际上为地球表面全部吸收，故地球表面平均每平方米接收太阳能的功率为　$$S=\frac{P}{4\pi R_e^2}=\frac{1}{4}\delta b^4\lambda_m^4\frac{R_s^2}{r^2}$$

实际上，由于大气等对太阳能的吸收，地球表面每平方米吸收太阳能的功率比 S 小得多。

5. 波长 $\lambda=589.3$ nm 的光照射到某金属表面产生光电效应，今测得遏止电势差为 $U_a=0.36$ V。

(1) 计算逸出光电子的最大初动能、逸出功和红限频率；

(2) 若改用波长 $\lambda=400$ nm 的单色光照射，其遏止电势差是多少？

解　(1) 由 $eU_a=\frac{1}{2}mv_m^2$ 得逸出光电子的最大初动能为

$$E_k=\frac{1}{2}mv_m^2=0.36 \text{ eV}$$

代入爱因斯坦方程 $eU_a=h\nu-A$，得逸出功为

$$A=h\nu-eU_a=\frac{hc}{\lambda}-eU_a=\left(\frac{6.63\times10^{-34}\times3\times10^8}{589.3\times10^{-9}\times1.6\times10^{-19}}-0.36\right) \text{ eV}=1.75 \text{ eV}$$

红限频率为

$$\nu_0=\frac{A}{h}=\frac{1.75\times1.6\times10^{-19}}{6.63\times10^{-34}} \text{ Hz}=4.22\times10^{14} \text{ Hz}$$

(2) 由光电效应方程得 $eU_a=\frac{1}{2}mv_m^2=h\nu-A$，故遏止电势差为

$$U_a=\frac{h\nu-A}{e}=\frac{hc/\lambda-A}{e}\approx1.32 \text{ V}$$

6. 能量为 0.5 MeV 的 X 射线光子击中一个静止电子，电子获得 0.1 MeV 的动能。求：(1) 散射光子的波长；(2) 散射光子与入射方向的夹角；(3) 电子的动量与速度。

解　(1) 由能量守恒可知，电子动能等于光子损失的能量。

由 $E_k=h\nu_0-h\nu$ 得 $h\nu=h\nu_0-E_k=0.4$ MeV

$$\lambda=\frac{hc}{h\nu}=\frac{6.63\times10^{-34}\times3\times10^8}{0.4\times10^6\times1.6\times10^{-19}} \text{ m}=3.11\times10^{-12} \text{ m}$$

(2)
$$h\nu_0=\frac{hc}{\lambda_0}=0.5 \text{ MeV},\quad \lambda_0=\frac{hc}{h\nu_0}=\frac{4}{5}\lambda=2.49\times10^{-12} \text{ m}$$

$$\Delta\lambda=\lambda-\lambda_0=2\times\frac{h}{m_0c}\sin^2\frac{\varphi}{2}=\frac{h}{m_0c}(1-\cos\varphi)$$

$$\cos\varphi=1-\frac{m_0c}{h}=1-\frac{9.1\times10^{-31}\times3\times10^8}{6.63\times10^{-34}}=0.74,\quad \varphi=42.3°$$

(3) 由于光子的能量已近似等于电子的静止能量，因而电子的动量和速度已不能再用经典力学来计算。由相对论能量-动量关系式

$$E^2=(E_0+E_k)^2=E_0^2+p^2c^2,\quad p=\frac{1}{c}\sqrt{E_k^2+2E_0E_k}$$

$$E_k=0.1 \text{ MeV},\quad E_0=m_0c^2=0.5 \text{ MeV}$$

$$p=\frac{\sqrt{0.1^2+2\times0.1\times0.5}}{3\times10^8}\times10^6\times1.6\times10^{-19} \text{ kg}\cdot\text{m/s}=1.78\times10^{-2} \text{ kg}\cdot\text{m/s}$$

$$E_k=(m-m_0)c^2=\left(\frac{1}{\sqrt{1-\frac{v^2}{c^2}}}-1\right)m_0c^2$$

$$\frac{1}{\sqrt{1-\frac{v^2}{c^2}}}=1+\frac{E_k}{m_0c^2}=1+\frac{0.1}{0.5}=1.2$$

所以

$$v=c\sqrt{1-\frac{1}{1.2^2}}=0.55c=1.65\times10^8\ \text{m/s}$$

7. 已知氢原子光谱的某一线系的极限波长为 3647 Å,其中有一谱线的波长为 656.5 nm,试由玻尔理论求出与该波长相对应的原子初态与末态的能级及电子的轨道半径。

解 用 k、n 分别表示始、末态量子数,极限波长应为从量子数 $n\to\infty$ 跃迁到主量子数 k 时所辐射的光的波长,即

$$\frac{1}{\lambda_m}=R\left(\frac{1}{k^2}-\frac{1}{\infty^2}\right)=\frac{R}{k^2}$$

$$k=\sqrt{R\lambda_m}=\sqrt{1.097\times10^7\times3647\times10^{-10}}=2$$

该谱线系为氢光谱的巴耳末系。

由 $\frac{1}{\lambda_n}=R\left(\frac{1}{k^2}-\frac{1}{n^2}\right)=\frac{1}{\lambda_m}-\frac{R}{n^2}$,即 $\frac{R}{n^2}=\frac{1}{\lambda_m}-\frac{1}{\lambda_n}$

所以有 $$n=\sqrt{\frac{R\lambda_m\lambda_n}{\lambda_n-\lambda_m}}=\sqrt{\frac{1.097\times10^7\times6565\times10^{-10}\times3647\times10^{-10}}{(6565-3647)\times10^{-10}}}=3$$

又由 $$E_n=-\frac{13.6}{n^2}\ \text{eV},\quad r_n=-5.3n^2\ \text{nm}$$

得初态 $n=3$,有 $$E_3=-\frac{13.6}{9}\ \text{eV}=-1.51\ \text{eV}$$

$$r_n=9\times5.3\ \text{nm}=47.7\ \text{nm}$$

末态 $n=2$,有 $E_2=-\frac{13.6}{4}\ \text{eV}=-3.4\ \text{eV}$,$r_2=4\times5.3\ \text{nm}=21.2\ \text{nm}$。

8. 设电子的初速度为零,(1)不考虑相对论效应,求电子经 100 V 电压加速后的德布罗意波长;(2)若电势差 U 很大,考虑相对论效应,试证明其德布罗意波长为

$$\lambda=\frac{hc}{\sqrt{eU(eU+2m_0c^2)}}$$

解 (1) 不考虑相对论效应,电子经电势差 U 加速后的动能为 $E_k=\frac{p^2}{2m_0}=eU$,解得 $p=\sqrt{2m_0eU}$。电子的德布罗意波长为

$$\lambda=\frac{h}{p}=\frac{h}{\sqrt{2m_0eU}}=\frac{6.63\times10^{-34}}{\sqrt{2\times9.11\times10^{-31}\times1.6\times10^{-19}\times100}}\ \text{nm}=10.3\ \text{nm}$$

(2) 考虑相对论效应时,由相对论能量动量关系 $E^2=(E_0+E_k)^2=E_0^2+p^2c^2$,

并利用

$$p=\sqrt{\frac{E^2-(m_0c^2)^2}{c^2}}=\sqrt{\frac{(eU+m_0c^2)^2-(m_0c^2)^2}{c^2}}=\sqrt{\frac{eU(eU+2m_0c^2)}{c^2}}$$

由此得电子的德布罗意波长为　$\lambda=\frac{h}{p}=\frac{hc}{\sqrt{eU(eU+2m_0c^2)}}$

9. 用不确定关系估计：(1) 在一维无限深势阱中运动的粒子的基态能量(设势阱宽度为 a)；(2) 氢原子的基态能量。

解　(1) 粗略估计，通常取 $\Delta x\sim a,\Delta p\sim p$，在势阱内部 $u=0$，则有

$$E=E_k=\frac{p^2}{2m}\sim\frac{\Delta p^2}{2m}$$

又 $\Delta x\Delta p\sim h,\Delta p\sim\frac{h}{\Delta x}\sim\frac{h}{a}$，故 $E\sim\frac{\Delta p^2}{2m}=\frac{h^2}{2ma}$。

用薛定谔方程精确解得粒子的基态能量为 $E_1=\frac{\pi^2h^2}{2ma^2}$，与上面估算结果相比，两者相差 π^2 因子。

(2) $\Delta p\sim p,\Delta r\sim r,\Delta p\Delta r\sim h,pr=h$

$$E=\frac{p^2}{2m}-\frac{e^2}{4\pi\varepsilon_0 r}=\frac{h^2}{2mr^2}-\frac{e^2}{4\pi\varepsilon_0 r}$$

因为基态能量最低，故 $\left.\frac{dE}{dr}\right|_{r=r_0}=0$，解得

$$r_0=\frac{4\pi\varepsilon_0h^2}{me^2}=\frac{\varepsilon_0h^2}{\pi me^2}$$

$$E_{基}=\frac{h}{2mr_0^2}-\frac{e^2}{4\pi\varepsilon_0r_0}=-\frac{me^4}{4\pi\varepsilon_0^2h^2}=-13.6\ \text{eV}$$

四、习题解答

(一) 填空题

1. 1.5，$\Delta E=\varepsilon_{紫}-\varepsilon_{红}=h(\nu_{紫}-\nu_{红})=1.5$ eV。

2. 3.29×10^{-21} J。

3. 4∶1；1∶1。

4. B；A。

5. 在空间单位体积内找到粒子的概率；单值、连续、有限；$\int_V|\boldsymbol{\psi}|^2dV=1$。

6. 氢原子中的核外电子在特殊的轨道上即便是做加速运动也不向外辐射电磁波，原子的这些特殊的状态称为原子的定态。

7. 4。

8. 激励能源；工作物质；谐振腔。

9. 1.85×10^{-6} m。

（二）选择题

1. B。

2. D。

$$h\frac{c}{\lambda}=h\frac{c}{\lambda_0}+E_k$$

$$\frac{1}{\lambda}=\frac{1}{\lambda_0}+\frac{1.2\text{ eV}}{hc}=\frac{1}{540\times10^{-9}}+\frac{1.2\times1.6\times10^{-19}}{6.626\times10^{-34}\times3\times10^{8}}$$

$$=\frac{1}{540\times10^{-9}}+\frac{1}{1035\times10^{-9}}$$

$$\lambda=355.0\text{ nm}$$

3. B。　**4**. A（提示：$h\frac{c}{\lambda}\geqslant eU_0$）。　**5**. B。

6. D（提示：$\frac{p^2}{2m}=h\frac{c}{\lambda}-h\frac{c}{\lambda_0}\Rightarrow p=\sqrt{2mhc\left(\frac{1}{\lambda}-\frac{1}{\lambda_0}\right)}$）。

7. A。　**8**. C。

9. C（提示：$\Delta\lambda=\frac{2h}{m_0c}\sin^2\frac{\varphi}{2}$，$\varphi=\pi$ 时，$\Delta\lambda$ 最大）。

10. A（提示：$\frac{E_0}{E}=\frac{hc/\lambda_0}{hc/\lambda}=\frac{\lambda}{\lambda_0}=\frac{1}{1.2}=0.8$）。

11. D。

$$eU=\frac{p^2}{2m},\quad p=\frac{h}{\lambda}$$

$$U=\frac{h^2}{2me\lambda^2}=\frac{(6.626\times10^{-34})^2}{2\times9.109\times10^{-31}\times1.602\times10^{-19}\times(0.4\times10^{-10})^2}\text{ V}=940\text{ V}$$

12. B。　**13**. C。　**14**. D。

15. D。

$$\frac{hc}{\lambda}\geqslant2.42\Rightarrow\lambda\leqslant\frac{hc}{2.42}=\frac{6.63\times10^{-34}\times3.00\times10^{8}}{2.42\times1.60\times10^{-19}}\text{ m}=5.14\times10^{-7}\text{ m}=514\text{ nm}$$

（三）计算题

1. 解　(1) 由维恩位移定律，有

$$\lambda_m=\frac{b}{T}=\frac{2.897\times10^{-3}}{3}\text{ m}=9.66\times10^{-4}\text{ m}$$

(2) 由斯特藩-玻耳兹曼定律，有 $E_0=\delta T^4$。设地球的辐射功率为 P，则有

$$P=E_0S=\delta T^4\times4\pi R_{地}^2=2.34\times10^9\text{ W}$$

2. 解　(1) 应用光电效应方程　$h\nu=A+\frac{1}{2}mv^2$

当频率为红限频率时，有$\frac{1}{2}mv^2=0$，则

$$A=h\nu_0=\frac{hc}{\lambda_0}=2.48\ \text{eV}$$

(2) 光子的初动能为 $E_k=\frac{1}{2}mv^2=h\nu-A=\frac{hc}{\lambda}-A=2.49\ \text{eV}$。

(3) 按照遏止电压与最大初动能的关系式 $eU_c=E_k=\frac{1}{2}mv^2$，得遏止电压为

$$U_c=\frac{E_k}{e}=\frac{\frac{1}{2}mv^2}{e}=2.49\ \text{V}$$

3. 解　(1) 由题意知，$A=2.30\ \text{eV}$，因为

$$\varepsilon_{橙}=h\nu=\frac{hc}{\lambda}=\frac{6.626\times10^{-34}\times3\times10^8}{680\times10^{-9}\times1.6\times10^{-19}}\ \text{eV}=1.83\ \text{eV}<2.30\ \text{eV}$$

所以不能产生光电效应。

(2) 因为

$$\varepsilon_{紫}=h\nu=\frac{hc}{\lambda}=\frac{6.626\times10^{-34}\times3\times10^8}{400\times10^{-9}\times1.6\times10^{-19}}\ \text{eV}=3.1\ \text{eV}>2.30\ \text{eV}$$

所以能产生光电效应，光子的能量为 3.1 eV。

(3) 由 $U=\frac{\varepsilon_{紫}-A}{e}$ 得 $U=(3.1-2.3)\ \text{V}=0.8\ \text{V}$。

4. 解　(1) 光子的频率和波长的关系为 $\nu=\frac{c}{\lambda}$，则光子的频率改变量与波长的改变量的关系为

$$\Delta\nu=-\frac{c\Delta\lambda}{\lambda^2}\quad 或\quad \Delta\nu=-\frac{c}{\lambda}\frac{\Delta\lambda}{\lambda}=-\nu\frac{\Delta\lambda}{\lambda}$$

由此得光子的频率相对改变量与波长的相对改变量的关系为

$$\frac{\Delta\nu}{\nu}=-\frac{\Delta\lambda}{\lambda}$$

由题意知 $\left|\frac{\Delta\nu}{\nu}\right|=0.04\%$　或　$\left|-\frac{\Delta\lambda}{\lambda}\right|=\frac{\Delta\lambda}{\lambda}=0.04\%=4\times10^{-4}$

由康普顿公式 $\Delta\lambda=\frac{2}{m_0c}\sin^2\frac{\varphi}{2}$，得

$$\sin^2\frac{\varphi}{2}=\sqrt{\frac{\Delta\lambda m_0c}{2h}}=\sqrt{\frac{\lambda\times4\times10^{-4}m_0c}{2h}}=0.128$$

所以散射角 $\varphi=14.75°$。

(2) 由于在康普顿散射中，光子与电子组成的系统总能量守恒，即

$$h\nu+m_0c^2=h\nu'+mc^2$$

光子作用前后所失去的能量为 $h\nu-h\nu'$，即电子获得动能为 E_k，根据题设条件有

$$E_k=h\nu-h\nu'=h\left(\frac{c}{\lambda}-\frac{c}{\lambda+\Delta\lambda}\right)=hc\frac{\Delta\lambda}{(\lambda+\Delta\lambda)\lambda}$$

$$=hc\frac{4\times10^{-4}}{(\lambda+\Delta\lambda)\lambda}=3.976\times10^{-19}\ \mathrm{J}$$

5. 解 要使一个电子的反向能量具有最大值，入射光子必定是反向散射，由能量守恒，得

$$E+m_0c^2=E'+E_e+m_0c^2$$

则

$$E-E'=E_e=45\ \mathrm{keV}$$

由动量守恒定律得

$$\frac{E}{c}=-\frac{E'}{c}+p_e$$

又 $E_e^2=(p_ec)^2+E_0^2$，得 $p_e=219\ \mathrm{keV}$，即 $E+E'=219\ \mathrm{keV}$，解得 $E=132\ \mathrm{keV}$。

于是

$$\lambda=\frac{hc}{E}=\frac{12.4}{132\times10^{-10}}\ \mathrm{m}=9.39\times10^{8}\ \mathrm{m}$$

6. 解 由

$$\lambda=\frac{h}{p}=\frac{h}{mv}$$

得

$$v=\frac{h}{\lambda m}=\frac{6.626\times10^{-34}}{9.1\times10^{-31}\times10^{-10}}\ \mathrm{m/s}=7.28\times10^{6}\ \mathrm{m/s}$$

又 $v^2-v_0^2=2ad=2\frac{eEd}{m}$，所以

$$d=\frac{(v^2-v_0^2)m}{2eE}=\frac{(7.28\times10^6)^2-(6\times10^6)^2}{2\times1.6\times10^{-19}\times500}\times9.1\times10^{-31}\ \mathrm{cm}=9.7\ \mathrm{cm}$$

7. 解 由 $\Delta E\cdot\Delta t\geqslant\frac{h}{2}$得

$$\Delta E=\frac{\hbar}{2\Delta t}=\frac{h}{4\pi\Delta t}=\frac{6.26\times10^{-34}}{4\pi\times10^{-8}}\ \mathrm{J}=5.27\times10^{-27}\ \mathrm{J}$$

由 $\Delta E=h\Delta\nu$ 得

$$\Delta\nu=\frac{\Delta E}{h}=\frac{1}{4\pi\Delta t}=\frac{1}{4\pi\times10^{-8}}\ \mathrm{Hz}=7.97\times10^{6}\ \mathrm{Hz}$$

由 $\nu=\frac{c}{\lambda}$得

$$\Delta\nu=\frac{c\Delta\lambda}{\lambda^2},\quad \Delta\lambda=\frac{\lambda^2\Delta\nu}{c}$$

又因为

$$\frac{1}{\lambda}=R\left(\frac{1}{k^2}-\frac{1}{n^2}\right)=\frac{3}{4}R$$

所以

$$\Delta\lambda=\frac{\left(\frac{4}{3R}\right)^2\Delta\nu}{c}=\frac{\left(\frac{3}{4\times10973731}\right)^2\times7.95\times10^6}{3\times10^8}\ \mathrm{m}=3.9\times10^{-7}\ \mathrm{nm}$$

8. 解 当不计原子核运动时，氢原子的能量就是电子的能量，其由动能和势能两部分组成。

$$E=\frac{1}{2}mv^2-\frac{e^2}{4\pi\varepsilon_0r}$$

设电子被束缚在半径为 r 的核周围的球内，则其位置不确定度 $\Delta x=r$，由不确

定关系可得
$$\Delta p=\frac{\hbar}{\Delta x}=\frac{\hbar}{r}$$

又
$$E_k=\frac{1}{2}mv^2=\frac{p^2}{2m}$$

估计数量级，可用 Δp 代替 p 进行估算，即
$$E_k=\frac{p^2}{2m}=\frac{(\Delta p)^2}{2m}=\frac{\hbar^2}{2mr^2}$$

则有
$$E_k=\frac{\hbar^2}{2mr^2}-\frac{e^2}{4\pi\varepsilon_0 r}$$

要使氢原子稳定，则其总能量必定最小，对上式求极值可得
$$\frac{dE}{dr}=-\frac{\hbar^2}{mr^3}+\frac{e^2}{4\pi\varepsilon_0 r^2}=0$$

由此得
$$r=-\frac{4\pi\varepsilon_0\hbar^2}{me^2}=\frac{\varepsilon_0 h^2}{\pi me^2}$$

即可得氢原子的最小能量为
$$E_{min}=-\frac{me^4}{8\varepsilon_0^2 h^2}$$

由此可得氢原子的基态结合能为
$$E'=-E=\frac{me^4}{8\varepsilon_0^2 h^2}=13.6\ \text{eV}$$

9. 解　(1) 根据玻尔氢原子理论，氢原子核的电子做圆周运动，得
$$\frac{1}{2}mv_n^2=\frac{e^2}{4\pi\varepsilon_0 r_n^2} \qquad ①$$

式中，r_n 为原子核与电子之间的距离，v_n 为电子的速度，m 为电子的质量。

应用玻尔角动量量子化条件，有
$$mv_n r_n=m\omega_n r_n^2=n\hbar,\ n=1,2,3,\cdots \qquad ②$$

式中，ω_n 为核外电子轨道运动的角频率。

联立式①、式②解得
$$\omega_n=\frac{\pi me^4}{2\varepsilon_0^2 h^3 n^3}$$

电子轨道运动频率为
$$\nu_n=\frac{\omega_n}{2\pi}=\frac{me^4}{4\varepsilon_0^2 h^3 n^3}$$

当 $n=1$ 时，频率为
$$\nu_1=\frac{me^4}{4\varepsilon_0^2 h^3}=6.54\times10^{15}\ \text{Hz}$$

综上所述，得速度的表达式为
$$v_n=\frac{e^2}{2\varepsilon_0 hn}$$

(2) 电子从 n 态跃迁到 $n-1$ 态所发出光子的频率为
$$\nu_n'=cR\left[\frac{1}{(n-1)^2}-\frac{1}{n^2}\right]=cR\left[\frac{2n-1}{n^2(n-1)^2}\right]=\frac{me^4(2n-1)}{8\varepsilon_0^2 h^3 n^2(n-1)^2}$$

当 $n=2$ 时，光子的频率为

$$\nu'_2=\frac{\nu_1}{2}=3.27\times10^{15}\ \text{Hz}$$

（3）当 n 很大时，$\nu'_n=\nu_n$。

10. 解 粒子处于 $n=2$ 的状态时，波函数和概率密度分别为

$$\psi_2(x)=\sqrt{\frac{2}{a}}\sin\frac{2\pi x}{a},\quad \rho_2(x)=|\psi_2(x)|^2=\frac{2}{a}\sin^2\left(\frac{2\pi x}{a}\right)$$

（1）粒子出现概率密度最大的地方，由上式可得 $\sin^2\left(\frac{2\pi x}{a}\right)=1$，即

$$\frac{2\pi x}{a}=(2k+1)\frac{\pi}{2},\quad x=\frac{2k+1}{4}a$$

考虑到 x 的范围在 $[0,a]$ 区间内，粒子出现概率密度最大的地方分别为

$$x_1=\frac{1}{4}a,\quad x_2=\frac{3}{4}a$$

（2）若概率密度为最小，则 $\rho(x)=0$，即

$$\sin^2\left(\frac{2\pi x}{a}\right)=0,\quad \frac{2\pi x}{a}=k\pi,\quad x=\frac{ak}{2}$$

除了势阱边 $x=0$ 和 $x=a$ 处波函数为零外，只有阱中央 $x=a/2$ 处粒子出现的概率密度最小。

（3）由 $\rho_2(x)=\frac{2}{a}\sin^2\left(\frac{n\pi x}{a}\right)=0$ 知，粒子出现概率密度最小为

$$\frac{n\pi x}{a}=k\pi,\quad x=\frac{ak}{n}$$

两相邻概率密度最小值之间的距离为 $\Delta x=x_{k+1}-x_k=\frac{a}{n}$。当 n 很大时，Δx 很小。